高等职业技术教育机电类专业规划教材

机械技术应用基础

（机械设计四合一）

第2版

主　编　霍振生
参　编　杨殿文　贾玉梅
　　　　闫莉敏　李云聪
　　　　王瑞清　周建刚
主　审　王茂元　石向东

机 械 工 业 出 版 社

本书是高等职业技术教育机电类专业规划教材，是在第 1 版的基础上修订而成。全书共分十三章，分别为机械概述、构件的受力分析、构件的拉伸与压缩强度计算、联接及其强度计算、平面连杆机构、凸轮机构、其他常用机构、齿轮传动、轮系传动、带传动与链传动、轴、轴承、联轴器和离合器。

本书可作为高等职业技术学院和高等专科学校机电类专业教材，也可作为机械行业从业人员岗位培训用书。

图书在版编目（CIP）数据

机械技术应用基础：机械设计四合一/霍振生主编．—2 版．—北京：机械工业出版社，2010.5（2024.1 重印）

高等职业技术教育机电类专业规划教材

ISBN 978-7-111-29767-3

Ⅰ.①机…　Ⅱ.①霍…　Ⅲ.①机械学—高等学校：技术学校—教材　Ⅳ.①TH11

中国版本图书馆 CIP 数据核字（2010）第 025441 号

机械工业出版社（北京市百万庄大街 22 号　邮政编码 100037）
策划编辑：王海峰　责任编辑：刘良超
版式设计：张世琴　封面设计：姚　毅
责任校对：李　婷　责任印制：常天培
北京机工印刷厂有限公司印刷
2024 年 1 月第 2 版第 9 次印刷
184mm×260mm · 16.25 印张 · 399 千字
标准书号：ISBN 978-7-111-29767-3
定价：42.00 元

凡购本书，如有缺页、倒页、脱页，由本社发行部调换

电话服务	网络服务
服务咨询热线：010-88379833	机 工 官 网：www. cmpbook. com
读者购书热线：010-88379649	机 工 官 博：weibo. com/cmp1952
	教育服务网：www. cmpedu. com
封面无防伪标均为盗版	金　书　网：www. golden-book. com

第 2 版前言

《机械技术应用基础（机械设计四合一）》（第 2 版）教材是在第 1 版的基础上，根据“教育部对高职高专规划教材编写的指导思想、原则和特色”的要求，结合多年各兄弟院校在使用第 1 版教材，积累的教学经验，进行修订而成。

自 2003 年本书第 1 版出版发行以来，新工艺、新技术迅猛发展，相关国家标准也有所更新，为了适应 21 世纪培养高等技术应用人才的要求，编者对本书进行了修订。

本书在修订后具有如下特色：

1）主题鲜明、思路清楚、自始至终围绕机械设计这条主线，认真修改、精益求精、统筹规划，全面贯彻了国家最新标准，充分重视了新材料、新工艺、新技术基础知识的引入，为读者和教学创造了良好的平台。其内容广博、重点突出、注重实用、深浅适当、体系完整、插图完善、图文并茂、文字简练、结构合理，既有深度也有广度，方便教学。

2）在基本保持原书体系和特色不变的基础上，着重更新了部分内容，如本书第 1 版共十章，而修订后的第 2 版分为十三章。在修订时，对一些内容进行了合理精简和更新增添，针对专业基础既有系统性和完整性理念，又适当地调整了部分章节的深度和广度，尽量拓宽读者视野。

3）新增了“机械概述”一章，该章是本书的基础，包括机械基本知识、构件运动形式、机构运动简图、机构自由度的计算，在第 1 版的基础上，增加了零件常用材料、金属热处理常识、机械传动的特性和参数等内容，增加的这部分内容与本课程联系紧密，使教材知识的涵盖面更广，充实了理论基础，教材的系统性更趋于完善，更能够满足教学需求。

4）不仅修订了各章节内容，也对各章节的顺序进行了调整。本书第 1 版中第二章常用机构内容冗长，为了方便教学，将该章分为“平面连杆机构”、“凸轮机构”和“其他常用机构”三章。在“其他常用机构”中增加了不完全齿轮机构和凸轮间歇机构。

5）各章增加了“本章小结”，并附有本章重点，指明了中心主题，便于学生理解、复习、整理每一章的内容。对“思考题与习题”进行了较大的变动，使其比较贴近生产生活实际，尽量满足理论与实践相结合的要求。思考题与习题以问答题、填空题、选择题和综合题的形式展现，既考虑了知识点的覆盖面，又考虑了习题变化多样，增加了学生学习的趣味性。

本教材共分为十三章，分别为：机械概述；构件的受力分析；构件的拉伸与压缩强度计算；联接及其强度计算；平面连杆机构；凸轮机构；其他常用机构；齿轮传动；轮系传动；带传动与链传动；轴；轴承；联轴器和离合器。

本书修订单位为包头职业技术学院、山西职业技术学院和包头轻工职业技术学院。参加本书修订的人员有霍振生（绪论、第一章、第八章），王瑞清（第二章），周建刚（第三章、第四章），杨殿文（第五章、第九章），闫莉敏（第六章、第十二章），贾玉梅（第十一章、第十三章），李云聪（第七章、第十章），本书由霍振生担任主编。

包头职业技术学院王茂元教授、石向东副教授担任本书主审，并对本书修订提出了许多宝贵意见，在此深表谢意。

由于编者水平有限，书中不足之处在所难免，恳请使用本书的教师和读者批评指正。

编　者

2009 年 5 月

第1版前言

近年来，随着我国经济的高速增长，高职层次人才需求量骤增，我国高等职业教育发展迅速，教育改革不断深入，课程改革、课程综合化等问题也提到相应的高度。鉴于高职教育急需具有高职特色教材的实际情况，我们编写了这本教材。

本书将“理论力学”、“材料力学”、“机械原理”和“机械零件”四门课程内容进行了衔接、渗透和整合。将力学中物体受力、构件变形分析方法和常用机构、通用零部件的设计方法有机地整合。整合的内容包括：运动学部分内容与常用机构；剪切、挤压与键、销、螺纹联接；扭转与传动轴；弯曲与心轴；弯、扭组合变形与转轴，对应编写成章。从而使每一种构件、零件的分析方法都有了很强的针对性。

根据高职院校教学情况及社会对高职毕业生的要求，本书在编写过程中，力求做到文字简明，内容精练，知识面宽，方便教学。从读者的认知规律出发，深入浅出，循序渐进；讲清基础知识、基本理论和基本方法；注重知识的实用性，理论推导从简，直接切入应用主题，既减少篇幅，适应当前基础课教学时数减少的现实，降低了学生的学习难度，也突出了职业教育特色。

教材选用了国家最新标准、规范及近年来陆续发布的有关新标准，以便读者更好地学习与贯彻。

本书附有习题答案，可供读者参考。

参加本书编写的人员有：贾玉梅（第一章、第十章）、杨殿文（第二章，第七章）、刘利军（第五章）、闫莉敏（第八章、第九章）、霍振生（绪论、第三章、第四章、第六章）。全书由霍振生担任主编。

本书由包头职业技术学院王茂元副教授、高职研究所所长侯德华副教授担任主审，他们对体现高职特色和提高本书质量起了重要的作用，编者对此表示衷心感谢。

由于编者水平有限，书中难免出现疏漏、不妥之处，恳请专家、广大读者不吝指正。

编 者

2003年4月

目 录

绪　论

第一节　引　言

人类从使用简单工具到今天能够设计复杂的现代机械，经历了漫长的过程。随着生产力的不断发展，品种繁多的机械进入了社会的各个领域，承担了人们所不能或不便进行的工作，既减轻了人们的体力劳动，改善了劳动条件，又提高了生产率。同时也便于对生产进行严格分工和科学管理。易于实现产品的标准化、系列化和通用化，使之机械化、电气化和自动化成为可能。

近代机械是在蒸汽机发明后才纷纷出现的。早在16世纪第一次工业革命期间，意大利人达·芬奇、英国人牛顿等二十多人就开始研究用蒸汽机作为动力的机械。1690年，法国人巴本制造了一台蒸汽机；1698年，英国人塞维利制造了一台用于矿井抽水的蒸汽泵；1705年，苏格兰人纽可门在前两人的基础上制造了一台蒸汽机。1712年这种蒸汽机开始在英国的矿井中用于运输煤炭。当时的蒸汽机效率很低，英国人瓦特在此基础上用了6年的时间，对蒸汽机作了两次重大改革，才使得蒸汽机能够作为商用，成为火车的动力。1805年，美国人富尔顿利用蒸汽机作为动力源制造了世界上的第一艘轮船。蒸汽机的出现使19世纪欧洲产业革命形成了机械工业并得到了迅猛发展。

在我国，机械的创造发展和使用有着悠久的历史。夏商时代人们就发明了脚踏水车，它是一条提水运输链，并利用所运的水进行润滑。在公元前5世纪时，墨翟在所著的《墨经》中就论述了杠杆原理及连杆碓舂米机构的凸轮机构；东汉时期张衡将杠杆机构用于人类第一台地震仪上；杜诗发明了用水作为动力，带动水盘运转，驱动风箱炼铁的连杆机构装置，成为现代机械的雏形；西汉时期，刘歆在《西京杂谈》中，论述了由齿轮机构组成的指南车、记里鼓车（计量里程的仪表机构）；元朝时期，人们利用曲柄、滑块和飞轮制成的纺织机构等。

由于近代闭关锁国政策和重文轻工的科举制度的制约，使我国机械工业发展滞后，停止不前。

新中国成立后，我国科学技术有了巨大的发展，已经能够设计和生产成套关键设备，发展了一批新型基础机械。如用来加工工件外圆、内孔、端面和螺纹的卧式车床（见图0-1），大型万吨水压机，万吨远洋货轮，精度为3μm的TG4280型光学双坐标镗床，人造卫星的太空遨游，载人航天飞船及大型精密的高新技术设备的生产等。

改革开放以后，国家调整了产业布局，改革高等教育和科研部门，中国的机械工业焕发了青春，机械工业得到了迅速发展，与世界发达国家的差距逐步缩小。

图0-2所示为工业机器人，由计算机控制器1、液压装置2、电力装置3和铰接臂机械手4组成。机械手按指令有规律运动时，手端夹持器便将物料搬运到指定位置。

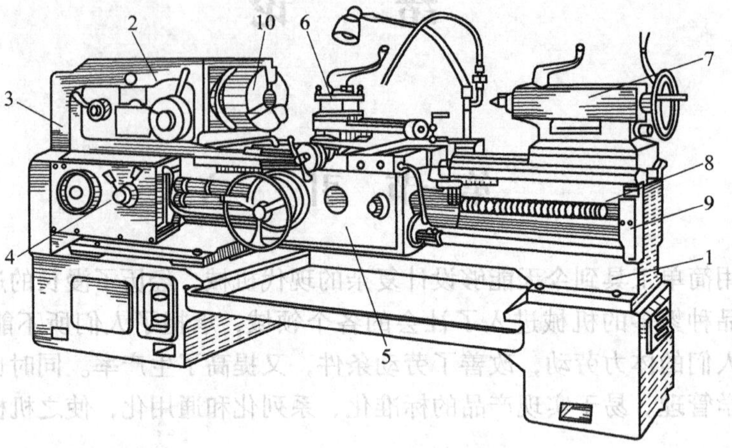

图 0-1　卧式车床

1—床身　2—主轴箱　3—挂轮箱　4—进给箱　5—溜板箱

6—溜板与刀架　7—尾座　8—长丝杠　9—光杠　10—卡盘

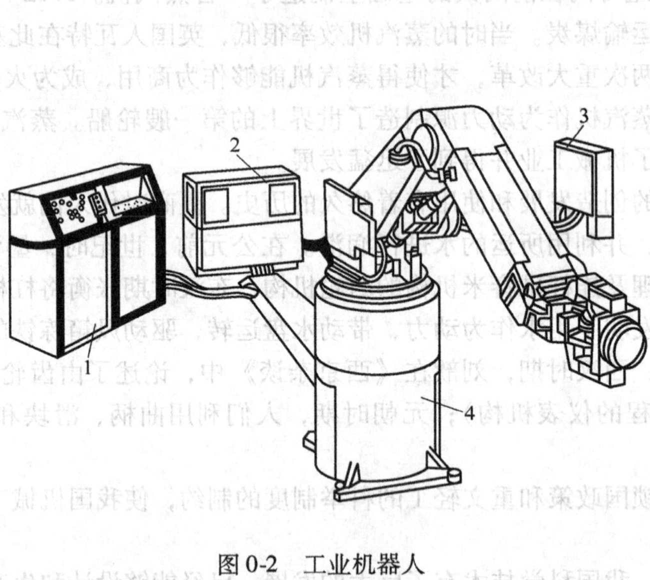

图 0-2　工业机器人

1—计算机控制器　2—液压装置　3—电力装置　4—铰接臂机械手

图 0-3 所示为我国自主研发，具有多功能组合和自动换刀能力的铣削加工中心，是用数字信息来控制机床自动加工的机器，其各项技术参数和性能已经达到国际领先水平。

我们相信，21 世纪的中国机械文明将会对世界的发展与进步做出更大的贡献。

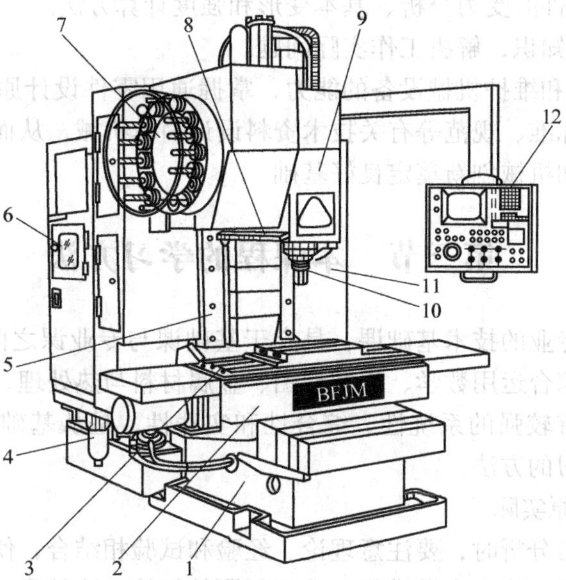

图 0-3　铣削加工中心

1—床身　2—滑座　3—工作台　4—润滑油箱　5—立柱　6—数控柜
7—刀库　8—机械手　9—主轴箱　10—主轴　11—驱动电柜　12—控制面板

第二节　本课程的内容和任务

本课程的性质是综合性的技术基础课，主要为机电类各专业打下坚实的基础。本课程包括力学基础知识、常用机构、机械原理、机械零件设计及有关技术资料应用等。

一、本课程的内容

1. 构件受力分析和强度计算

各种机械设备都是由若干构件组成，由于构件工作时承受载荷作用，在载荷作用下，构件必须满足相应的要求才能正常工作，从而避免构件在寿命期限内失效。这就需要运用力学的理论和研究方法对构件的工作能力、失效形式进行分析、计算，以使构件在运动中达到最佳状态。为了保证机器能够正常、安全、有效地工作，必须掌握力学基础知识、构件（或零件）受力分析方法、平衡条件和构件的强度计算。

2. 常用机构和机械传动

主要讲述机械中常用机构的类型、工作原理、运动特性、结构特点、应用场合、设计特点、选用原则和方法；机器使用、保养和维护知识。

3. 轴系零部件

阐述并讨论机械中轴系零部件及机械中常用零件的工作原理、类型、结构特点、材料选择、结构设计程序、选用原则和方法，并介绍通用零部件的有关国家标准和规范。

二、本课程的任务

本课程的任务是：

1）理解常用机构的工作原理、运动特性、结构特点和应用场合。

2）掌握构件和零件的受力分析、基本变形和强度计算方法。

3）能够运用所学知识，解决工作实际问题。

4）具备正确使用和维护机械设备的能力，掌握通用零件设计原理和方法；能够运用机械设计手册、图册、标准、规范等有关技术资料设计简单机械，从而为将来从事第一线生产工作、技术管理工作和机械创新奠定良好基础。

第三节　本课程的学习方法

本课程是机械类专业的技术基础课，是介于基础课与专业课之间的具有设计性的课程。在学习本课程时，要综合运用数学、机械制图、金属材料与热处理、互换性与技术测量、计算机等基础知识。具有较强的系统性、综合性和实践性，是从基础课向专业课过渡的转折点。因此，要注意学习的方法。

1. 建立模型，还原实际

如对构件进行受力分析时，要注意理论、经验和试验相结合，使问题尽量简化，抓住主要矛盾，抛开次要因素，建立力学模型，求得问题的解答。这就是一种简化的计算方法，其结果能近似地反映客观实际。

理论分析方法并非研究机械的唯一方法。有时可根据实践经验，参考同类机械进行分析设计，这种方法称为参照法或类比法，其使用价值较高。对于较重要的机械，还可采用试验和制作模型的方法，以检验和修正理论分析的结果，使其符合实际，还原实际。

2. 注重训练，联系实际

本课程所研究的对象为生产实际中广泛应用的机械，所要解决的大部分是机械工程中的实际问题。因此，在学习本课程时，要有意识地去多接触一些实际的机构和机器，学以致用，活学活用，将理论知识与实际相联系。加强基本技能的训练，在机械拆装课程中，要认真绘制机构简图，练习齿轮、轴和其他零件的测绘。既培养了工程素养，也增强了动手实践能力。

3. 科学严谨，一丝不苟

认真学习基本概念，理解基本原理，掌握机构的分析方法。要注意各章节的共性，互相联系，互相比较，融会贯通。紧紧抓住基本知识和设计两条主线，才能事半功倍，才能保证学习效果。

在学习的过程中，要科学严谨，一丝不苟。必须多观察、细思考、勤练习、常总结。注意培养运用所学基本理论和方法去分析、解决工程中实际问题的能力。特别要加强创新能力的培养，全面提高自身素质和综合职业能力，为将来的工作奠定一个良好的基础。

第一章　机械概述

从机械定义角度看，我国是世界上最早给机械下定义的国家。公元前5世纪，春秋时代的子贡就给机械下了定义：有械于此，用力甚寡而见功多（庄子外篇天地第十二）。后来的韩非子也有类似的定义：舟车机械之利，用力少，做工大，则人多（韩非子卷第十五）。1724年，德国的一位叫Leopold的机械师给机械作了比较接近现代的定义：机械是一种人造的设备，用来产生有利的运动，在不能用其他方法节省时间和力量的地方，它能做到节省。

第一节　机器及其组成

现代机械的概念是：机械是机器和机构的总称。把执行机械运动、用来变换或传递能量、物料与信息的装置称为机器；把用来变换或传递运动与动力的装置称为机构。

一、机器和机构

1. 机器

机器在人们感性认识中早已形成，如蒸汽机、内燃机、发电机、电梯、机器人及各种机床等等。

图1-1所示为单缸内燃机，它由气缸体1、活塞2、连杆3、曲轴4、排气阀推杆5、凸轮轴6、大齿轮7和小齿轮8组成。燃烧的气体膨胀，推动活塞往复运动，通过连杆使曲柄连续转动，齿轮、凸轮和推杆的作用是启闭进气阀和排气阀，以吸入燃气和排出废气。这样，各构件协调地动作，就把热能转换为曲轴的机械能。内燃机可视为三种机构的组合；由气缸体1、活塞2、连杆3、曲轴4构成曲柄滑块机构，其作用是将活塞的往复移动转换成曲轴的连续转动，是机器的主体部分；由气缸体1和大齿轮7、小齿轮8组成齿轮机构，其作用是改变转速的大小和转动方向；由气缸体1、凸轮轴6和排气阀推杆5组成凸轮机构，其作用是将凸轮的连续转动转换为推杆的往复移动。

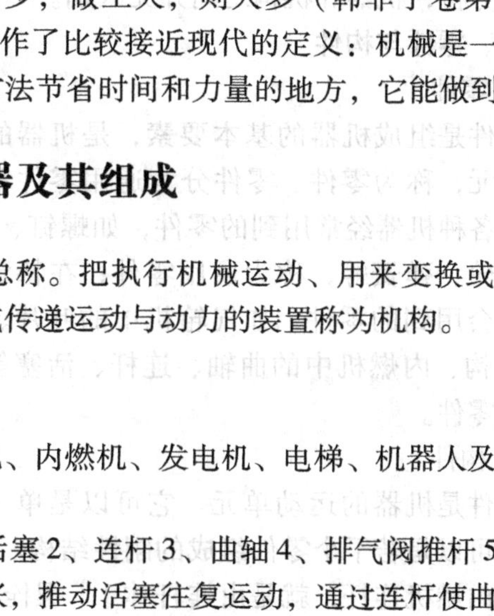

图1-1　内燃机

1—气缸体　2—活塞　3—连杆　4—曲轴　5—排气阀推杆　6—凸轮轴　7—大齿轮　8—小齿轮

尽管机器品种繁多，形式多样，用途各异，但都具有如下特征：

1）人为的各种实物的组合体。

2）组成机器的各种实物间具有确定的相对运动。

3）可代替或减轻人的劳动，有效地完成机械功或转换机械能。

凡具备上述三个特征的实物组合体均称为机器。

2. 机构

所谓机构，也是各种实物的组合体，实物间具有确定的相对运动，即符合机器的前两个特征。如图 1-1 所示，气缸体 1 和大齿轮 7、小齿轮 8 等组成齿轮机构；气缸体 1、凸轮轴 6 和排气阀推杆 5 组成凸轮机构。

可见，机构主要用来传递和变换运动，而机器主要用来传递和转换能量，从结构和运动角度来分析，机器和机构之间并无区别。

二、零件与构件

1. 零件

零件是组成机器的基本要素，是机器的最小制造单元，称为零件。零件分为通用零件和专用零件，各种机器经常用到的零件，如螺钉、螺母、轴、齿轮、弹簧等，称为通用零件；在特定的机器中才会用到的零件，如气轮机中的叶片、起重机的吊钩、内燃机中的曲轴、连杆、活塞等，称为专用零件。

2. 构件

构件是机器的运动单元。它可以是单一的零件，也可以是若干个零件组成的刚性结构。图 1-2 所示的内燃机连杆，就是由连杆体 1、螺栓 2、螺母 3、开口销 4、连杆盖 5、轴瓦 6 和轴套 7 等多个零件构成的一个构件。

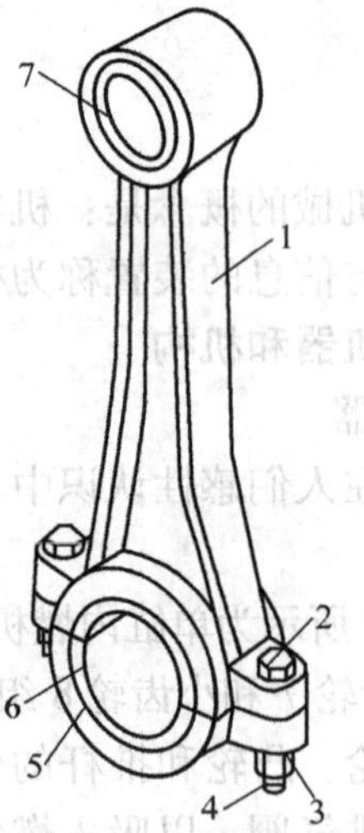

图 1-2　内燃机连杆

1—连杆体　2—螺栓　3—螺母　4—开口销　5—连杆盖　6—轴瓦　7—轴套

三、机器的组成

一部完整的机器由原动机构、传动机构、工作机构和控制机构四部分组成，如图 1-3 所示。

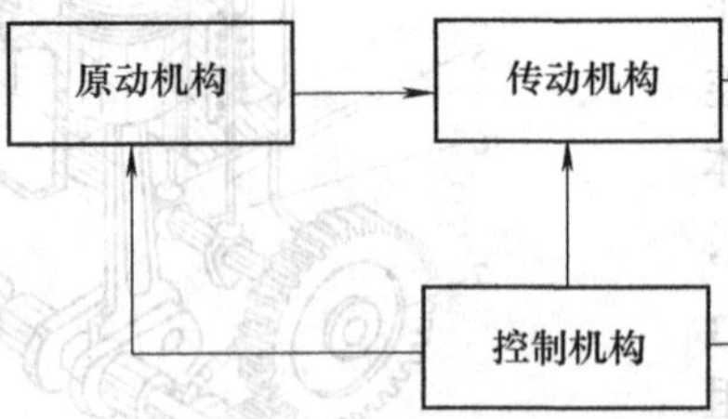

图 1-3　机器的组成

1. 原动机构（动力）

原动机构也称为原动机，是机器的动力来源，动力部分可采用人力、畜力、风力、液力、热力、磁力、压缩空气等作为动力源。常用的原动机有电动机、内燃机。

2. 工作机构

处于整个机械传动路线终端，是完成工作任务的部分。

3. 传动机构

介于原动机和传动机构之间，作用是把原动机的运动或动力传递给工作机构。但也有一些机器由原动机直接驱动工作机构。

4. 控制机构

控制机构包括控制离合器、制动器、电动机开关等，能够使机器的原动机部分、传动机构和工作机构按一定的顺序和规律运动，完成所需的工作循环。

四、机械的类型

机械种类较多，根据用途不同，可分为：

1. 动力机械

如电动机、内燃机、发电机、液压机等，主要用来实现机械能量转换成其他形式的能量。

2. 加工机械

如轧钢机、包装机及各种机床，主要用来改变物料的结构形状、性质和状态。

3. 运输机械

如汽车、飞机、轮船、输送机等，主要用来改变人或物料的空间位置。

4. 信息机械

如复印机、传真机、摄像机等，主要用来获取或处理各种信息。

第二节　构件和零件常用材料及性能

在机械中，构件和零件常用的材料有：钢铁材料、非铁金属和非金属材料。各种材料性能不同，用途也不同。

一、常用材料

机械零件常用材料为碳素钢、铸铁、铸钢、合金钢、非铁金属、非金属材料及复合材料，其中碳素钢和铸铁应用较广泛。

1. 碳素钢

以铁、碳为基础的铁碳合金称为钢铁材料。碳的质量分数（含碳量）小于2.11%的铁碳合金称为碳素钢，简称碳钢。

2. 铸铁

铁碳合金中碳的质量分数大于2.11%，小于6.67%的铁和碳形成的金属，称为铸铁。

3. 铸钢

将熔炼的钢液直接铸成零件或毛坯，称为铸钢或铸钢件。

4. 合金钢

在碳钢的基础上加入有益的其他元素形成的钢，称为合金钢。常用的合金元素有：铬（Cr）、镍（Ni）、硅（Si）、铝（Al）、硼（B）、钨（W）、钼（Mo）、钛（Ti）及稀土元素Re等。

5. 非铁金属

钢铁材料也称为黑色金属。除黑色金属，其他的金属材料，称为非铁金属，也称为有色金属，如铜、铝、锌、铅等，其中铜和铝应用广泛。

6. 非金属材料

非金属材料有工程塑料、合成橡胶、工业陶瓷和复合材料。这些非金属材料同样是工程机械中不可缺少的重要组成部分。

二、金属材料的性能

（一）金属材料的物理性能

金属材料的物理性能是指金属所具有的属性。物理性能包括密度、熔点、导热性、热膨胀性和磁性等。

（二）金属材料的化学性能

金属材料的化学性能是指金属在化学作用下所表现的性能，如耐腐蚀性、抗氧化性等。

（三）金属材料的力学性能

金属材料的力学性能是指金属材料在外力作用下所表现出来的抵抗性能。金属材料的力学性能有强度、塑性、硬度、韧性和抗疲劳强度等。

1. 强度

强度是指金属材料在载荷的作用下，抵抗变形和破坏的能力。抵抗能力越大，强度越高；强度越高的材料越能承受较大的外力而不变形和破坏。由于材料承受载荷的方式不同，其变形也多种多样，所以材料的强度又分为抗拉、抗压、抗扭、抗弯等强度，其中最常用的强度是强度极限 σ_b。强度极限可以通过拉伸实验测定。

2. 硬度

硬度是指金属表面上局部体积内抵抗塑性变形和破坏的能力。硬度实验条件简单，又不破坏零件，所以，可通过硬度实验来检测零件质量。硬度用符号 HBW 表示，硬度 HBW 的值越大，其材料的硬度越大，抵抗变形和破坏的能力就越强。

3. 塑性

金属材料在载荷的作用下产生永久变形而不破坏的能力。

4. 韧性

金属材料抵抗冲击载荷而不破坏的能力。

第三节 金属热处理名词解释

机械中许多重要零件（如各种机器中的齿轮、轴、轴承、连杆、曲轴等）都是使用钢材制造，这些零件要进行热处理。热处理可以改变钢材内部的组织结构，充分发挥钢材的潜力，提高零件的使用性能和延长使用寿命。

钢的热处理就是将固态的钢加热—保温—冷却的工艺过程。钢的热处理方法分为普通热处理和表面热处理等。

一、普通热处理

普通热处理包括退火、正火、淬火和回火等工艺。

1. 退火

退火的工艺过程为加热—保温—随炉冷却。

退火的目的是为了消除零件内部应力，降低硬度，提高塑性，使零件容易加工。

2. 正火

正火的工艺过程为加热—保温—空气中冷却。

正火的目的与退火相同，但由于零件在空气中冷却速度比退火速度快，故可提高零件的硬度和强度，也可作为某些零件的最终热处理。

3. 淬火

淬火的工艺过程为加热—保温—快速冷却（水冷或油冷）。

淬火的目的是提高零件的硬度，但零件的韧性降低，同时产生很大的内应力，使零件变形和开裂。故淬火后，必须及时进行回火处理。

4. 回火

回火的工艺过程为加热（低于淬火温度）—保温—空气中冷却。

回火温度不同，零件的力学性能也不同。故将回火分为低温回火（150～250℃）、中温回火（250～500℃）、高温回火（500～650℃）三种。其中淬火＋高温回火称为调质处理。

二、表面热处理

表面热处理是将零件快速加热到淬火温度，而不等热量传至零件内部就快速冷却，以达到表面硬度高、心部韧性好的热处理工艺。

常用的表面热处理有渗碳和渗氮，属于化学热处理工艺。

1. 渗碳

钢的渗碳方法分为气体渗碳、液体渗碳和固体渗碳三种。最常用的是气体渗碳。

气体渗碳是将零件放在加热炉中，滴入煤油或通入煤气、石油液化气等渗剂，加热到一定温度，保温足够时间，使零件表层碳浓度升高，这种热处理的方法，称为渗碳。经过渗碳的零件表层硬度高，耐磨，心部具有较高的韧性和强度，具有高的疲劳强度。渗碳的零件一般为低碳钢或低碳合金钢。

2. 渗氮

在一定的温度下使活性氮原子渗入到零件的表面，这种化学热处理称为渗氮或氮化。

渗氮的零件，其表面的硬度、耐磨性、疲劳强度和抗腐蚀性能都得到了极大的提高。氮化后不需要进行其他热处理，其缺点是工艺时间较长，成本高。

除此以外，钢的表面热处理还有感应加热表面淬火、火焰加热表面淬火等工艺方法。

第四节　构件的运动形式

构件运动的形式是多种多样的，但基本运动形式有两种：平行移动和定轴转动。而构件较复杂的运动可看作是这两种运动的组合。因而，这两种运动是构件的基本运动，在机械中有着广泛的应用。

一、构件的平行移动

构件运动时，如果构件内任一直线始终保持与原来的位置平行，则构件的这种运动称为构件的平行移动。如图 1-4a 所示的汽车气缸中活塞的运动，又如图 1-4b 所示的摆式送料机料槽 *BC* 的运动。

由图 1-4 可知，构件平行移动时，构件内部各点的运动轨迹相同。在同一瞬时，构件内各点的速度、加速度也相同，因此构件上任一点的运动可以代表整个构件的运动，即构件的运动可以用点的运动描述。

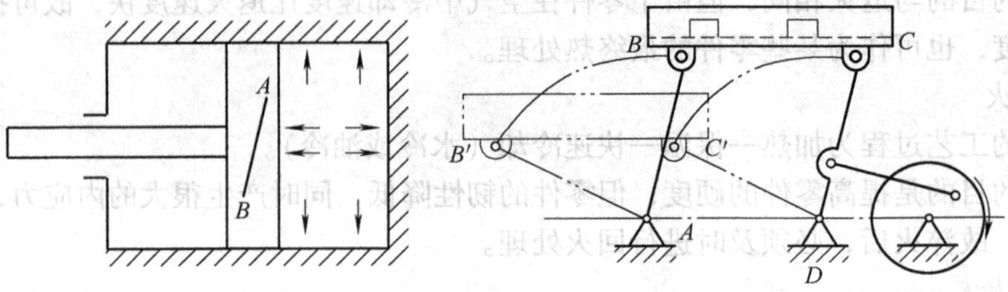

a) b)

图 1-4 构件的平移
a）活塞的平行移动 b）构件 BC 的运动

二、构件的定轴转动

构件在作定轴转动时，构件上有一固定不动的直线，而这条直线以外的各点绕此直线做圆周运动，构件的这种运动称为定轴转动，简称转动。固定不动的直线称为转动轴或转轴。机械中的轴、齿轮、带轮等运动，都是构件定轴转动的实例。

三、构件的平面运动

当构件运动时，如果其上任一点到某一固定平面的距离始终保持不变，则构件的这种运动称为平面运动。构件的平面运动是比构件的平动和定轴转动更复杂的运动形式。图 1-5a 所示的车轮沿直线滚道滚动，图 1-5b 所示的曲柄连杆机构中连杆 AB 的运动，都是这种运动的实例。

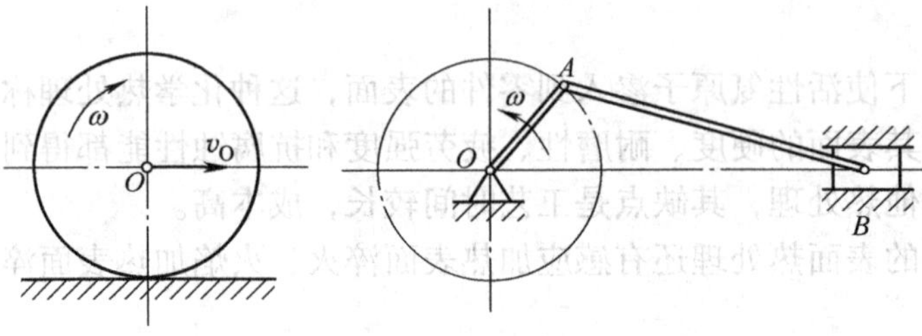

a) b)

图 1-5 构件的平面运动
a）车轮的运动 b）连杆 AB 的运动

第五节 机械传动的特性与参数

机械传动是利用各种机构或传动装置来传递运动和动力的，机械传动的运动特性通常用角速度、线速度、转速、传动比等参数表示；动力特性通常用功率、转矩、效率等参数表示。

一、运动参数

1. 角速度

图 1-6 所示为轮子作圆周运动，经过时间 t 后，轮子上的 A 点转到 A' 点位置，如图 1-6a 所示，即轮子绕转动轴转过角度 φ。角速度就是单位时间内轮子转过的角度，即

$$\omega = \frac{\varphi}{t} \tag{1-1}$$

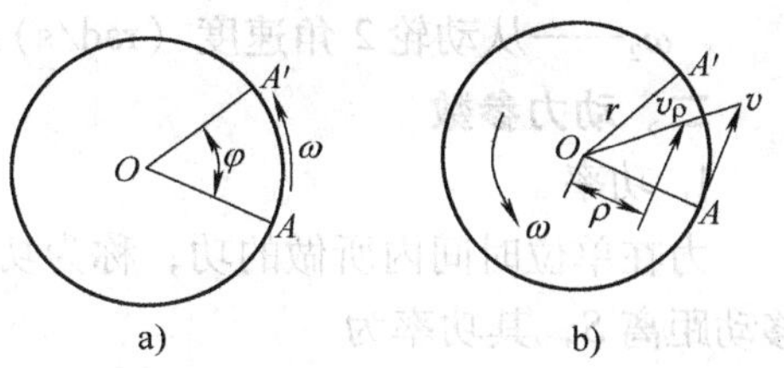

图 1-6 构件转动示意图

式中 ω——角速度（rad/s）；

φ——轮子在时间 t 内转过的角度（rad）。

角速度 ω 与转速 n 之间的关系为

$$\omega = \frac{2\pi n}{60} = \frac{\pi n}{30} \tag{1-2}$$

式中 n——轮子每分钟转过的转数（r/min）。

2. 线速度

作定轴转动的构件，其上所有点的角速度相同，但各点的运动快慢不一样。因此用线速度表示构件上任意点运动快慢的程度。

线速度等于角速度与转动半径的乘积，其方向与转动半径垂直，与转动构件的转向一致，如图 1-6b 所示。构件任意点的线速度为

$$v_\rho = \rho\omega$$

式中 v_ρ——轮子任意点的线速度（m/s）；

ρ——轮子上任意点到转动轴 O 的距离（mm）。

距离转动轴 O 越远，其线速度越大。当 $\rho = r$ 时，得

$$v = r\omega = r\frac{2\pi n}{60 \times 1000}$$

则

$$\omega = \frac{2\pi n}{60 \times 1000}$$

由于运动半径 $r = \frac{d}{2}$，d 为轮子的直径（mm）；因此，线速度又可写成

$$v = r\frac{2\pi n}{60 \times 1000} = \frac{\pi d n}{60 \times 1000} \tag{1-3}$$

式中 n——轮子每分钟转过的转数（r/min）；

v——轮缘上的线速度（m/s）。

3. 传动比

当机械传动传递回转运动时，主动轮转速 n_1（或角速度 ω_1）与从动轮转速 n_2（或角速度 ω_2）的比值，称为传动比

$$i = \frac{n_1}{n_2} = \frac{\omega_1}{\omega_2} \tag{1-4}$$

式中 n_1——主动轮 1 转速（r/min）；

n_2——从动轮 2 转速（r/min）；

ω_1——主动轮 1 角速度（rad/s）；

ω_2——从动轮 2 角速度（rad/s）。

二、动力参数

1. 功率

力在单位时间内所做的功，称为功率，用 P 表示。若一受力为 F 的物体，在时间 t 内被移动距离 S，其功率为

$$P = \frac{FS}{t} = Fv \tag{1-5}$$

式中　F——力在运动方向的投影（N）；

S——距离（m）；

t——时间（s）；

v——物体的运动速度（m/s）。

对于转动构件，如在转动构件上某点 A 作用一力 F，其切向分力为 F_t，而 A 点的线速度为 $v=r\omega$，则

$$P = F_t v = F_t r\omega = M\omega \tag{1-6}$$

式中　M——力 F_t 对构件转动轴之矩，简称转矩（N·m）。

2. 转矩

常用功率 P 和转速 n 来计算转矩的大小，将 $\omega=\dfrac{2\pi n}{60\times1000}$代入式（1-6），得

$$M = 9550 \times \frac{P}{n} \tag{1-7}$$

式中　P——转轴的输入功率（kW）；

n——转轴的转速（r/min）；

M——转轴的转矩（N·m）。

3. 机械效率

机械工作时，由于摩擦力等阻力的存在，必然要损耗一部分功率。为了度量机械输入功率被利用的程度，引入了机械效率的概念。

输出功率 P_2 与输入功率 P_1 的比值，称为机械效率，用 η 表示，即

$$\eta = \frac{P_2}{P_1} \times 100\% \tag{1-8}$$

因为输出功率总是小于输入功率，所以机械效率总是小于 1。各种机构的机械效率可从《机械设计手册》中查到。

机械传动效率是衡量机械驱动功率的有效利用程度，是反映机械传动装置性能的重要参数之一。当机械传动由多级传动机构串接而成时，其总传动效率等于各级传动机构效率的连乘积，即

$$\eta_{总} = \eta_{12}\eta_{23}\eta_{34}\cdots\eta_{n(n+1)} \tag{1-9}$$

式中　η_{12}、η_{23}、η_{34}、…、$\eta_{n(n+1)}$——第 1 级、第 2 级、第 3 级、…、第 n 级传动的机械效率。

第六节　构件的强度

为了保证整个机器或结构能正常工作，要求每个构件（零件）应有足够的承载能力，即每个构件都应具有足够的强度（抵抗破坏的能力）；具有足够的刚度（抵抗变形的能力），即不能发生过大的弹性变形和塑性变形；具有足够的耐磨性，不打滑，不过热，运动精度高等性能。这样，机器才能安全可靠地工作。

构件满足这些性能的能力，称为工作能力。如对载荷而言的能力称为承载能力。构件丧失工作能力或达不到要求的性能时，称为失效。

强度是反映构件承受载荷时，抵抗破坏能力的重要指标。

一、载荷与应力

（一）静载荷与变载荷

作用在构件上的力或力矩都称为载荷。载荷按大小或方向是否随时间变化分为静载荷和变载荷两类。

1. 静载荷

大小或方向不随时间变化的载荷或变化缓慢的载荷，称为静载荷。如重力、卧式锅炉所受的载荷。

2. 变载荷

大小或方向随时间变化的载荷，称为变载荷。如机床齿轮轴、火车轮轴所受的载荷等，都是变载荷。

（二）名义载荷与计算载荷

1. 名义载荷

根据原动机额定功率计算出作用在构件上的载荷，称为名义载荷。这是机器在平稳工作条件下作用在构件上的载荷，例如对于螺栓联接、键、销联接、轴等构件采用的都是名义载荷的计算方法。

2. 计算载荷

考虑构件受到冲击、振动和载荷在构件上分布不均匀等因素，用载荷系数 K 对名义载荷进行修正所得到的载荷，称为计算载荷。如力 F 或力矩 T 表示名义载荷，F_C 或 T_C 表示计算载荷，则计算载荷与名义载荷关系为

$$F_C = KF$$

或

$$T_C = KT$$

通常齿轮、滚动轴承和联轴器等的承载能力按计算载荷计算。各种构件的载荷系数 K 值是不相同的，K 值的具体数值，详见后述各章。

（三）应力

当构件受到载荷作用时，构件截面上各质点间有力的作用。构件截面上各质点间的力，称为内力。内力在构件横截面上分布的情况为分布集度，称为应力。

应力是构件强度计算的重要内容，必须牢牢掌握。应力按大小或方向是否随时间变化分为静应力和变应力。

1. 静应力及其特性

大小或方向不随时间变化或变化缓慢的应力，称为静应力，如图 1-7a 所示。

用最小应力 σ_{min} 和最大应力 σ_{max} 的比值来说明应力的变化规律，该比值称为应力循环特性，即

$$\gamma = \frac{\sigma_{min}}{\sigma_{max}} = 1$$

通常用 σ_{+1} 表示静应力。

2. 变应力及其特性

大小或方向随时间变化的应力，称为变应力，也称为交变应力。图 1-7b、c、d 所示分别为常见的几种变应力曲线。

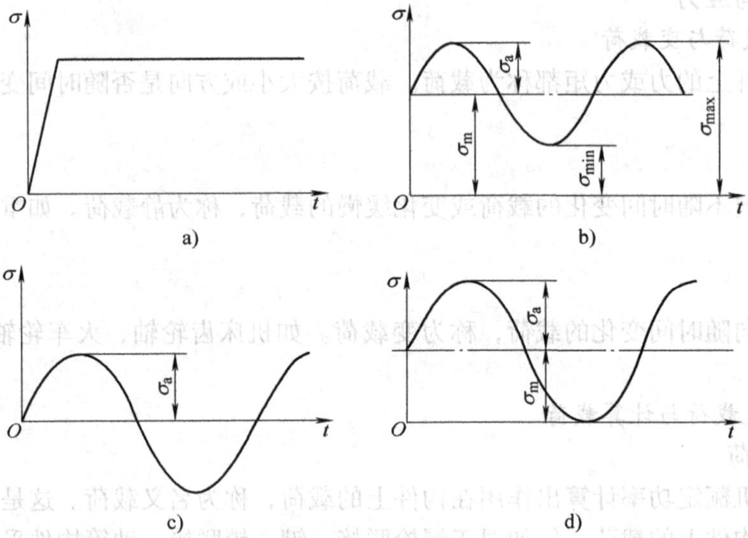

图 1-7　应力的类型

a）静应力　b）非对称循环变应力　c）对称循环变应力　d）脉动循环变应力

如果变应力呈周期性变化，则称为循环变应力或交变应力。如图 1-7b、c、d 所示均为循环变应力。

变应力可由变载荷产生，也可由静载荷产生。

如图 1-8a 所示，齿轮轴在受到大小不变的载荷 F 作用转动时，齿轮轴表面上任一点在横截面上的弯曲正应力，均随时间作周期性的变化，当齿轮轴旋转一周，轴横截面边缘上 K 点的位置将由 1→2→3→4→1 变化（见图 1-8b），K 点的应力变化从 $0 \to \sigma_{max} \to 0 \to \sigma_{min} \to 0$（见图 1-8c）。$K$ 点的弯曲正应力为交变应力。这种应力每重复变化一次的过程，称为一个应力循环。

变应力可分为下列三种类型：

（1）对称循环变应力　最大应力与最小应力数值相等而符号相反的交变应力，即 $\sigma_{max} = -\sigma_{min}$。其应力循环特性为

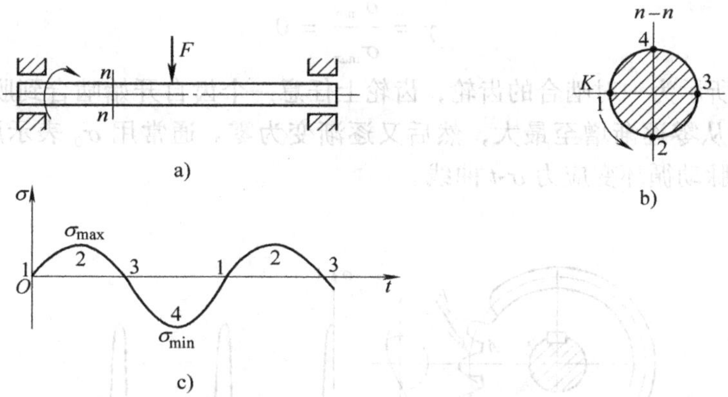

图 1-8　对称循环变应力曲线

a）齿轮轴受力图　b）轴剖面图　c）应力曲线

$$\gamma = \frac{\sigma_{\min}}{\sigma_{\max}} = -1$$

例如，齿轮轴（见图 1-8a）受力 F 作用转动时，轴表面上任一点的正应力，便是对称循环变应力，通常用 σ_{-1} 表示对称循环变应力。图 1-8c 所示为对称循环变正应力 σ-t 曲线。

（2）非对称循环变应力　最大应力与最小应力数值不等的交变应力。

最大应力与最小应力数值均为正，其应力循环特性为

$$\gamma = \frac{\sigma_{\min}}{\sigma_{\max}} < 1$$

图 1-9a 所示为轴的强迫振动实验。在电动机重力 G 作用下，轴产生弯曲变形而处于静平衡位置。当电动机旋转时，轴在电动机转子偏心惯性力 Q 的作用下受强迫振动，轴横截面上各点的应力 σ 均随时间 t 作周期性变化，其曲线为非对称循环变应力曲线，如图 1-9b 所示。

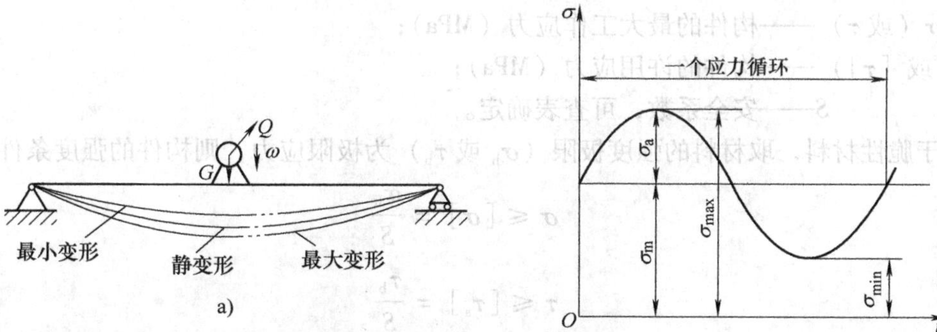

图 1-9　非对称循环变应力曲线

a）轴的强迫振动实验　b）应力曲线

（3）脉动循环变应力　最小应力 $\sigma_{\min}=0$ 的交变应力，其应力循环特性为

$$\gamma = \frac{\sigma_{\min}}{\sigma_{\max}} = 0$$

如图 1-10a 所示为一对啮合的齿轮，齿轮上任意一个齿自开始啮合到脱离的过程中，齿根处的弯曲应力从零逐渐增至最大，然后又逐渐变为零。通常用 σ_0 表示脉动循环变应力。图 1-10b 所示为脉动循环变应力 σ-t 曲线。

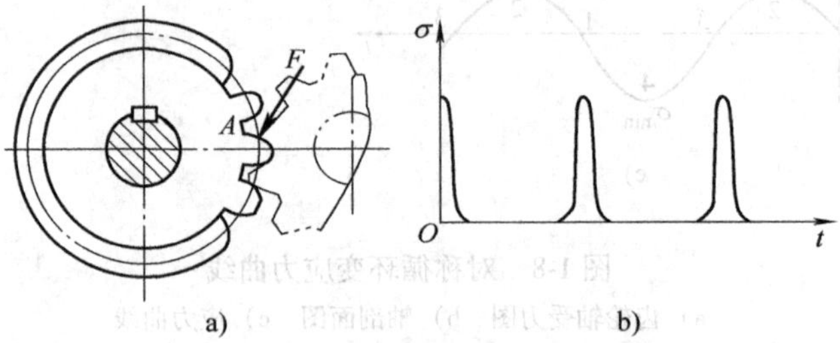

图 1-10　脉动循环变应力曲线

a）齿轮受力　b）应力曲线

二、构件的体积强度

构件受载时，应力在较大体积内产生所形成的构件强度，称为体积强度。

1. 静应力下构件的强度

构件在静应力作用下，主要失效形式是塑性变形或断裂。为了保证构件正常工作，应按照不发生塑性变形的条件进行强度计算。

对于塑性材料，取材料的屈服极限（σ_s 或 τ_s）为极限应力，则构件的强度条件为

$$\sigma \leqslant [\sigma] = \frac{\sigma_s}{S}$$

或

$$\tau \leqslant [\tau] = \frac{\tau_s}{S}$$

式中　σ（或 τ）——构件的最大工作应力（MPa）；

$[\sigma]$（或 $[\tau]$）——构件的许用应力（MPa）；

S——安全系数，可查表确定。

对于脆性材料，取材料的强度极限（σ_b 或 τ_b）为极限应力，则构件的强度条件为

$$\sigma \leqslant [\sigma] = \frac{\sigma_b}{S}$$

或

$$\tau \leqslant [\tau_s] = \frac{\tau_b}{S}$$

2. 构件的疲劳强度

大多数的构件都是在交变应力作用下工作的，主要的失效形式是疲劳断裂。构件在交变应力作用下的破坏，称为疲劳破坏。

构件在交变应力作用下，虽然所受应力低于材料的强度极限 σ_b，甚至低于屈服极限 σ_s，但经过应力的多次重复后，构件表面将产生微小裂纹，随后裂纹逐渐扩展。即使是塑性较好

的材料，经过多次应力循环后，也会像脆性材料那样发生突然断裂，断裂前也无明显的塑性变形。

从疲劳破坏试验中还可以看到，在疲劳破坏的断口上，有较明显的两个区域，一个是光滑区，一个粗糙区，如图 1-11 所示。

通常认为，构件发生疲劳破坏的原因是：当交变应力的大小超过一定限度并经历了足够多次的应力循环作用后，便在构件中应力最大处或材质薄弱处产生细微裂纹。随着应力循环次数增加，裂纹逐渐扩展。在扩展的过程中，由于应力的交替变化，裂纹两表面时分时合，互相挤压，类似研磨作用，形成断口表面的光滑区；随着裂纹不断扩展，构件横截面的有效面积逐渐减少，应力随之增大，当有效面积不能承受外力时，构件就会沿着减少的截面突然断裂，形成断口的粗糙区。

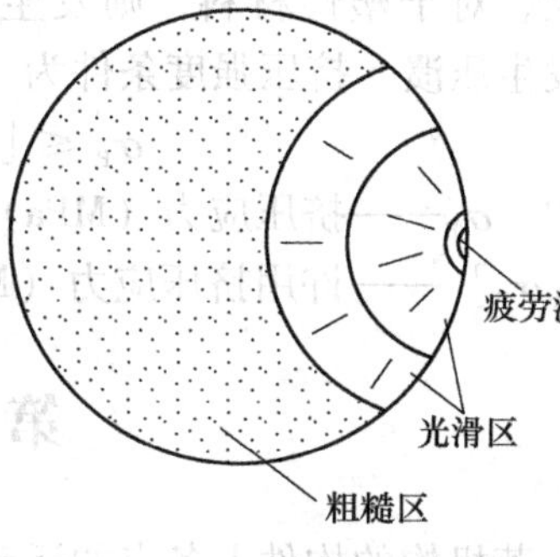

图 1-11　疲劳破坏

这种破坏情形是在没有明显的塑性变形的情况下突然发生的，极易造成严重事故。

疲劳断裂与静力断裂不同，疲劳断裂与应力大小、循环特性、应力循环次数有关。变应力的极限应力称为疲劳极限，对于钢铁材料，应力循环次数为 10^7 的疲劳极限，对于非铁金属，应力循环次数为 10^8 的疲劳极限。

通常手册中给出的疲劳极限是：静应力的疲劳极限为 σ_{+1}；脉动循环的疲劳极限为 σ_0；对称循环的疲劳极限为 σ_{-1}。

构件在变应力作用下的强度条件为

$$\sigma \leqslant [\sigma]$$

式中　σ——构件的最大工作应力（MPa）；

$[\sigma]$——构件的许用应力（MPa）。

由于构件的形状、尺寸大小、表面状态等因素不同，对于不同的构件还要引入尺寸系数、表面系数，从而对材料的疲劳极限加以修正。

3. 构件的表面强度

构件受载时，应力在较浅的表层内产生，如接触应力、挤压应力等，则这种应力状态下的构件强度，称为表面强度。

（1）表面接触强度　表面接触的构件在机械中较多，例如相啮合的两个齿轮的齿面、凸轮与从动件的工作表面、滚动轴承滚动体与套圈工作面等。接触应力分布如图 1-12 所示。接触强度条件为

$$\sigma_H \leqslant [\sigma_H] = \frac{\sigma_{Hlim}}{S_H}$$

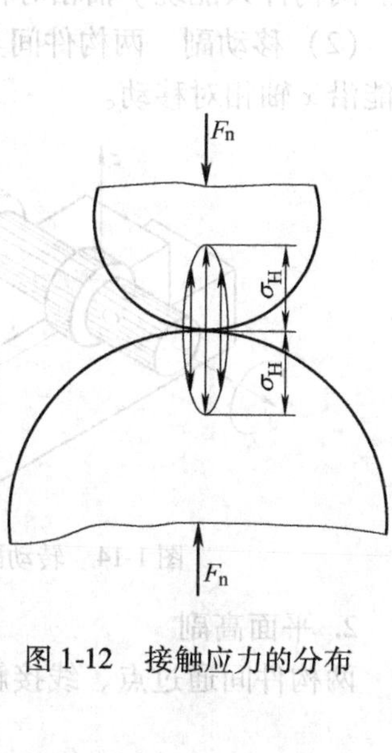

图 1-12　接触应力的分布

式中　σ_H——构件的接触应力（MPa）；

$[\sigma_H]$——构件的许用接触应力（MPa）；

σ_{Hlim}——构件材料的接触疲劳极限；

S_H——接触强度安全系数。

（2）表面挤压强度　面接触而无相对运动的构件，在传递载荷时，接触表面因互相挤压产生压应力，如图 1-13 所示键的受力，这种压应力称为挤压应力。如果挤压应力过大，对于塑性材料，则发生塑性变形；对于脆性材料，则发生压溃。挤压强度条件为

$$\sigma_P \leqslant [\sigma_P]$$

式中　σ_P——挤压应力（MPa）；

$[\sigma_P]$——许用挤压应力（MPa）。

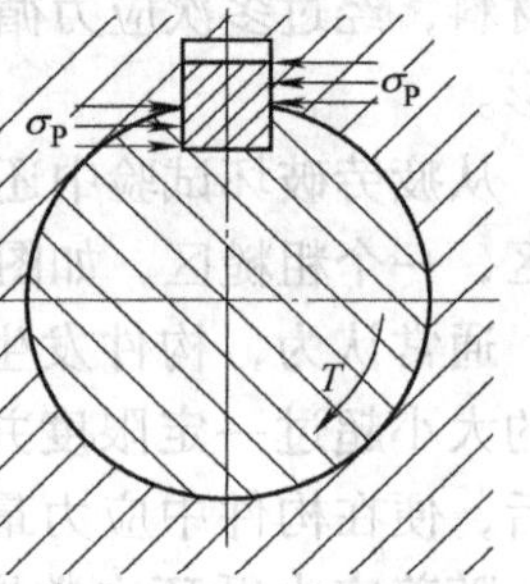

图 1-13　平键联接的挤压应力

第七节　平面机构运动简图

若机构的构件上各点的运动轨迹都是平面轨迹，且各轨迹平面都与某固定平面平行，则称该机构为平面机构。平面机构各运动构件都作平面运动。工程上常用机构多为平面机构。机构运动简图是由国家标准规定的线条和运动副绘制的。

一、运动副

机构由构件组合而成，每一个构件都以一定的方式至少与另一个构件相连接，这种由两个或两个以上构件直接接触并能产生相对运动的连接，称为运动副。如轴与轴承的连接、两个齿轮的接触、凸轮和从动杆的接触等，都构成了运动副。

构成运动副的两构件间的接触有点、线、面三种形式。根据接触形式的不同，通常将运动副分为低副和高副。

1. 低副

两构件通过面接触组成的运动副，称为低副。低副按构件相对运动形式不同，分为转动副和移动副。

（1）转动副　两构件间具有相对转动的运动副，称为转动副，也称铰链，如图 1-14 所示。两构件只能绕 y 轴相对转动，即沿 x 轴、z 轴的相对移动受到约束。

（2）移动副　两构件间具有相对移动的运动副，称为移动副，如图 1-15 所示。两构件只能沿 x 轴相对移动。

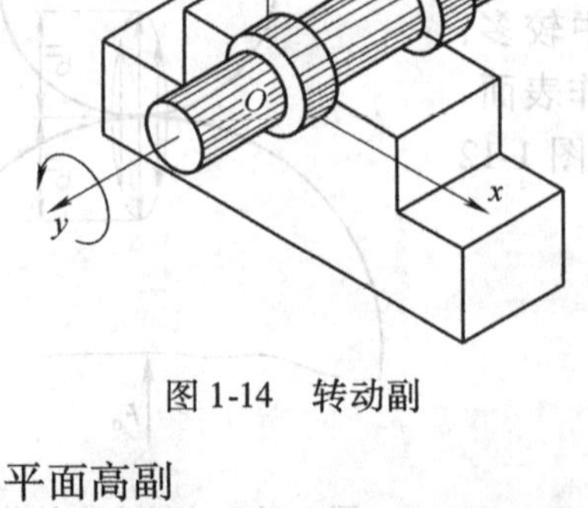

图 1-14　转动副

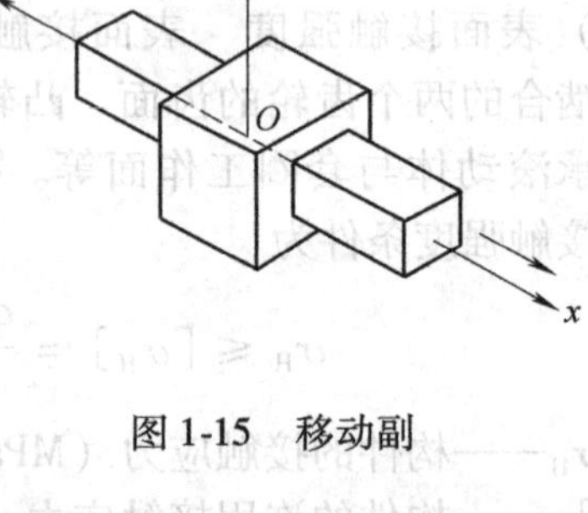

图 1-15　移动副

2. 平面高副

两构件间通过点、线接触构成的运动副，称为高副。平面高副中最常见的运动副是凸轮

副和齿轮副。

（1）凸轮副　如图 1-16 所示，凸轮 1 与从动件 2 点接触或线接触形成的运动副，称为凸轮副。由图可知，凸轮与从动件彼此可沿接触点的切线 t-t 方向作相对移动和绕 A 点作相对转动，而沿法线 n-n 方向的相对移动受到约束，即从动件不能与凸轮分离，也不能嵌入凸轮中。

（2）齿轮副　如图 1-17 所示，齿轮 1 与齿轮 2 线接触形成的运动副，称为齿轮副。齿轮副与凸轮副性质相似。

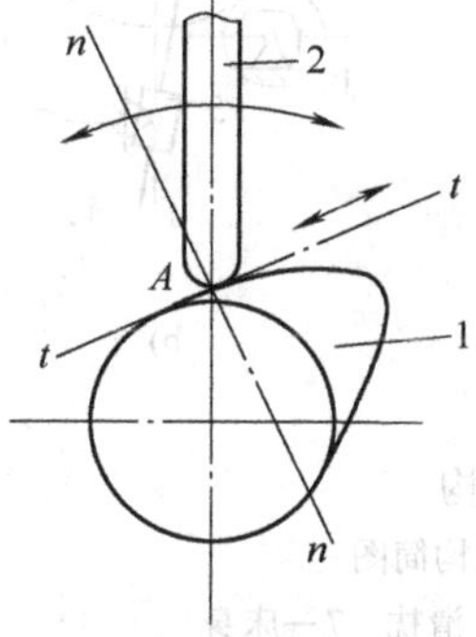

图 1-16　凸轮副

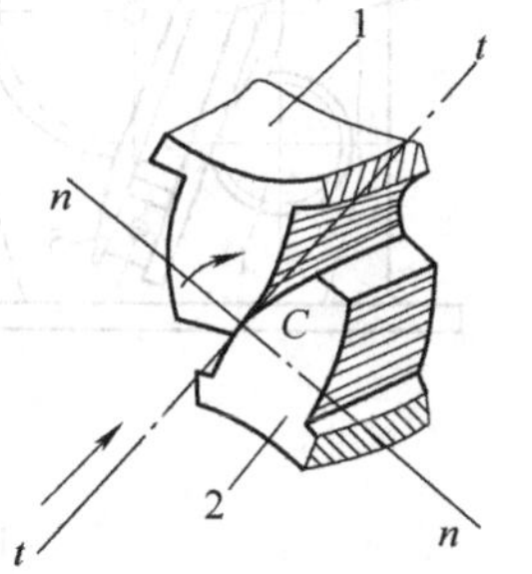

图 1-17　齿轮副

二、平面机构运动简图

在研究机构运动时，为了使问题简化，可以不考虑那些与运动无关的构件外形和运动副的具体构造，仅用国家规定的简单符号和线条代表运动副和构件，并按一定的比例尺表示机构的相互位置尺寸，绘制出的图形，称为机构的运动简图。机构运动简图的绘制步骤如下：

1）分析机构的动作原理，找出机架、原动件、从动件。

2）沿着运动传递路线，逐一分析各构件间的相对运动性质，确定运动副的类型和数目。

3）选择与各构件运动平面平行的平面，作为绘制运动简图的视图平面。

4）选取构件和运动副规定的符号，选择合适的比例，确定各运动副的相互位置，绘制出机构运动简图。

下面以图 1-18 为例，具体说明机构运动简图的绘制方法。

例 1-1　试绘制图 1-18a 中牛头刨床的运动机构简图。

解：1）牛头刨床主体运动机构由齿轮 1 和 2、滑块 3、导杆 4、摇块 5、滑枕 6 及床身 7 组成。齿轮 1 为原动件，床身 7 为机架，其余 5 个活动件为从动件。

2）齿轮 1、2 组成齿轮副；小齿轮 1 与床身 7 组成转动副；大齿轮 2 与床身 7、滑块 3 分别组成转动副；导杆 4 与滑块 3、摇块 5 分别组成移动副；导杆 4 与滑枕 6 组成转动副；摇块 5 与床身 7 组成转动副；滑枕 6 与床身 7 组成移动副。即本机构中共有一个齿轮副、五个转动副和三个移动副。

3）选择适当的瞬时运动位置，按规定符号画出齿轮副、转动副、移动副及机架，并标注构件号及表示原动件的箭头，如图 1-18b 所示。

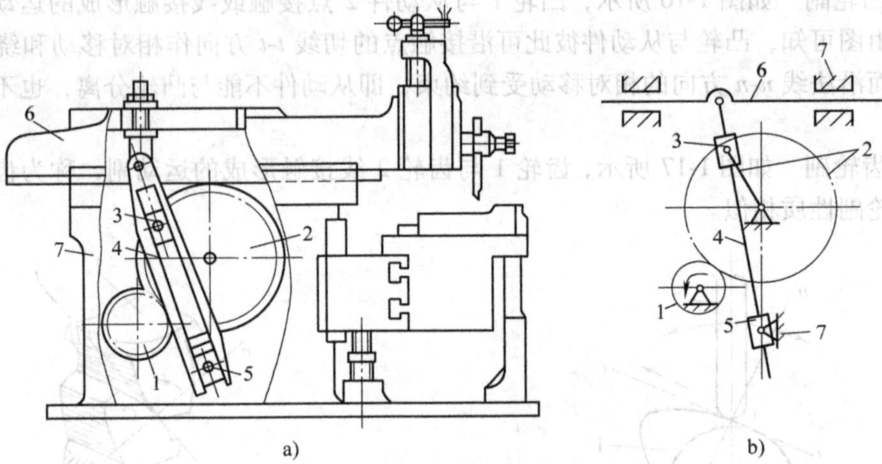

图 1-18　牛头刨床主体运动机构

a）牛头刨床主体运动机构　b）运动机构简图

1、2—齿轮　3—滑块　4—导杆　5—摇块　6—滑枕　7—床身

第八节　机构具有确定运动的条件

一、构件的自由度

构件具有的独立运动数目，称为构件的自由度。一个构件在未与其他构件连接前，在平面内可沿 X 轴和 Y 轴移动，还可在 XOY 平面内转动，即有三个自由度，如图 1-19 所示。

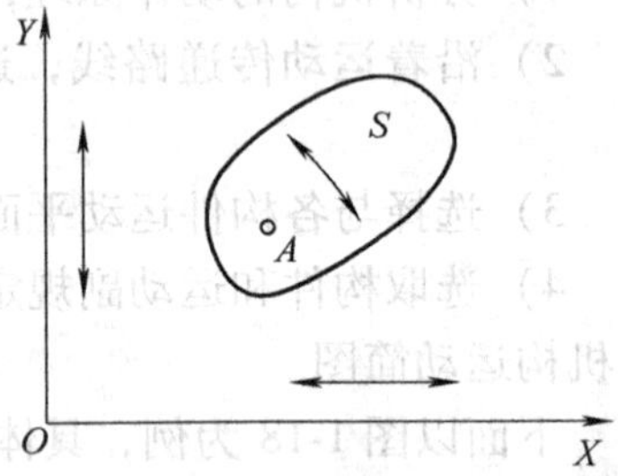

图 1-19　构件的自由度

二、平面运动副对构件的约束

两个构件直接接触构成运动副后，构件的某些独立运动将受到限制，自由度随之减少，构件之间只允许产生某种相对运动。运动副对构件独立运动的限制称为约束。运动副的类型不同，约束的数目也不同。

如图 1-14、1-15 所示，转动副与移动副使每个构件约束了两个自由度，保留了一个自由度；如图 1-16、1-17 所示，凸轮副与齿轮副使每个构件约束了一个自由度，保留了两个自由度。

三、平面机构的自由度

设平面机构共有 N 个构件，取其中一个作机架，则活动构件数目 $n=N-1$。在未通过运动副连接前，共有 $3n$ 个自由度，当用 P_L 个低副和 P_H 个高副连接组成机构后，每个低副引入两个约束，每个高副引入一个约束，共引入 $2P_L+P_H$ 个约束。因此，整个机构相对于机架的自由度数，即机构的自由度为

$$F = 3n - 2P_L - P_H \tag{1-10}$$

式（1-8）为机构自由度的计算公式。

例 1-2　计算如图 1-20 所示的平面四杆机构自由度。

解：机构中活动构件数目 $n=3$，A、B、C、D 各有一个转动副，故 $P_L=4$，$P_H=0$，则机构自由度为

$$F = 3n - 2P_L - P_H = 3\times3-2\times4-0=1$$

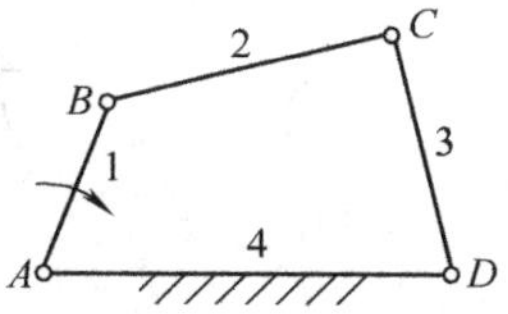

图 1-20　平面四杆机构

四、机构具有确定运动的条件

下面讨论，具备什么样的条件，机构才能有确定的运动呢？

如图 1-21a 所示，自由度 $F=3n-2P_L-P_H=0$，不能运动，只能构成静定桁架。

如图 1-21b 所示，自由度 $F=3n-2P_L-P_H=-1$，表示约束过多，为超静定桁架。

如图 1-22 所示，自由度 $F=3n-2P_L-P_H=2$，若同时取构件 1 和构件 4 为原动件，则构件 2 和构件 3 具有确定的相对运动；若只取构件 1 为原动件，则构件 2、3、4 的运动不能确定，只能作无规则运动。

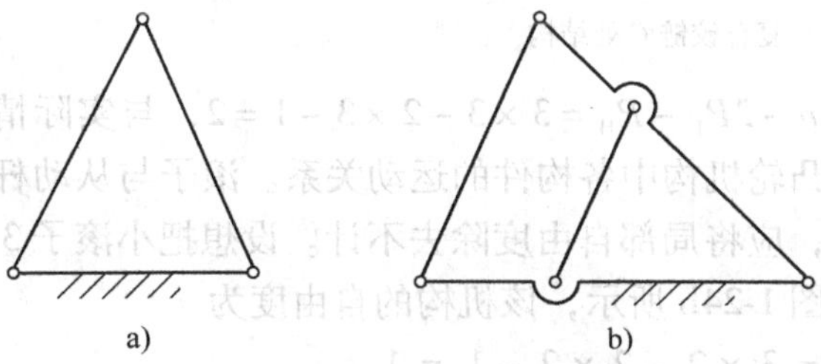

图 1-21　刚性桁架

a）静定桁架　b）超静定桁架

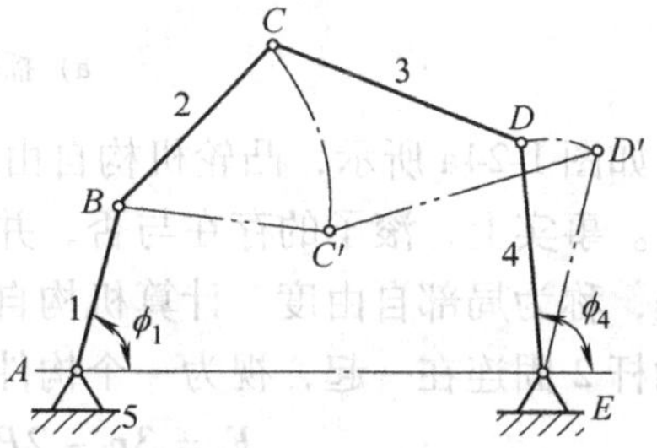

图 1-22　自由度为 2 的构件系统

如图 1-20 所示，自由度 $F=3n-2P_L-P_H=1$，若取构件 1 为原动件，则构件每转过一个角度，构件 2 和构件 3 便有一个确定的相对位置，即机构具有确定的相对运动；如果同时取构件 1 和构件 3 为原动件，则构件内部运动关系发生矛盾，其中较薄弱构件必将破坏。

综上所述，机构是否具有确定运动，与其自由度及给定的原动件数目有关。

1）当 $F\leqslant0$ 时，构件系统为刚性桁架。

2）当 $F>0$ 时，若原动件数目等于自由度数，各构件具有确定的相对运动。

所以，机构具有确定运动的条件为

$$\text{机构自由度数目} = \text{原动件数目}$$

五、计算机构自由度时注意特殊结构

1. 复合铰链

两个以上构件在同一处用转动副连接构成的运动副，称为复合铰链，如图 1-23a 中的 C 处。

由图 1-23b 可以看出，三个构件组成两个运动副。同理，若 K 个构件在一处相连，应具有 $(K-1)$ 个运动副。计算平面机构自由度时，应注意识别复合铰链，正确计算转动副的数目。

例 1-3　计算图 1-23 所示的摇筛机构的自由度。

解：机构中活动构件数目 $n=5$，A、B、D、E、F 各有一个转动副，C 处为 3 个构件组合的复合铰链，故 $P_L=7$，$P_H=0$，则机构自由度为

$$F = 3n - 2P_L - P_H = 3\times5-2\times7-0=1$$

自由度数目等于原动件数目，与实际情况相符，机构运动关系确定。

2. 局部自由度

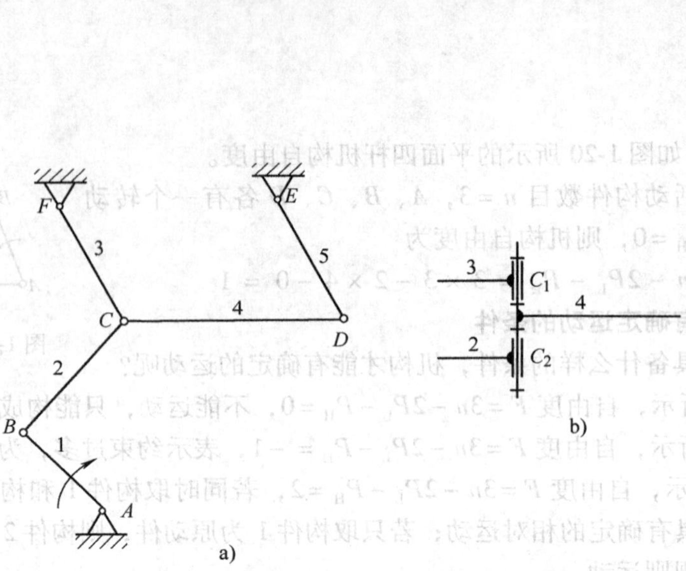

图 1-23　复合铰链

a）摇筛机构　b）复合铰链 C 处结构

如图 1-24a 所示，凸轮机构自由度 $F=3n-2P_{\mathrm{L}}-P_{\mathrm{H}}=3\times3-2\times3-1=2$，与实际情况不符。事实上，滚子的存在与否，并不影响凸轮机构中各构件的运动关系。滚子与从动杆铰接处，称为局部自由度。计算机构自由度时，应将局部自由度除去不计。设想把小滚子 3 与从动杆 2 固连在一起，视为一个构件，则如图 1-24b 所示，该机构的自由度为

$$F=3n-2P_{\mathrm{L}}-P_{\mathrm{H}}=3\times2-2\times2-1=1$$

自由度数目等于原动件数目，与实际情况相符，机构运动关系确定。

3. 虚约束

在运动副约束中，有些约束是重复的，对机构运动不起限制作用，重复约束称为虚约束。在计算机构自由度时，重复约束不计。

（1）两构件构成多个运动副　两构件组成若干个转动副，但其轴线互相重合，如图 1-25a所示；两构件组成若干个移动副，但导路互相平行或重合，如图 1-25b 所示。在这些情况下，只有一个运动副起约束作用，其余运动副的约束均为虚约束。

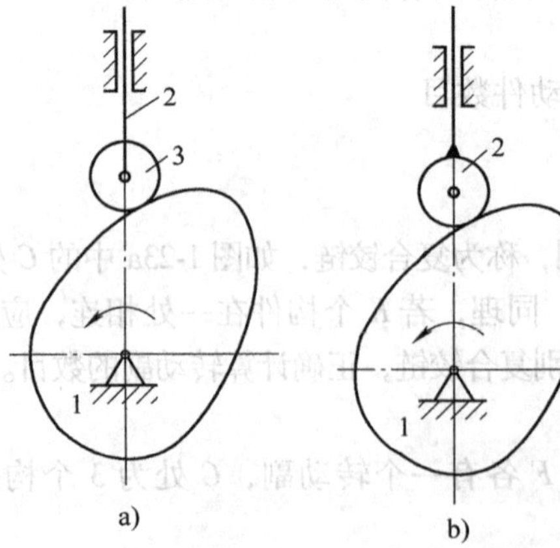

图 1-24　局部自由度

a）带有小滚子凸轮机构　b）将小滚子视为不动

1—凸轮　2—从动杆　3—小滚子

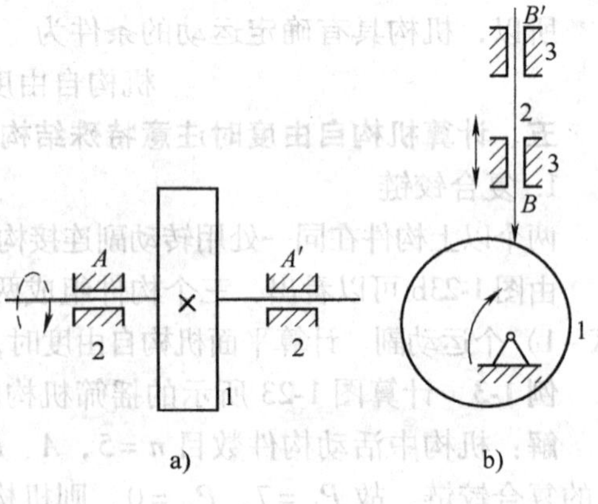

图 1-25　导路平行的虚约束

(2) 两构件上某两点间的距离保持恒定不变　如图 1-26 所示，构件 5 的加入，使机构增加了一个约束，而这个约束对机构并不起约束作用。

(3) 机构中对运动不起作用的对称部分　如图 1-27 所示的行星轮系，为了受力均衡，安装了三个相同的行星轮。实际上，只要一个行星轮就能满足运动要求，其余两个行星轮增加了虚约束。

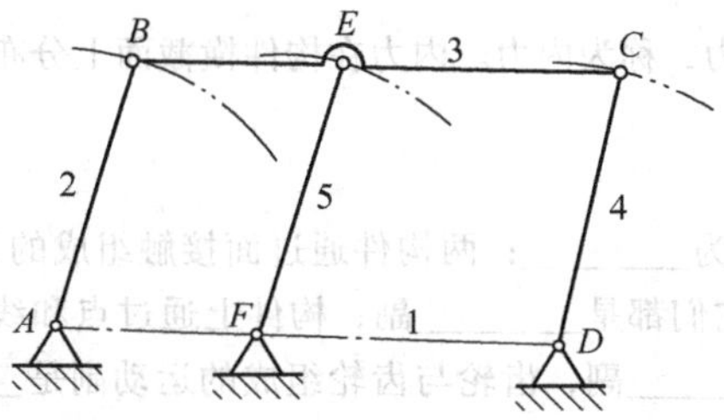

图 1-26　构件间的距离不变的虚约束

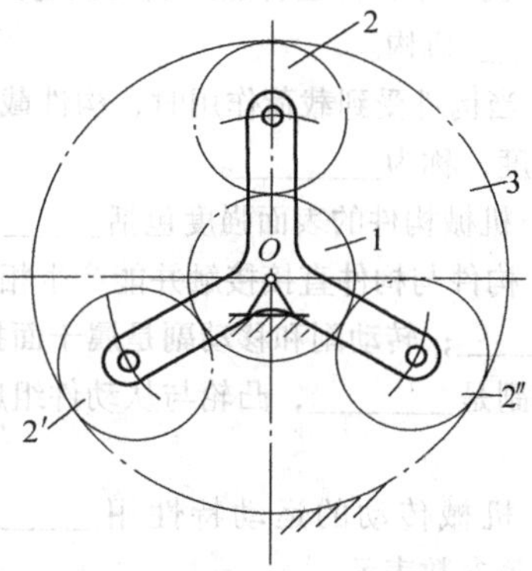

图 1-27　对称部分的虚约束

本章小结

机械是对机器和机构的统称，机器可以转换能量，而机构不能转换能量，这是机器与机构的区别；构件是机器或机构的运动单元，零件是机器的制造单元，部件是指机器中由若干个零件所组成的装配单元体。

制造构件或零件的常用材料为碳素钢、铸铁、铸钢、合金钢、非铁金属、非金属材料及复合材料，其中碳素钢和铸铁应用较广泛。为使构件体积小、重量轻、结构紧凑且达到所要求的工作能力，通常要进行普通热处理或表面热处理。

机器能正常工作的先决条件是：每个构件（或零件）都有足够的承载能力，具有足够的刚度，具有足够的耐磨性、不打滑、不过热、运动精度高等性能。强度是反映构件承受载荷时，抵抗破坏能力的主要指标。

构件运动的形式有平行移动和定轴转动，而构件较复杂的运动可看作是这两种运动的组合。

机械传动的运动特性通常用角速度、线速度、转速、传动比等参数表示；动力特性通常用功率、转矩、效率等参数表示。

构件以一定的方式与另一个构件相连接，这种两个或两个以上构件直接接触并能产生相对运动的连接，称为运动副。

用简单符号和线条代表运动副和构件，并按一定的比例尺表示机构的相互位置尺寸，绘制出的图形，称为机构的运动简图。

机构具有确定运动条件是：机构自由度数目 = 原动件数目；机构自由度计算公式为 $F = 3n - 2P_L - P_H$。

本章重点：构件的强度概念，构件运动形式，机械运动特性和机构自由度的计算。

思考题与习题

1-1 何谓机械、机器、机构、构件、零件?

1-2 机器由哪些部分组成?各部分起到什么作用?

1-3 机构示意图和机构运动简图有什么不同?

1-4 机构中构件上各点的运动轨迹都是________，且各轨迹平面都与某固定平面________，则称该机构为________机构。

1-5 当构件受到载荷作用时，构件截面上各质点间的力，称为内力。内力在构件横截面上分布的情况为分布集度，称为________。

1-6 机械构件的表面强度包括________。

1-7 构件与构件直接接触并能产生相对运动的连接称为________；两构件通过面接触组成的运动副，称为________；转动副和移动副是属于面接触的运动副，它们都是________副；构件上通过点和线接触组成的运动副是________，凸轮与从动件组成的运动副是________副，齿轮与齿轮组成的运动副是________副。

1-8 机械传动的运动特性用________、________等参数表示；动力特性用________、________、________等参数表示。

1-9 计算机构自由度时应注意________、________、________等特殊结构。

1-10 图 1-28 所示为一简易冲床机构，试绘制其机构运动简图，计算机构自由度，如有不合适处，请指出并提出改进方案。

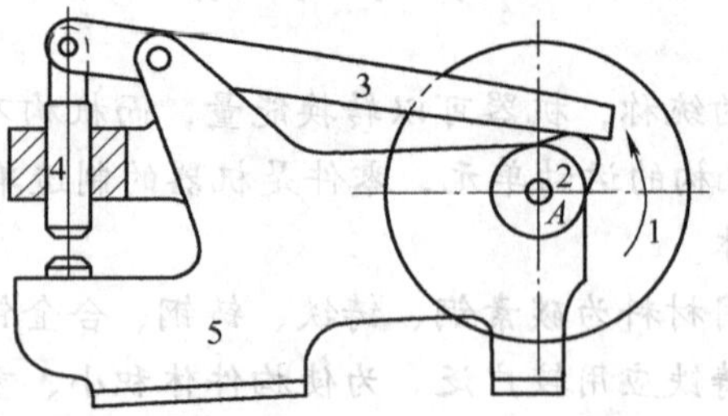

图 1-28 题 1-10

1-11 绘制如图 1-29 所示的颚式破碎机运动简图。

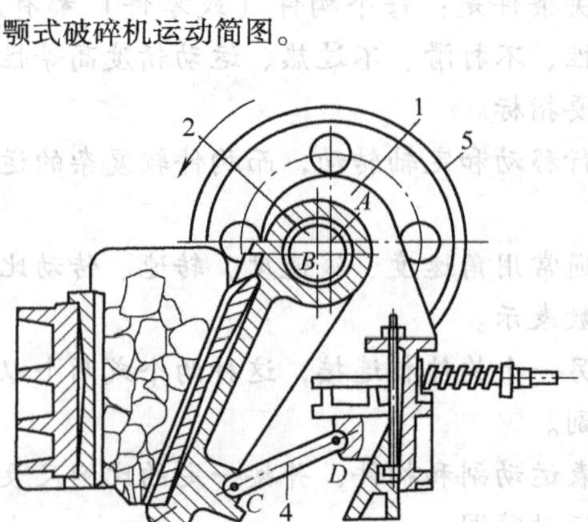

图 1-29 题 1-11

1—机架 2—偏心轮 3—颚板 4—连杆架 5—带轮

1-12　图 1-30 所示为各机构的运动简图，试计算各机构的自由度，并指出各机构出现复合铰链、局部自由度、虚约束之处（图中绘有箭头的构件为主动件）。

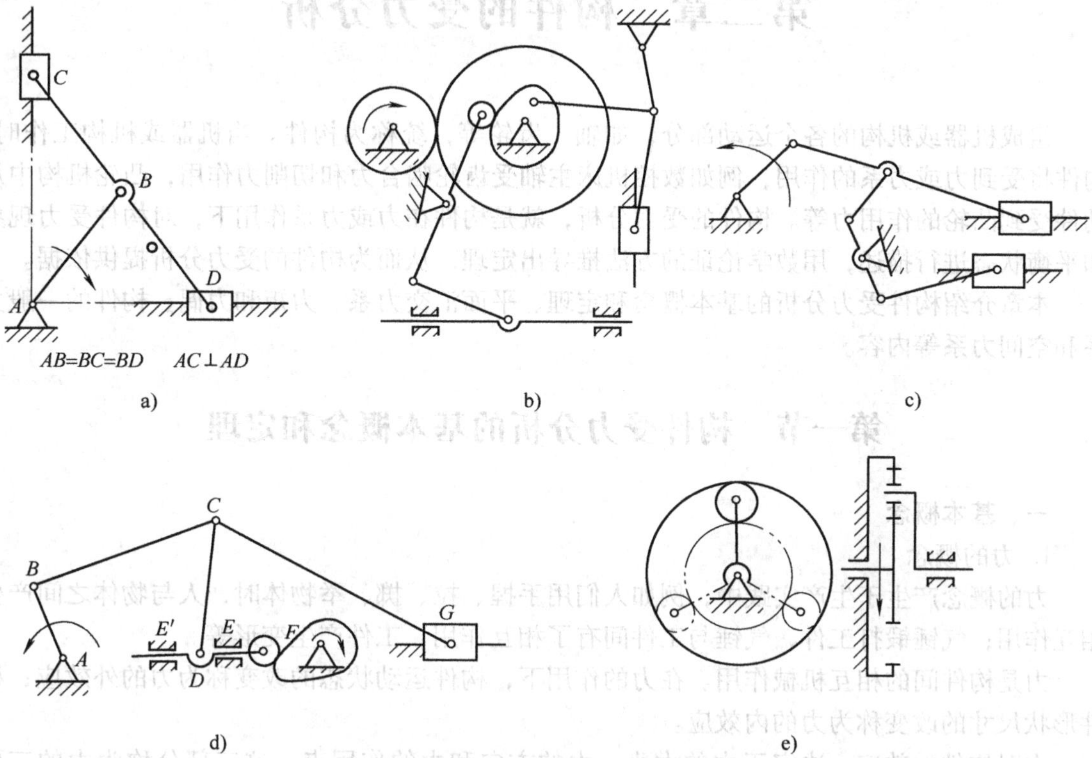

图 1-30　题 1-12

第二章　构件的受力分析

组成机器或机构的各个运动部分，如轴、齿轮等，统称为构件。当机器或机构工作时，构件将受到力或力系的作用，例如数控机床主轴受齿轮啮合力和切削力作用，凸轮机构中从动件受到凸轮的作用力等。构件的受力分析，就是构件在力或力系作用下，对构件受力现象和平衡状态进行描述，用数学论证的方法推导出定理，从而为构件的受力分析提供依据。

本章介绍构件受力分析的基本概念和定理、平面汇交力系、力矩和力偶、构件的一般力系和空间力系等内容。

第一节　构件受力分析的基本概念和定理

一、基本概念

1. 力的概念

力的概念产生于生产实践中，例如人们用手握、拉、掷、举物体时，人与物体之间产生相互作用；气锤锻打工件，气锤与工件间有了相互作用，工件产生变形等。

力是构件间的相互机械作用。在力的作用下，构件运动状态的改变称为力的外效应；构件形状尺寸的改变称为力的内效应。

力对构件的效应，决定于力的大小、力的方向和力的作用点，这三部分称为力的三要素。当三个要素中有任何一个改变时，力的作用效果就会改变。

2. 力的表示及单位

力是一个具有大小和方向的量，称为力矢量，以黑体字标记。力用一个有向线段表示，线段的长度按一定的比例尺，表示力的大小；线段箭头的指向表示力的方向；线段的始端 A 或末端 B 表示力的作用点，如图 2-1 所示。力 $\boldsymbol{F}$ 线段的延伸称为力的作用线，力的单位用牛顿（N）或千牛顿（kN）表示。

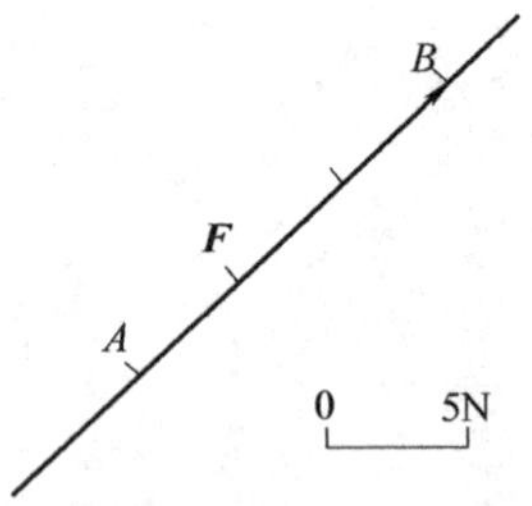

图 2-1　力的表示

3. 刚体的概念

在外力作用下不发生变形的构件，称为刚体。事实上，刚体是不存在的，任何构件受力后都将发生变形，但在微小变形对研究构件的平衡问题不起主要作用时，可以略去不计，静力学中研究的构件均视为刚体。

4. 力系的简化

若干个力组成的系统，称为力系；用简单力系代替复杂力系的过程称为力系的简化。

5. 平衡

平衡指构件相对于地球处于静止或匀速直线运动状态；若力系使构件处于平衡状态，则该力系称为平衡力系。

二、基本定理

1. 二力平衡定理

作用在刚体上的两个力，使刚体保持平衡的必要条件和充分条件是：这两个力大小相等，方向相反，且作用在同一直线上，如图 2-2 所示。

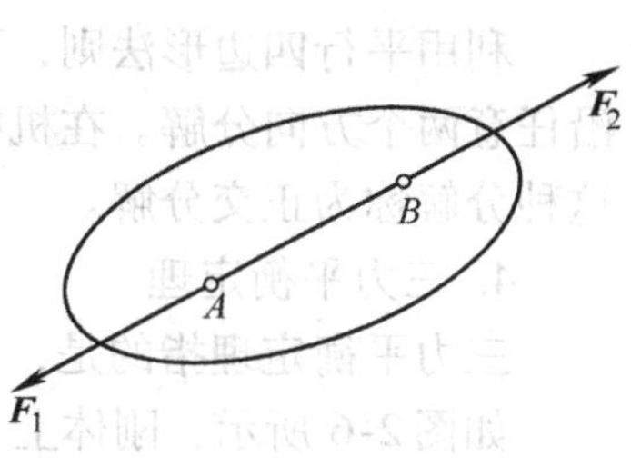

图 2-2　二力平衡

机械工程上，凡只受二力作用而处于平衡状态的构件，称为二力构件或二力杆。二力构件处于平衡时，其所受的两个力大小相等，方向相反，沿着作用点的连线分别作用在构件的两端。

如图 2-3a 所示的托架结构示意图，分析各杆受力情况时，通常将铰接点 A、B、C 三处假想拆开，且杆自重略去不计，杆 AC、杆 BC 即属于二力构件，其受力如图 2-3b 所示。

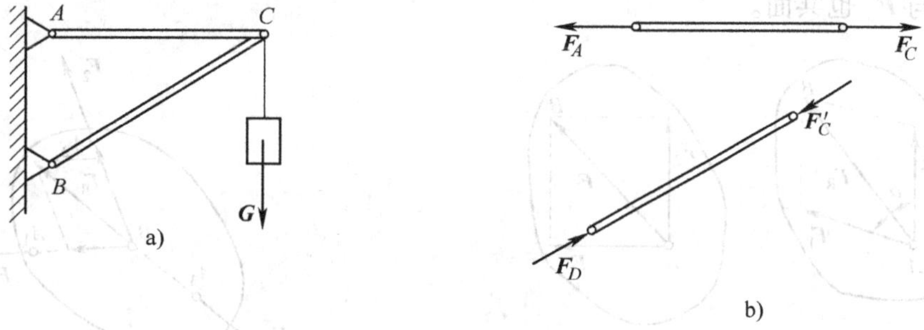

图 2-3　托架

a）结构示意图　b）二力构件

利用二力构件受力的性质，可解决机械工程中许多实际问题。

二力平衡定理只适用于刚体。对于刚体，等值、反向、共线作为平衡条件是必要的，也是充分的。但是，对于变形体，这个条件是不充分的。例如，绳索受两个等值、反向的拉力作用时可以平衡，而受两个等值、反向的压力作用时就不能平衡。

2. 平衡力系定理

如图 2-4 所示，在已知力系上加上或减去平衡力系，不改变原力系对刚体的作用效应。

由此得出结论：作用于刚体上某点的力可沿作用线移动到刚体内任一点，即力在刚体上具有可传性。如图 2-4 所示，在 A 点的作用力 $\boldsymbol{F}$ 和在 B 点的作用力 $\boldsymbol{F}_1$ 对小车作用的效果相同。

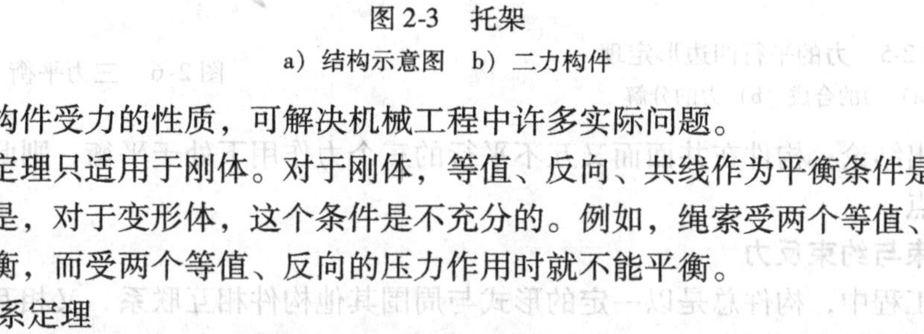

图 2-4　力的可传性

3. 平行四边形定理

作用于构件上同一点的两个力，可合成为一合力，合力作用于该点，大小和方向是以这两个力为邻边构成的平行四边形的对角线。如图 2-5a 所示，$\boldsymbol{F}_R$ 是 $\boldsymbol{F}_1$、$\boldsymbol{F}_2$ 的合力，符合矢

量加减法则，即

$$F_R = F_1 + F_2$$

利用平行四边形法则，可将一个力分解成作用于同一点的两个分力。显然，一个力可以沿任意两个方向分解。在机械工程中，常将力沿互相垂直的两个方向分解，如图 2-5b 所示，这种分解称为正交分解。

4. 三力平衡定理

三力平衡定理指的是，作用在刚体上的三个力汇交且处于平衡状态。

如图 2-6 所示，刚体上 A_1、A_2、A_3 三点分别作用有 $\boldsymbol{F}_1$、$\boldsymbol{F}_2$ 和 $\boldsymbol{F}_3$，其中 $\boldsymbol{F}_1$ 和 $\boldsymbol{F}_2$ 的作用线相交于 B 点，刚体在此三力作用下处于平衡状态。根据力的可传性，将力 $\boldsymbol{F}_1$ 和 $\boldsymbol{F}_2$ 移至汇交点 B，然后再根据力的平行四边形法则，将 $\boldsymbol{F}_1$、$\boldsymbol{F}_2$ 合成，得合力 $\boldsymbol{F}_R$，则力 $\boldsymbol{F}_3$ 应与 $\boldsymbol{F}_R$ 平衡，因而 $\boldsymbol{F}_3$ 必与 $\boldsymbol{F}_R$ 共线，亦 $\boldsymbol{F}_3$ 作用线也通过 B 点。另外，因为 $\boldsymbol{F}_1$、$\boldsymbol{F}_2$ 与 $\boldsymbol{F}_R$ 共面，所以 $\boldsymbol{F}_1$、$\boldsymbol{F}_2$ 与 $\boldsymbol{F}_3$ 也共面。

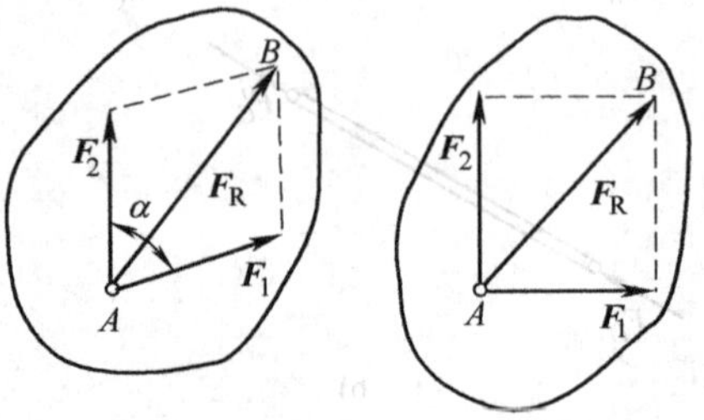

a)　　b)

图 2-5　力的平行四边形定理

a）力的合成　b）力的分解

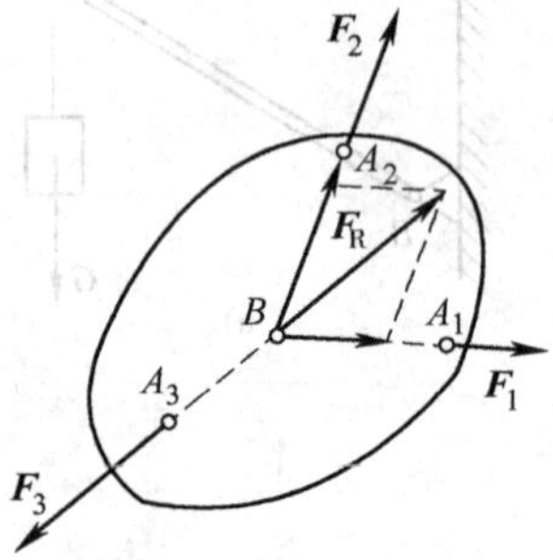

图 2-6　三力平衡

由此得出结论：构件在共面而又互不平行的三个力作用下处于平衡，则此三力的作用线必汇交于一点。

三、约束与约束反力

在机械工程中，构件总是以一定的形式与周围其他构件相互联系，又相互限制。构件受到周围物体限制，称为约束。

构件受的力可以分为主动力和约束力，能够使构件产生运动，或运动趋势的力，称为主动力，主动力通常都是已知的。这个限制构件运动或运动趋势的反作用力，称为约束反力，约束反力是未知力。现将机械中常见的几种约束类型分别叙述如下：

1. 柔性约束

由绳索、链条、带等柔性物体形成的约束，称为柔性约束。如图 2-7a 所示的绳索约束重物，使重物可停留在空间的相应位置。由于柔性体本身只能承受拉力，因此柔性约束反力作用在接触点，沿柔性体的中线，背离受力物体，用符号 $\boldsymbol{F}_T$ 表示，

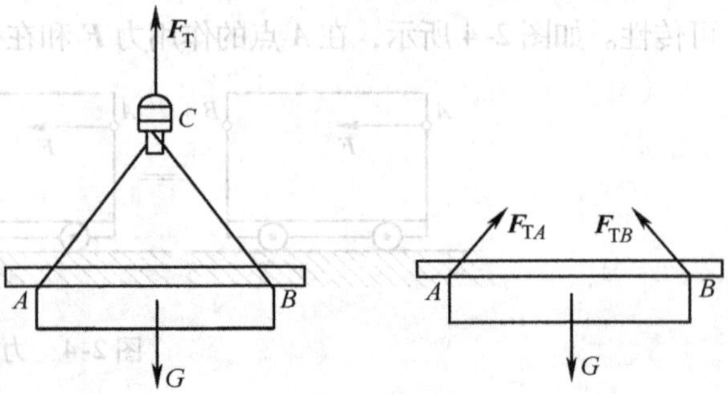

a)　　b)

图 2-7　柔性约束

a）结构　b）约束力的表示

如图 2-7b 所示。

如图 2-8a 所示的带传动，当柔性体绕过轮子时，常假想在柔性体的直线处截开。通常把包络在轮子上柔性体看成是轮子的一部分，约束力作用于切点，沿轮缘的切线方向，如图 2-8b 所示。

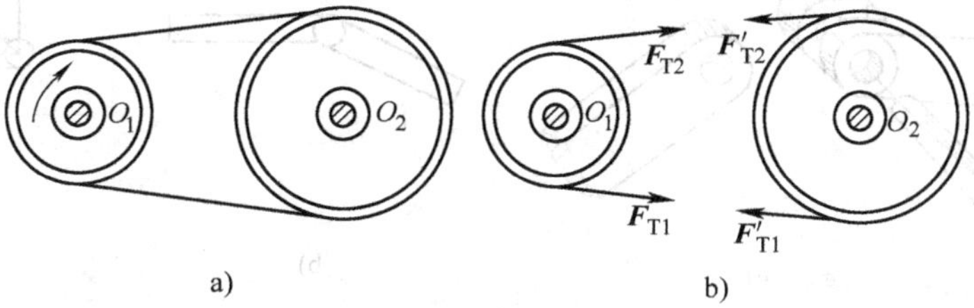

图 2-8 传动带的约束力

a）带传动 b）带的约束力

2. 光滑面约束

当两物体直接接触，并忽略接触处的摩擦时，把物体的接触面看成是完全光滑的刚性接触面，简称为光滑约束。其约束力作用在接触点，沿接触面法线方向，指向受力体，约束力用 $\boldsymbol{F}_{N}$ 表示。

图 2-9a 所示为一球体放置在 V 形槽上，在 A、B 两接触点处，约束力 $\boldsymbol{F}_{NA}$、$\boldsymbol{F}_{NB}$ 沿接触点法向线指向球体。

图 2-9b 所示为直杆与 U 形槽 A、B、C 三点处接触，三处的约束力均沿接触点的公法线方向，指向直杆。

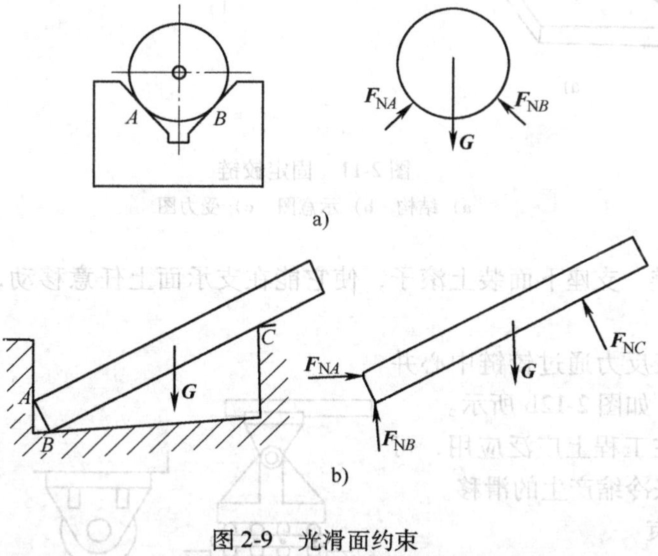

图 2-9 光滑面约束

a）V 形槽光滑面约束 b）U 形槽光滑面约束

3. 光滑铰链约束

（1）中间铰链连接 两构件采用圆柱销所形成的连接，称为铰链连接。若相连的两构件都不固定，称为中间铰链连接，如图 2-10a 所示。图 2-10b 所示为中间铰链示意图。

由于孔与圆柱销表面光滑接触且存在间隙，接触点不确定，故中间铰链对构件的约束力通过圆柱销中心，垂直于圆柱销轴线，方向不定。其约束力可由图 2-10c 中约束力 $\boldsymbol{F}$ 和角 α 或两正交分力 $\boldsymbol{F}_x$、$\boldsymbol{F}_y$ 表示。

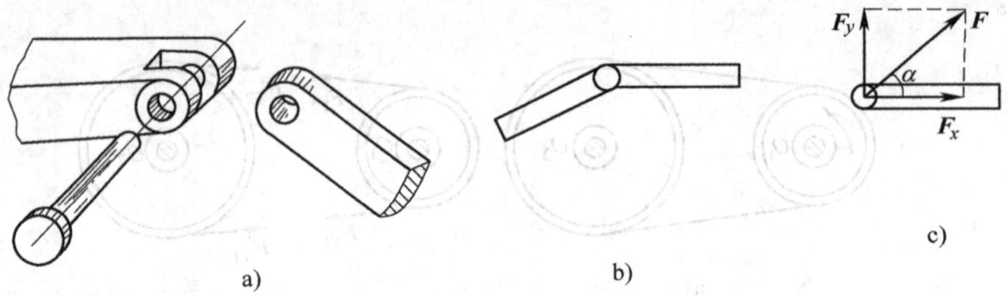

图 2-10　中间铰链

a）结构　b）示意图　c）受力图

（2）固定铰链连接　两构件采用圆柱销所形成的连接，其中有一个构件是固定的，称为固定铰链连接，如图 2-11a 所示。图 2-11b 所示为固定铰链示意图。

固定铰链约束的约束力沿圆柱销接触点的公法线通过圆柱销中心，方向不确定。通常用两个正交分力 $\boldsymbol{F}_x$、$\boldsymbol{F}_y$ 来表示。图 2-11c 所示的 $\boldsymbol{F}_A$ 为 $\boldsymbol{F}_{Ax}$、$\boldsymbol{F}_{Ay}$ 合力。

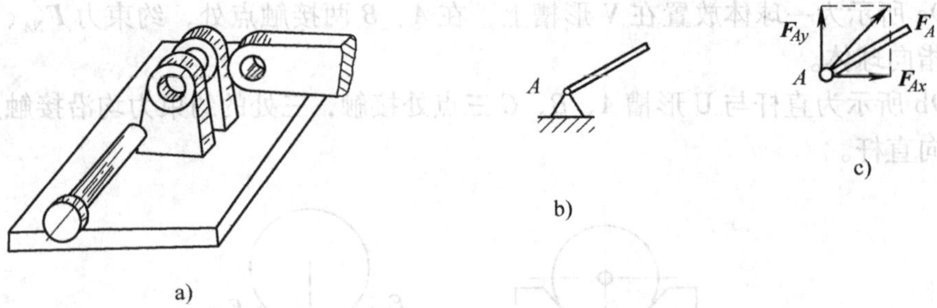

图 2-11　固定铰链

a）结构　b）示意图　c）受力图

（3）活动铰链　支座下面装上滚子，使它能在支承面上任意移动，称为活动铰链，如图 2-12a 所示。

活动铰链约束反力通过铰链中心并与支承面相垂直，如图 2-12b 所示。

活动铰支座在工程上广泛应用，可补偿构件由于热胀冷缩产生的滑移。

4. 固定端约束

固定端约束也是基本约束类型。图 2-13a 所示为固定于刀架上的车刀。这种约束的特点是构件一端被固定，既不允许构件随意移动，也不允许构件绕其

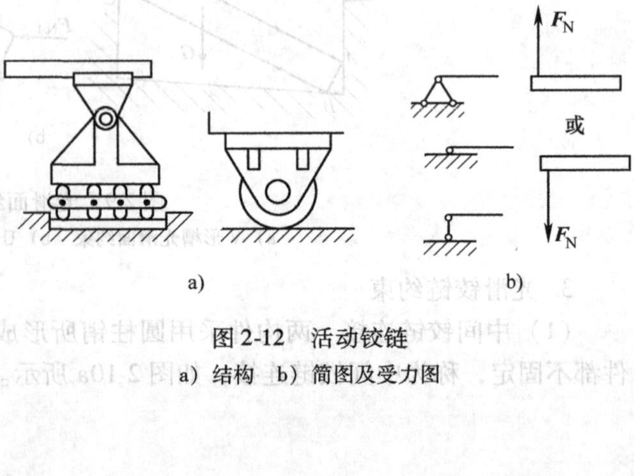

图 2-12　活动铰链

a）结构　b）简图及受力图

固定端转动，这种约束称为固定端约束。固定端约束，可简化为如图 2-13b、c 所示的简图。因此，固定端的约束就有两个约束反力 $\boldsymbol{F}_{Ax}$、$\boldsymbol{F}_{Ay}$ 和一个约束力偶矩 M_A。

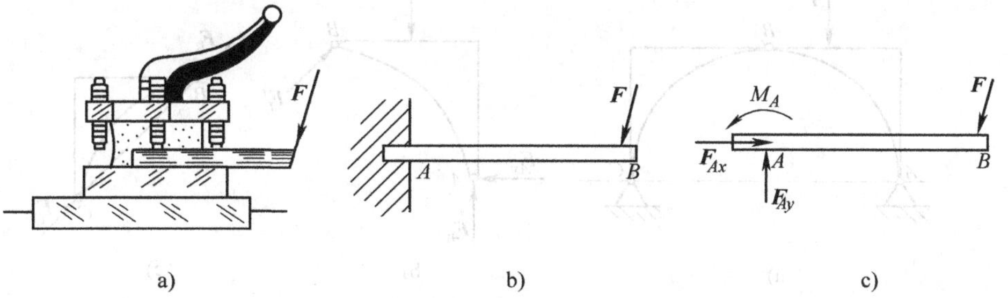

图 2-13　固定端约束

a）刀架　b）固定端约束　c）受力图

四、构件的受力分析

在研究构件受力平衡问题时，须画出构件的受力简图，以显示出力的作用位置与约束类型，对构件的受力情况进行分析。

对构件进行受力分析时，要先将构件从周围的物体中分离出来，解除约束后的构件称为分离体。在分离体上画出主动力和约束力，称为构件的受力图。

画构件受力图的步骤为：

1）解除约束，画出构件简图。

2）在简图上标注主动力。

3）在简图解除约束处，画出约束力。

例 2-1　如图 2-14a 所示，压路机拉动碾子以压平路面，碾子受到一障碍物的阻碍，如不计接触处的摩擦，试画出碾子的受力图。

解：1）以碾子为研究对象，并画出分离体，解除约束，如图 2-14b 所示。

2）画出主动力 $\boldsymbol{F}_P$ 和拉力 $\boldsymbol{F}$。

3）画出全部的约束反力，碾子在 A 处受到阻力 $\boldsymbol{F}_{NA}$ 的作用，在 B 处受到地面的支撑力 $\boldsymbol{F}_{NB}$ 的作用，它们都沿着碾子接触面的法线而指向碾子中心。

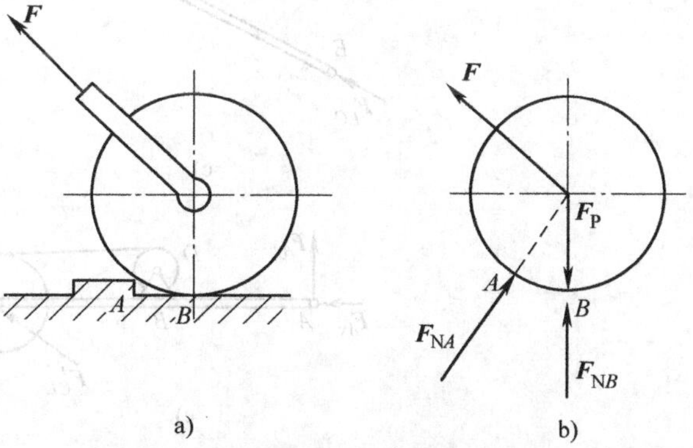

图 2-14　压路碾子的受力图

a）工作示意图　b）受力图

例 2-2　图 2-15a 所示的三铰拱桥，由左右两半拱铰接而成，试画左半拱的受力图。

解：1）以左半拱 AB 为研究对象，画出分离体，如图 2-15b 所示。

2）画主动力 $\boldsymbol{F}$。

3）画约束反力。右半拱为二力构件，受力如图 2-15c 所示。左半拱 B 端受右半拱 BC 的作用，根据作用力与反作用定理，BC 对左半拱的作用力为 $\boldsymbol{F}_B'$，左半拱 A 端受固定铰支座约束，可用正交分力 $\boldsymbol{F}_{Ax}$、$\boldsymbol{F}_{Ay}$ 表示，受力如

图 2-15b 所示。

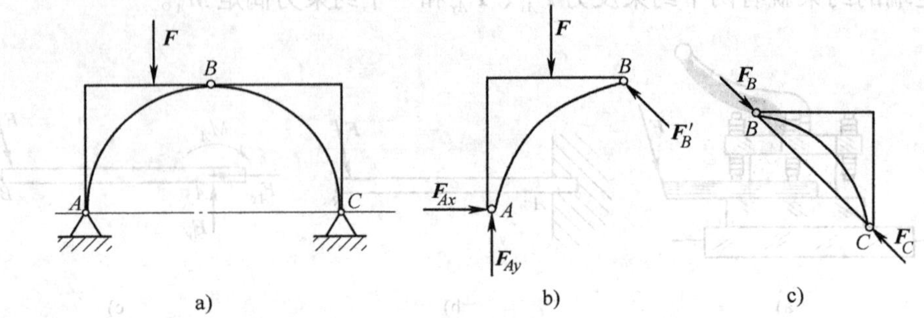

图 2-15　三铰拱桥受力图

a）工作示意图　b）左半拱受力图　c）右半拱受力图

例 2-3　如图 2-16a 所示的起重机，起重机横梁 *B* 处固定有卷扬机 *D*，钢丝绳经滑轮 *C* 起吊重物。不计各杆及滑轮自重，试画出滑轮 *C*、杆 *CE*、重力 *G*、横梁与滑轮整体受力图。

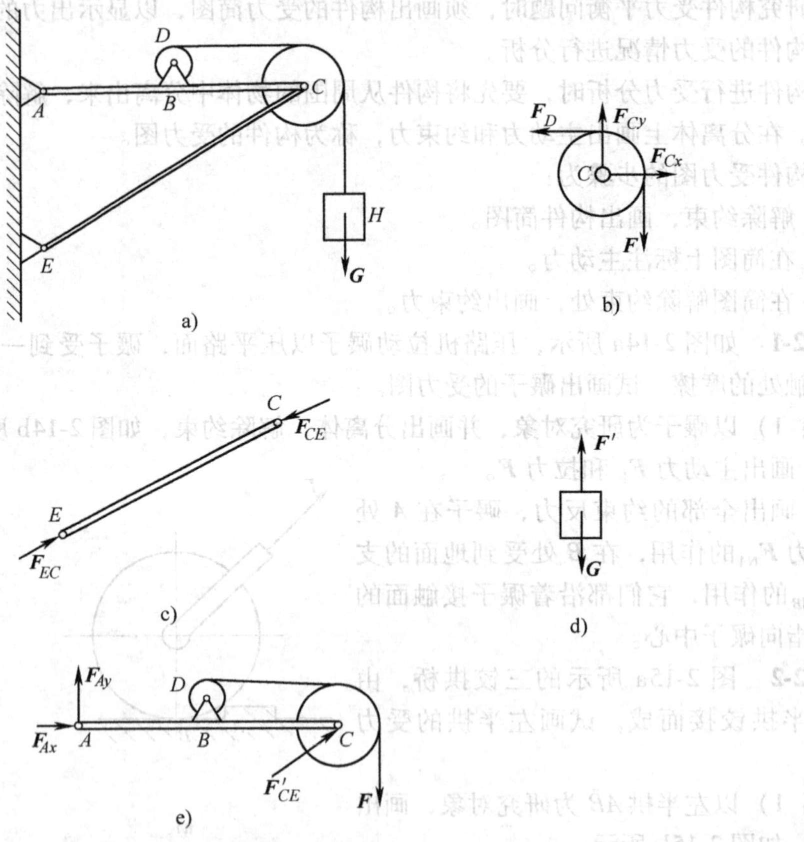

图 2-16　起重机

a）起重机工作示意图　b）滑轮受力图　c）二力杆　d）重物受力图　e）横梁、滑轮整体受力图

解： 1）画滑轮受力图。滑轮受到中间铰链 *C* 处的支承反力 $\boldsymbol{F}_{Cx}$、$\boldsymbol{F}_{Cy}$、钢丝绳拉力 $\boldsymbol{F}_D$ 和重物作用力 $\boldsymbol{F}$，如图 2-16b 所示。

2）画杆 *CE* 受力图。杆 *CE* 为二力杆，受力如图 2-16c 所示。

3）画重物受力图。重物受到重力 $\boldsymbol{G}$ 和拉力 $\boldsymbol{F}'$作用，如图 2-19d 所示。

4）画横梁与滑轮整体受力图。横梁在 *A* 处有正交约束分力 $\boldsymbol{F}_{Ax}$、$\boldsymbol{F}_{Ay}$，在 *C* 点受到杆 *CE* 的支承力；滑轮受到重物的拉力 $\boldsymbol{F}$，如图 2-16e 所示。

第二节　平面汇交力系

凡各力的作用线均在同一平面内的力系，称为平面力系。在同一平面内若各力的作用线全部汇交于一点，则称为平面汇交力系。平面汇交力系可以由两个、三个甚至更多的汇交力组成，平面汇交力系可以合成一个合力，合力是指与作用于物体上的力系等效的一个力。

平面汇交力系的合成方法有几何法和解析法。

一、两个汇交力合成的几何法

1. 力三角形法则

如图 2-17a 所示，设有 $\boldsymbol{F}_1$ 与 $\boldsymbol{F}_2$ 二力作用于某刚体上的 *A* 点，则由平行四边形法则，以两力为边作平行四边形，其对角线即为它们的合力 $\boldsymbol{F}_R$，记作

$$\boldsymbol{F}_R = \boldsymbol{F}_1 + \boldsymbol{F}_2$$

为简便作图，可省略 *AC* 与 *DC*，直接将 $\boldsymbol{F}_2$ 连在 $\boldsymbol{F}_1$ 的末端，通过△*ABD* 即可求得合力 $\boldsymbol{F}_R$，如图 2-17b 所示，此合成法则也称三角形法则。

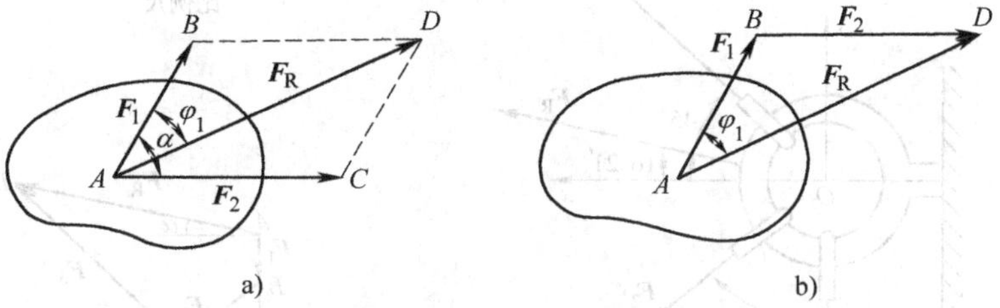

图 2-17　两个共点力合成的三角形法则

a）平行四边形　b）三角形

2. 力多边形法则

如图 2-18a 所示，设在刚体某平面上有多个汇交力 $\boldsymbol{F}_1$、$\boldsymbol{F}_2$、$\boldsymbol{F}_3$、$\boldsymbol{F}_4$ 作用并汇交于 *O* 点，其合力 $\boldsymbol{F}_R$ 可连续使用上述力三角形合成法则（见图 2-18b）来求得，即

$$\boldsymbol{F}_R = \boldsymbol{F}_1 + \boldsymbol{F}_2 + \boldsymbol{F}_3 + \boldsymbol{F}_4 = \sum \boldsymbol{F} \tag{2-1}$$

若求合力 $\boldsymbol{F}_R$ 只需将各力 $\boldsymbol{F}_1$、$\boldsymbol{F}_2$、$\boldsymbol{F}_3$、$\boldsymbol{F}_4$ 首尾相接，最后连其封闭边，从共同的始端 *O* 指向末端所形成的矢量即为合力 $\boldsymbol{F}_R$ 的大小和方向，如图 2-18c 所示，此法也称为力的多边形法则。

若 n 个力汇交一点，则

$$\boldsymbol{F}_R = \boldsymbol{F}_1 + \boldsymbol{F}_2 + \cdots + \boldsymbol{F}_n = \sum \boldsymbol{F} \tag{2-2}$$

力的多边形法则的合力大小和方向与各力相加的顺序无关。

以上是平面汇交力系的合成的几何法，因此要注意以下两点：

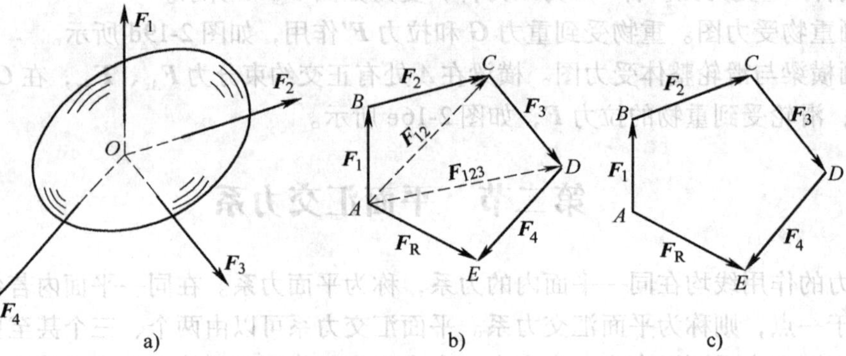

图 2-18　多个共点力合成的多边形法则

a）物体受到多个力作用　b）多个三角形　c）力的首尾相连接

1）选择合适的比例尺。

2）作图过程中，力的大小、方向要求准确。

例 2-4　如图 2-19a 所示，固定环上套有三根绳索，它们分别受拉力 $\boldsymbol{F}_1$、$\boldsymbol{F}_2$、$\boldsymbol{F}_3$ 作用，若 $\boldsymbol{F}_1=30\text{kN}$，$\boldsymbol{F}_2=60\text{kN}$，$\boldsymbol{F}_3=150\text{kN}$，各力方向如图，试用力的多边形法则确定该力系的合力大小和作用位置。

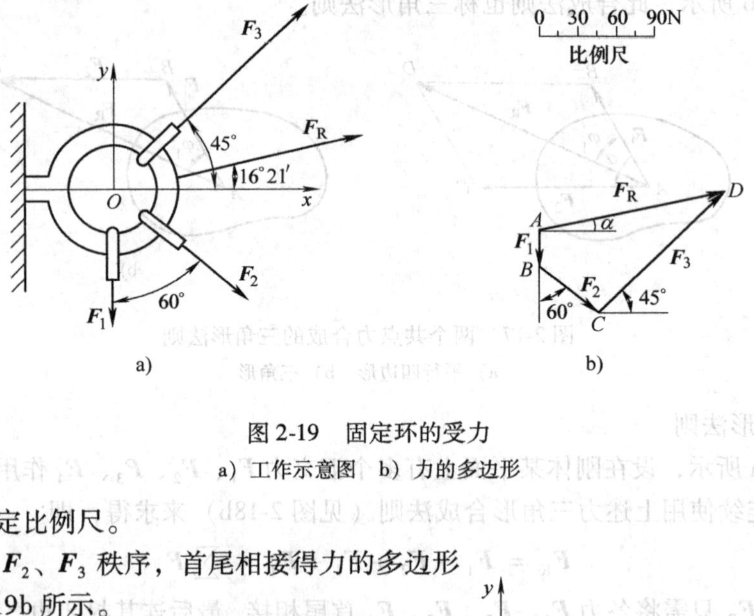

图 2-19　固定环的受力

a）工作示意图　b）力的多边形

解：1）选定比例尺。

2）按 $\boldsymbol{F}_1$、$\boldsymbol{F}_2$、$\boldsymbol{F}_3$ 秩序，首尾相接得力的多边形 $ABCD$，如图 2-19b 所示。

3）量出代表合力 $\boldsymbol{F}_R$ 的长度 AD，$\boldsymbol{F}_R=165\text{N}$。

4）用量角器量得合力 $\boldsymbol{F}_R$ 与水平线的夹角 $\alpha=16°21'$。

二、平面汇交力系合成的解析法

1. 力在坐标轴上的投影

如图 2-20 所示，力 $\boldsymbol{F}$ 的始端和末端分别向两坐

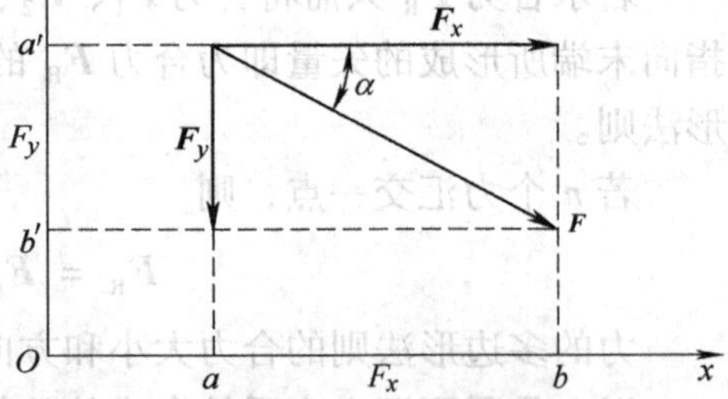

图 2-20　力的投影

标轴引垂线，得垂足 a、b 和 a'、b' 的连线，即 $F_x = ab$、$F_y = a'b'$。

力在坐标轴上投影正负规定为：力与坐标轴的正向相同为正，相反为负。

若已知 $\boldsymbol{F}$ 的大小及 $\boldsymbol{F}$ 与 x 轴的夹角 α，则力在 x、y 轴的投影可由下式计算

$$\left.\begin{aligned} F_x &= \pm F\cos\alpha \\ F_y &= \pm F\sin\alpha \end{aligned}\right\} \tag{2-3}$$

注意：

1）力在坐标轴的投影是代数量。

2）当力与轴平行时，力在轴上的投影绝对值等于力的大小。

3）当力与轴垂直时，力在轴上的投影为零。

若已知 F_x、F_y 的值，可求出 $\boldsymbol{F}$ 的大小和方向为

$$\left.\begin{aligned} F &= \sqrt{F_x^2 + F_y^2} \\ \tan\alpha &= \left|\frac{F_y}{F_x}\right| \end{aligned}\right\} \tag{2-4}$$

2. 合力投影定理

如图 2-21 所示，平面汇交力系的各力矢量 $\boldsymbol{F}_1$、$\boldsymbol{F}_2$、$\boldsymbol{F}_3$、$\boldsymbol{F}_4$ 组成力多边形，其中 $\boldsymbol{F}_R$ 为合力。将力多边形中各力矢量投影到 x 轴上，由图可知

$$ae = ab + bc + cd + de$$

按投影定义，上式左端为合力 $\boldsymbol{F}_R$ 的投影，右端为四个分力的投影的代数和，即

$$F_{Rx} = F_{1x} + F_{2x} + F_{3x} + F_{4x}$$

同理可得

$$F_{Ry} = F_{1y} + F_{2y} + F_{3y} + F_{4y}$$

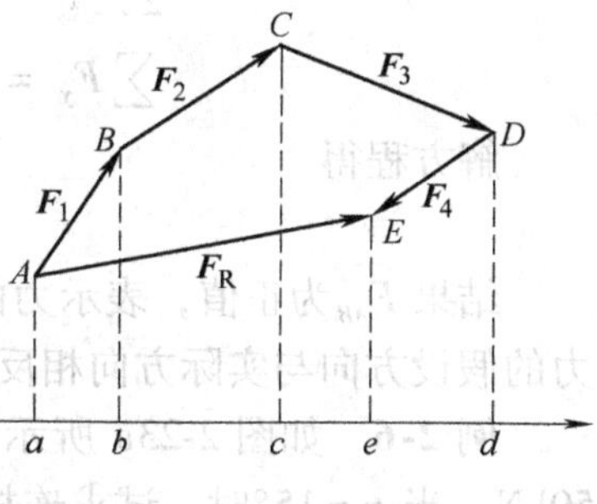

图 2-21　合力投影定理

上式可推广到 n 个力组成的力系，即

$$\left.\begin{aligned} F_{Rx} &= F_{1x} + F_{2x} + \cdots + F_{nx} = \sum F_x \\ F_{Ry} &= F_{1y} + F_{2y} + \cdots + F_{ny} = \sum F_y \end{aligned}\right\} \tag{2-5}$$

合力投影定理表明：合力在某一轴上的投影等于各分力在同一轴上投影的代数和。

合力大小和方向分别为

$$\left.\begin{aligned} F_R &= \sqrt{\left(\sum F_x\right)^2 + \left(\sum F_y\right)^2} \\ \tan\alpha &= \left|\frac{\sum F_y}{\sum F_x}\right| \end{aligned}\right\} \tag{2-6}$$

α 表示 $\boldsymbol{F}_R$ 与 x 轴所夹锐角。

三、平面汇交力系平衡方程及其应用

平面汇交力系平衡的必要和充分条件是力系的合力为零。即

$$F_R = \sqrt{F_{Rx}^2 + F_{Ry}^2} = 0$$

$$\left.\begin{aligned} \sum F_x &= 0 \\ \sum F_y &= 0 \end{aligned}\right\} \tag{2-7}$$

上式称为平面汇交力系平衡方程。

用方程解题时，因坐标轴任意选取，可列出无数个投影方程，但其中只有 2 个独立的方程。因此对于平面汇交力系，只能求解 2 个未知量。

例 2-5 如图 2-22a 所示，重物 $W=20\text{kN}$，用钢丝绳挂在支架的滑轮 B 上，钢丝绳的另一端缠绕在绞车上。如两杆和滑轮的自重不计，并忽略摩擦和滑轮的大小，试求平衡时杆 AB 和 BC 所受的力。

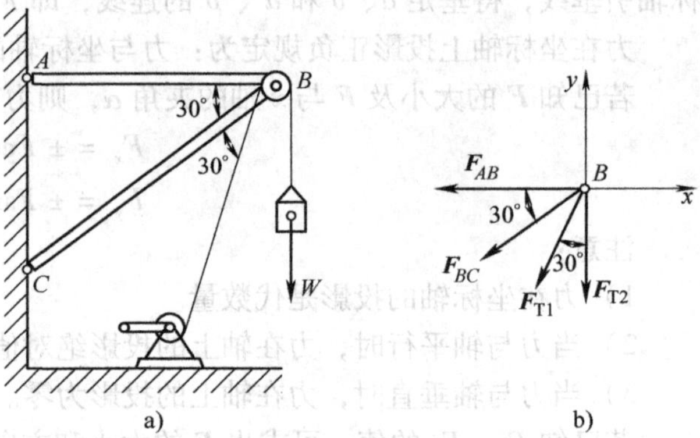

图 2-22 支架的受力

a）工作示意图 b）中间铰链受力图

解：1）取滑轮 B 为研究对象。

2）画 B 的受力图，因 AB、BC 为二力杆，作用线沿杆中心线方向，如图2-22b所示。忽略摩擦和滑轮的大小，则 $F_{T1}=F_{T2}=W$。

3）选取坐标轴，列方程

$$\sum F_x=0 \qquad -F_{AB}-F_{T1}\cos60^\circ-F_{BC}\cos30^\circ=0$$

$$\sum F_y=0 \qquad -F_{BC}\sin30^\circ-F_{T1}\sin60^\circ-F_{T2}=0$$

解方程得

$$F_{AB}=54.64\text{kN}$$

$$F_{BC}=-74.64\text{kN}$$

结果 F_{AB}为正值，表示力的假设方向与实际方向相同，即杆 AB 受拉；F_{BC}为负值，表示力的假设方向与实际方向相反，即杆 BC 受压。

例 2-6 如图 2-23a 所示的曲柄压力机，冲压工件时，冲头 B 受到工件的阻力 $F_Q=50\text{kN}$，当 $\alpha=15^\circ$时，试求连杆 AB 所受的阻力和导轨的约束力。

解：1）取冲头 B 为研究对象。

2）画出冲头受力图，由于连杆 AB 为二力构件，导轨的约束力 $\boldsymbol{F}_N$ 垂直于冲头与导轨的接触面，指向冲头，冲头的受力如图 2-23b 所示。

3）选坐标系，列平衡方程

$$\sum F_x=0 \quad F_N-F_{AB}\sin\alpha=0$$

$$\sum F_y=0 \quad F_Q-F_{AB}\cos\alpha=0$$

则连杆所受阻力为

$$F_{AB}=\frac{F_Q}{\cos\alpha}=\frac{50}{\cos15^\circ}\text{kN}=30.7\text{kN}$$

导轨的约束力为

$$F_N=F_{AB}\cos\alpha=30.7\times\cos15^\circ\text{kN}=6.38\text{kN}$$

计算结果 F_{AB}、F_N 均为正值，表明所假设方向与实际相同。其中 F_{AB}与 F'_{AB}等值反向，为作用力与反作用力，故连杆 AB 受压。

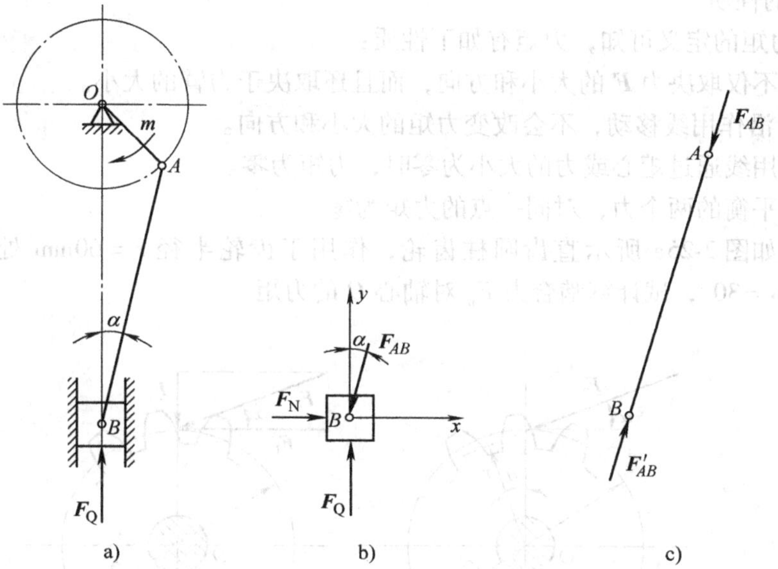

图 2-23　曲柄压力机

a）工作示意图　b）滑块受力图　c）连杆受力图

第三节　力矩和力偶

力对物体可以产生移动效应，力对物体也可以产生转动效应，物体的转动效应用力矩和力偶来表达。

一、力矩及其性质

1. 力矩

如图 2-24 所示，用扳手拧紧螺母时，拧动螺母的作用力不仅与力 $\boldsymbol{F}$ 的大小有关，而且与转动中心 O 点到力的作用线的垂直距离 d 有关。

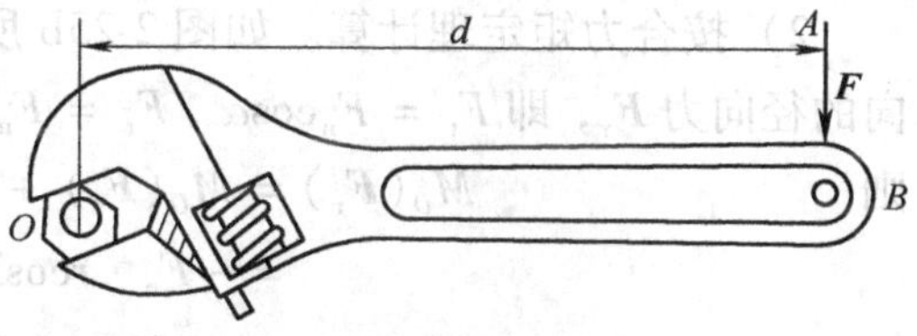

图 2-24　扳手的力矩

工程上把力使物体绕 O 点产生转动效应的物理量称为力 $\boldsymbol{F}$ 对 O 点之矩，简称力矩。O 点称为力矩中心，简称矩心。O 点到 $\boldsymbol{F}$ 作用线的垂直距离 d 称为力臂。力矩用 $M_O(\boldsymbol{F})$ 表示，即

$$M_O(\boldsymbol{F}) = \pm Fd \tag{2-8}$$

式中 $M_O(\boldsymbol{F})$ 表达力 $\boldsymbol{F}$ 对 O 点的力矩，正负号表明力矩是一个代数量，其正负规定为：力使物体绕矩心作逆时针方向转动时，力矩为正，反之为负。力矩的单位是 N · m。

2. 合力矩定理

若力系有合力，则合力对某点之矩等于各个分力对同一点之矩代数和。即

$$M_O(\boldsymbol{F}_R) = M_O(\boldsymbol{F}_1) + M_O(\boldsymbol{F}_2) + \cdots + M_O(\boldsymbol{F}_n) = \sum(\boldsymbol{F}) \tag{2-9}$$

式中　$\boldsymbol{F}_R$——$\boldsymbol{F}_1$、$\boldsymbol{F}_2$、…、$\boldsymbol{F}_n$ 的合力。

3. 力矩的性质

由以上力矩的定义可知，力矩有如下性质：

1）力矩不仅取决力 $\boldsymbol{F}$ 的大小和方向，而且还取决于力臂的大小。

2）力 $\boldsymbol{F}$ 沿作用线移动，不会改变力矩的大小和方向。

3）力作用线通过矩心或力的大小为零时，力矩为零。

4）相互平衡的两个力，对同一点的力矩为零。

例 2-7 如图 2-25a 所示直齿圆柱齿轮，作用于齿轮半径 $r=60\text{mm}$ 处的啮合力 $F_n=100\text{N}$，图中 $\alpha=30°$，试计算啮合力 F_n 对轴心 O 的力矩。

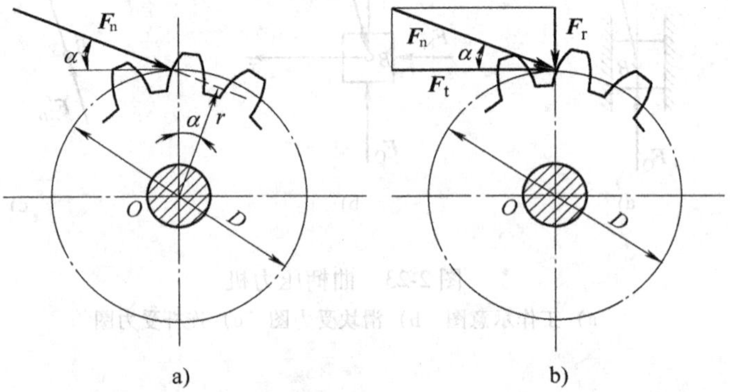

图 2-25 齿轮受力图

a）轮齿受到力的作用 b）力的分解

解：1）按力矩的定义计算。由图 2-25a 所示的几何关系得力臂为 $r\cos\alpha$，则

$$M_O(\boldsymbol{F})=-F_n\cdot r\cos\alpha$$
$$=-100\times0.06\times\cos30°\text{N}\cdot\text{m}=-5.2\text{N}\cdot\text{m}$$

2）按合力矩定理计算。如图 2-25b 所示，将 $\boldsymbol{F}_n$ 分解为水平方向的圆周力 $\boldsymbol{F}_t$ 和竖直方向的径向力 $\boldsymbol{F}_r$，即 $F_t=F_n\cos\alpha$，$F_r=F_n\sin\alpha$，

则
$$M_O(\boldsymbol{F}_n)=M_O(\boldsymbol{F}_t)+M_O(\boldsymbol{F}_r)$$
$$=-F_n\cdot r\cos30°+F_n\sin30°\times0$$
$$=-100\times0.06\times\cos30°\text{N}\cdot\text{m}=-5.2\text{N}\cdot\text{m}$$

二、力偶及其性质

1. 力偶

物体受一对大小相等，方向相反，不在同一作用线上的两平行力的作用，在这两个力的作用下，物体便产生转动。例如司机用双手转动方向盘、开门时转动钥匙图 2-26a 所示的钳工用双手转动丝锥攻螺纹等。这种由等值、反向、不共线的两力组成的力系，称为力偶。

力偶的两力之间的垂直距离 d，称为力偶臂。图 2-26b 所示为力偶的标记。力偶所在的平面称为力偶的作用面。力偶和力都是力学中的基本力学量，力使物体产生移动或移动趋势，力偶使物体产生转动或转动趋势。

2. 力偶矩

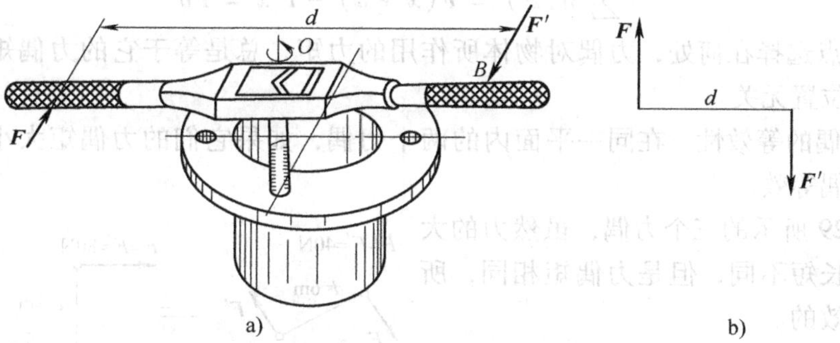

图 2-26　丝锥攻螺纹

a）丝锥受到力偶作用　b）力偶的表示方法

力偶对物体的转动效应取决于组成力偶的反向平行力的大小、力偶臂的大小及力偶的转向。以力与力偶臂的乘积，作为度量力偶在其作用面内对物体转动效应的物理量，称为力偶矩，记作 M（$\boldsymbol{F}$，$\boldsymbol{F}'$）或 M，即

$$M(\boldsymbol{F},\boldsymbol{F}') = \pm Fd \tag{2-10}$$

一般规定，逆时针转向力偶为正，顺时针为负。力偶矩的单位为 N·m。

力偶的三要素为：力偶的大小、转向及作用面。三要素中的任何一个发生改变，力偶对物体的转动效应就会改变。

3. 力偶的性质

（1）力偶无合力　力偶在任何坐标轴投影的代数和恒为零。力偶不能与一个力等效，也不能用一个力来平衡，力偶只能与力偶平衡。

如图 2-27 所示，物体上作用一力偶 M（$\boldsymbol{F}$，$\boldsymbol{F}'$），其中 $\boldsymbol{F}$、$\boldsymbol{F}'$ 与任意轴 x 所成夹角为 α，这两个力在 x 轴上投影的代数和为

$$\sum(\boldsymbol{F}_x) = F\cos\alpha - F'\cos\alpha = 0$$

由此可看出，力偶无合力，故力偶对物体的平移运动不会产生任何影响，力与力偶相互不能代替，不能构成平衡。

（2）力偶与矩心无关　由于力偶对其作用面内任意点的力矩值恒等于此力偶的力偶矩，所以力偶与矩心间的相对位置无关。

如图 2-28 所示，已知力偶 $M = Fd$，现求此力偶对任意点 O 的力矩。取 x 表示矩心 O 到 $\boldsymbol{F}'$ 的垂直距离，按力矩定义，$\boldsymbol{F}$ 与 $\boldsymbol{F}'$ 对 O 点的力矩和为

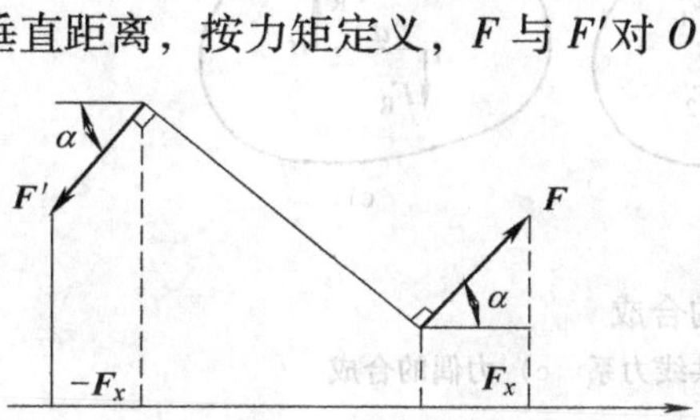

图 2-27　力偶无合力

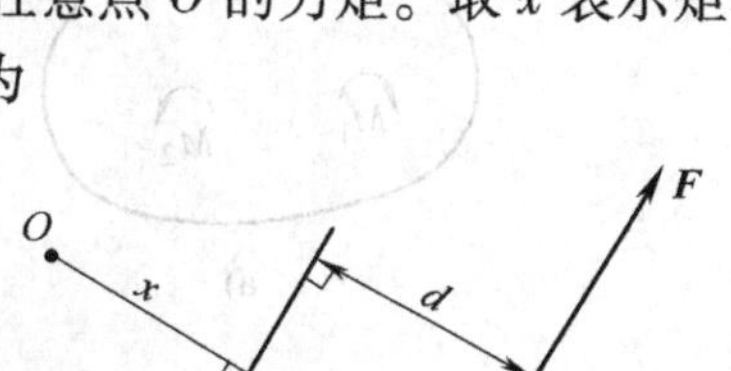

图 2-28　力偶与矩心无关

$$\sum M(\boldsymbol{F}) = F(x+d) - F'x = Fd$$

不论 O 点选择在何处，力偶对物体所作用的力矩，总是等于它的力偶矩，而与力偶对矩心的相对位置无关。

（3）力偶的等效性　在同一平面内的两个力偶，如果它们的力偶矩大小相等，转向相同，则两力偶等效。

如图 2-29 所示的三个力偶，虽然力的大小、力偶臂长短不同，但是力偶矩相同，所以力偶是等效的。

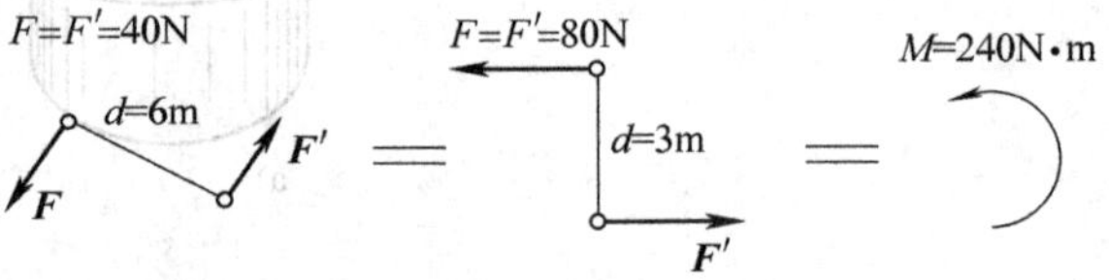

图 2-29　力偶的等效性

如果把构件视为刚体，在保持力偶三要素不变的条件之下，力偶可以在作用面内任意转动。在保持力偶矩的大小和力偶的转向不变的条件之下，可以任意改变力偶中力的大小和力偶臂的长短。

三、平面力偶系的合成与平衡

1. 力偶系的合成

如图 2-30a 所示，刚体上有 M_1、M_2 两力偶作用，在力偶作用面内，任取线段 $AB = d$ 作为公共力偶臂，保持各力偶的力偶矩不变，将各力偶分别表示成作用在 A、B 两点的反向平行力，根据力偶系等效条件，有

$$F_1 = \frac{M_1}{d}, \quad F_2 = \frac{M_2}{d}$$

这样，在 A、B 两点处各得一组共线力系，如图 2-30b 所示，其合力分别为 $\boldsymbol{F}_R$ 和 $\boldsymbol{F}'_R$，则

$$F_R = F'_R = F_1 - F_2$$

$\boldsymbol{F}_R$ 和 $\boldsymbol{F}'_R$为等值、反向、不共线的平行力，其组成的力偶即为合力偶，如图 2-30c 所示，故有

$$M = F_R d = (F_1 - F_2)d = M_1 + M_2$$

在刚体上若有 M_1，M_2，…，M_n 力偶作用，根据上述分析可知，合力偶矩等于各分力偶矩的代数和，即

$$M_R = M_1 + M_2 + \cdots + M_n = \sum M \tag{2-11}$$

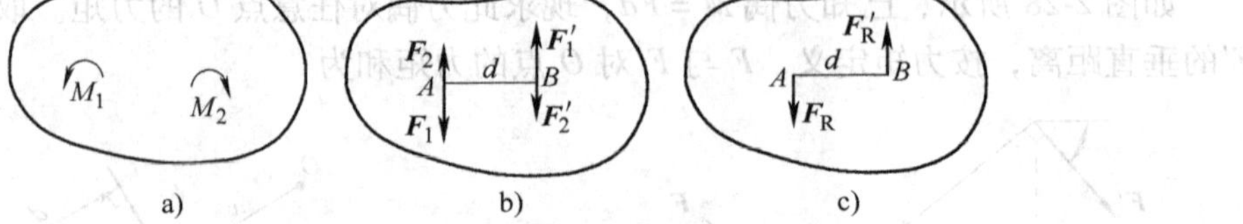

图 2-30　力偶的合成

a）物体受到两力偶作用　b）两点共线力系　c）力偶的合成

2. 力偶系的平衡

平面力偶系平衡的必要与充分条件是：力偶系中各分力偶矩的代数和等于零。即

$$\sum M = 0 \tag{2-12}$$

例 2-8 如图 2-31a 所示，梁 AB 上作用一力偶，$M=20\text{N}\cdot\text{m}$，梁长 $l=5\text{m}$，不计梁的自重，求 A、B 支座反力。

解：1）取梁 AB 为研究对象，分析并画受力图，如图 2-31b 所示。梁 AB 的 B 端为活动支座，约束力沿支撑面公法线指向受力物体。由力偶性质可知，力偶只能与力偶平衡，因此，$\boldsymbol{F}_B$ 必和 A 端反力 $\boldsymbol{F}_A$ 组成一力偶与 M 平衡，所以 A 端反力 $\boldsymbol{F}_A$ 必与 $\boldsymbol{F}_B$ 平行、反向，组成力偶。

2）列平衡方程求解

$$\sum M_A = 0 \quad F_B l - M = 0$$

$$F_B = \frac{M}{l} = \frac{20}{5}N = 4N = -F_A$$

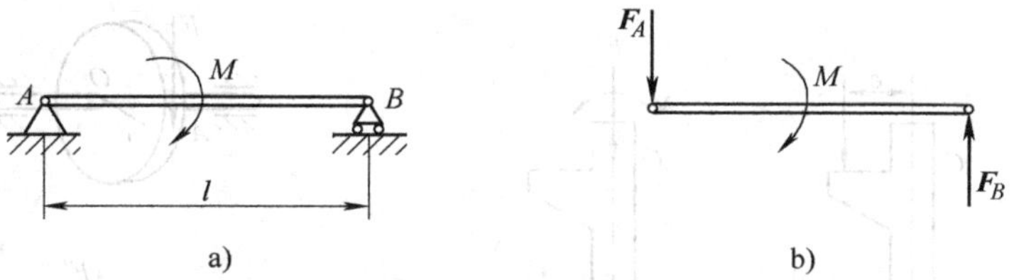

图 2-31　简支梁

a）工作示意图　b）受力图

第四节　构件的平面一般力系

作用在构件上的各力处于同一平面内，相互间既不全部平行，也不全部汇交，而是任意分布的力系，称为构件的平面一般力系，也称为构件的平面任意力系。

本节主要研究力的平移、平衡方程的应用和考虑摩擦时平衡问题的解法。

一、力的平移定理

1. 力的平移

力的平移，指的是构件上所受的力，可以平移到构件内任意一点，但移动后，必须附加一力偶，其值等于原力对该点之矩。

图 2-32 所示为力向作用线外一点的平移过程。欲将作用于刚体上 A 点的力 $\boldsymbol{F}$ 平移到平

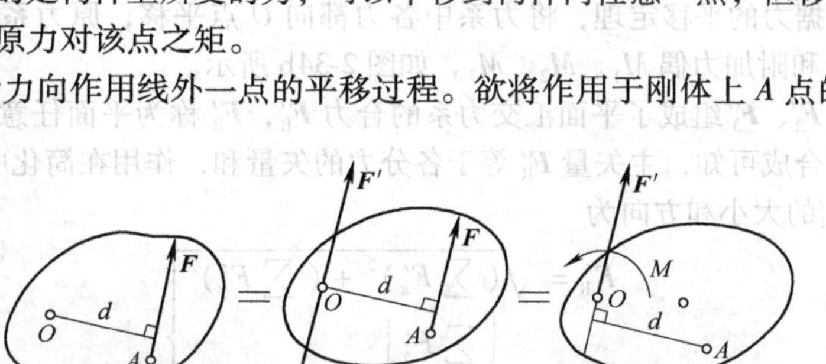

图 2-32　力的平移

a）物体受到力 F 作用　b）施加平衡力　c）力的平移

面上任一点 O（见图 2-32a），则可在 O 点施加一对与力 F 值相等的平衡力 F'、F''（见图 2-32b），取 F 与 F''为一对等值、反向、不共线的平行力，组成一个力偶，称为附加力偶，其力偶矩等于原力 F 对 O 点力矩，即

$$M(F,F'') = \sum M_O(F) = \pm Fd$$

于是原来作用在 A 点的力 F，与作用在 O 点的平移力 F'和附加力偶 M 的联合作用等效，如图 2-32c 所示。

图 2-33 所示为力的平移实例。厂房立柱受偏心力 F 作用（见图 2-33a），根据力的平移性质，可以将力平移到立柱轴线 O 处，得到力 F'和附加力偶 M，力 F'使立柱受压，附加力偶 M 使立柱弯曲。又如齿轮受到圆周力 F 作用（见图 2-33b），可将力平移到轴线 O 处，得到力 F'和附加力偶 M，力 F'使轴受到弯曲，附加力偶 M 使轮子转动。

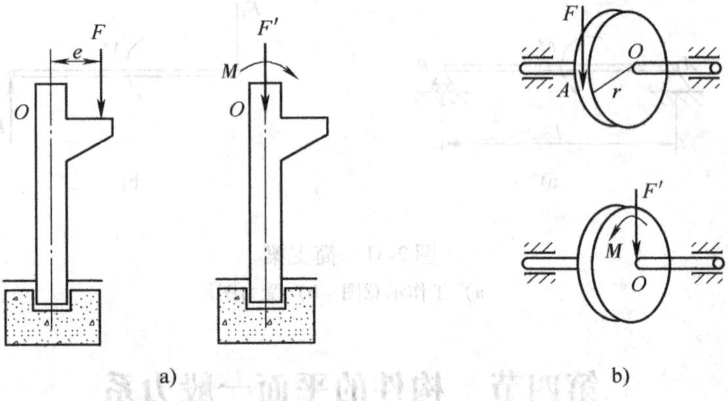

图 2-33　力的平移实例
a）立柱　b）齿轮

2. 平面一般力系的简化

力的平移是将一个力分解为作用在同一平面的一个力和一个力偶。反过来，同平面内的一个力和一个力偶，也可以合成一个力。

如图 2-34a 所示，在物体上作用一平面一般力系 F_1、F_2、F_3，在平面内任取一点 O 作为简化中心。根据力的平移定理，将力系中各力都向 O 点平移，原力系简化为一平面汇交力系 F_1'、F_2'、F_3'和附加力偶 M_1、M_2、M_3，如图 2-34b 所示。

平移力 F_1'、F_2'、F_3'组成了平面汇交力系的合力 F_R'，F_R'称为平面任意力系的主矢量。由平面汇交力系的合成可知，主矢量 F_R'等于各分力的矢量和，作用在简化中心上，如图 2-34c 所示。主矢量 F_R'的大小和方向为

$$\left.\begin{aligned} F_R' &= \sqrt{\left(\sum F_x'\right)^2 + \left(\sum F_y'\right)^2} \\ \tan\alpha &= \left|\frac{\sum F_y'}{\sum F_x'}\right| \end{aligned}\right\} \quad (2\text{-}13)$$

附加力偶 M_1、M_2、…、M_n 组成的平面力偶系的合力矩 M_R，称为平面一般力系的主矩。由平面力偶系的合成可知，主矩等于各附加力偶矩的代数和，也等于各分力对简化中心力矩的代数和，作用在力系所在的平面上，如图 2-34c 所示。即

$$M_R = \sum M = \sum M_O(\boldsymbol{F})$$

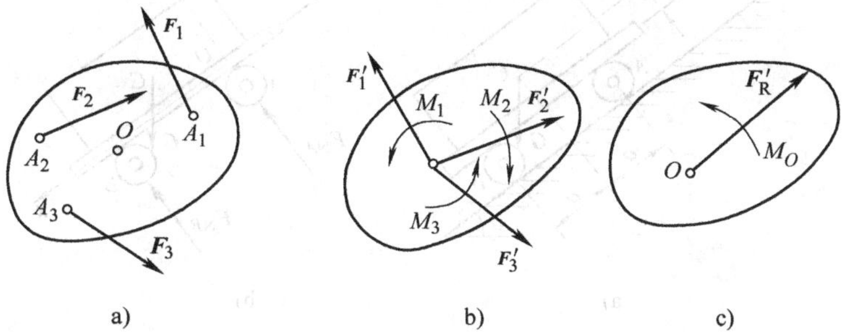

图 2-34　平面一般力系的简化

a）平面一般力系　b）力系的平移　c）力系的合成

平面一般力系向平面内任一点简化，得到一主矢量 $\boldsymbol{F}_R'$ 和一主矩 M_R。主矢量的大小和方向与简化中心的位置无关；主矩的值与简化中心的位置有关。

二、平面一般力系的平衡方程及其应用

1. 平衡条件和平衡方程

平面一般力系平衡的解析条件是：力系中的主矢量和对任意一点的主矩都等于零。即

$$F_R' = 0$$
$$M_R = 0$$

由此可得平面一般力系的平衡方程为

$$\left.\begin{aligned}\sum F_x &= 0\\ \sum F_y &= 0\\ \sum M_O(\boldsymbol{F}) &= 0\end{aligned}\right\} \tag{2-14}$$

上式是平面一般力系平衡方程的基本形式，它包括两个投影方程和一个力矩方程，可求解三个未知量。

2. 平衡方程的应用

平面一般力系平衡方程，得到了广泛应用。在解决机械工程实际问题时，首先为工程结构选择合适的简化平面，画出平面简图，建立平面力学模型，方便计算，使复杂繁琐的问题，变得简单明了。

解题步骤为：

1）取研究对象。

2）画其受力图。

3）列平衡方程。在求解具体问题时，为了使每个方程中尽可能出现较少的未知量，从而简化计算，通常坐标轴一般选在与未知力垂直的方向上，矩心可选在未知力作用点（或交点）上。

例 2-9　如图 2-35a 所示，高炉加料小车由钢索牵引至倾角为 $\alpha=30°$ 的轨道并匀速上升，已知小车的重量 $G=10\text{kN}$，绳与斜面平行，$a=0.5\text{m}$，$b=0.2\text{m}$，不计摩擦。求钢丝绳的拉力及轨道对车轮的约束反力。

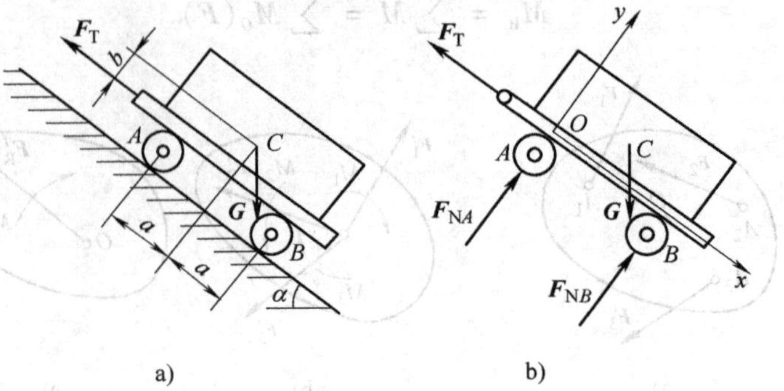

图 2-35　加料小车

a）工作示意图　b）小车受力图

解：1）取小车为研究对象。

2）画出如图 2-35b 所示的小车受力图。小车上有重力 $\boldsymbol{G}$，拉力 $\boldsymbol{F}_T$，轨道在 A、B 处的约束反力 $\boldsymbol{F}_{NA}$ 和 $\boldsymbol{F}_{NB}$。

3）选取图示坐标系，列平衡方程

$$\sum F_x = 0 \quad -F_T + G\sin30° = 0$$

$$\sum F_y = 0 \quad F_{NA} + F_{NB} - G\cos30° = 0$$

$$\sum M_A(\boldsymbol{F}) = 0 \quad 2F_{NB}a - Gb\sin30° - Ga\cos30° = 0$$

4）求解平衡方程，得

$$F_T = 5\text{kN},\ F_{NB} = 5.33\text{kN},\ F_{NA} = 3.33\text{kN}$$

例 2-10　一端固定的悬臂梁 AB 如图 2-36a 所示。梁上作用有力偶 $M=ql^2$ 和载荷集度 q 的均布载荷，在梁的自由端受一集中力 $F=ql$ 的作用，梁的长度为 l。试求固定端处 A 的约束反力。

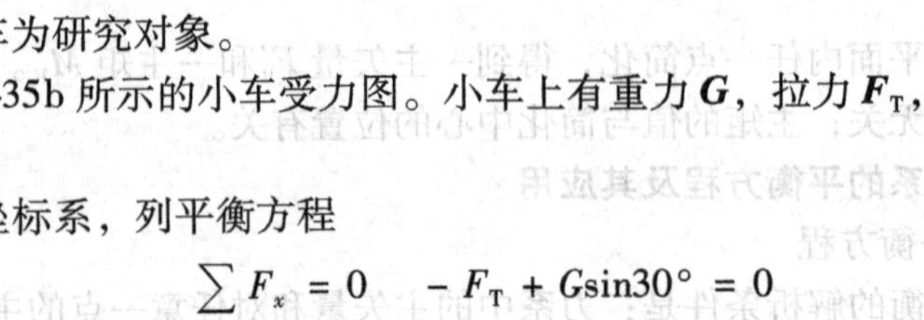

图 2-36　悬臂梁

a）工作示意图　b）受力图

解：1）取悬臂梁为研究对象。

2）分析梁的受力，并画梁的受力图，如图 2-36b 所示。

3）选取坐标系，建立平衡方程

$$\sum F_x = 0 \quad F_{Ax} = 0$$

$$\sum F_y = 0 \quad F_{Ay} - ql - F = 0$$

$$\sum M_A(\boldsymbol{F}) = 0 \quad M_A - ql \cdot \frac{l}{2} - Fl - M = 0$$

4）解方程，将 $F = ql$、$M = ql^2$ 代入后得

$$F_{Ax} = 0 \quad F_{Ay} = 2ql \quad M_A = \frac{5}{2}ql^2$$

由以上例题可以看出，求解平衡问题时，解方程与投影方程或力矩方程的先后顺序无关。一般先解包含一个未知力的方程，避免求解联立方程，使求解过程简便。

3. 平衡方程的其他形式

（1）二矩式方程

$$\left.\begin{aligned} \sum F_x &= 0 \\ \sum M_A(\boldsymbol{F}) &= 0 \\ \sum M_B(\boldsymbol{F}) &= 0 \end{aligned}\right\} \tag{2-15}$$

应用二矩式时，所选坐标轴不能与矩心 AB 的连线垂直。

（2）三矩式方程

$$\left.\begin{aligned} \sum M_A(\boldsymbol{F}) &= 0 \\ \sum M_B(\boldsymbol{F}) &= 0 \\ \sum M_C(\boldsymbol{F}) &= 0 \end{aligned}\right\} \tag{2-16}$$

应用三矩式方程时，所选矩心 A、B、C 三点不能在一条直线上。

三、考虑摩擦时的平衡问题

分析讨论构件平衡问题时，将摩擦忽略不计，但是绝对光滑的表面事实上并不存在，两物体的接触面之间都有摩擦，而且有时摩擦起着决定性的作用。

例如，闸瓦制动器，摩擦轮传动等，都依靠摩擦来工作，这是摩擦有用的一面。只有在有些问题中，摩擦对所研究的问题不起主要作用时，摩擦可以作为次要因素而略去不计，以便充分利用其有利的一面，减少或限制其不利的一面。

摩擦可分为滑动摩擦和滚动摩擦，滑动摩擦又可分为静滑动摩擦和动滑动摩擦。

互相接触的两物体，接触面间产生相对滑动或具有相对滑动趋势时，接触面间就存在阻碍相对滑动的切向阻力，这种阻力称为滑动摩擦力。

滑动摩擦力的方向与物体相对运动（相对滑动趋势）的方向相反，只有相对滑动趋势而无相对运动时的摩擦，称为静滑动摩擦；接触面间产生相对滑动时的摩擦为动滑动摩擦。

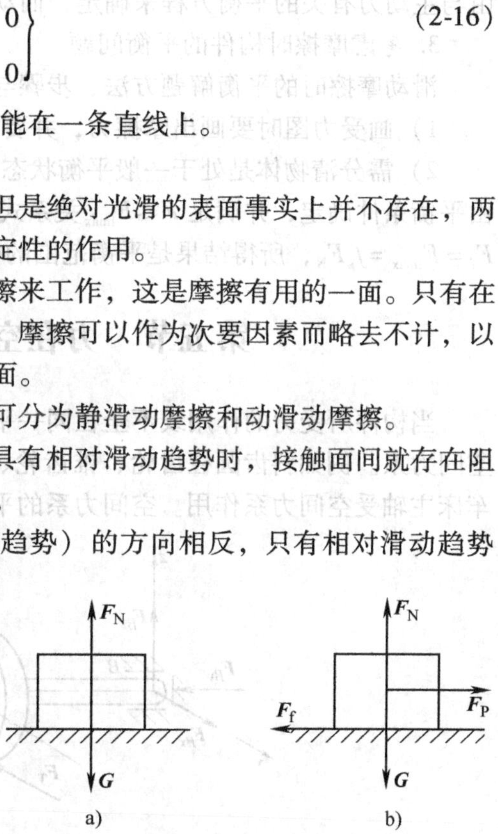

图 2-37　静摩擦力
a）物体静止　b）物体运动

1. 静滑动摩擦

如图 2-37b 所示，放在平面重为 $\boldsymbol{G}$ 的物体，受拉力 $\boldsymbol{F}_P$ 作用，当拉力 $\boldsymbol{F}_P$ 较小时，物体静止不动。由平衡方程可知，这时摩擦力 $\boldsymbol{F}_f$ 与拉力 $\boldsymbol{F}_P$ 大小相等。当 $\boldsymbol{F}_P$ 逐渐增大，$\boldsymbol{F}_f$ 也随之增加，此时 $\boldsymbol{F}_f$ 和一般约束反力有共同的特点，即随主动力的变化而变化。但不同的是，当 $\boldsymbol{F}_f$ 随 $\boldsymbol{F}_P$ 增加到某一临界最

大值 $\boldsymbol{F}_{\text{fmax}}$（称为临界摩擦力）时，就不会再增加；若继续增加 $\boldsymbol{F}_{\text{P}}$，物体将开始滑动，因此摩擦力介于零到临界值中间。

大量实验证明，最大静摩檫的大小与物体接触面间的正压力成正比，即

$$F_{\text{fmax}} = fF_{\text{N}} \tag{2-17}$$

式中 F_{N}——接触面间的正压力（N）；

f——静滑动摩擦因数，简称静摩擦因数。

由上述可知，静摩擦力也是一种被动且未知的约束反力，在一般平衡状态时 $0 \leqslant F_{\text{f}} \leqslant F_{\text{fmax}}$，由平衡方程确定，在临界状态下 $F_{\text{f}} = F_{\text{fmax}} = fF_{\text{N}}$。

2. 动滑动摩擦

当静摩擦力达到 F_{fmax}时，若主动力再继续增大，物体便开始滑动，此时物体受到的摩擦阻力，已由静摩擦力转化为动摩擦力 $\boldsymbol{F}_{\text{f}}'$。实验证明，动摩擦力的大小也与两物体间正压力 $\boldsymbol{F}_{\text{N}}$ 成正比，即

$$F_{\text{f}}' = f_{\text{s}}F_{\text{N}} \tag{2-18}$$

式中 f_{s}——动摩擦因数。

动摩擦因数与材料和表面情况有关，对于一般工程计算，按 $f \approx f_{\text{s}}$。

动摩擦力与静摩擦力相比，动摩擦力一般小于静摩擦力，即 $f < f_{\text{s}}$。静摩擦力的大小要由与主动力有关的平衡方程来确定，而动摩擦力的大小则与主动力的大小无关。

3. 考虑摩擦时构件的平衡问题

滑动摩擦时的平衡解题方法、步骤与不考虑摩擦时的平衡问题基本相同。但须注意：

1）画受力图时要画出摩擦力，并要注意摩擦力的方向与滑动趋势相反。

2）需分清物体是处于一般平衡状态还是临界状态。一般平衡状态下，静摩擦力的大小由平衡条件确定，并满足 $F \leqslant F_{\text{fmax}}$ 关系式，所得结果必然是范围值。临界状态下，满足方程 $F_{\text{f}} = F_{\text{fmax}} = f_{\text{s}}F_{\text{N}}$，所得结果是平衡范围的极限值。

第五节　力在空间直角坐标轴上的投影

当构件所受力的作用线不全在同一平面内，而是呈空间分布，这些力所构成的力系即为空间力系。例如斜齿圆柱齿轮、锥齿轮、蜗杆蜗轮的受力，均为空间力系。图 2-38 所示为车床主轴受空间力系作用。空间力系的平衡问题将采用类似于平面力系的方式进行讨论。

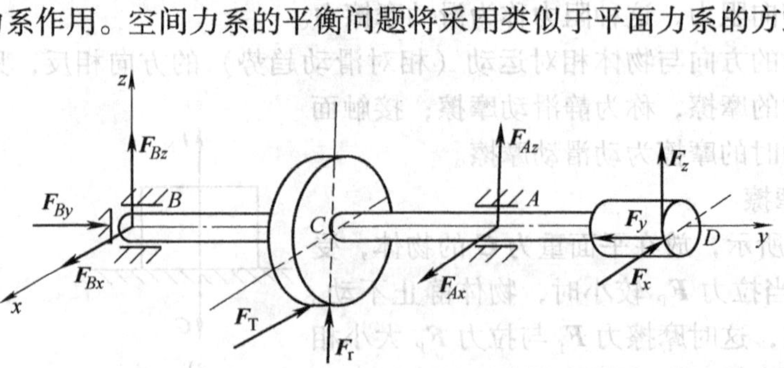

图 2-38　车床主轴的受力

解决空间力系的平衡问题时，同样要求各力在坐标轴上的投影。这一概念是力在直角坐

标系中投影的推广。

1. 一次投影

如图2-39所示，空间直角坐标系的三个坐标轴，已知 $\boldsymbol{F}$ 与三坐标轴的夹角分别为 α、β、γ，则力在三个轴上的投影为

$$\left.\begin{aligned}F_x &= F\cos\alpha\\ F_y &= F\cos\beta\\ F_z &= F\cos\gamma\end{aligned}\right\} \tag{2-19}$$

式中　α、β、γ——分别为力与 x、y、z 轴所夹的锐角。

2. 二次投影

如图2-40所示，若已知力 $\boldsymbol{F}$ 与 z 轴的夹角为 γ，力与 z 轴所确定的平面与 x 轴的夹角为 φ，可先将力 $\boldsymbol{F}$ 在 Oxy 平面上进行投影，然后再向 x、y 轴进行投影。则力在坐标轴的投影分别为

$$\left.\begin{aligned}F_x &= F\sin\gamma\cos\varphi\\ F_y &= F\sin\gamma\sin\varphi\\ F_z &= F\cos\gamma\end{aligned}\right\} \tag{2-20}$$

若已知 F_x、F_y、F_z，则合力的大小、方向由下式求得

$$\left.\begin{aligned}&F_R = \sqrt{F_x^2 + F_y^2 + F_z^2}\\ &\cos\alpha = \frac{|F_x|}{F_R},\cos\beta = \frac{|F_y|}{F_R},\cos\gamma = \frac{|F_z|}{F_R}\end{aligned}\right\} \tag{2-21}$$

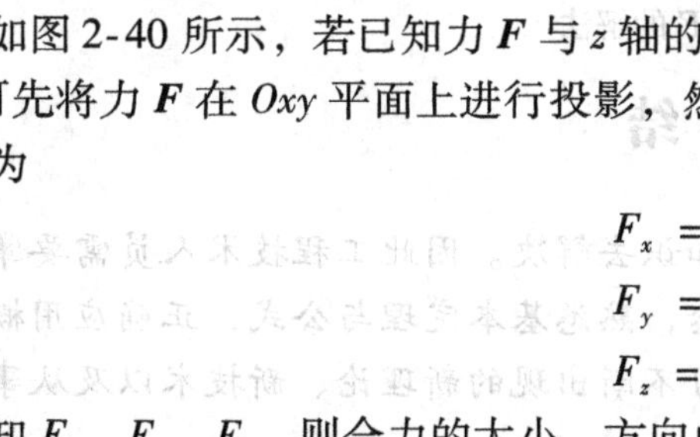

图2-39　空间力的投影

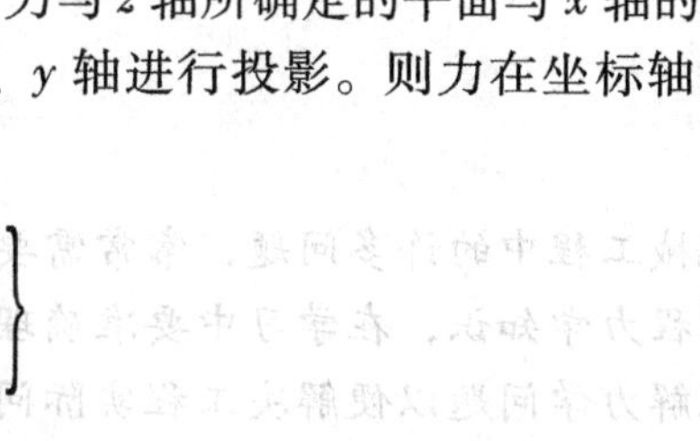

图2-40　空间力的二次投影

例2-11　如图2-41所示，已知 $\boldsymbol{F}$ 的大小及 α、φ，求 $\boldsymbol{F}$ 在 x、y、z 轴上的投影。

解： $\boldsymbol{F}$ 与 y 轴夹角为 α，故有

$$F_y = -F\cos\alpha$$
$$F_z = F\sin\alpha\cos\varphi$$
$$F_x = F\sin\alpha\sin\varphi$$

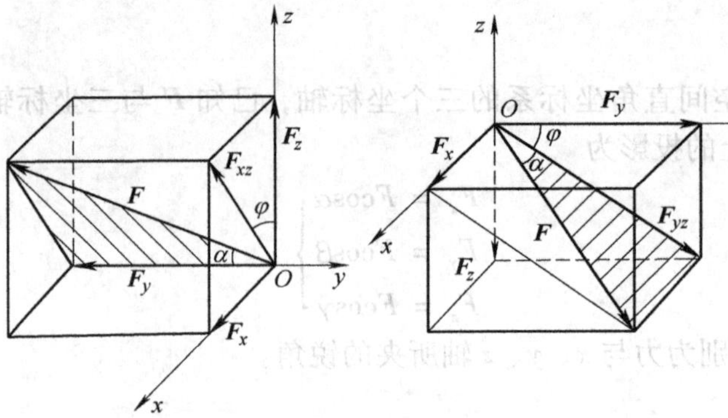

图2-41　空间力 $\boldsymbol{F}$ 的解法

本章小结

机械工程中的许多问题，常常需要运用力学知识去解决。因此工程技术人员需要掌握一定的工程力学知识，在学习中要准确理解基本概念，熟悉基本定理与公式，正确应用概念与理论求解力学问题以便解决工程实际问题，为学习不断出现的新理论、新技术以及从事科学研究、创造革新打下良好的基础。

本章所介绍的力学知识为构件受力基本知识、构件受力图的画法；平面汇交力系的几何法、解析法；平面力矩、平面力偶和力偶矩；力的平移、力的简化、平衡方程的应用和摩擦问题。这些力学知识可用来解决工程实际问题。

本章重点：构件受力分析、正确地画出构件上的主动力和约束力，利用平衡方程解决机械工程中的实际问题。

思考题与习题

2-1　二力平衡条件与作用力和反作用力都是等值、反向、共线，这两者有何区别？

2-2　何谓二力构件，二力构件的受力与构件的形状有无关系？

2-3　分力一定小于合力，这种说法对吗？试举例说明。

2-4　汇交力系与一般力系的区别是什么？

2-5　一力 $\boldsymbol{F}$ 的投影 $\boldsymbol{F}_x$、$\boldsymbol{F}_y$ 与它的正交分力 $\boldsymbol{F}_x'$、$\boldsymbol{F}_y'$有什么不同？

2-6　力偶的性质有哪些？

2-7　一条绳索的两端点作用着等值、反向、共线的拉力 $\boldsymbol{F}$，若将两端点的拉力分别沿其作用线移到另一端时，此绳索还能不能平衡？为什么？

2-8　力使构件的运动状态发生变化称为________。力使构件的形状发生变化称为________。在外力作用下不发生变形的构件称为________。

2-9　力偶的三要素为________、________及________；力偶无合力，在任何坐标轴的投影和为________，力偶只能用________平衡；在一个平面内的两个力偶，如果它们的力偶矩大小相等，转向相同，则两力偶________。

2-10　力偶对物体只产生________效应，物体受若干个力偶共同作用时，对物体产生________效应；力偶系对物体的转动效应的大小等于________；平面力偶系合成为一个合力偶，其合力偶矩等于________。

2-11　如图2-42a所示，无底圆桶有翻倒可能，而图2-42b中有底圆桶不可能翻倒，为什么？

2-12　平面一般力系选取简化中心时，主矢量________，因为主矢量总是等于平面一般力系中

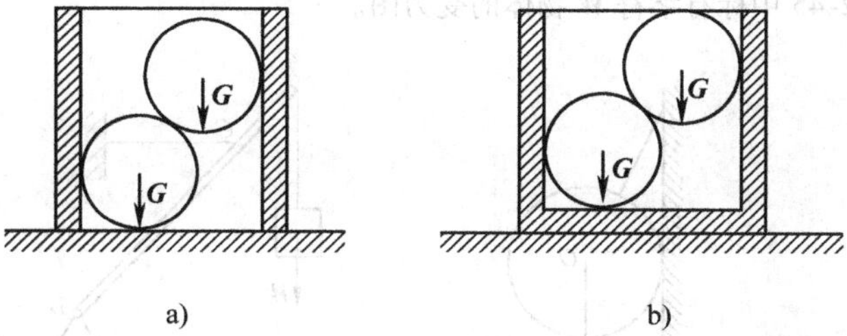

图 2-42　题 2-11

________，与简化中心位置________；主矩与简化中心位置________。

2-13　物体上受到多个力的作用，这些力的作用线处于同一平面内，既________也________的力系，称为平面一般力系。

2-14　平面一般力系的平衡方程有________方程和________方程，为了使每个方程中尽可能出现较少的未知量，坐标轴一般选在与未知力________的方向上，矩心可选在未知力________。

2-15　两杆连接如图 2-43 所示，能否根据力的可传性原理将作用于杆 *AB* 上的力 ***F*** 沿其作用线移至 *BC* 杆上面吗？

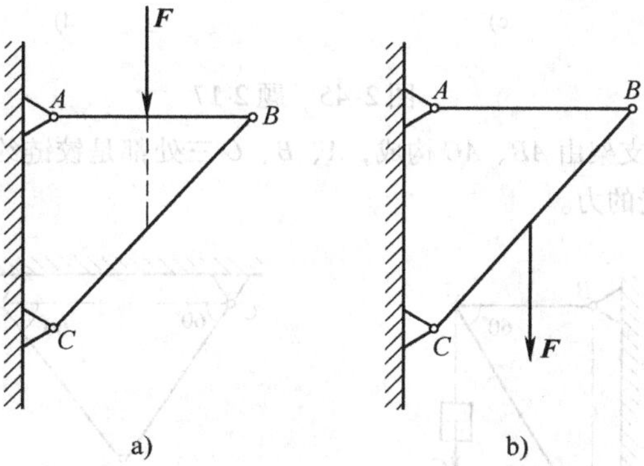

图 2-43　题 2-15

2-16　指出图 2-44 所示结构中的二力杆，并将二力杆分离体的受力图画出。

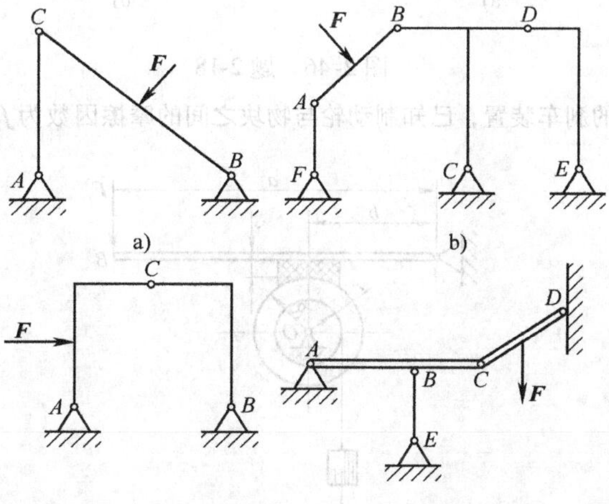

图 2-44　题 2-16

2-17　分别画出图 2-45 中标有字符 $\boldsymbol{W}$ 物体的受力图。

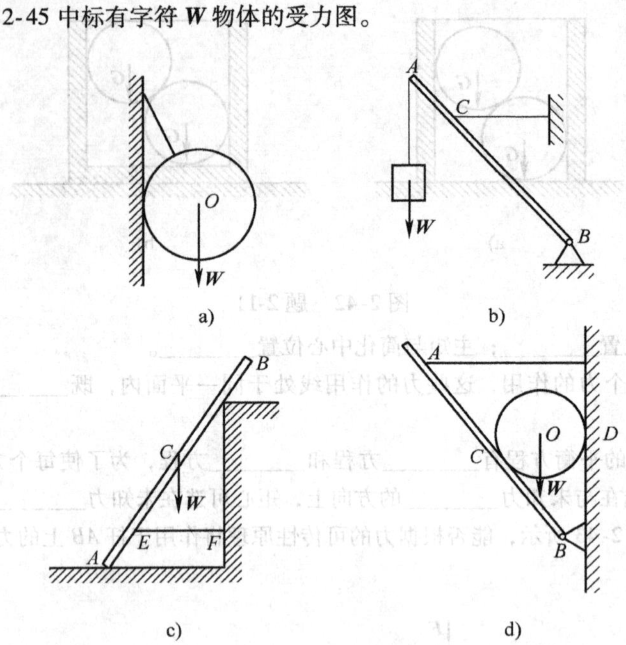

图 2-45　题 2-17

2-18　如图 2-46 所示，支架由 AB、AC 构成，A、B、C 三处都是铰链约束。在 A 点作用重物，若 $G=200\text{kN}$，求两种情况下杆所受的力。

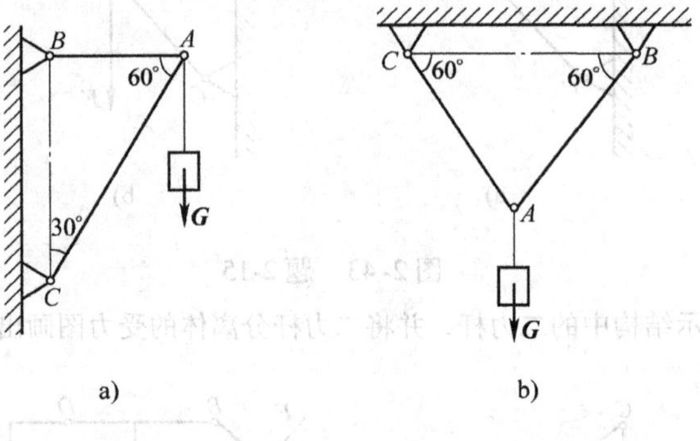

图 2-46　题 2-18

2-19　如图 2-47 所示的刹车装置，已知制动轮与物块之间的摩擦因数为 f_s，制动轮的鼓轮上悬挂一重

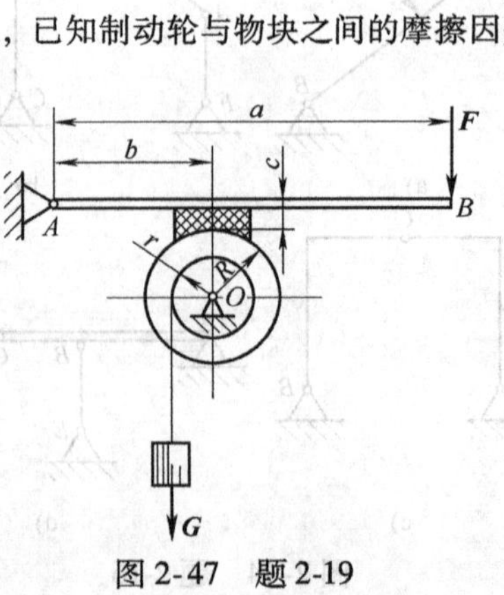

图 2-47　题 2-19

为 G 的重物，几何尺寸如图，求制动所需最小力 F。

2-20　如图 2-48 所示的桥式起重机，大梁 AB 重为 G，所吊重物与小车共重为 W，试求小车在图示位置时 A、B 两处的约束力。

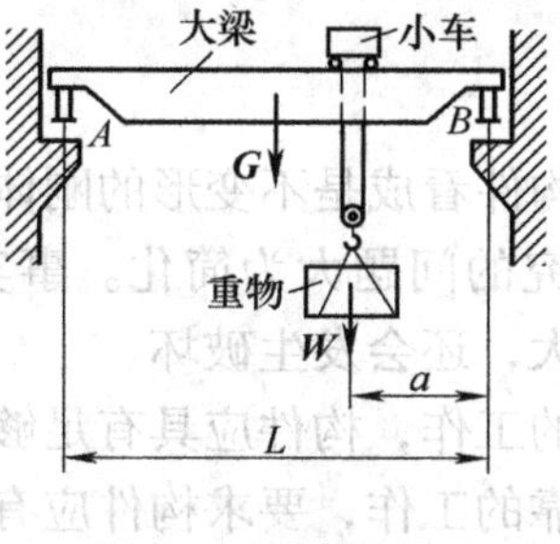

图 2-48　题 2-20

第三章　构件的拉伸与压缩强度计算

对构件进行受力分析时，把构件看成是不变形的刚体，只分析构件与所受外力之间的关系，忽略变形的存在，可使所研究的问题大为简化。事实上，任何机械构件受到外力作用时，都要发生变形，如果外力过大，还会发生破坏。

因此，为了保证构件能正常的工作，构件应具有足够的抵抗变形的能力，这种能力称作刚度；为了保证机械设备安全可靠的工作，要求构件应有足够的抵抗破坏的能力，这种能力称作强度。

本章着重研究构件拉伸、压缩的强度和刚度分析，为构件的设计提供理论基础和计算方法。

第一节　构件轴向拉伸与压缩

一、轴向拉伸与压缩的概念

机械工程中，发生轴向拉伸或压缩的构件很多。如图 3-1a 所示的联接钢板的螺栓，图 3-1b 所示为拧紧螺母时钢板对螺栓的反作用力，图 3-1c 所示为螺栓受力后沿着轴向发生了伸长。构件在力的作用下，若产生轴向伸长的变形，则称为轴向拉伸；若产生轴向缩短的变形，则称为轴向压缩。

对于拉伸或压缩的构件，构件结构形式虽然各有差异，受力方式各不相同，但都有共同的特点：作用于构件上的外力与构件的轴线重合，构件的变形是沿着轴线方向伸长或缩短。

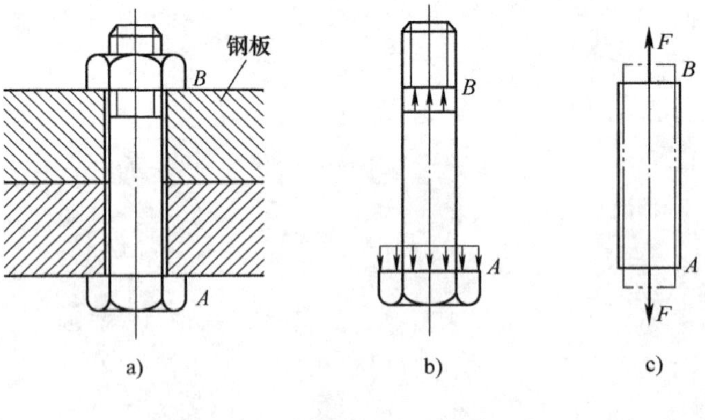

图 3-1　螺栓受到轴向拉伸

a）螺栓联接结构　b）螺栓受力图　c）螺栓受力简图

二、内力、轴力和截面法

1. 内力

构件上的载荷与约束力称为外力，外力通常用 F 或 F_P 符号表示。构件内各质点之间相互作用力，称为内力。当构件受外力作用而变形时，构件内各质点间的距离将发生变化，因此它的内力也随之变化，互相作用力的改变量，称为附加内力，简称内力。可以看出，内力随着外力的增大而增大，达到一定限制时，构件就会发生破坏。

2. 截面法

求内力的基本方法是截面法，如图 3-2a 所示，构件两端受拉力 F_P 作用，欲求某一截面 $m—m$ 上的内力，可假想用一截面将构件在 $m—m$ 处切开，分为左、右两部分，任取其中一部分作为研究对象，如图 3-2b 所示，设其内力的合力为 F_N，由于构件原来处于平衡状态。由平衡方程

$$\sum F_x = 0 \quad F_N - F_P = 0$$

求得

$$F_N = F_P$$

由于内力的作用线垂直构件（杆）的横截面，并通过截面的形心，这种内力也称为轴力。

采用截面法求内力的步骤为：

1）将构件分成两部分。

2）任取其中一部分作为研究对象，画受力图。

3）列研究对象的平衡方程，求解内力。

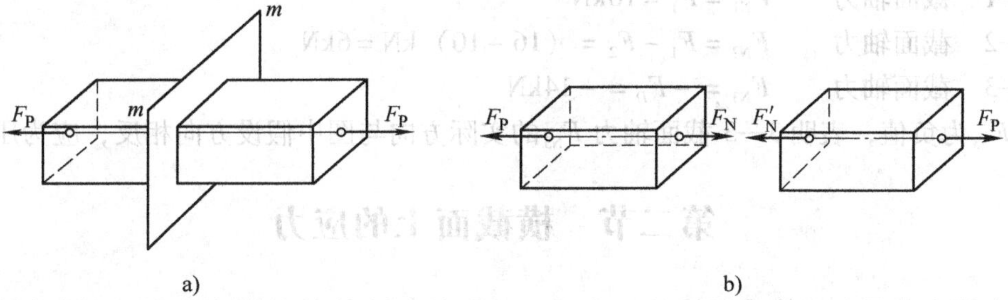

图 3-2 截面法

a）截面法原理 b）假想截开

3. 轴力的正负

如图 3-3a 所示的受拉构件，沿 $m—m$ 假想截开，分为两段，在左、右截面处必定有轴力 F_N 和 F'_N。F_N 和 F'_N 是作用力与反作用力的关系，大小相等，方向相反。

当内力与该截面外法线一致（内力背离截面）时，杆受拉，内力为正，反之杆受压，内力为负。图 3-3b、c 所示的内力均为正值。

4. 轴力图

机械工程中，构件所受轴力可能较复杂，构件各个截面上的轴力也不相同，为了显示构件各截面轴力的大小，可绘制轴力图

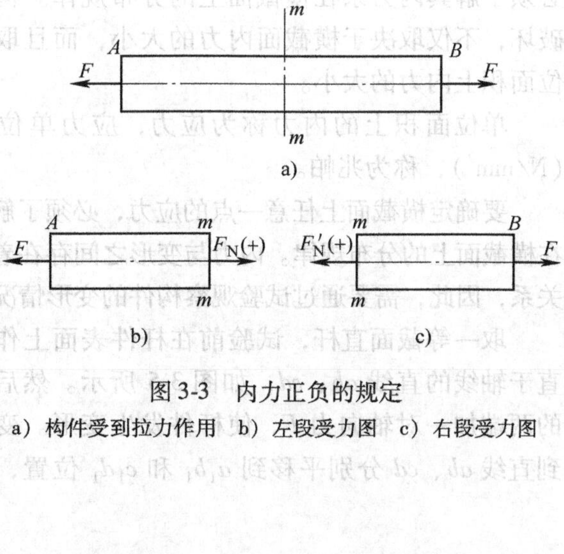

图 3-3 内力正负的规定

a）构件受到拉力作用 b）左段受力图 c）右段受力图

进行表达。

绘制轴力图的方法：以平行于构件轴线的 x 坐标，表示构件的各截面的位置；以垂直于构件轴线的 F_N 坐标，表示对应构件横截面上的轴力，这样绘制的图形，称为轴力图。

例 3-1 构件受力如图 3-4a 所示，已知 $F_1=16\text{kN}$，$F_2=10\text{kN}$，$F_3=20\text{kN}$。试求 1—1、2—2、3—3 截面上的轴力并绘制轴力图。

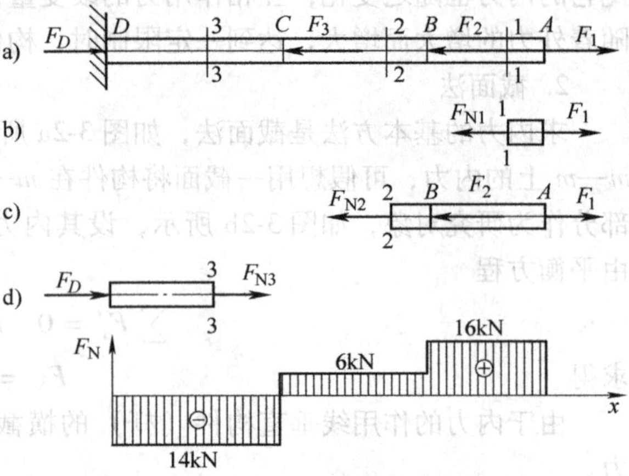

图 3-4 构件受力图

解：1）计算 D 端的支座反力。建立平衡方程

$$\sum F_x = 0 \quad F_D + F_1 - F_2 - F_3 = 0$$

$$F_D = F_2 + F_3 - F_1 = (10+20-16)\text{kN} = 14\text{kN}$$

2）分段计算轴力。用截面法将轴截取三段，如图 3-4b、c、d 所示。由平衡方程得

1—1 截面轴力 $F_{N1}=F_1=16\text{kN}$

2—2 截面轴力 $F_{N2}=F_1-F_2=(16-10)\ \text{kN}=6\text{kN}$

3—3 截面轴力 $F_{N3}=-F_D=-14\text{kN}$

式中 F_{N3} 为负值，表明 3—3 截面轴力 F_{N3} 的实际方向与图中假设方向相反，应为压力。

第二节 横截面上的应力

确定了横截面上拉伸或压缩的轴力后，并不能解决构件的强度问题，例如两根材料相同，粗细不同的拉杆，若两者所受的轴力相同，随着拉力的增加，细杆首先被拉断。这说明杆件的强度不仅与轴力有关，而且还与横截面的尺寸有关。因此，必须了解其内力系在横截面上的分布规律。构件是否破坏，不仅取决于横截面内力的大小，而且取决于单位面积上内力的大小。

单位面积上的内力称为应力，应力单位为 MPa（N/mm^2），称为兆帕。

要确定横截面上任意一点的应力，必须了解内力系在横截面上的分布规律。内力与变形之间存在着一定的关系，因此，需要通过试验观察构件的变形情况。

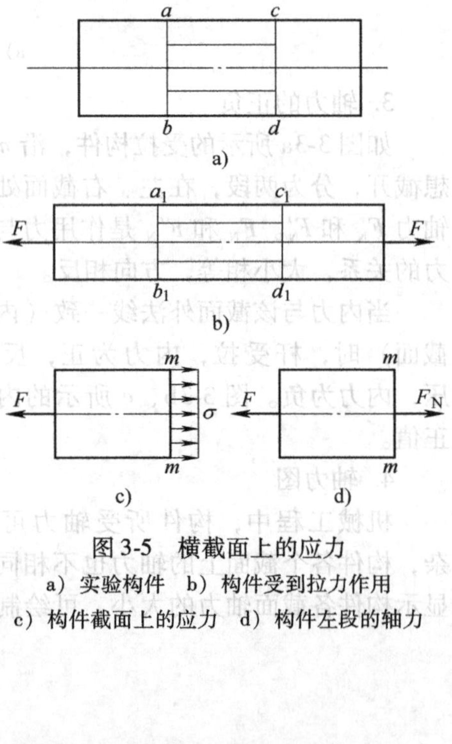

图 3-5 横截面上的应力

a）实验构件 b）构件受到拉力作用

c）构件截面上的应力 d）构件左段的轴力

取一等截面直杆，试验前在杆件表面上作两条垂直于轴线的直线 ab、cd，如图 3-5 所示。然后，在杆的两端加一对轴向力 F，使杆件发生变形。变形后看到直线 ab、cd 分别平移到 a_1b_1 和 c_1d_1 位置，并且仍

垂直于杆件的轴线。

从这一变形现象可知，变形前为平面的横截面，变形后仍保持为平面，或将其看做两截面作相对移动，所有纵向线伸长都相同。因此，可推断横截面上的内力分布是均匀的，所以横截面上各点的应力大小都是相等的，方向垂直于横截面，故称作正应力，以 σ 表示。横截面上正应力计算方式为

$$\sigma = \frac{F_N}{A} \tag{3-1}$$

式中　σ——横截面上的正应力（MPa）；

F_N——横截面上的轴力（N）；

A——横截面的面积（mm）。

σ 的方向与 F_N 一致，规定拉应力为正，压应力为负。

例 3-2　图 3-6 所示为一阶梯轴，直径分别为 d_1、d_2，AB 段横截面面积 $A_1 = 80\text{mm}^2$，BC 段横截面面积 $A_2 = 160\text{mm}^2$，$F_1 = 8\text{kN}$，$F_2 = 23\text{kN}$。试求各段轴横截面上的正应力。

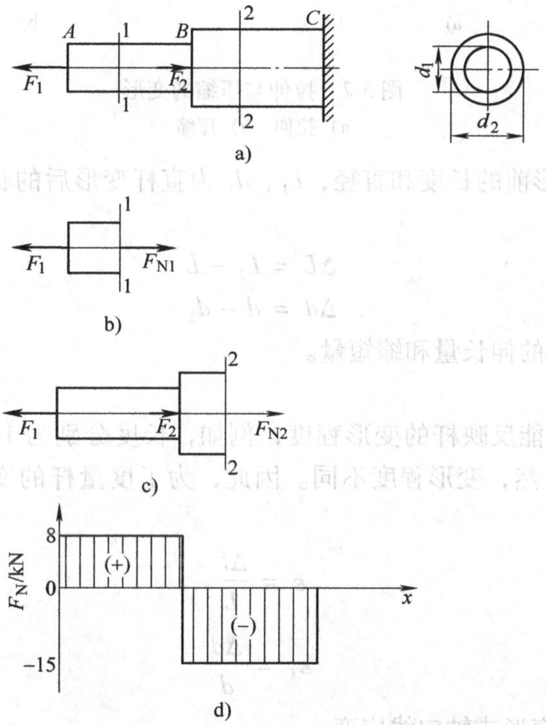

图 3-6　求杆件截面应力

解： 1）计算各段轴力，由截面法求出各段轴力。

AB 段　　$F_{N1} = F_1 = 8\text{kN}$（拉力）

BC 段　　$F_{N2} = F_1 - F_2 = (8 - 23)\text{kN} = -15\text{kN}$（压力）

2）确定应力。由式（3-1）可知，各段轴的正应力为

AB 段　　$\sigma_1 = \dfrac{F_{N1}}{A_1} = \dfrac{8 \times 10^3}{80}\text{MPa} = 100\text{MPa}$（拉应力）

BC 段 $\sigma_2=\dfrac{F_{N2}}{A_2}=\dfrac{-15\times10^3}{160}\text{MPa}=-93.75\text{MPa}$（压应力）

第三节　拉伸与压缩的变形

一、变形和应变

1. 变形

试验证明，当拉杆沿轴向伸长时，其横向将缩小，如图 3-7a 所示，压杆则相反，轴向缩短，横向增大，如图 3-7b 所示。

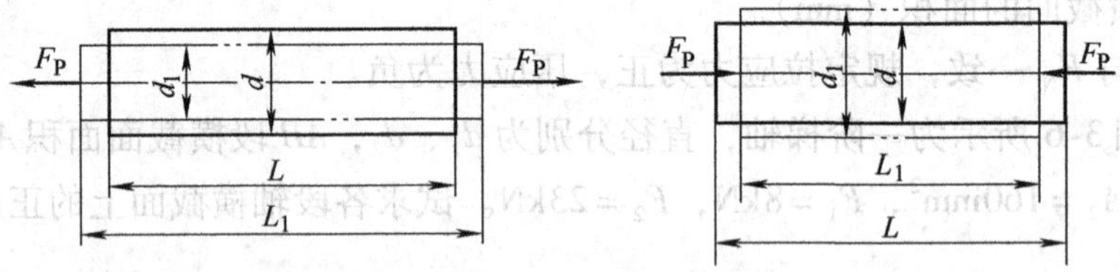

图 3-7　拉伸与压缩的变形
a）拉伸　b）压缩

设 L、d 为直杆变形前的长度和直径，L_1、d_1 为直杆变形后的长度和直径，则轴向变形与横向变形分别为

$$\Delta L = L_1 - L$$
$$\Delta d = d - d_1$$

称为绝对变形量，即总的伸长量和缩短量。

2. 应变

绝对变形的大小不能反映杆的变形程度，例如，长度分别为 1cm 与 5cm 的橡皮条，其变形长度均为 1mm，显然，变形程度不同。因此，为了度量杆的变形程度，必须计算单位长度变形量，即

$$\varepsilon = \frac{\Delta L}{L}$$
$$\varepsilon_1 = \frac{\Delta d}{d}$$

式中　ε——轴向相对变形或轴向线应变；

ε_1——横向相对变形或横向线应变。

应变是单位长度的变形，是无因次的量。

二、胡克定律

由试验得到证明，材料在弹性范围内，杆的变形 ΔL 与轴力 F_N 成正比，而与杆的截面面积成反比，即

$$\Delta L \propto \frac{F_N L}{A}$$

考虑材料性能不同，引入与材料有关的比例常数 E，则得胡克定律

$$\Delta L = \frac{F_N L}{EA} \tag{3-2}$$

式中　E——材料的比例常数，称为材料弹性模量（MPa）。

由式（3-2）可知，对于长度相同，受力相等的杆件，EA 值越大，则材料的变形就越小。所以，EA 称为杆件的抗拉（压）刚度，反映了杆件抵抗拉（压）变形的能力。

若将 $\sigma = \frac{F_N}{A}$、$\varepsilon = \frac{\Delta L}{L}$代入式（3-2）中，即得胡克定律的另一种表达形式

$$\sigma = E\varepsilon \tag{3-3}$$

则有

$$\varepsilon = \frac{\sigma}{E} \tag{3-4}$$

即在弹性范围内，正应力与线应变成正比。

第四节　材料拉伸与压缩时的力学性能

材料在受到外力作用时，所表现出的强度和变形的性能，称为材料的力学性能。它是由试验测定的。

一、塑性材料力学性能

（一）低碳钢拉伸试验

塑性材料有低碳钢、铜和铝等。进行拉伸试验时，通常采用低碳钢，因为低碳钢在拉伸试验中具有典型性，所以常采用它来阐述钢材的一些特性。拉伸试验是采用国家标准规定的试件，将试件做成一定形状和尺寸，如图 3-8a 所示的圆形截面试件和图 3-8b 所示的矩形截面试件。

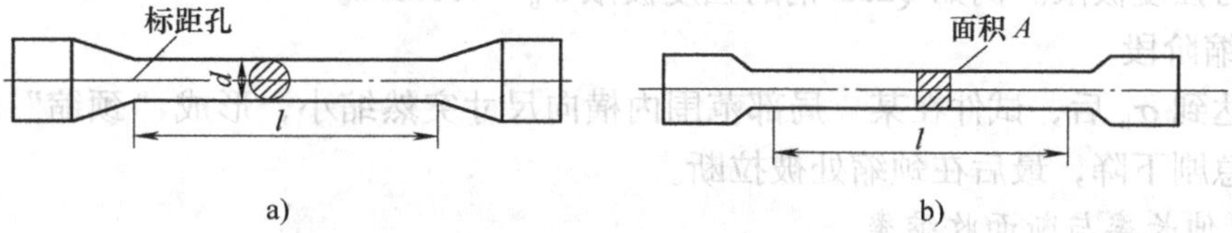

图 3-8　拉伸试件

a）圆形截面试件　b）矩形截面试件

拉伸是在材料拉伸试验机上进行，用夹头夹紧试件两端，缓慢加载，直至试件被拉断为止。试验机装有自动绘图装置，能自动绘制载荷 F 与伸长 ΔL 之间的关系曲线，该曲线称为拉伸曲线。

为了消除试件尺寸的影响，将拉伸曲线中的纵坐标 F_N 除以试件的原始截面面积 A，将横坐标 ΔL 除以原始长度 L，绘制出的应力—应变曲线，称为拉伸曲线，也称为 σ-ε 曲线，如图 3-9 所示。

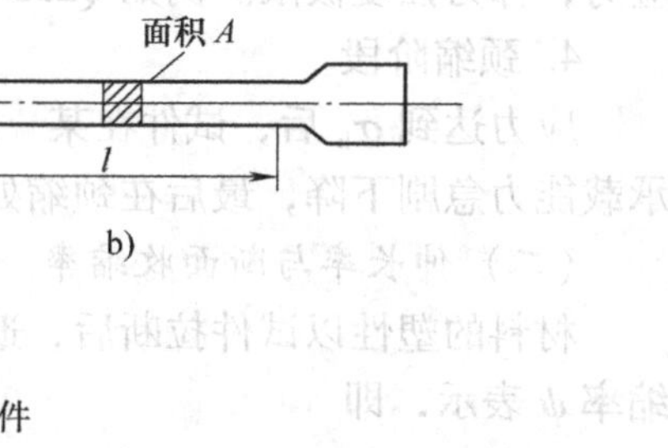

图 3-9　低碳钢拉伸时的 σ-ε 曲线

根据试验结果，将低碳钢拉伸时的 σ-ε 曲线，分为

四个阶段进行讨论。

1. 弹性阶段

试验时，加载后应力不超过 σ_P，卸载后，试件即恢复原状，这种不产生永久变形的性能，称为弹性。图 3-9 所示 *OA* 段为一直线，说明在此阶段内，应力和应变成正比。此阶段的最高点 *A*，所对应的应力值，称为比例极限，用 σ_p 表示。

比例极限是使应力、应变保持正比关系的最大值。在该阶段内，材料只产生弹性变形，*OA* 段的直线的斜率为试件的弹性模量，其表达形式为

$$\tan\alpha = \frac{\sigma}{\varepsilon} = E$$

弹性模量 *E* 是衡量材料产生弹性变形难易程度的指标。*E* 愈大，则使其产生弹性变形的应力也愈大，它反映了材料抵抗变形的能力。

从 *A* 点到 *A′* 点，应力与应变不再是直线关系，但变形仍然是弹性的，*A′* 点对应的应力 σ_e 是弹性变形的最高应力，称为弹性极限。比例极限 σ_p 与弹性极限 σ_e 虽然含义不同，但数值很接近，在实际应用时，两者常取同一值，即 $\sigma_p = \sigma_e$。

2. 屈服阶段

当应力超过 σ_p（σ_e）后，曲线出现波动的锯齿形线段，这表示应力虽然不再增加，但变形却迅速增大，材料尤如失去了变形的抵抗能力，这种现象称为材料屈服。此时卸载，材料不能恢复原来的形状，这种变形称为塑性变形。屈服阶段的最低应力值 σ_s，称为材料的屈服极限，例如 Q235 钢的屈服极限 $\sigma_s \approx 235\text{MPa}$。

3. 强化阶段

经过屈服阶段，曲线又继续上升，如图 3-9 所示的 *CD* 线段，材料又恢复了抵抗变形能力，这种现象称为材料的强化。强化阶段中的最高点 *D* 所对应的应力 σ_b 是材料承受的最大应力，称为强度极限。例如 Q235 钢的强度极限 $\sigma_b \approx 400\text{MPa}$。

4. 颈缩阶段

应力达到 σ_b 后，试件在某一局部范围内横向尺寸突然缩小，形成“颈缩”现象，这时承载能力急剧下降，最后在颈缩处被拉断。

（二）伸长率与断面收缩率

材料的塑性以试件拉断后，遗留下来的塑性变形来说明。塑性大小用伸长率 δ 和断面收缩率 ψ 表示，即

$$\delta = \frac{L_1 - L}{L} \times 100\% \tag{3-5}$$

$$\psi = \frac{A - A_1}{A} \times 100\% \tag{3-6}$$

式中 L_1——试件拉断后的长度（mm）；

L——试件原始长度（mm）；

A_1——试件拉断处的横截面面积（mm^2）；

A——试件原始截面面积（mm^2）。

伸长率 δ 和断面收缩率 ψ 越大，材料的塑性越好。材料具有一定的塑性，才能顺利地承受各种变形加工。另一方面，材料具有一定的塑性，可以提高构件使用的可靠性，防止构件

受力后突然断裂。

机械工程中，通常将伸长率 $\delta>5\%$ 材料称为塑性材料，如低碳钢、铜、铝等；伸长率 $\delta\leqslant5\%$ 材料称为脆性材料，如铸铁、玻璃、陶瓷等。

（三）低碳钢压缩实验

低碳钢压缩时，在屈服阶段以前，两曲线基本重合。屈服阶段后，试件愈压愈扁，曲线不断上升，得不到低碳钢压缩时的强度极限。

图 3-10 所示为低碳钢压缩时的 σ-ε 曲线。

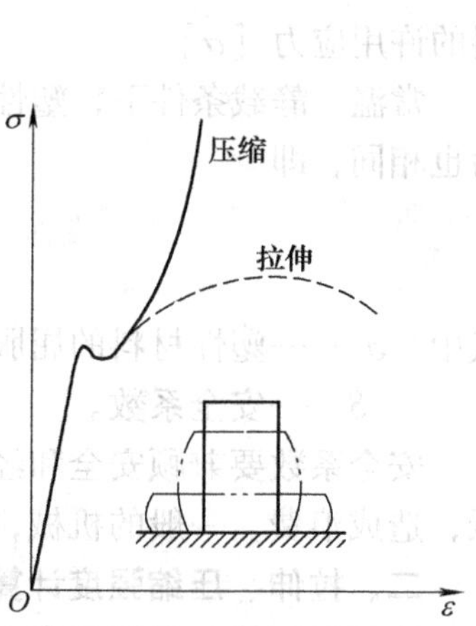

图 3-10　低碳钢压缩时的 σ-ε 曲线

二、脆性材料的力学性能

（一）灰铸铁拉伸实验

脆性材料拉伸实验，通常采用灰铸铁。如图 3-11 所示，灰铸铁在拉伸时，σ-ε 曲线是一条微弯的曲线，应力与应变关系符合胡克定律，无屈服现象，不产生颈缩，变形小，当应力达到一定数值时，突然断裂。

（二）灰铸铁压缩实验

如图 3-12 所示，灰铸铁压缩时也无明显的直线部分，无屈服极限，但是强度超过拉伸强度极限 4～5 倍，其他脆性材料也具有这样的性质。

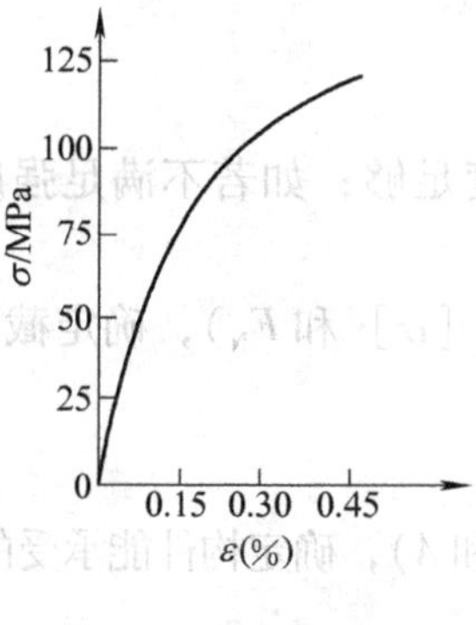

图 3-11　灰铸铁拉伸时的 σ-ε 曲线

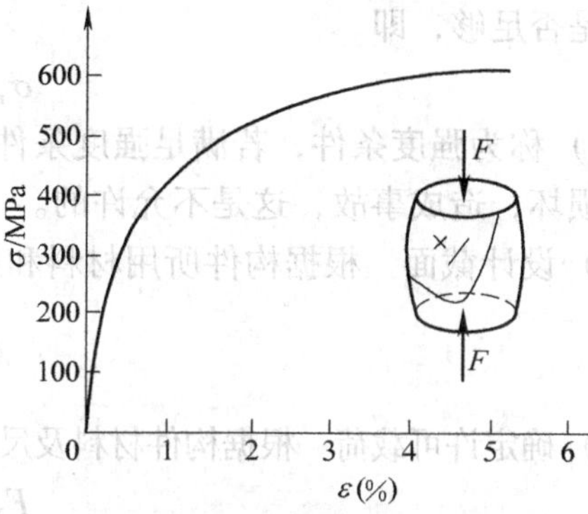

图 3-12　灰铸铁压缩时的 σ-ε 曲线

第五节　构件拉伸与压缩时的强度计算

机械或工程结构中的每一个构件，所能承受的应力都是有一定限度的，如果构件受到载荷时，发生过大的塑性变形或断裂，就丧失了正常的工作能力，这些现象称为失效。材料失效时的应力，称为极限应力。一般认为，塑性材料的极限应力是屈服极限 σ_s；脆性材料的极限应力是强度极限 σ_b。

一、许用应力

构件在正常工作时，材料所允许承受的最大应力，称为许用应力，用［σ］表示。由于构件在工作时，所承受的载荷难以精确估算，以及构件在工作时的磨损腐蚀，材质的不均匀性等因素，要求材料具有一定的强度贮备，将极限应力除以大于 1 的安全系数，才能作为材

料的许用应力 $[\sigma]$。

常温、静载条件下，塑性材料在拉伸、压缩时的屈服极限相同，所以拉伸、压缩许用应力也相同，即

$$[\sigma]=\frac{\sigma_s}{S}$$

式中 σ_s——塑性材料的屈服极限；

S——安全系数。

安全系数要兼顾安全和经济两方面，取值过小，构件安全性差，取值过大，材料利用率低，造成浪费。一般的机械，按经验选取，塑性材料 $S=1.2\sim2.2$；脆性材料 $S=2\sim3.5$。

二、拉伸、压缩强度计算

为了保证拉、压杆具有足够的强度，必须使其最大正应力 σ_{max}（工作应力）小于或等于材料在拉伸、压缩时的许用应力 $[\sigma]$，即

$$\sigma_{max}=\frac{F_N}{A}\leqslant[\sigma] \tag{3-7}$$

式（3-7）称为拉、压杆的强度条件，F_N、A 分别为构件危险截面处的轴力和截面面积。强度条件可解决以下三方面的问题：

（1）强度校核　根据构件的材料、尺寸和所受载荷（已知 $[\sigma]$、A 和 F_N），检验构件的强度是否足够，即

$$\sigma_{max}\leqslant[\sigma]$$

式（3-7）称为强度条件，若满足强度条件，表明构件强度足够；如若不满足强度条件，构件极易损坏，造成事故，这是不允许的。

（2）设计截面　根据构件所用材料和所受载荷（已知 $[\sigma]$ 和 F_N），确定截面尺寸，即

$$A\geqslant\frac{F_N}{[\sigma]}$$

（3）确定许可载荷　根据构件材料及尺寸（已知 $[\sigma]$ 和 A），确定构件能承受的载荷，即

$$F_N\leqslant A[\sigma]$$

例 3-3　如图 3-13a 所示，活塞受气体压力 $F=100\text{kN}$，曲柄 OA 长度为 120mm，连杆 AB 长度为 $L=300\text{mm}$，截面尺寸 $b=50\text{mm}$，$h=65\text{mm}$，材料许用应力 $[\sigma]=50\text{MPa}$，当 OA 与 AB 垂直时，试校核连杆的强度。

解：1）画出连杆所受的轴力，连杆为二力杆，受力如图 3-13b 所示；根据活塞的平衡条件，则有

$$\sum F_y=0\quad F'_N\cos\alpha-F_P=0$$

$$F'_N=\frac{F_P}{\cos\alpha}=\frac{F_P}{L}\sqrt{L^2+(OA)^2}$$

$$=\frac{100}{300}\sqrt{300^2+120^2}\text{kN}=130.12\text{kN}$$

2）计算截面面积。

$$A=bh=50\times65\text{mm}^2=3250\text{mm}^2$$

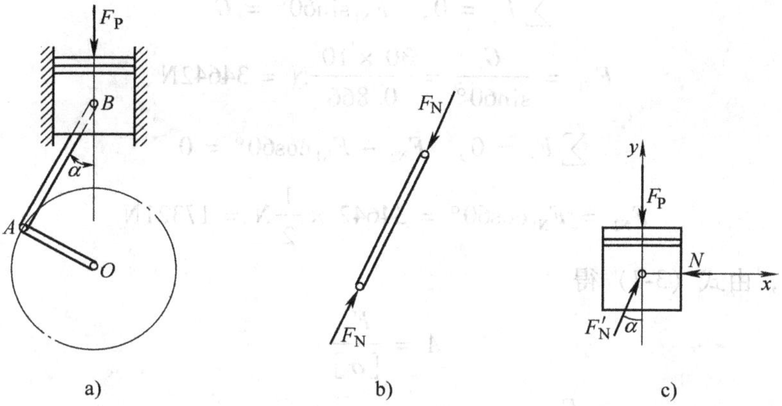

图 3-13　活塞连杆总成

a）结构示意图　b）连杆受力图　c）活塞受力图

3）校核连杆的强度，由强度条件得

$$\sigma = \frac{F_N}{A} = \frac{F'_N}{bh} = \frac{130.12 \times 10^3}{3250}\text{MPa} = 40.04\text{MPa}$$

因为 $\sigma \leqslant [\sigma]$，所以连杆强度足够。

例 3-4　如图 3-14 所示，三角架由两杆铰链连接而成，两杆截面均为圆形，材料为钢，许用应力 $\sigma = 58\text{MPa}$，作用于 B 点的载荷 $G = 30\text{kN}$，试确定两杆的直径 d（杆自重不计）。

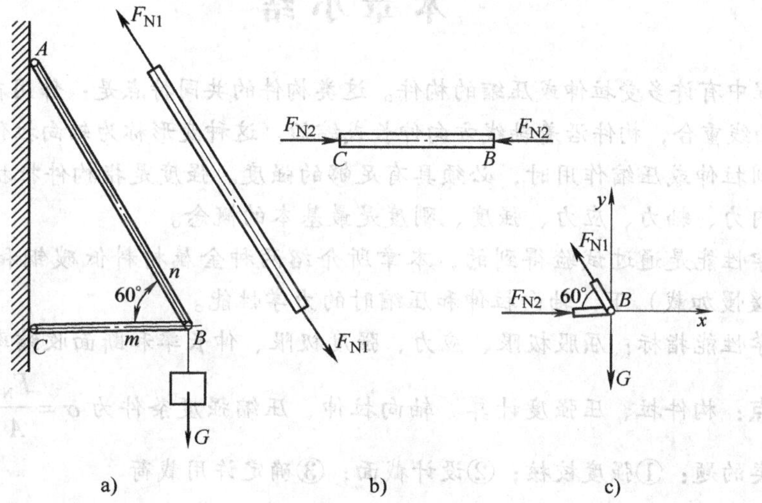

图 3-14　三角架

a）结构示意图　b）二力杆　c）B 点受力图

解：1）画两杆的计算简图，求作用于两杆上的外力，两杆为二力杆，受力图如图 3-14b 所示。

2）取 B 点为研究对象，如图 3-14c 所示，用截面法在图 3-14a 中所示的 n—m 截面截取研究对象，列平衡方程式

$$\sum F_y = 0, \quad F_{N1}\sin60^\circ = G$$

$$F_{N1} = \frac{G}{\sin60^\circ} = \frac{30 \times 10^3}{0.866}\text{N} = 34642\text{N}$$

$$\sum F_x = 0, \quad F_{N2} - F_{N1}\cos60^\circ = 0$$

$$F_{N2} = F_{N1}\cos60^\circ = 34642 \times \frac{1}{2}\text{N} = 17321\text{N}$$

确定两杆直径，由式（3-7）得

$$A = \frac{F_N}{[\sigma]}$$

因 $A = \pi d^2/4$，所以 $\frac{\pi}{4}d^2 \geqslant \frac{F_N}{(\sigma)}$

圆杆 AB 直径 $d_{AB} \geqslant \sqrt{\frac{4F_{N1}}{\pi[\sigma]}} = \sqrt{\frac{4 \times 34642}{\pi \times 58}}\text{mm} = 27.58\text{mm}$

取 $d_{AB} = 28\text{mm}$

圆杆 BC 直径 $d_{BC} \geqslant \sqrt{\frac{4F_{N2}}{\pi[\sigma]}} = \sqrt{\frac{4 \times 17321}{\pi \times 58}}\text{mm} = 19.5\text{mm}$

取 $d_{BC} = 20\text{mm}$

本 章 小 结

机械工程中有许多受拉伸或压缩的构件。这类构件的共同特点是：作用在构件上的外力作用线与构件轴线重合，构件沿着轴线方向伸长或缩短。这种变形称为轴向拉伸或轴向压缩。

构件受到拉伸或压缩作用时，必须具有足够的强度。强度是指构件抵抗破坏的能力。

构件的内力、轴力、应力、强度、刚度是最基本的概念。

材料力学性能是通过试验得到的，本章所介绍两种金属材料低碳钢和灰铸铁，是在常温、静载（缓慢加载）下，轴向拉伸和压缩时的力学性能。

材料力学性能指标：屈服极限、应力、强度极限、伸长率和断面收缩率。

本章重点：构件拉、压强度计算。轴向拉伸、压缩强度条件为 $\sigma = \frac{F_N}{A} \leqslant [\sigma]$；强度条件可解决三类的题：①强度校核；②设计截面；③确定许用载荷

思考题与习题

3-1 构件的内力用何种方法求得？其正负是如何规定的？如何用简便方法求截面的内力？

3-2 何谓绝对变形、相对变形？胡克定律适用的条件是什么？

3-3 材料不同，轴力、截面尺寸相同的两拉杆，其应力、变形、强度是否分别相同？

3-4 试区别下列概念：

A. 内力与应力　　B. 变形与应变　　C. 弹性变形与塑性变形

3-5 构件单位面积上的内力称为________；构件在正常工作时，允许承受的最大应力称为________。

3-6 低碳钢拉伸试验曲线分成的四个阶段是________、________、________、________；构件在正常工作时，允许在________阶段内。

3-7 如图 3-15 所示，两根材料相同的拉杆，其绝对变形是否相同？如不同，哪根变形大？

3-8 如图 3-16 所示的联接件用销子，已知联接件受力 $F=40\text{kN}$，联接件各尺寸如图所示，试求联接件最大正应力。

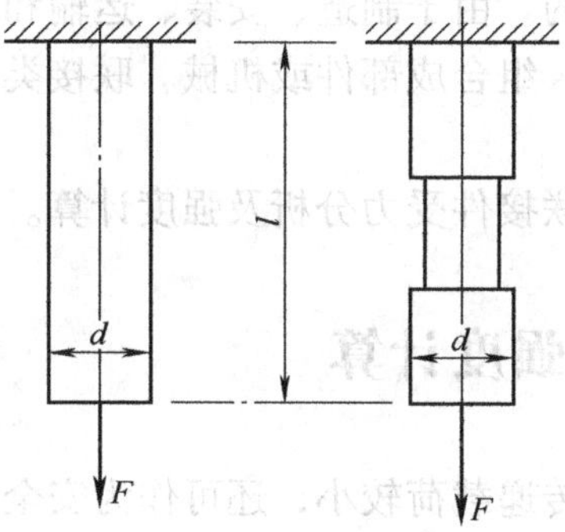

图 3-15 题 3-7

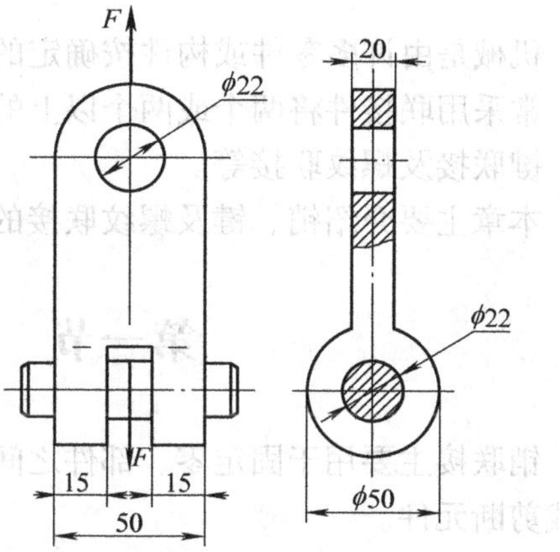

图 3-16 题 3-8

3-9 如图 3-17 所示，用绳索起吊重物。已知 $F=20\text{kN}$，绳索横截面积 $A=12.6\text{cm}^2$，绳索的许用应力 $[\sigma]=10\text{MPa}$，试校核 $\alpha=45°$ 及 $\alpha=60°$ 两种情况下绳索的强度。

3-10 如图 3-18 所示，两钢制杆分别连接 A、B，铰接于 C，并挂重物 G。已知 AC 杆许用应力 $[\sigma_1]=100\text{MPa}$，BC 杆许用应力 $[\sigma_2]=160\text{MPa}$，两杆截面面积均为 $A=2\text{cm}^2$，试求所吊重物的最大重量。

3-11 吊车如图 3-19 所示，电动葫芦沿横梁移动。已知电动葫芦自重 $G_1=3\text{kN}$，起重重量 $G_2=20\text{kN}$，拉杆 BC 的许用应力 $[\sigma]=100\text{MPa}$。试计算 BC 杆的直径。

3-12 铸造车间铁水包如图 3-20 所示，吊杆为矩形截面，$b=25\text{mm}$，$h=50\text{mm}$，许用应力 $[\sigma]=50\text{MPa}$，铁水包自重 $G_1=6\text{kN}$，最大铁水重量为 30kN，试校核吊杆的强度。

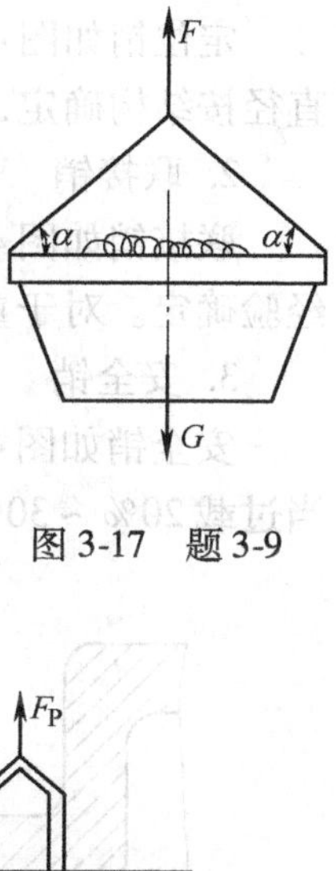

图 3-17 题 3-9

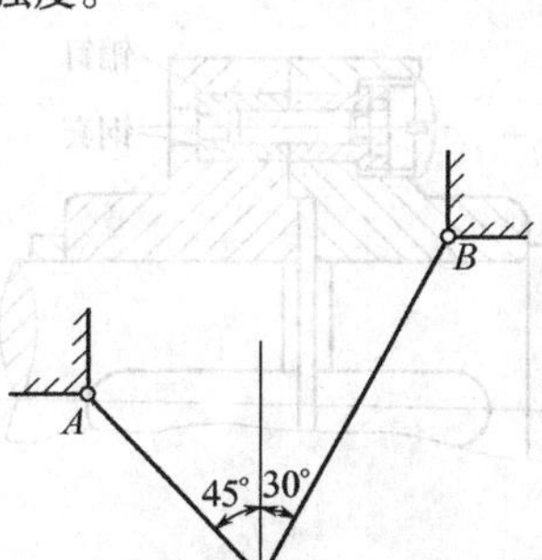

图 3-18 题 3-10

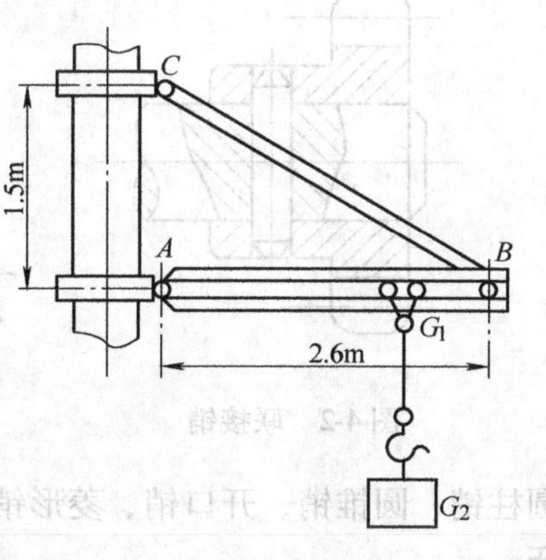

图 3-19 题 3-11

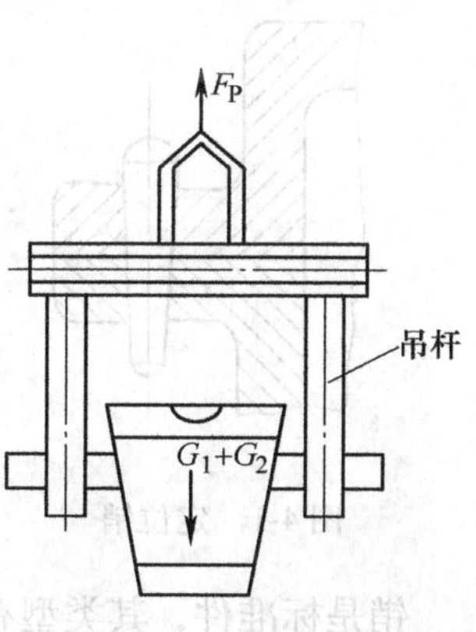

图 3-20 题 3-12

第四章　联接及其强度计算

机械是由许多零件或构件按确定的方式联接而成的。由于制造、安装、运输和检修的要求，常采用联接件将两个或两个以上的构件联成一体，组合成部件或机械。联接类型有销联接、键联接及螺纹联接等。

本章主要介绍销、键及螺纹联接的类型和应用，联接件受力分析及强度计算。

第一节　销联接及其强度计算

销联接主要用于固定零、部件之间的相对位置，传递载荷较小，还可作为安全装置中的过载剪断元件。

一、销联接的类型

1. 定位销

定位销如图4-1所示，用于固定两零件相对位置，通常不受载荷或只受很小的载荷。其直径按结构确定，数目为2个，少于2个无法定位，多于2个则无用。

2. 联接销

联接销如图4-2所示，用于轴毂间的联接。联接销能传递较小的载荷，其直径按结构及经验确定。对于重要的联接须进行强度较核。

3. 安全销

安全销如图4-3所示，充当过载时的剪断元件。安全销的直径按销的抗剪强度 τ_b 计算，当过载20%～30%时，即被剪断。

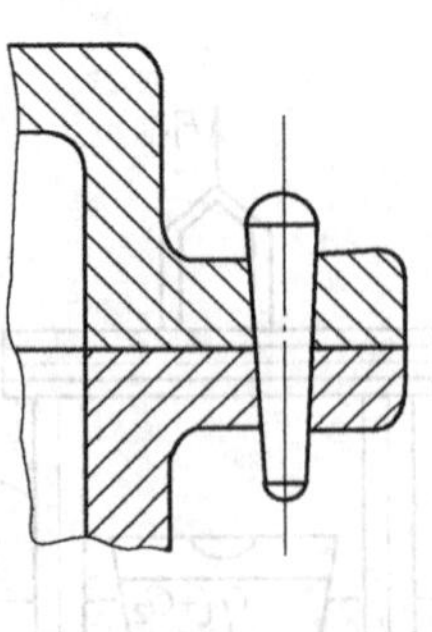

图4-1　定位销

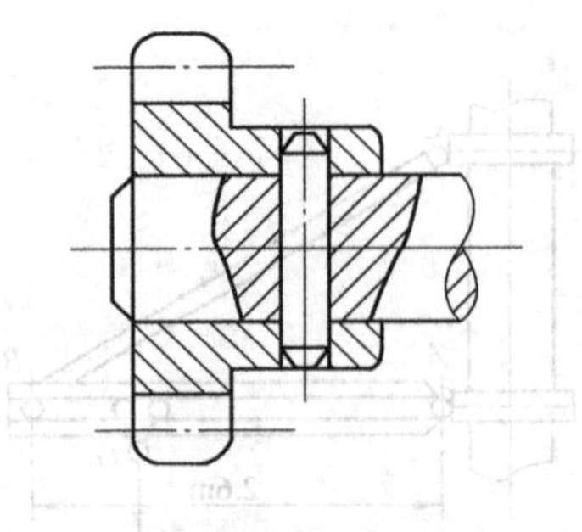

图4-2　联接销

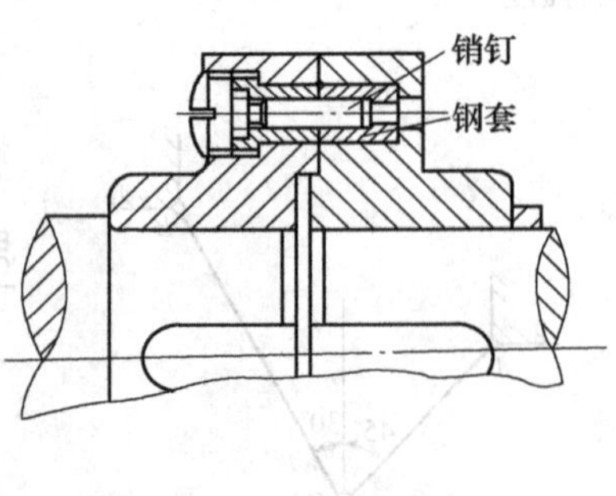

图4-3　安全销

销是标准件，其类型有圆柱销、圆锥销、开口销、菱形销等，使用时可查阅有关手册。

二、销联接的剪切与挤压

（一）剪切

销联接中，被联接件所受载荷与销的轴线垂直。在外力作用下，销承受横向外载荷作用，称为剪切。当外力过大时，会沿剪切面将销剪断。

1. 剪切力

现以铆钉为例，如图 4-4a 所示。铆钉受均布横向外载荷 F 作用，如图 4-4b 所示。为了便于讨论，均布横向外载荷看做集中载荷，如图 4-4c 所示。当 F 过大时，铆钉即被剪断。

应用截面法，假想沿剪切面 m—m，将铆钉分为两段，取其中一段作为研究对象，如图 4-4d 所示。由平衡条件可知，剪切面上内力的合力应与外力 F 平行，沿截面作用。此内力称为剪切力，通常用 F_Q 表示。

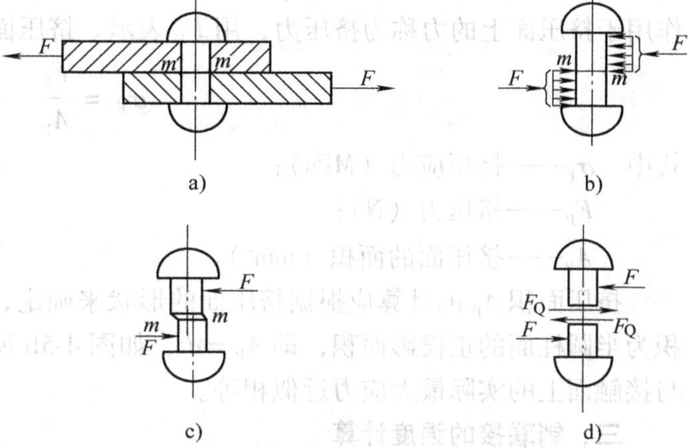

图 4-4 铆钉联接

a）铆钉联接受力 b）铆钉受均布载荷 c）力的简化 d）剪力

$$\sum F_x = 0 \quad F - F_Q = 0$$

$$F_Q = F$$

2. 切应力

单位面积的剪切力，称为切应力，通常用 τ 表示。设剪切面积为 A，剪切力为 F_Q，则剪切面上的切应力为

$$\tau = \frac{F_Q}{A} \tag{4-1}$$

式中 τ——切应力（MPa）；

F_Q——剪切力（N）；

A——剪切面积（mm^2）。

（二）挤压

1. 挤压

联接件与被联接件在接触面上相互压紧，这种现象称为挤压。如图 4-5a所示的联接件中，铆钉左侧圆柱面上半部分与钢板相互压紧，而铆钉右侧圆柱面下半部分与钢板相互压紧。

挤压和压缩是两个完全不同的概念，挤压发生在两个构件相互接触的表面，而压缩则是发生在一个构件上。

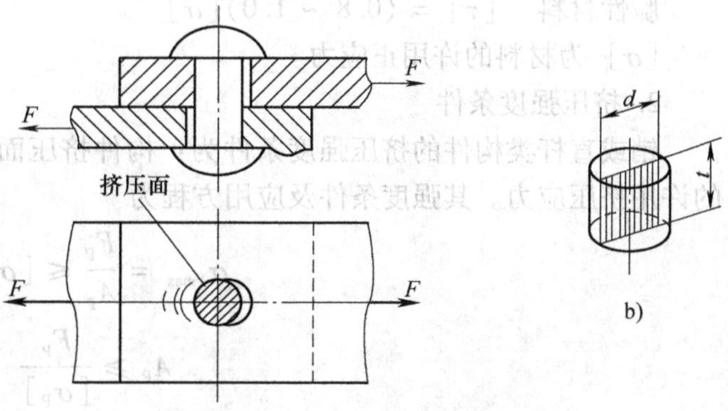

图 4-5 铆钉受挤压及挤压面积计算

a）铆钉受挤压 b）挤压面积的计算

2. 挤压应力

单位面积的挤压力，称为挤压应

力，通常用 σ_P 表示。构件受到挤压变形时，相互挤压的接触面，称为挤压面，用 A_P 表示。作用于挤压面上的力称为挤压力，用 F_P 表示。挤压面上的挤压应力为

$$\sigma_P = \frac{F_P}{A_P} \tag{4-2}$$

式中 σ_P——挤压应力（MPa）；

F_P——挤压力（N）；

A_P——挤压面的面积（mm^2）。

挤压面积 A_P 的计算应根据挤压面的形状来确定，销钉、铆钉等圆柱形联接件的挤压面积为半圆柱面的正投影面积，即 $A_P = dt$，如图 4-5b 所示的阴影部分。计算得到的挤压应力与接触面上的实际最大应力近似相等。

三、销联接的强度计算

当销承受的挤压力过大而发生挤压破坏时，会使联接松动，构件不能正常工作而失效。因此，对发生剪切变形的构件，除了进行剪切强度计算外，还要进行挤压强度计算。

1. 剪切强度条件

销或直杆类构件的剪切强度条件为：构件剪切面的切应力 τ_{max} 小于或等于构件材料的许用切应力。其强度条件及应用方程为

$$\tau_{max} = \frac{F_Q}{A} \leqslant [\tau] \tag{4-3}$$

$$A \geqslant \frac{F_Q}{[\tau]} \tag{4-4}$$

$$F_Q \leqslant A[\tau] \tag{4-5}$$

式中 F_Q——剪切面的剪力（N）；

A——剪切面的面积（mm^2），

$[\tau]$——材料的许用切应力（MPa），许用切应力可从有关手册查得。

对于金属材料，也可按如下经验公式确定：

塑性材料 $[\tau] = (0.6 \sim 0.8)[\sigma]$

脆性材料 $[\tau] = (0.8 \sim 1.0)[\sigma]$

$[\sigma]$ 为材料的许用正应力。

2. 挤压强度条件

销或直杆类构件的挤压强度条件为：构件挤压面的挤压应力 σ_{Pmax} 小于或等于构件材料的许用挤压应力。其强度条件及应用方程为

$$\sigma_{Pmax} = \frac{F_P}{A_P} \leqslant [\sigma_P] \tag{4-6}$$

$$A_P \geqslant \frac{F_P}{[\sigma_P]} \tag{4-7}$$

$$F_P \leqslant A_P[\sigma_P] \tag{4-8}$$

式中 F_P——挤压面的挤压力（N）；

A_P——挤压面的面积（mm）；

$[\sigma_P]$ ——材料的许用挤压应力（MPa），许用挤压应力可从有关手册查得。

对于金属材料，也可以按如下经验公式确定：

塑性材料　$[\sigma_P] = (1.7 \sim 2.0)[\sigma_-]$

脆性材料　$[\sigma_P] = (0.9 \sim 1.5)[\sigma_-]$

$[\sigma_-]$ 为材料的许用压应力（MPa）。

应注意，如果两个相互挤压构件的材料不同，应对材料挤压强度弱的构件进行计算。

例 4-1　如图 4-6a 所示，电瓶车牵引板挂钩间用插销联接，已知 $t = 8\text{mm}$，插销直径 $d = 20\text{mm}$，$[\tau] = 30\text{MPa}$，$[\sigma_P] = 100\text{MPa}$，牵引力 $F = 15\text{kN}$。试校核插销强度。

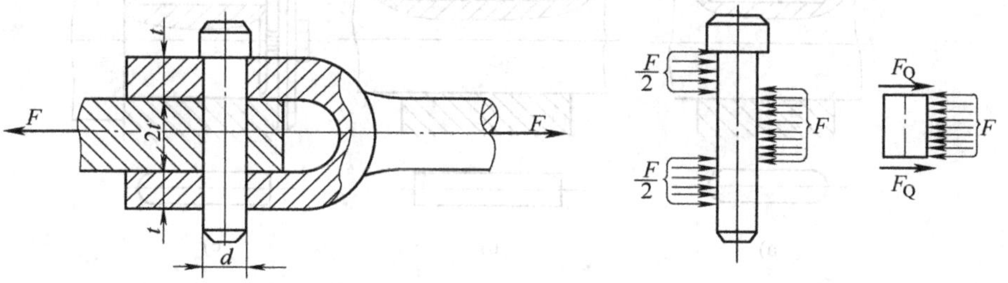

a)　　b)

图 4-6　销联接受力图

a）销联接结构　b）销受力分析

解：1）求剪力和挤压力。插销受力如图 4-6b 所示。根据平衡条件

$$\sum F_x = 0 \quad F - 2F_Q = 0$$

剪切力　$$F_Q = \frac{F}{2} = 7.5\text{kN}$$

挤压力　$$F_P = F = 15\text{kN}$$

2）剪切强度条件为

$$\tau_{max} = \frac{F_Q}{A} = \frac{7.5 \times 10^3}{\frac{\pi}{4}20^2}\text{MPa} = 23.89\text{MPa} \leqslant [\tau]$$

剪切强度足够。

3）挤压强度条件为

$$\sigma_P = \frac{F_P}{A_P} = \frac{F}{2td} = \frac{15 \times 10^3}{2 \times 8 \times 20}\text{MPa} = 46.88\text{MPa} \leqslant [\sigma_P]$$

挤压强度足够。

第二节　键联接及其强度计算

键是轴与毂（如齿轮、带轮、凸轮等）的主要联接件，用于轴和轮毂之间的周向固定，以传递转矩，有的键兼有轴向固定或起到轴上零件轴向滑移的导向作用。

一、键联接的类型及应用

键联接按其结构特点和工作原理不同分为松键联接（平键、半圆键）和紧键联接（楔键、切向键联接）两类。

1. 平键联接

普通平键联接及类型如图 4-7 所示，键的两侧面为工作面，键的上表面为非工作面，这种联接只用于轴上零件的周向固定。

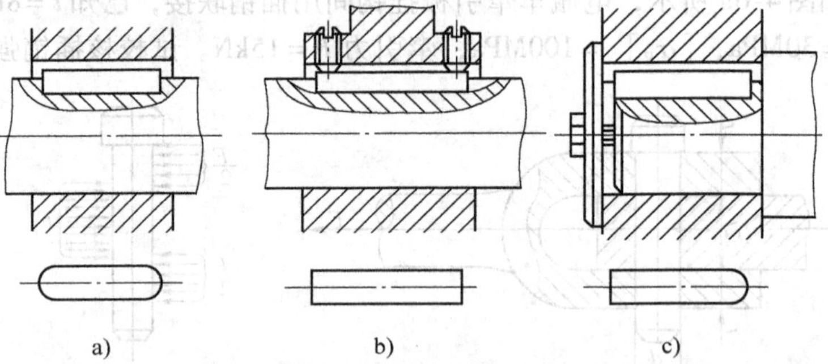

图 4-7　普通平键联接及类型

a）A 型普通平键　b）B 型普通平键　c）C 型普通平键

平键联接结构简单，装拆方便，对中性好，应用广泛。

普通平键联接 普通平键用于静联接，轴毂对中性好，传动精度高。普通平键按键的结构可分为 A 型（圆头）、B 型（方头）、C 型（半圆头）三类，如图 4-7 所示。

A 型和 C 型普通平键，轴上的键槽是用立铣刀加工的，如图 4-8a 所示。键与键槽的形状吻合，键在键槽中固定较好，应用最广，但键槽两端应力集中较大；B 型普通平键的轴上键槽是用盘状铣刀加工的，如图 4-8b 所示，应力集中较小，但键在键槽中不易固定，常用螺钉紧定，多用于轴端联接。

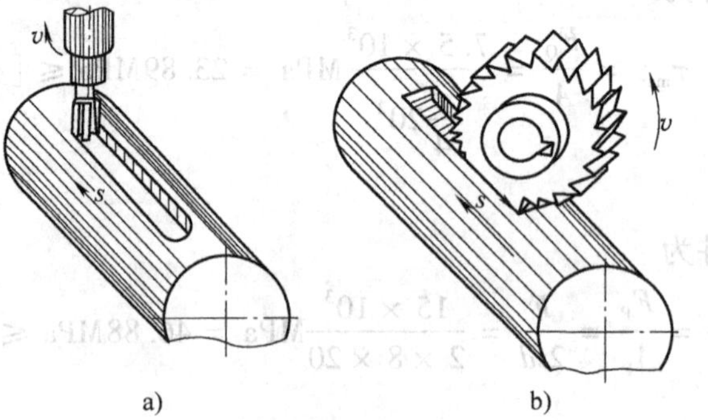

图 4-8　键槽加工

a）铣削轴上平键键槽　b）铣削轴上普通 B 型平键、半圆键键槽

普通平键的标记为：键类型符号 键宽 $b\times$键长 L GB/T 国家标准序号—年号，A 型普通平键不标类型符号。

常用平键联接尺寸参见表 4-1。

表 4-1　常用平键联接尺寸（摘自 GB/T 1096—2003）　　（单位：mm）

轴	键	键槽											
公称尺寸 d	公称尺寸 $b \times h$	宽度 b						深度				半径 r	
		公称尺寸 b	极限偏差					轴 t		毂 t_1			
			较松联接		一般联接		较紧联接						
			轴 H9	毂 D10	轴 N9	毂 Js9	轴毂 P9	公称尺寸	极限偏差	公称尺寸	极限偏差	最小	最大
>17～22	6×6	6	+0.030 0	+0.078 +0.030	0 −0.030	±0.015	−0.012 −0.042	3.5	+0.1 0	2.8	+0.1 0	0.16	0.25
>22～30	8×7	8	+0.036 0	+0.098 +0.040	0 −0.036	±0.018	−0.015 −0.051	4.0	+0.2 0	3.3	+0.2 0		
>30～38	10×8	10						5.0		3.3		0.25	0.40
>38～44	12×8	12	+0.043 0	+0.120 +0.050	0 −0.043	±0.0215	−0.018 −0.061	5.0		3.3			
>44～50	14×9	14						5.5		3.8			
>50～58	16×10	16						6.0		4.3			
>58～65	18×11	18						7.0		4.4			
>65～75	20×12	20	+0.052 0	+0.149 +0.065	0 −0.052	±0.026	−0.022 −0.074	7.5		4.9		0.40	0.60
>75～85	22×14	22						9.0		5.4			
键的长度系列	6，8，10，12，14，16，18，20，22，25，28，32，36，40，45，50，56，63，70，80，90，100，110，125，140，160，180，200，220，250，280，320，360，400，450，500												

注：1. 在工作图中，轴槽深用 t 或 $d-t$ 标注，轮毂槽深用 $d+t_1$ 标注。

2. $d-t$ 和 $d+t_1$ 两组组合尺寸的极限偏差按相应的 t 和 t_1 的极限偏差选取，但 $d-t$ 的极限偏差应取负值。

当轴上零件与轴作轴向移动时，可采用导向平键和滑键。

导向平键的特点是：轮毂可沿键作轴向移动。导向平键较长，为防止键在轴槽中翘起，可用螺钉将键固定在轴槽中，如图 4-9 所示。

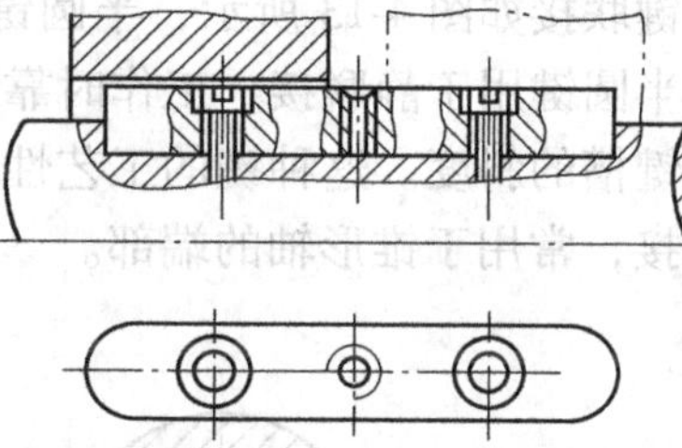

图 4-9　导向平键

当轴上零件滑移距离较大时，宜采用滑键，图 4-10 所示为两种不同形式的滑键联接。滑键固定在轮毂上，轮毂带动滑键在轴上作轴向移动，因而需在轴上加工较长的键槽。

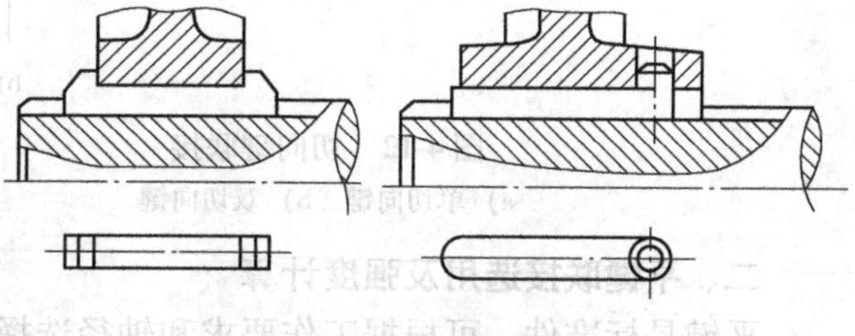

图 4-10　滑键联接

2. 楔键联接

楔键联接结构如图 4-11 所示，楔键的上下两表面为工作面，键的上表面有 1:100 的斜度，键楔紧在轴与轴毂之间。工作时靠键、轮毂、轴之间的摩擦力传递转矩，也可以传递轴向力。但定心精度不高。一般用于轴径大于100mm的场合。

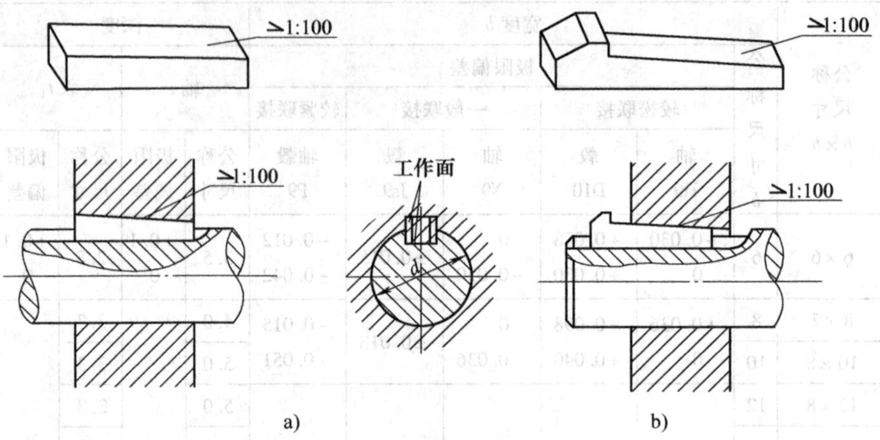

图4-11　楔键联接

a）普通楔键联接　b）钩头楔键联接

3. 切向键联接

切向键联接如图4-12所示，由两个普通的楔键组成。工作时，靠切向键上、下平面与键槽底面的挤压力和轴毂接触后的摩擦力来传递运动和转矩。

一副切向键只能传递单方向的转矩，如图4-12a所示。当需传递两个方向的转矩时，两副切向键在轴上互成120°角分布，如图4-12b所示。切向键一般用于精度要求不高、低速、重载、轴径大于100mm的场合。

4. 半圆键联接

半圆键联接如图4-13所示，半圆键的上表面为平面，下表面为半圆形弧面，两侧面互相平行。半圆键用于静联接，工作时靠两侧面传递转矩。半圆键在轴的键槽中能摆动，以适应轮毂中键槽的斜度。这种键的工艺性好，装拆方便。但对轴的强度削弱较严重，故一般用于轻载联接，常用于锥形轴的端部。

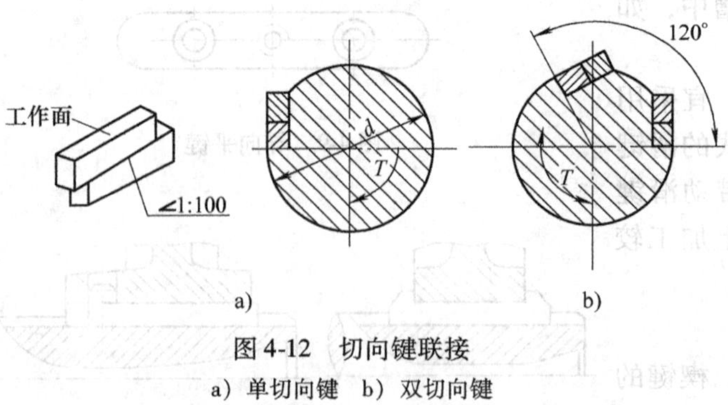

图4-12　切向键联接

a）单切向键　b）双切向键

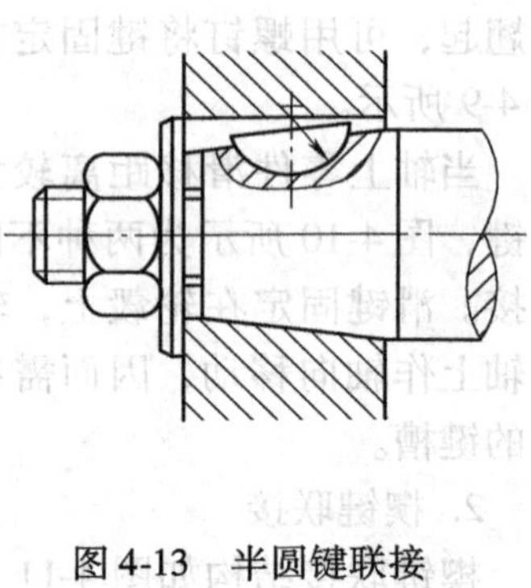

图4-13　半圆键联接

二、平键联接选用及强度计算

平键是标准件，可根据工作要求和轴径选择键的类型和尺寸，再进行强度校核。

（一）平键联接的选用

平键的主要尺寸是宽度 b、高度 h 和键长 L。选用步骤如下：

1）按照轴的公称直径 d，从国家标准中选择平键的剖面尺 $b \times L$。

2）根据轮毂的长度 L_1 选择键长，静联接取 $L = L_1 - (5 \sim 10)$ mm，动联接还要计算键移动的距离。键长 L 要符合标准的长度系列，平键国家标准见表 4-1。

（二）平键联接的强度计算

键联接与销联接的工作原理相似，承受的载荷为剪切和挤压。为使键联接工作可靠，应根据其失效形式，建立相应的准则，进行分析。

1. 剪切强度条件

图 4-14a 所示为轴与轮毂用普通平键联接。在外力作用下，沿剪切面 m—n 发生剪切变形，当外力过大，沿剪切面将键剪断，图 4-14b 所示为平键联接的剪切面与挤压面的放大图。键联接的剪切强度条件为

$$\tau_{\max} = \frac{F_Q}{A} \leqslant [\tau] \tag{4-9}$$

式中 F_Q——剪切面的剪力（N）；

A——剪切面的面积（mm^2），普通平键联接中的剪切面积 $A = bl$；

$[\tau]$——材料的许用切应力（MPa），许用切应力可从有关手册查得。

2. 挤压强度条件

键联接的挤压强度条件为

$$\sigma_{P\max} = \frac{F_P}{A_P} \leqslant [\sigma_P] \tag{4-10}$$

式中 F_P——挤压面的挤压力（N）；

A_P——挤压面的面积（mm^2），普通平键联接中挤压面积 $A_P = \frac{h}{2}l$；

$[\sigma_P]$——材料的许用挤压应力（MPa），许用挤压应力可从有关手册查得。

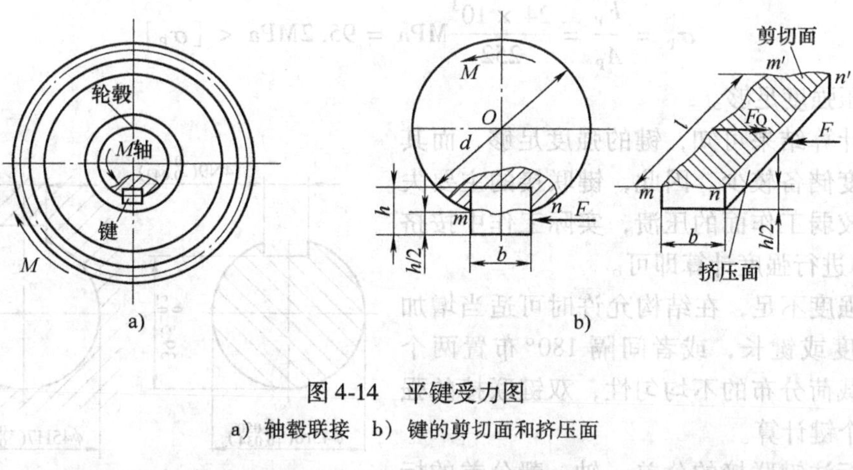

图 4-14 平键受力图

a）轴毂联接 b）键的剪切面和挤压面

剪切、挤压强度条件可以用来解决强度计算的三类问题：校核强度、设计截面和确定许

可载荷。

例 4-2 如图 4-15 所示，齿轮与轴用平键联接，已知轴的直径 $d=45\text{mm}$，传递的力矩 $T=540\text{N}\cdot\text{m}$，齿轮轮毂长度 $L_1=80\text{mm}$。键的许用切应力 $[\tau]=60\text{MPa}$，许用挤压应力 $[\sigma_P]=100\text{MPa}$。(1) 选择键的类型；(2) 确定键的尺寸；(3) 校核键的强度；(4) 标注键联接的公差。

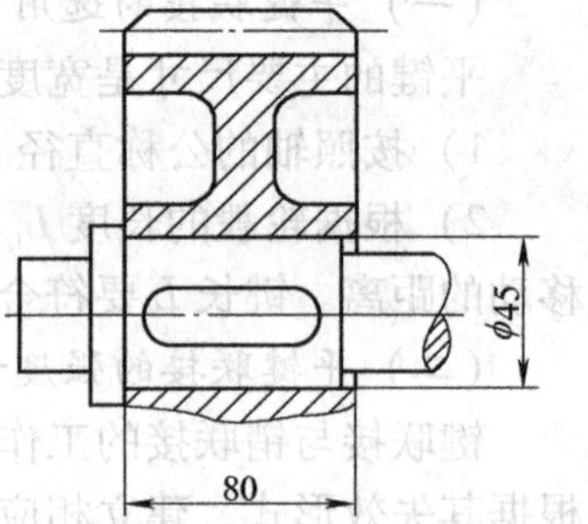

图 4-15 平键联接强度计算

解 (1) 选择键的类型 为保证齿轮传动啮合良好，要求轴毂对中性好，故选用 A 型普通平键。

(2) 确定键的尺寸 按轴径 $d=45\text{mm}$，由表 4-1 查得键宽 $b=14\text{mm}$，键高 $h=9\text{mm}$，键的长度 L，应比轮毂长度 L_1 短一些，且符合标准系列，取键长为 $L=70\text{mm}$。标记为：键 14×70 GB/T 1096—2003。

(3) 校核键的强度

1) 计算键所受的外力 F，由平衡方程

$$\sum M_o(F)=0 \quad F\times\frac{d}{2}-T=0$$

$$F=\frac{2T}{d}=\frac{2\times540\times10^3}{45}\text{N}=24\text{kN}$$

2) 校核键的抗剪强度。

剪切面积为 $A=bl=b(L-b)=14\times(70-14)\text{mm}^2=784\text{mm}^2$

$$\tau=\frac{F_Q}{A}=\frac{F}{A}=\frac{24\times10^3}{784}\text{MPa}=30.6\text{MPa}<[\tau]$$

故键的剪切强度足够。

3) 校核键的挤压强度。

键所受的挤压力 $F_P=F=24\text{kN}$

挤压面积 $A_P=\frac{h}{2}l=\frac{9}{2}(70-14)\text{mm}^2=252\text{mm}^2$

因此 $$\sigma_P=\frac{F_P}{A_P}=\frac{24\times10^3}{252}\text{MPa}=95.2\text{MPa}<[\sigma_P]$$

故键的挤压强度足够。

根据计算结果可知，键的强度足够，而其中挤压强度储备较少。因此，键联接的主要失效形式是较弱工作面的压溃，实际工作中按挤压应力 σ_P 进行强度计算即可。

如果强度不足，在结构允许时可适当增加轮毂的长度或键长，或者间隔 180°布置两个键，考虑载荷分布的不均匀性，双键联接的强度按 1.5 个键计算。

(4) 标注键联接的公差 轴、毂公差的标注如图 4-16 所示。

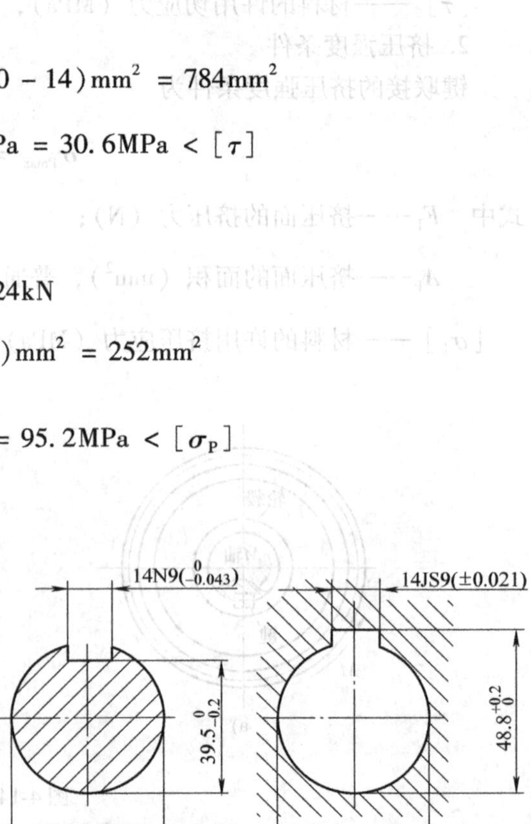

图 4-16 轴、毂公差的标注

三、花键联接

花键联接是在轮毂孔壁上加工出的内花键（见图 4-17a），轴上加工出的外花键（见图 4-17b），所构成的联接。

花键联接具有的特点是：由于工作面为均匀多齿的齿侧面，故承载能力高；由于齿槽较浅，故对轴的强度削弱较轻，有良好的精度和导向性能；加工时需采用专用设备，精度要求高，成本高。

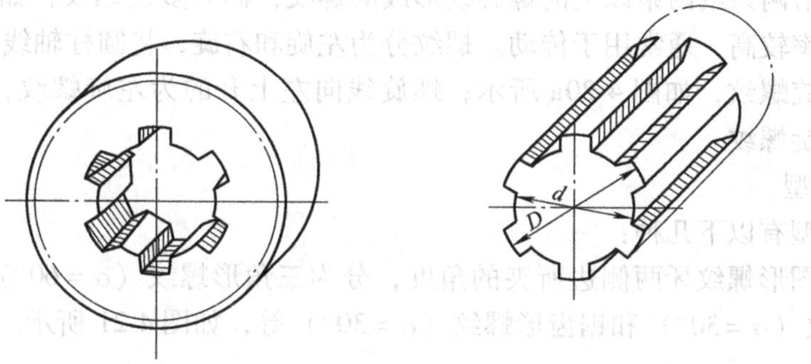

图 4-17　内花键和外花键

a）内花键孔　b）外花键

花键已标准化，按其剖面齿形分为矩形花键和渐开线花键等。

1. 矩形花键

矩形花键的齿侧为直线，加工方便，如图 4-18 所示。矩形花键一般以小径定心，定心精度高，稳定性好，因此应用广泛。

2. 渐开线花键

渐开线花键齿侧为渐开线，如图 4-19 所示，分度圆压力角有 30°和 45°两种，后者又称为三角形花键。渐开线花键齿根宽，强度高，可用加工渐开线齿轮的方法加工。故工艺性好，精度高，适用于重载、定心精度高和尺寸较大的联接。

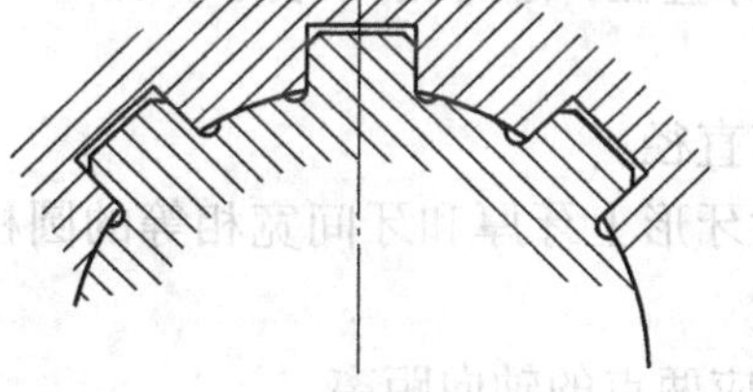

图 4-18　矩形花键联接

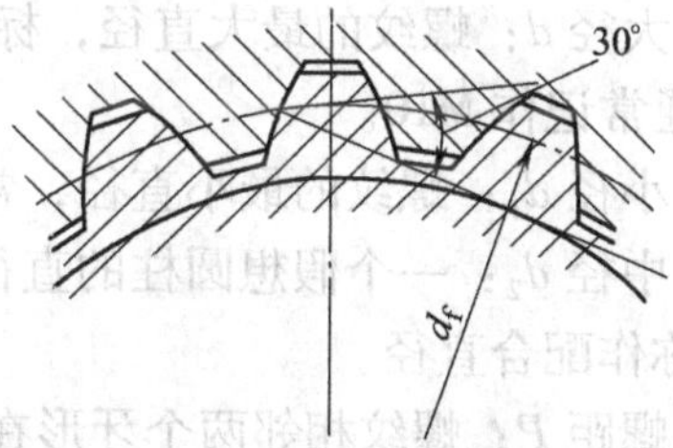

图 4-19　渐开线花键联接

第三节　螺纹联接及其强度计算

螺纹联接是利用联接件螺旋副之间的自锁性能，将两个或两个以上的零部件连成固定的结构。常见的螺纹联接件有螺栓、螺钉、螺柱、螺母、垫圈等，这些联接件都是标准件。

一、螺纹的形成、类型和主要参数

1. 螺纹的形成

在圆柱体外表面上，用不同形状的车刀，沿螺旋线切制出特定形状的沟槽，所形成的螺纹。螺钉、螺栓、螺柱等，称为外螺纹；在圆柱孔内表面上，用不同形状的车刀，沿螺旋线切制出特定形状的沟槽，所形成的螺纹，称为内螺纹。外螺纹和内螺纹共同组成螺旋副，形成螺纹联接或螺旋传动。

沿一条螺旋线形成的螺纹，称为单线螺纹，如图 4-20a 所示。单线螺纹自锁性能好，通常用于联接。沿两条或两条以上的螺旋线形成的螺纹，称为多线螺纹，如图 4-20b 所示。多线螺纹传动效率较高，通常用于传动。螺纹分为左旋和右旋，将圆柱轴线竖立时，螺旋线向右上升的为右旋螺纹，如图 4-20a 所示；螺旋线向左上升的为左旋螺纹，如图 4-20b 所示。常用螺纹为右旋螺纹。

2. 螺纹类型

螺纹的类型有以下几种：

根据平面图形螺纹牙两侧边所夹的角度，分为三角形螺纹（$\alpha=60°$）、矩形螺纹（$\alpha=0°$）、梯形螺纹（$\alpha=30°$）和锯齿形螺纹（$\alpha=30°$）等，如图 4-21 所示。

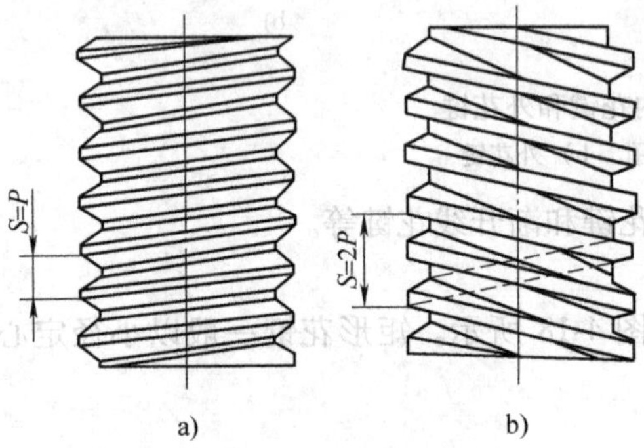

图 4-20　螺纹的线数和旋向

a）单线右旋　b）双线左旋

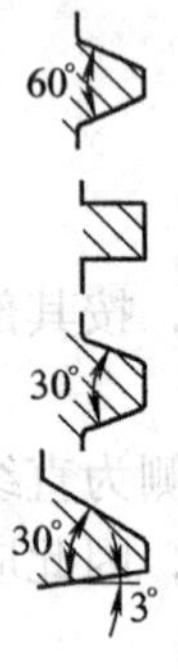

图 4-21　螺纹的牙形

3. 螺纹的主要参数

1）大径 d：螺纹的最大直径，标准中规定为公称直径，通常用 M 表示。如 $d=10\text{mm}$ 的螺纹，通常记作 M10。

2）小径 d_1：螺纹的最小直径，常作为强度计算直径。

3）中径 d_2：一个假想圆柱的直径，其母线通过牙形上牙厚和牙间宽相等的圆柱面的直径，也称作配合直径。

4）螺距 P：螺纹相邻两个牙形在中径圆柱上对应两点的轴向距离。

5）导程 S：同一条螺旋线上的相邻两牙在中径圆柱上对应两点的轴向距离，如图 4-20 所示。

若螺旋线数为 n，则导程 S 与螺距 P 的关系为

$$S = nP$$

二、螺纹联接的类型和应用

1. 螺栓联接

螺栓联接分为普通螺栓联接和铰制孔螺栓联接。

（1）普通螺栓联接　普通螺栓联接是联接件上的通孔与螺栓杆间留有间隙，如图4-22a

所示。被联接件孔的加工精度要求低，结构简单，装拆方便。其适用于被联接件不厚且经常拆卸的场合。

(2) 铰制孔螺栓联接　铰制孔螺栓与被联接件的孔采用基孔制过渡配合，如图4-22b所示。故孔的加工精度要求较高，用于螺栓承受横向载荷或精确固定被联接件相对位置的场合。

2. 双头螺柱联接

当被联接件之一较厚或不宜制成通孔时，可采用双头螺柱联接。双头螺柱两端均有螺纹，如图4-22c所示。双头螺柱一端螺纹完全旋入被联接件螺孔中，直至旋紧为止。另一端则用螺母拧紧。拆卸时仅拆下螺母，螺纹孔不易损坏。

普通螺栓、铰制孔螺栓、螺柱等公称尺寸可在有关手册中查找。

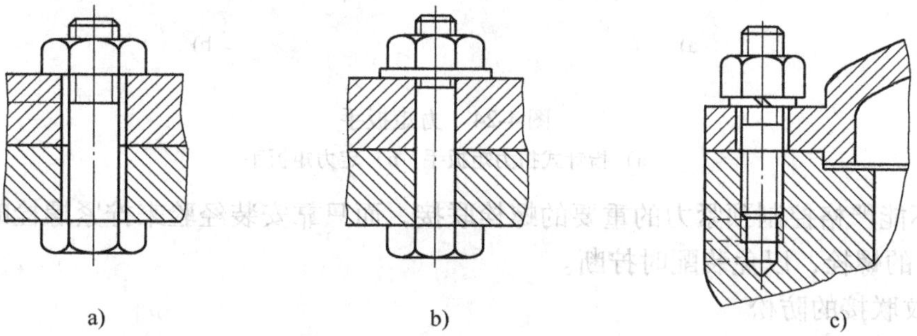

图4-22　螺栓和螺柱联接

a) 普通螺栓联接　b) 配合螺栓联接　c) 双头螺栓联接

3. 螺钉联接

螺钉联接是不用螺母，将螺钉直接拧入较厚的被连接件的螺纹孔中，所形成的联接，如图4-23a所示。螺钉联接结构简单，使用方便，多次拆装时，容易使螺纹磨损，故用于受力不大、不经常拆卸的场合。

4. 紧定螺钉联接

如图4-23b所示为紧定螺钉联接结构，将紧定螺钉拧入被联接件的螺纹孔内，螺钉端部顶紧另一构件表面或凹坑，实现两构件的联接，并可传递较小的载荷。

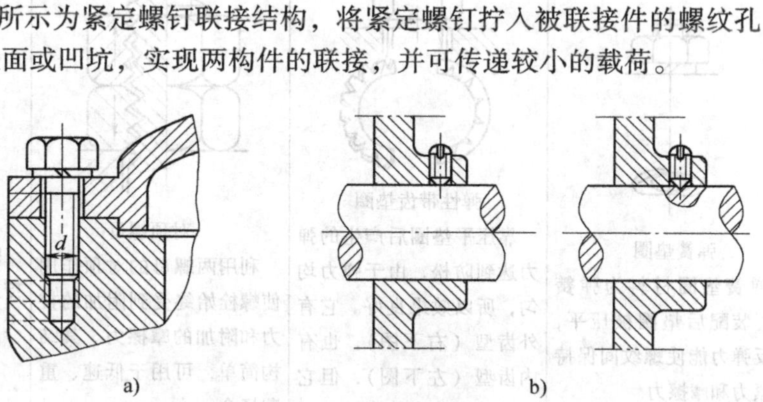

图4-23　螺钉联接

a) 螺钉联接　b) 紧定螺钉联接

三、螺纹联接的预紧和防松

1. 螺纹联接的预紧

绝大多数螺纹在装配时都必须拧紧，通常称为预紧。预紧的目的是为了提高联接的紧密性、紧固性和可靠性。重要的螺栓联接中，预紧力的大小要严格控制。

预紧力的控制，可采用如图 4-24 所示的指针式扭力矩扳手和定力矩扳手。

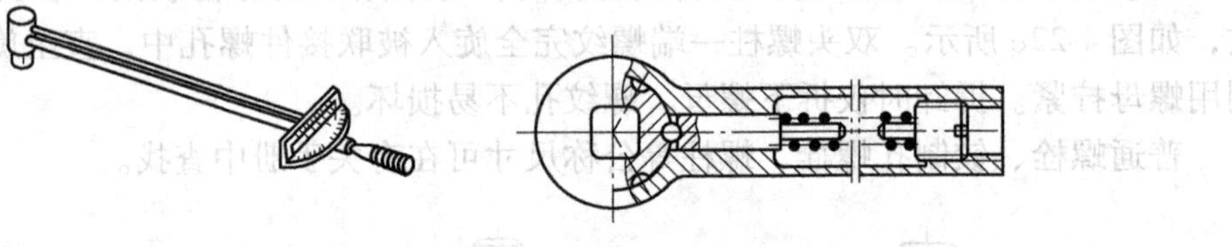
a)　　b)

图 4-24　力矩扳手

a）指针式扭力矩扳手　b）定力矩扳手

对于不能严格控制预紧力的重要的螺栓联接，而只靠安装经验来拧紧螺栓时，一般常用 M12 ~ M24 的螺栓，以免装配时拧断。

2. 螺纹联接的防松

螺纹联接在拧紧后，一般在静载荷作用下不会松动，但在冲击、振动或变载荷作用下，则会使联接松动。其危害很大，必须采取防松措施。

螺纹联接的防松实质上就是防止螺母和螺栓的相对转动。常用的防松方法见表 4-2。

表 4-2　常用的防松方法

利用增大摩擦力防松	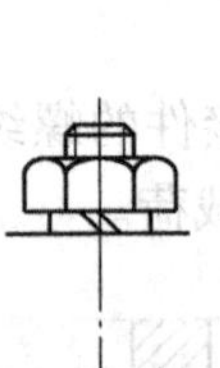 弹簧垫圈 弹簧垫圈材料为弹簧钢，装配后垫圈被压平，其反弹力能使螺纹间保持压紧力和摩擦力	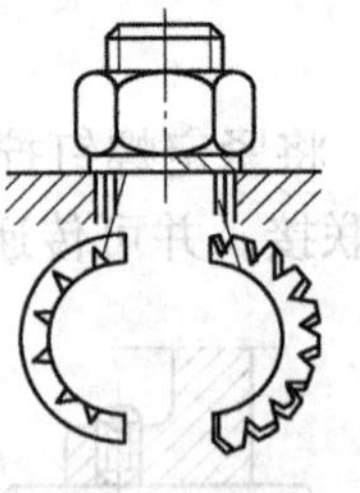 弹性带齿垫圈 靠压平垫圈后产生的弹力达到防松，由于弹力均匀，所以效果良好。它有外齿型（右下图），也有内齿型（左下图），但它不宜用于经常装卸或材料较软的被联接件	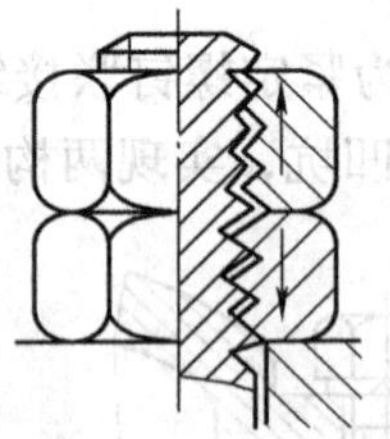 对顶螺母 利用两螺母的对顶作用使螺栓始终受到附加的拉力和附加的摩擦力。其结构简单，可用于低速、重载场合	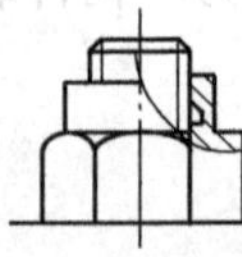 尼龙圈锁紧螺母 螺母中嵌有尼龙圈，拧上后尼龙圈内孔被胀大，箍紧螺栓

（续）

<table>
<tr>
<td>采用止动元件防松</td>
<td>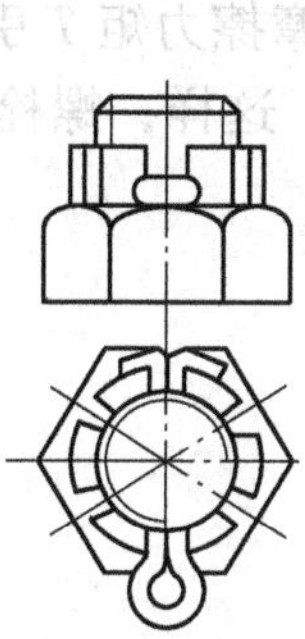
槽形螺母加开口销
槽形螺母拧紧后，用开口销穿过螺栓尾部小孔和螺母的槽，也可以用普通螺母拧紧后再配钻开口销孔</td>
<td>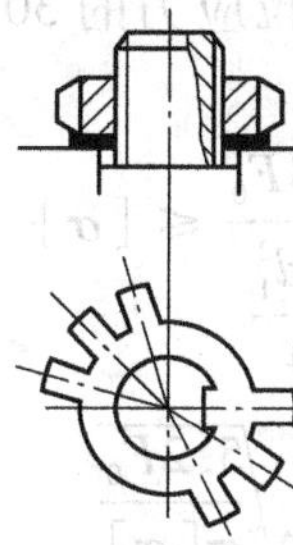
圆螺母加带齿垫片
使垫片内翅嵌入螺栓（轴）的槽内，拧紧螺母后将垫片外翅之一折嵌于螺母的一个槽内</td>
<td>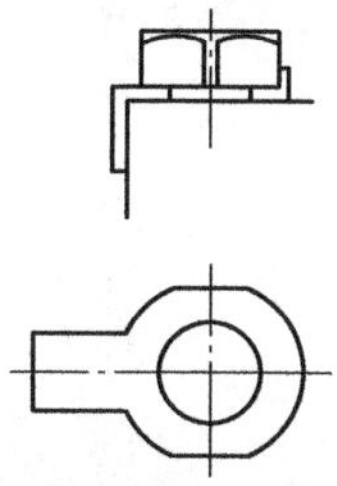
止动垫片
将垫片折边以固定螺母和被联接件的相对位置</td>
<td>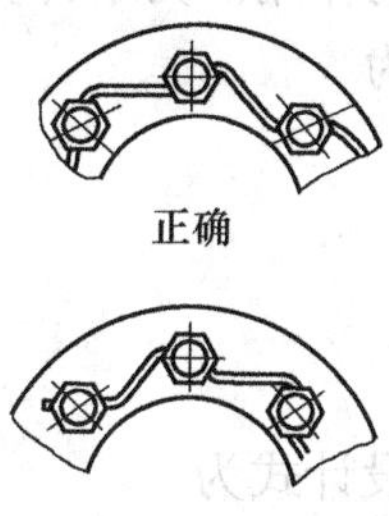

串联钢丝
利用钢丝使一组螺栓头部互相约束，无法松动</td>
</tr>
<tr>
<td>其他方法防松</td>
<td>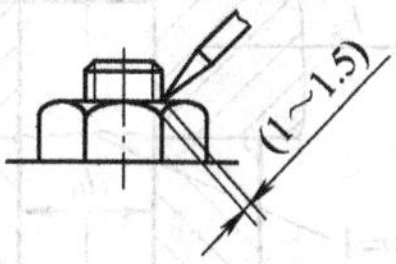

冲点法防松</td>
<td colspan="3">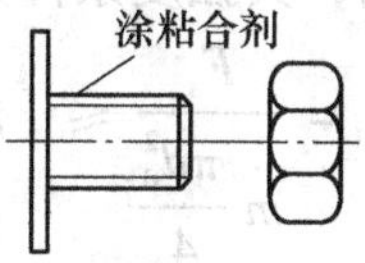

胶接法防松
用粘合剂涂于螺纹旋合表面，拧紧螺母后粘合剂能自行固定，防松效果良好</td>
</tr>
</table>

四、螺纹联接的强度计算

在螺纹联接中，一组螺纹联接的螺栓型号、直径、长度等应相同，而且应根据组内受载最大螺栓的强度计算结果来确定，因此需要了解单个螺栓的强度计算。螺纹联接的强度计算主要是确定螺栓的直径，或校核螺栓危险截面的强度。

1. 受横向工作载荷的普通螺栓

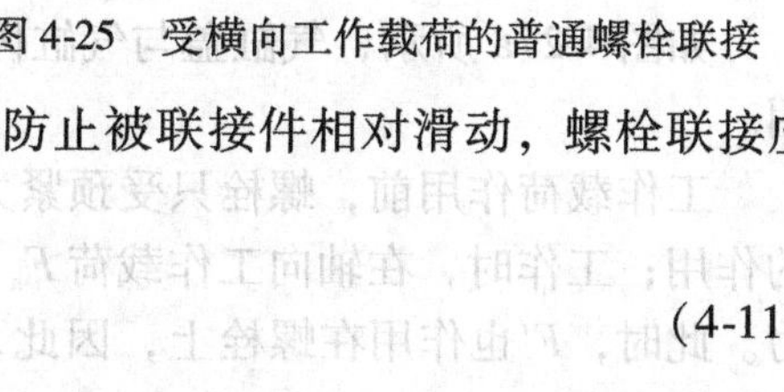

图 4-25　受横向工作载荷的普通螺栓联接

如图 4-25 所示，横向外载荷 F_s 与螺栓轴线垂直，在 F_s 的作用下，被联接件间有相对滑动趋势，为防止被联接件相对滑动，螺栓联接应有预紧力，其预紧力 F_0 为

$$F_0 = \frac{CF_s}{mfz} \tag{4-11}$$

式中　F_s——单个螺栓承受的横向载荷（N）；

C——可靠性系数，通常 $C = 1.1 \sim 1.3$；

m——被联接件的接合面数；

f——接合面间的摩擦因数；

z——螺栓的个数。

螺栓除受预紧力 F_0 作用引起的拉应力 σ 外，还受螺旋副中摩擦力矩 T 引起的切应力 τ 的作用。为了计算简便，将产生的切应力按拉应力的30%折算，这样，螺栓的强度校核式为

$$\sigma = \frac{1.3F_0}{\frac{\pi d_1^2}{4}} \leqslant [\sigma] \tag{4-12}$$

设计式为

$$d_1 \geqslant \sqrt{\frac{5.2F_0}{\pi[\sigma]}} \tag{4-13}$$

式中 F_0——螺栓联接的预紧力（N）；

d_1——螺栓的小径（mm）；

$[\sigma]$——螺栓的许用应力（MPa）。

2. 受横向载荷的铰制孔螺栓

如图4-26所示为铰制孔螺栓联接。由于螺栓配合部分与通孔间没有间隙，工作时，螺栓受到被联接件孔壁接触面的剪切、挤压作用，其强度条件为

剪切强度条件 $$\tau = \frac{F_s}{m\frac{\pi d_0^2}{4}} \leqslant [\tau] \tag{4-14}$$

挤压强度条件 $$\sigma_P = \frac{F_s}{d_0\delta} \leqslant [\sigma_P] \tag{4-15}$$

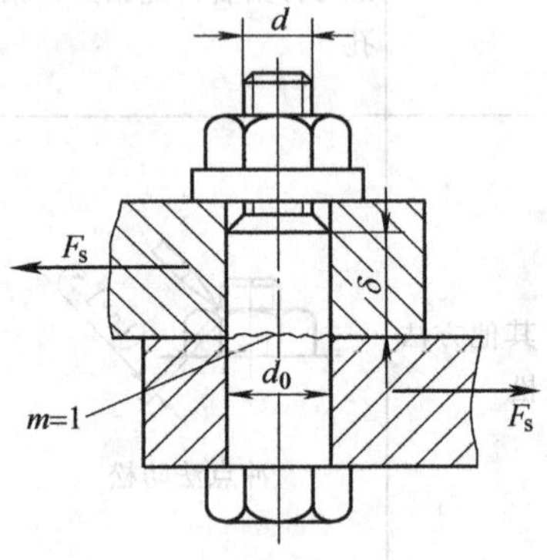

图4-26 受横向工作载荷的铰制孔螺栓联接

式中 F_s——横向外载荷（N）；

d_0——螺栓受剪切处的直径（mm）；

δ——螺栓与被联接件孔壁间受挤压的最小轴向长度（mm）；

m——剪切面的数目；

$[\tau]$——螺栓许用剪切应力（MPa）；

$[\sigma_P]$——螺栓和被联接件中，低强度材料的许用挤压应力（MPa）。

3. 受轴向工作载荷的普通螺栓

如图4-27a所示，气缸盖与气缸体用普通螺栓联接，螺栓预紧后，再受轴向工作载荷作用。

工作载荷作用前，螺栓只受预紧力 F_0 作用，同时被联接件（接合面）也受到预紧力 F_0 的作用；工作时，在轴向工作载荷 F_a 作用下，接合面处压力由 F_0 减为 F'，F'称为残余预紧力。此时，F'也作用在螺栓上，因此，螺栓的总拉力等于工作拉力 F_a 与残余预紧力之和。即

$$F = F_a + F' \tag{4-16}$$

为了保证联接的紧密性，残余预紧力 F'应大于零，F'的大小可根据工作条件按表4-3选取。

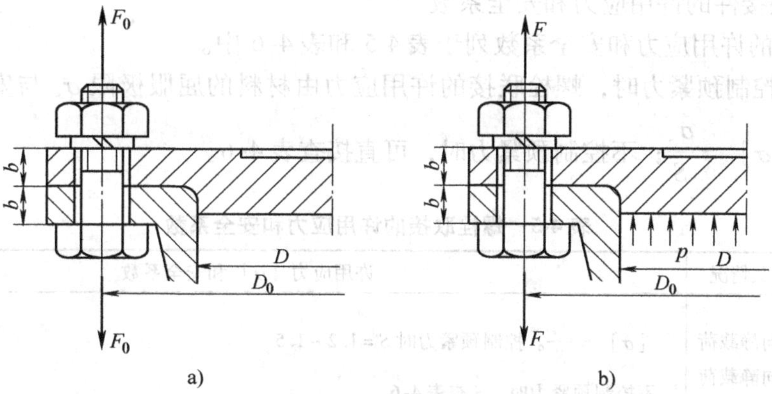

图 4-27　受轴向载荷的普通螺栓联接
a）工作载荷作用前　b）工作载荷作用后

表 4-3　残余预紧力的推荐值

联接性质	紧固联接		紧密联接
	静载荷	变载荷	
残余预紧力 F'	$(0.2\sim0.6)\ F_a$	$(0.6\sim1.0)\ F_a$	$(1.5\sim1.8)\ F_a$

螺栓的强度条件为

$$\sigma=\frac{1.3F}{\dfrac{\pi d_1^2}{4}}\leqslant[\sigma] \tag{4-17}$$

设计式为

$$d_1\geqslant\sqrt{\frac{5.2F}{\pi[\sigma]}} \tag{4-18}$$

五、螺纹联接件的材料和许用应力

1. 螺纹联接件的材料

螺纹联接件的常用材料有 Q215、Q235、10、15、35、45、40Cr 等钢材，受冲击、振动、变载荷作用的螺纹联接件，可采用合金钢。

国家标准规定螺纹联接件按材料的机械性能分出等级。有防腐、防磁、耐高温等要求的重要的螺纹联接件才允许使用高性能等级的材料。当有防蚀、导电要求时，螺纹联接件的材料也可用铜及其合金或其他非铁金属。近年来，高强度塑料螺栓、螺母也得到了快速发展。螺栓、双头螺柱、螺钉和螺母的性能等级和推荐材料见表 4-4。

表 4-4　螺纹联接件的性能等级

螺栓 双头螺柱 螺钉	性能等级①	3.6	4.6	4.8	5.6	5.8	6.8	8.8	9.8	10.9
	推荐材料	Q215 10	Q215 15	Q215 15	25 35	Q215 15	45	35	35 45	40Cr 15MnVB
相配螺母	性能等级	4（d>M16） 5（d≤M16）			5	5	6	8 和 9	9	10
	推荐材料	Q215 10	Q215 10	Q215 10	Q215 10	Q215 10	Q215 10	35	35	40Cr 15MnVB

① 性能等级小数点前的数字代表材料 σ_b 的 1/100，小数点后的数字代表 σ_s 与 σ_b 之比的 10 倍。

2. 螺纹联接件的许用应力和安全系数

螺栓联接的许用应力和安全系数列于表 4-5 和表 4-6 中。

表 4-5 为控制预紧力时，螺栓联接的许用应力由材料的屈服极限 σ_s 与安全系数 S 的比值确定，即 $[\sigma]=\frac{\sigma_s}{S}$；不控制预紧力时，可直接查表 4-6。

表 4-5　螺栓联接的许用应力和安全系数

联接情况	受载情况	许用应力 $[\sigma]$ 和安全系数
普通螺栓	轴向静载荷 横向静载荷	$[\sigma]=\frac{\sigma_s}{S}$。控制预紧力时 $S=1.2\sim1.5$ 不控制预紧力时，S 查表 4-6
配合螺栓	横向静载荷	$[\tau]=\frac{\sigma_s}{2.5}$。被联接件为钢时，$[\sigma_P]=\frac{\sigma_s}{1.25}$； 被联接件为铸铁时，$[\sigma_P]=\frac{\sigma_b}{(2\sim2.5)}$
	轴向变载荷	$[\tau]=\frac{\sigma_s}{(3.5\sim5)}$；$[\sigma_P]$ 按静载荷的 $[\sigma_P]$ 降低 20%～30%

表 4-6　不控制预紧力时普通螺栓联接的安全系数（静载荷）

材料	M6～16	M16～30	M30～60
碳钢	4～3	3～2	2～1.3
合金钢	5～4	4～2.5	2.5

例 4-3　如图 4-28 所示，钢制凸缘联轴器用 8 个普通螺栓联接，螺栓均布在 $D_1=250\text{mm}$ 的圆周上，联轴器传递的转矩 $T=10^6\text{N}\cdot\text{mm}$，结合面间摩擦因数 $f=0.15$，可靠性系数 $C=1.2$。试确定螺栓直径。

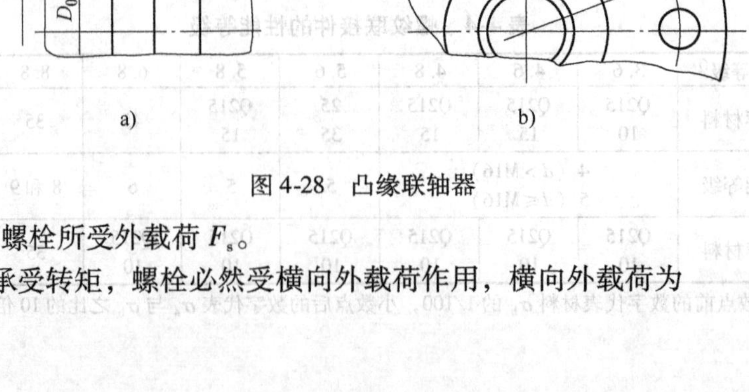

图 4-28　凸缘联轴器

解：1) 计算螺栓所受外载荷 F_s。

由于联轴器承受转矩，螺栓必然受横向外载荷作用，横向外载荷为

$$F_s = \frac{T}{\frac{D_1}{2}} = \frac{10^6}{\frac{250}{2}}\text{N} = 8000\text{N}$$

2）计算单个螺栓的预紧力。

$$F_0 = \frac{CF_s}{mfz} = \frac{1.2 \times 8000}{1 \times 0.15 \times 8}\text{N} = 8000\text{N}$$

3）选定螺栓材料及性能等级。

由表4-4，选Q215，4.8级，其强度极限与屈服极限分别为

$$\sigma_b = 4 \times 100\text{MPa} = 400\text{MPa}$$

$$\sigma_s = \frac{8 \times 400}{10}\text{MPa} = 320\text{MPa}$$

4）计算所需螺栓直径。

按控制预紧力，由表4-5，查得$S=1.2\sim1.5$，取$S=1.4$，许用应力为

$$[\sigma] = \frac{\sigma_s}{S} = \frac{320}{1.4}\text{MPa} = 228.6\text{MPa}$$

$$d_1 \geqslant \sqrt{\frac{5.2F_0}{\pi[\sigma]}} = \sqrt{\frac{5.2 \times 8000}{\pi \times 228.6}}\text{mm} = 7.6\text{mm}$$

查设计手册可知，M10，粗牙，$d_1=8.37\text{mm}>7.6\text{mm}$，强度足够。

例4-4 如图4-27所示，气缸盖与气缸体的凸缘厚度为b，采用普通螺栓联接，已知气缸体的压强$P=1.4\text{MPa}$，气缸内径$D=220\text{mm}$，缸体与缸盖用12个螺栓联接，安装时控制预紧力，试确定螺栓的公称直径。

解：1）确定单个螺栓的工作载荷。

$$F_a = \frac{\pi D^2 P}{4z} = \frac{\pi \times 220^2 \times 1.4}{4 \times 12}\text{N} = 4435\text{N}$$

2）确定单个螺栓的总载荷。

由于气缸螺栓要求联接紧密，则残余预紧力为$F'=(1.5\sim1.8)F$，取

$$F' = 1.7F_a = 1.7 \times 4435\text{N} = 7539.5\text{N}$$

$$F = F_a + F' = 4435\text{N} + 7539.5\text{N} = 11974.5\text{N}$$

3）选择螺栓材料和性能等级。

由表4-4，选45钢，6.8级，则

$$\sigma_b = 6 \times 100\text{MPa} = 600\text{MPa}$$

$$\sigma_s = \frac{8 \times 600}{10}\text{MPa} = 480\text{MPa}$$

4）确定螺栓直径。

由表4-5查得$S=1.4$，则

$$[\sigma] = \frac{\sigma_s}{S} = \frac{480}{1.4}\text{MPa} = 342.86\text{MPa}$$

$$d_1 \geqslant \sqrt{\frac{5.2F}{\pi[\sigma]}} = \sqrt{\frac{5.2 \times 11974.5}{\pi \times 342.86}}\text{mm} = 7.6\text{mm}$$

查机械设计手册可知，M10，粗牙，$d_1 = 8.376\text{mm} > 7.61\text{mm}$，强度足够。

本章小结

当构件受到大小相等、方向相反、作用线平行且相距很近的两外力作用时，两力之间的截面发生相对错动，构件的这种变形，称为剪切。机械工程中的联接件如销、键和铰制孔螺纹等构件，在承受剪切作用的同时，还伴随着挤压的作用，即在传力的接触面上出现局部的不均匀的压缩变形。

销联接通常用于固定零件之间的相对位置，也用于轴毂间的联接，还可充当过载剪断元件，避免机械设备由于载荷过大而造成损坏。

键主要用作轴与轮毂周向固定的联接，以传递转矩，有的键兼有轴向固定或起到轴上零件轴向滑移的导向作用。

键、销联接的强度条件是：

1）剪切强度条件 $\tau = \dfrac{F_Q}{A} \leqslant [\tau]$。

2）挤压强度条件 $\sigma_P = \dfrac{F_P}{A_P} \leqslant [\sigma_P]$。

可解决强度校核、所受载荷计算、零件截面面积计算等三类问题。

由于剪切强度储备较大，因此，在进行强度校核时，只进行挤压强度计算即可满足使用要求。

螺纹联接包括普通螺纹联接和铰制孔螺纹联接。为防止联接失效，要求进行强度计算，由于螺栓类型、联接方式不同，其强度条件也不同。

本章重点：销、键、螺纹的应用场合及强度计算。

思考题与习题

4-1　销联接有哪些特点和类型？

4-2　键联接有哪些类型？各种键联接是如何工作的？

4-3　简述平键联接强度计算方法。

4-4　使用开口扳手拧紧螺纹联接件时，禁止用套筒加长，这是为什么？

4-5　螺纹防松的基本原理有哪些？举出几种常见的防松措施。

4-6　机械加工中常用剪切破坏加工成型零件，如冲孔、剪切钢板等，此时要求工作切应力 τ 与抗剪强度 τ_s 关系为________。

4-7　普通平键联接的主要失效形式为________。

A. 工作面点蚀　　B. 工作面挤压破坏　　C. 工作面塑性变形

4-8　减速器箱体与箱盖用螺纹联接，其联接处的厚度不大且经常拆装，一般选用螺纹联接的类型是________。

A. 螺钉联接　　B. 螺栓联接　　C. 双头螺柱联接

4-9　如图 4-29 所示，两块钢板厚为 10mm，若用直径为 16mm 的铆钉搭接在一起，钢板拉力 $F_P = 40\text{kN}$，$[\sigma_P] = 160\text{MPa}$。试确定铆接钢板所需的铆钉数（假设每只铆钉的受力相等）。

4-10　如图 4-30 所示，轴、毂用平键联接，若轴的直径 $d = 50\text{mm}$，键的尺寸 $b \times h \times l = 14\text{mm} \times 9\text{mm} \times$

45mm，已知轴所传递的转矩 $T=980\text{N}\cdot\text{m}$。材料的许用切应力 $[\tau]=60\text{MPa}$，许用挤压应力 $[\sigma_{\text{P}}]=150\text{MPa}$。试校核强度。

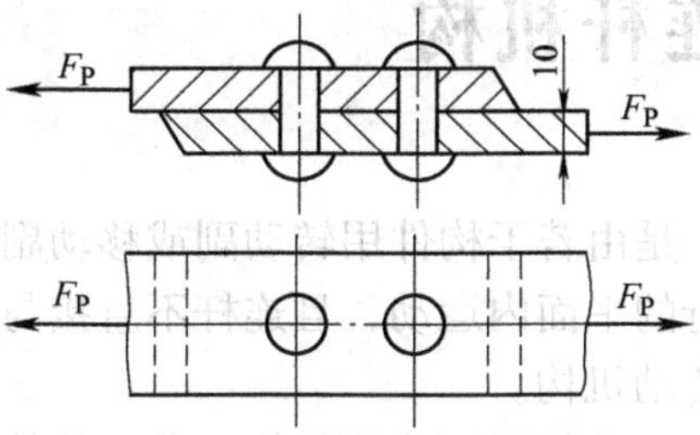

图 4-29　题 4-9

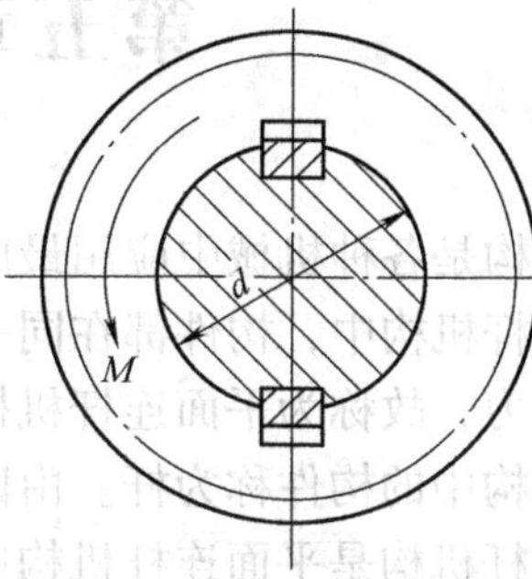

图 4-30　题 4-10

4-11　图 4-31 所示为冲压机冲孔的情况。已知冲头的直径 $d=18\text{mm}$，被冲钢板的厚度 $t=10\text{mm}$，钢板的剪切强度极限 $\tau=300\text{MPa}$，试求所需的冲压力 F。

4-12　轴与轮毂采用普通平键联接，键的标记为：

键 12×8×63 GB/T 1096—2003，试在图 4-32 上标注轴、轮毂各尺寸及公差。

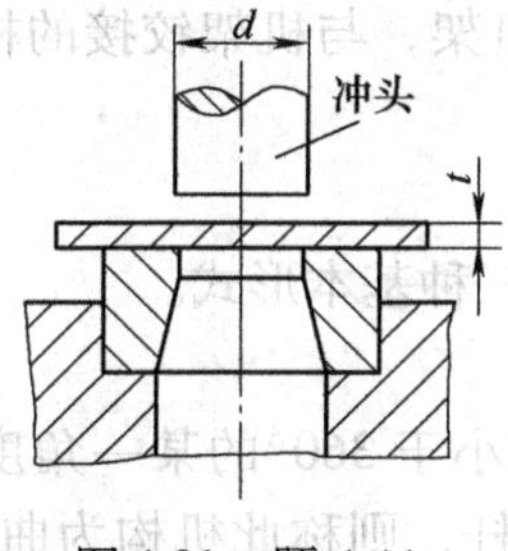

图 4-31　题 4-11

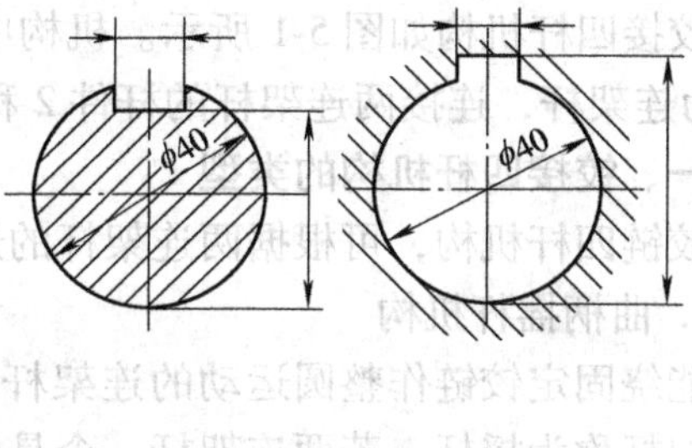

图 4-32　题 4-12

第五章　平面连杆机构

连杆机构是各种机械中应用最广泛地传动装置，是由若干构件用转动副或移动副连接成的机构。连杆机构中，构件都在同一平面或相互平行的平面内运动，且连杆不直接与机架相连而进行传力，故称为平面连杆机构，也称为低副传动机构。

连杆机构中的构件称为杆。由四个杆件用转动副组成的平面连杆机构，称为铰接四杆机构。铰接四杆机构是平面连杆机构中最为常见的形式，其他形式的平面四杆机构，都可看成是在此机构的基础上演化而来。

本章主要介绍平面四杆机构的类型、特点、工作原理、应用和设计方法。

第一节　铰接四杆机构

铰接四杆机构如图 5-1 所示。机构中固定杆件 4 称为机架，与机架铰接的杆件 1 和杆件 3 称为连架杆，连接两连架杆的杆件 2 称为连杆。

一、铰接四杆机构的类型

铰链四杆机构，可根据两连架杆的运动形式不同分为三种基本形式。

1. 曲柄摇杆机构

能绕固定铰链作整圆运动的连架杆称为曲柄，只能在小于 360°的某一角度范围内摆动的连架杆称为摇杆。若两连架杆一个是曲柄，另一个是摇杆，则称此机构为曲柄摇杆机构。曲柄摇杆机构中，当主动件曲柄 *AB* 作匀速圆周回转运动时，摇杆 *CD* 作变速往复摆动，如图 5-2 所示。

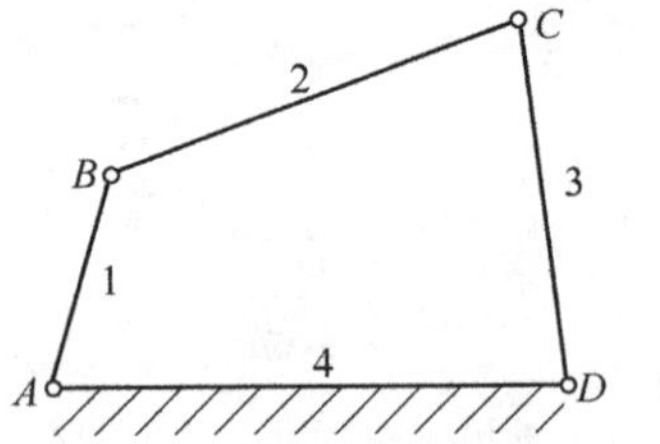

图 5-1　铰链四杆机构

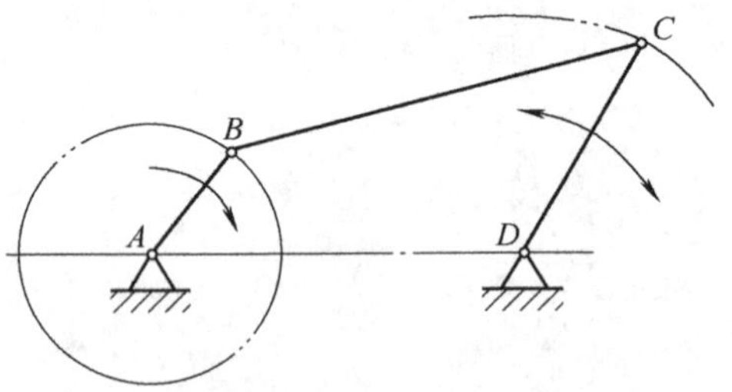

图 5-2　曲柄摇杆机构

如图 5-3 所示，雷达天线俯仰角调整机构是曲柄摇杆机构的应用实例之一。其中曲柄 *AB* 为原动件，天线固定在摇杆 *CD* 上，该机构将曲柄的转动转换为摇杆（天线）的俯仰运动。

图 5-4 所示为混凝土搅拌器中的搅拌机构，当曲柄 *AB* 作回转运动时，从动杆 *CD* 往复摆动，利用连杆的延长部分实现混凝土的搅拌动作。

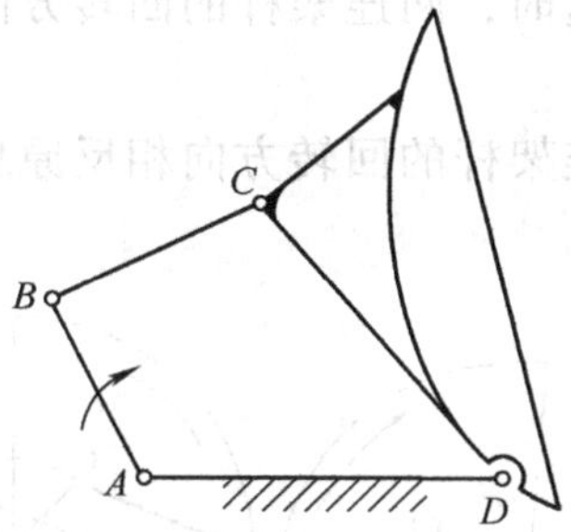

图 5-3　雷达天线俯仰角调整机构

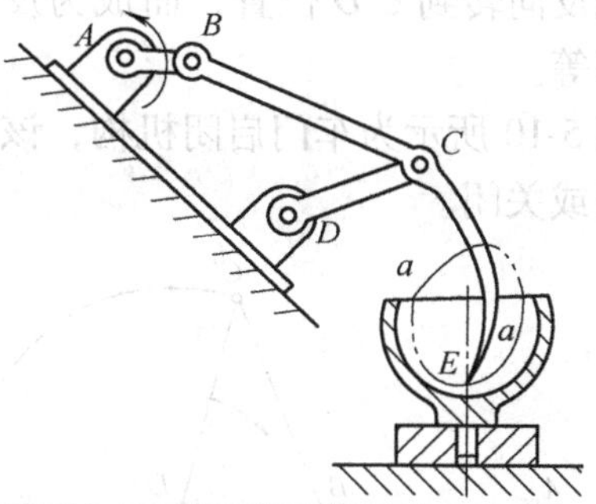

图 5-4　混凝土搅拌器中的搅拌机构

2. 双曲柄机构

两连架杆均为曲柄的铰链四杆机构，称为双曲柄机构。主动曲柄作连续匀速转动，从动曲柄一般为变速转动，如图 5-5 所示。

图 5-6 所示为利用双曲柄机构制成的惯性筛传动机构。

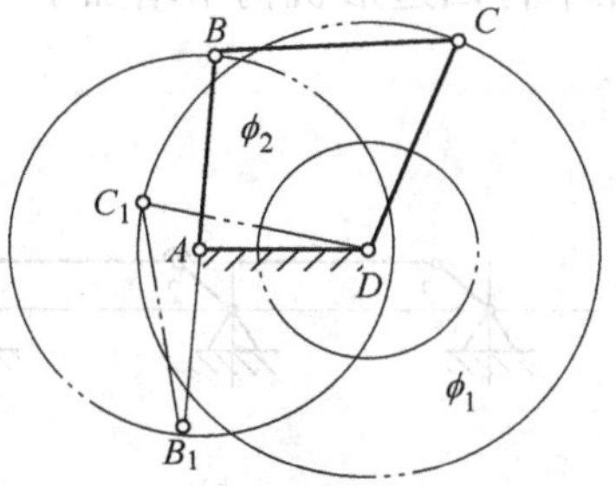

图 5-5　双曲柄机构

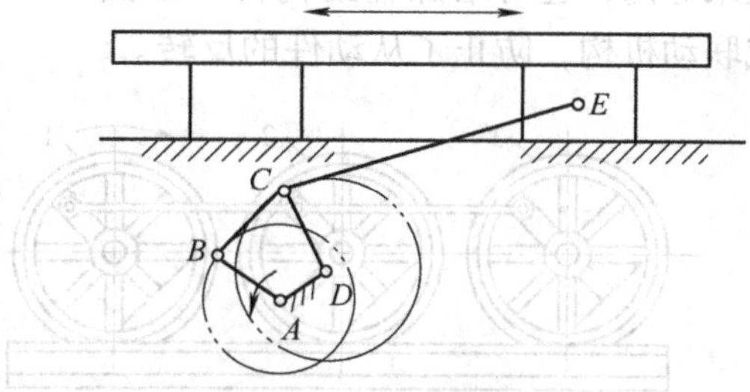

图 5-6　惯性筛传动机构

在双曲柄机构中，若两对边构件长度相等且平行，则称为平行双曲柄机构，如图 5-7 所示；若两连架杆不作圆周回转运动，则称为平行四边形机构。该机构的从动曲柄与主动曲柄以相同的角速度转动，连杆的运动为平动，且始终平行于机架。

图 5-8 所示为天平机构，连杆 *AB* 长度与机架相等，两连架杆转向相同、速度相等，即为平行四边形机构的实际应用。

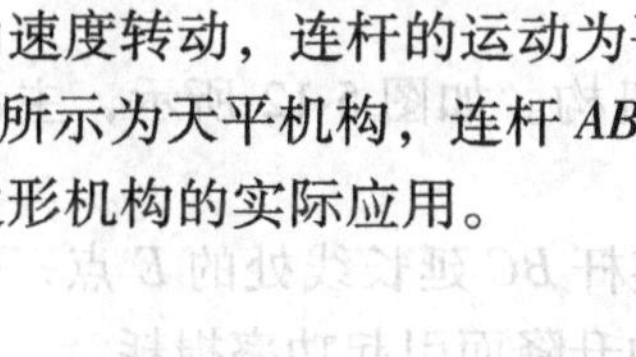

图 5-7　平行双曲柄机构

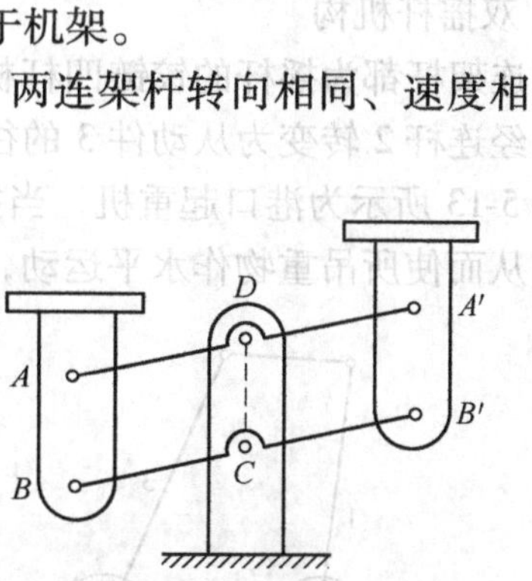

图 5-8　天平机构

值得注意的是：平行四边形机构存在位置不确定问题。如图 5-9 所示，当平行四边形机构各构件位于同一直线 *ABDC* 时，主动曲柄转向不变，则出现从动件转向不确定的现象。当主动曲柄由 *AB* 位置继续顺时针转动到 *AB'* 位置时，从动曲柄由 *CD* 位置可能转到 *C'D* 位置，

也可能反向转到 $C''D$ 位置，而成为反向四边形机构。这时，两连架杆的回转方向相反，角速度不等。

图 5-10 所示为车门启闭机构，该机构就是利用两连架杆的回转方向相反原理，实现车门开启或关闭。

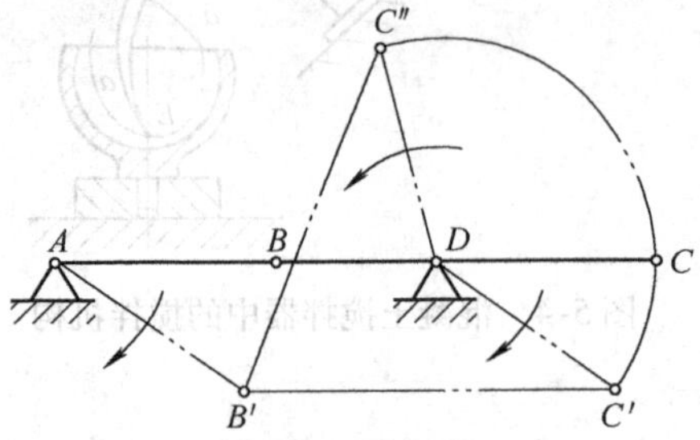

图 5-9　平行双曲柄机构转向不定

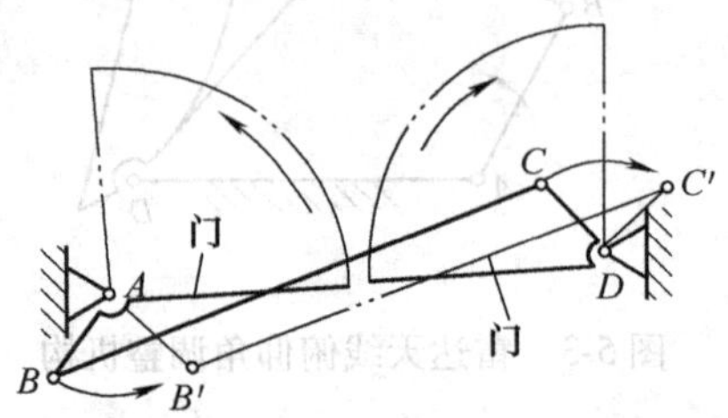

图 5-10　车门启闭机构

为了消除平行四边形机构的运动不确定因素，可在从动件上附加质量块，借助其产生的惯性来导向，也可增加辅助构件。如图 5-11 所示，在平行四边形机构中增加了一个构件，形成联动机构，防止了从动件的反转。

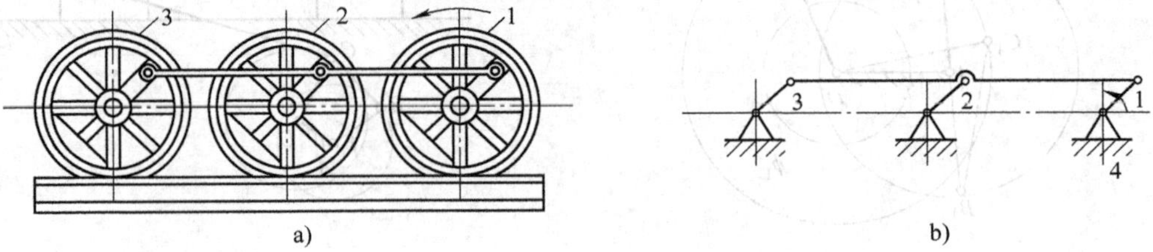

图 5-11　机车联动机构

a）结构图　b）简图

3. 双摇杆机构

两连架杆都为摇杆的铰链四杆机构，称为双摇杆机构。如图 5-12 所示，主动件 1 往复摆动，经连杆 2 转变为从动件 3 的往复摆动。

图 5-13 所示为港口起重机，当摇杆 AB 摆动时，连杆 BC 延长线处的 E 点，作近似水平运动，从而使所吊重物作水平运动，以避免因不必要的升降而引起功率损耗。

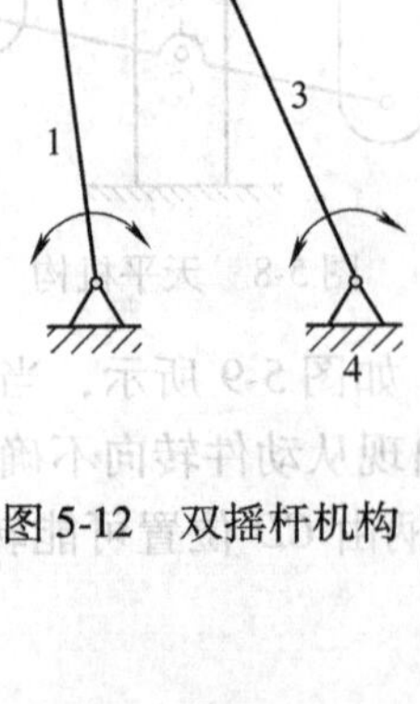

图 5-12　双摇杆机构

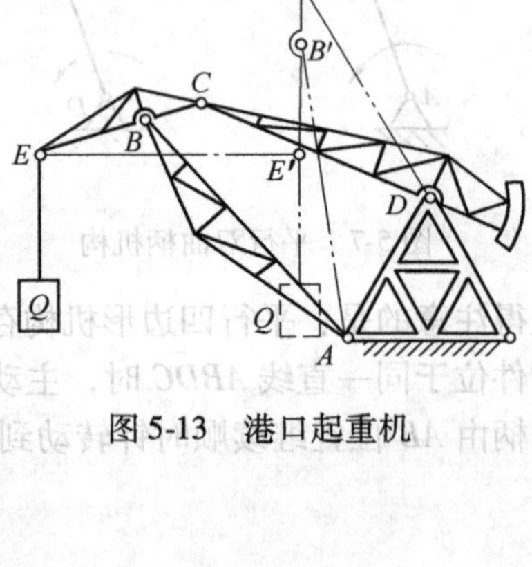

图 5-13　港口起重机

二、曲柄存在的条件及类型判别

1. 曲柄存在条件

铰链四杆机构是否存在曲柄，取决于机构各杆的相对长度和机架的选择。铰链四杆机构中若构件的长度和机架的选择，同时满足下列两个条件，机构中一定有曲柄存在。

1）连架杆和机架中必有一杆为最短杆。

2）最长杆与最短杆长度之和小于或等于其余两杆长度之和，即

$$L_{max} + L_{min} \leqslant L' + L''$$

L_{max}表示四杆机构中的最长杆件，L_{min}表示四杆机构中的最短杆件，L'、L''分别表示四杆机构其余两杆件的长度。

2. 铰链四杆机构类型判别

四杆机构类型判别如下：

若满足$L_{max}+L_{min} \leqslant L'+L''$的条件，则

1）最短杆为连架杆时，得曲柄摇杆机构，如图 5-14a 所示。

2）最短杆为机架时，得双曲柄机构，如图 5-14b 所示。

3）最短杆为连杆时，得双摇杆机构，如图 5-14c 所示。

若不满足$L_{max}+L_{min} \leqslant L'+L''$的条件，则无论取哪个构件为机架，均不存在曲柄，只能得到双摇杆机构。

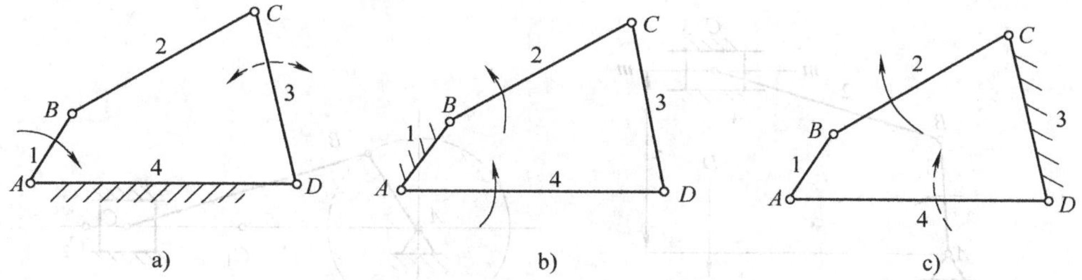

图 5-14　铰链四杆机构类型判别

a）杆 4 为机架　b）杆 1 为机架　c）杆 3 为机架

第二节　铰接四杆机构的演化

除了上述三种铰链四杆机构外，在工程实际中，广泛地应用着其他类型的四杆机构。这些机构都可以看作由铰链四杆机构，通过下述不同的方法演化而来，掌握这些演化方法，有利于对连杆机构进行创新设计。

一、曲柄摇杆机构的演化

曲柄摇杆机构中，当曲柄 1 转动时，摇杆 3 上 C 点的轨迹是圆弧 $m—m$，如图 5-15a 所示。如在 C 点处做一圆弧槽并配以弧形块，机构运动特性并不改变，只是转动副 C 转化为移动副，如图 5-15b 所示。这种转化的形式，也称为演化。

1. 偏置曲柄滑块机构

当摇杆为无限长时，圆弧槽变为直槽，滑块的运动轨迹为一直线，滑块运动中心线

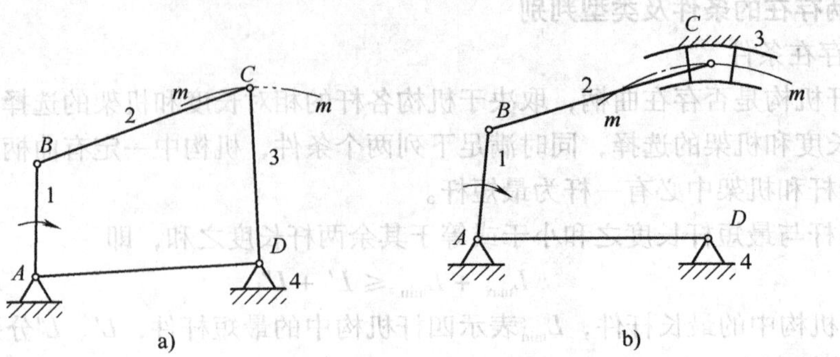

图 5-15　铰接四杆机构的演化

a）铰接四杆机构　b）演化

m—m，称为导路中心线。若滑块导路中心线与曲柄回转中心存在偏心距离 e，则机构称为偏置曲柄滑块机构，如图 5-16a 所示。

2. 对心曲柄滑块机构

当滑块导路中心线与曲柄回转中心距离为零（$e=0$）时，则机构称为对心曲柄滑块机构，如图 5-16b 所示。

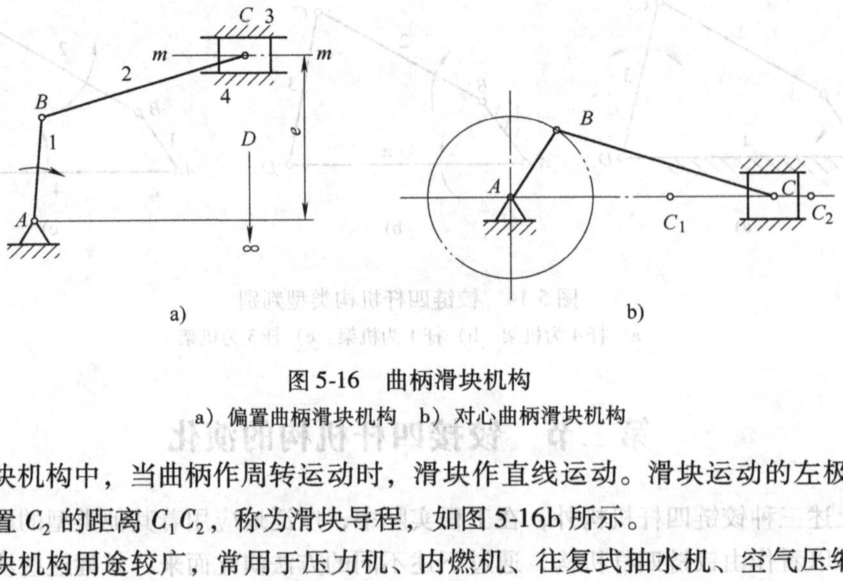

图 5-16　曲柄滑块机构

a）偏置曲柄滑块机构　b）对心曲柄滑块机构

曲柄滑块机构中，当曲柄作周转运动时，滑块作直线运动。滑块运动的左极限位置 C_1 与右极限位置 C_2 的距离 C_1C_2，称为滑块导程，如图 5-16b 所示。

曲柄滑块机构用途较广，常用于压力机、内燃机、往复式抽水机、空气压缩机等机械中。

二、曲柄滑块机构的转化

曲柄滑块机构中，取不同构件为机架时，可转化为转动导杆机构、摆动导杆机构、摇块机构和定块机构，如图 5-17 所示。

1. 转动导杆机构

取构件 1 为机架，构件 2 为原动件（$l_1<l_2$），则当杆 2 作圆周运动时，杆 4 为滑块导向，同时作圆周运动，如图 5-17b 所示，此机构称为转动导杆机构。

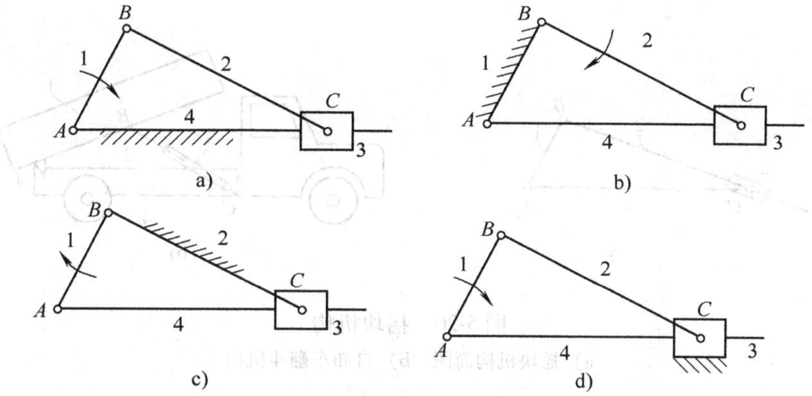

图 5-17　曲柄滑块机构的转化

a）曲柄滑块机构　b）转动导杆或摆动导杆机构　c）摇块机构　d）定块机构

转动导杆机构多应用于插床主体机构中，如图 5-18 所示。

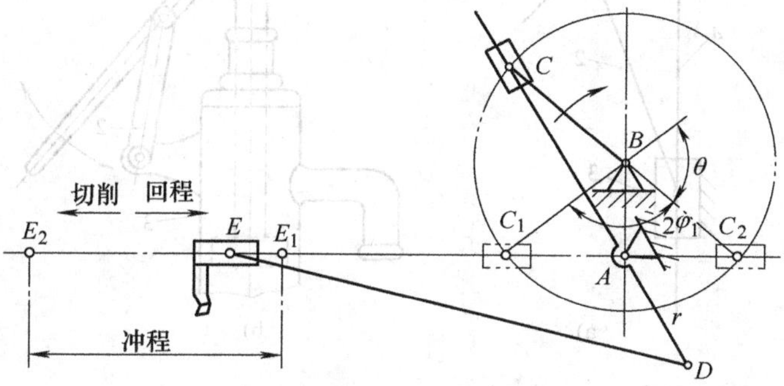

图 5-18　插床中的转动导杆机构

2. 摆动导杆机构

如图 5-17b 所示，仍取构件 1 为机架，构件 2 为原动件（$l_1 > l_2$），则当杆 2 作圆周运动时，杆 4 带动滑块作摆动运动，此机构称为摆动导杆机构。

摆动导杆机构常应用于牛头刨床主运动机构，如图5-19 所示。

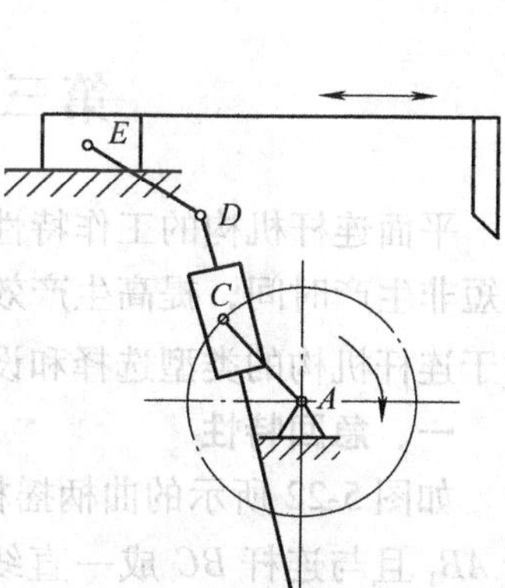

图 5-19　刨床中的摆动导杆机构

3. 摇块机构

如图 5-17c 所示，取构件 2 作机架，滑块只能绕 C 点摆动，就能得到摇块机构。这种机构广泛应用于液压驱动装置中，自卸汽车的翻斗机构，即为摇块机构在实际中的应用，如图 5-20 所示。

4. 定块机构

如图 5-17d 所示，取滑块为机架，则得到定块机构。手动压水机，即为定块机构实例，如图 5-21 所示。

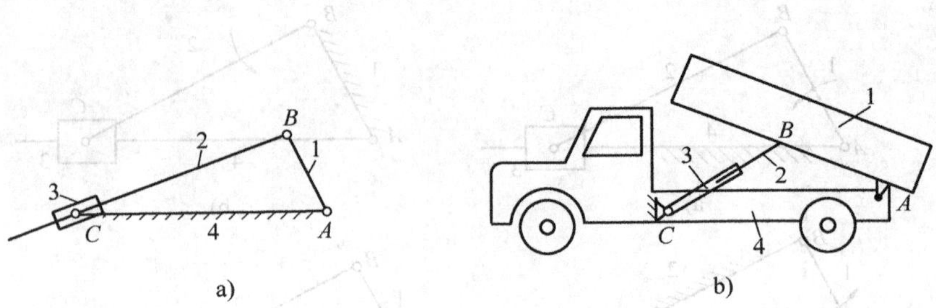

图 5-20　摇块机构
a）摇块机构简图　b）自卸车翻斗机构

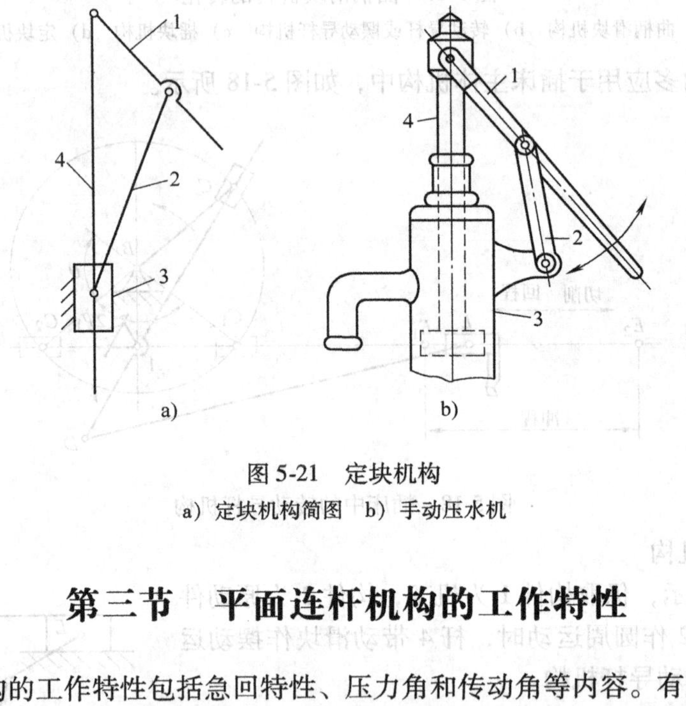

图 5-21　定块机构
a）定块机构简图　b）手动压水机

第三节　平面连杆机构的工作特性

平面连杆机构的工作特性包括急回特性、压力角和传动角等内容。有急回特性的机构可缩短非生产时间，提高生产效率；压力角和传动角是机构传力特性的标志。了解这些特性，对于连杆机构的类型选择和设计有着重要的意义。

一、急回特性

如图 5-22 所示的曲柄摇杆机构，当主动曲柄 AB 位于 AB_1 且与连杆 BC 成一直线（曲柄与连杆重叠）时，摇杆 CD 位于左极限位置 C_1D；当曲柄以等角速度 ω_1 顺时针转过 ϕ_1，且与连杆成一直线时，曲柄到达位置 AB_2，而摇杆位于右极限位置 C_2D。当曲柄继续转过角 ϕ_2，而回到位置时 AB_1，摇杆则由右极限位置 C_2D 摆回到左极限位置 C_1D。从动杆的往复摆角均为 ψ。由图

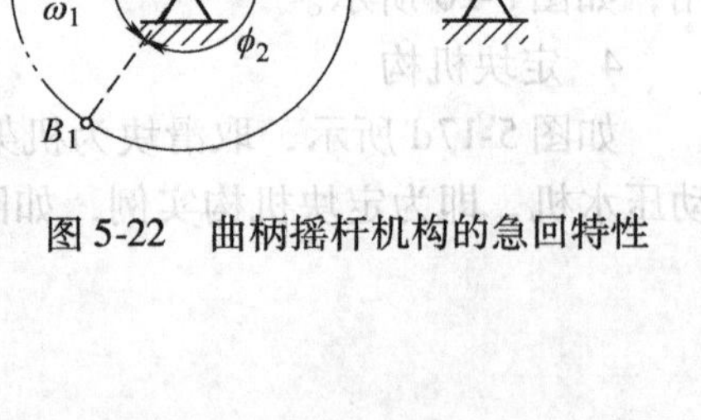

图 5-22　曲柄摇杆机构的急回特性

5-22可以看出曲柄相应的两个转角 ϕ_1 和 ϕ_2 为

$$\phi_1 = 180° + \theta$$

$$\phi_2 = 180° - \theta$$

式中 θ 为摇杆位于两极限位置时，曲柄所夹的锐角，称为极限位置夹角，简称极位夹角。

由于 $\phi_1 > \phi_2$，因此曲柄以等角速度 ω_1 转过这两个角度时，对应的时间 $t_1 > t_2$，而且$\frac{\phi_1}{\phi_2} = \frac{t_1}{t_2}$，而摇杆的平均角速度为

$$\omega_{m1} = \frac{\psi}{t_1},\quad \omega_{m2} = \frac{\psi}{t_2}$$

显然 $\omega_{m1} < \omega_{m2}$，即从动摇杆往复摆动的角速度不等，一慢一快。机器或机构工作行程时，要求速度均匀缓慢，以减少冲击并提高加工质量；空回行程时，要求速度快，以缩短非工作时间，提高工作效率。

机构空回行程速度大于工作行程速度的特性，称为急回特性。通常用行程速比变化因数 K 来衡量急回运动的相对程度，即

$$K = \frac{\omega_{m2}}{\omega_{m1}} = \frac{t_2}{t_1} = \frac{\phi_1}{\phi_2} = \frac{180° + \theta}{180° - \theta} \qquad (5\text{-}1)$$

如已知 K，即可求出极位夹角 θ，即

$$\theta = 180° \frac{K-1}{K+1} \qquad (5\text{-}2)$$

上述分析表明：机构在运动过程中，若 $K > 1$，$\theta > 0$，则机构具有急回特性，而且极位夹角 θ 越大，K 值就越大，机构的急回特性越趋明显。

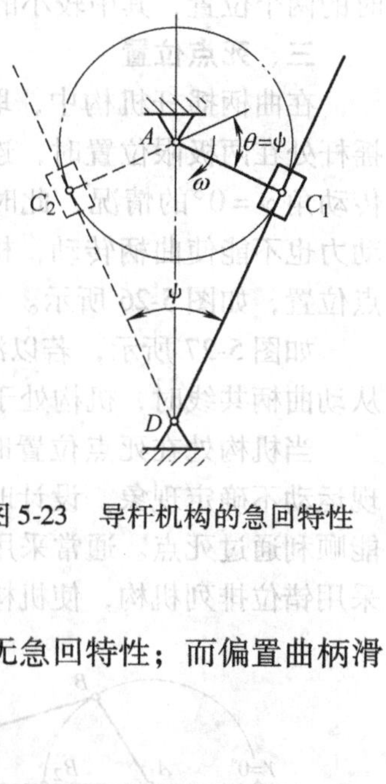

图 5-23　导杆机构的急回特性

如图 5-23 所示，摆动导杆机构由于极位夹角 $\theta > 0$，所以具有急回特性。

如图 5-24a 所示，对心曲柄滑块机构由于极位夹角 $\theta = 0$，故无急回特性；而偏置曲柄滑块机构，由于极位夹角 $\theta > 0$，故有急回特性，如图 5-24b 所示。

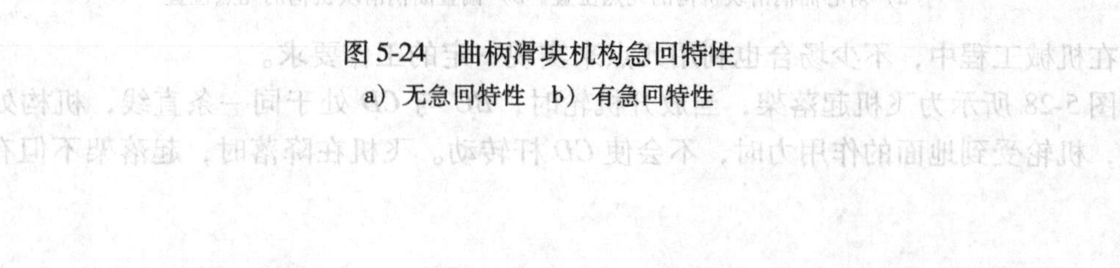

图 5-24　曲柄滑块机构急回特性

a）无急回特性　b）有急回特性

二、压力角和传动角

图5-25所示为曲柄摇杆机构，如不计各杆质量和运动副中的摩擦，则连杆 BC 为二力杆，它作用于从动杆上的力 F 是沿 BC 方向。力 F 与摇杆 C 点的速度 v_C 方向所夹的锐角 α，称为压力角。

由图5-25可知，α 越小，力 F 在 v_C 方向的有效分力 $F_t = F \cdot \cos\alpha$ 越大，机构运转越轻便，效率越高。压力角的余角 $\gamma = 90° - \alpha$，称为传动角，压力角 α 越小，传动角 γ 越大，传动性能越好，反之，压力角 α 越大，传动角 γ 越小，传动性能越差。

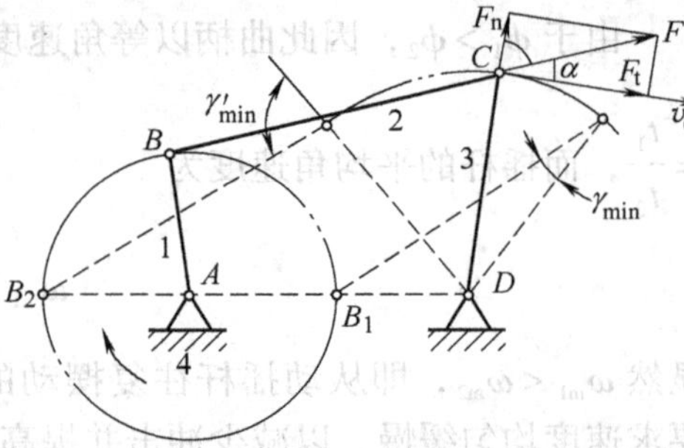

图5-25 曲柄摇杆机构的压力角和传动角

对于一般机械，通常 $\gamma_{min} = 40° \sim 50°$。大功率机械的传动角 γ 应取大些；对于小功率机械，γ 可以取小些。

最小传动角一般出现在曲柄 AB 与机架 AD 共线时的两个位置，其中较小的传动角为最小传动角。

三、死点位置

在曲柄摇杆机构中，取摇杆 CD 为主动件，当摇杆处在两极限位置时，连杆与曲柄共线。出现了传动角 $\gamma = 0°$ 的情况，此时，摇杆上无论加多大驱动力也不能使曲柄转动，机构的此种位置，称为死点位置，如图5-26所示。

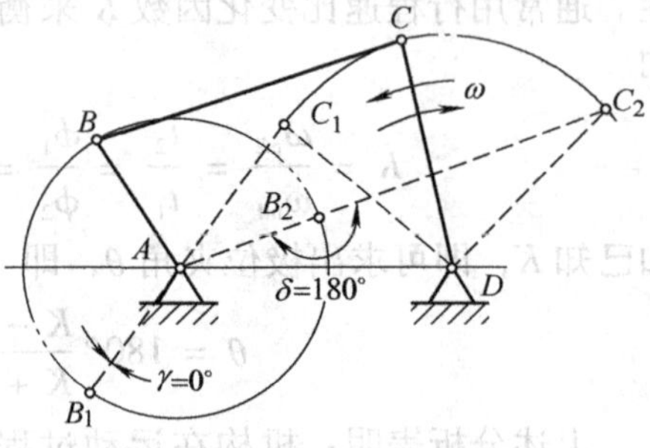

图5-26 曲柄摇杆机构的死点位置

如图5-27所示，若以滑块为主动件，当连杆与从动曲柄共线时，机构处于死点位置。

当机构处在死点位置时，从动件将卡死，或出现运动不确定现象。设计时必须采取措施确保机构能顺利通过死点。通常采用在从动件上安装飞轮的方法，利用飞轮的惯性通过死点位置，或采用错位排列机构，使机构通过死点位置。

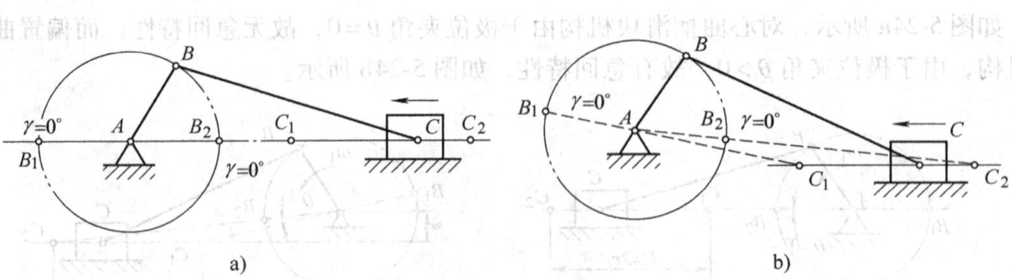

图5-27 曲柄滑块机构的死点位置

a) 对心曲柄滑块机构的死点位置 b) 偏置曲柄滑块机构的死点位置

在机械工程中，不少场合也利用死点来实现一定的工作要求。

图5-28所示为飞机起落架，当放开机轮时，BC 与 CD 处于同一条直线，机构处于死点位置，机轮受到地面的作用力时，不会使 CD 杆转动。飞机在降落时，起落架不但有死点位

置，还要有其他保险装置，从而使降落可靠。

图 5-29 所示为夹紧装置。夹紧工件后，连杆 BC 与连架杆 CD 成一直线，撤去外力 F 之后，在工件反弹力 T 作用下，机构处在死点位置，即使反弹力很大也不会使工件松脱。

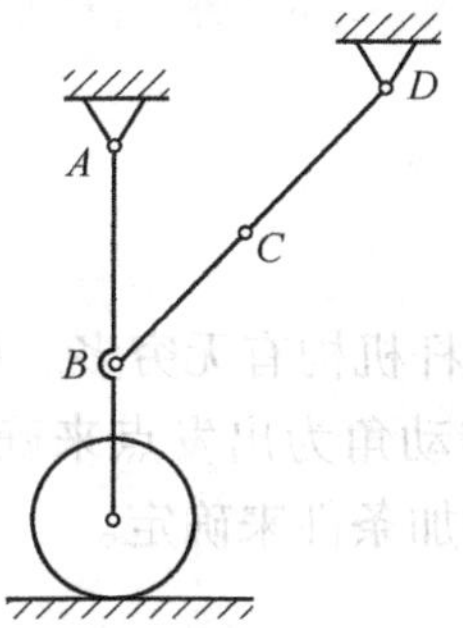

图 5-28　飞机起落架机构

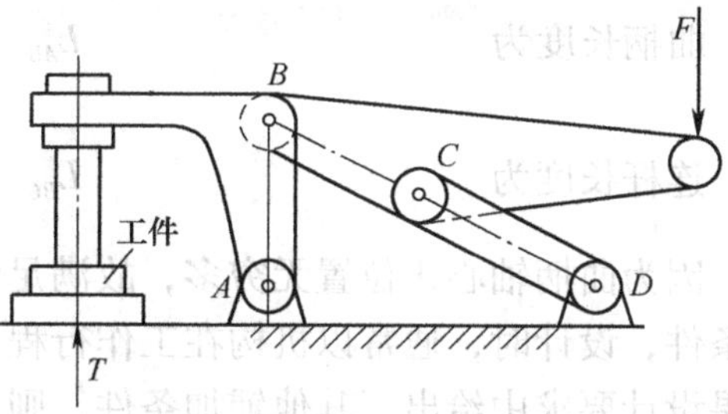

图 5-29　连杆式快速夹紧机构

第四节　平面连杆机构的设计

平面连杆机构的设计，主要是根据给定的运动条件确定机构的尺寸，有时为了使机构设计的更可靠、合理，还应考虑几何条件和动力条件等。在实际生产中，对平面连杆机构提出的工作要求是多种多样的，给定的条件也不相同。

四杆机构设计的方法有图解法、实验法和解析法。图解法和实验法简单，直观性强，易操作，其精度也能够满足工程需要，故一直沿用至今。下面介绍图解法设计四杆机构。

一、按给定的行程速比系数设计四杆机构

按给定的行程速比系数 K 设计四杆结构，通常是根据实际要求选定 K 的数值，然后根据机构极限位置的几何特点，结合其他辅助条件进行设计。

1. 曲柄摇杆机构的设计

图 5-30 所示为按给定的行程速比系数设计曲柄摇杆机构。

已知摇杆长度 L_{CD}，摆角 ψ 和行程速比因数 K，设计曲柄摇杆机构。

设计步骤：

1）由 K 求出极位夹角 θ，即

$$\theta = 180° \frac{K-1}{K+1}$$

2）选取适当的比例尺 μ_l，任取固定转动副 D 的位置，如图 5-30 所示，按摇杆长度 L_{CD} 和摆角 ψ 作出摇杆的两个极限位置 C_1D 和 C_2D，并作 $\angle C_1C_2N = 90° - \theta$。

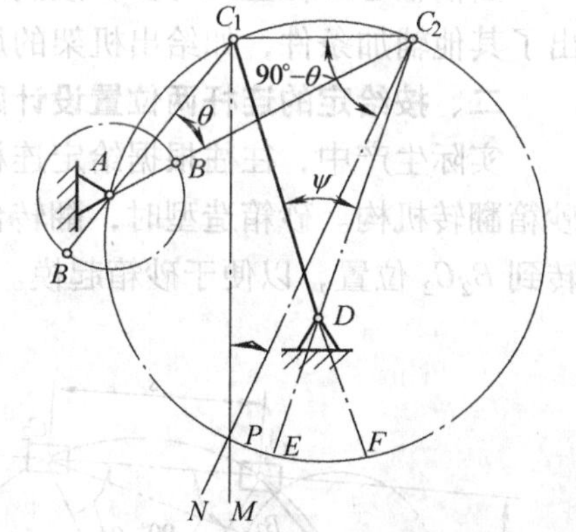

图 5-30　按 K 值设计曲柄摇杆机构

3）连接 C_1 和 C_2，并作 $C_1M \perp C_1C_2$，得 C_1M 交 C_2N 于 P 点，由图可知，$\angle C_1PC_2 = \theta$。

4）作 ΔPC_1C_2 的外接圆，在此圆周（弧 C_1C_2 和弧 EF 除外）上任取一点 A，作为曲柄的固定铰接中心，连 AC_1 和 AC_2，因同一圆弧的圆周角相等，故 $\angle C_1AC_2 = \angle C_1PC_2 = \theta$。

5）在极限位置曲柄与连杆共线，则

$$L_{AC1} = L_{BC} - L_{AB} \quad L_{AC2} = L_{BC} + L_{AB}$$

由以上两式可解得

曲柄长度为 $$L_{AB} = \frac{L_{AC2} - L_{AC1}}{2}$$

连杆长度为 $$L_{BC} = \frac{L_{AC2} + L_{AC1}}{2}$$

因为曲柄轴心 A 位置无穷多，故满足设计要求的曲柄摇杆机构有无穷多。如未给其他附加条件，设计时，通常以机构在工作行程中，具有较大的传动角为出发点来确定轴心位置。如果设计要求中给出了其他辅助条件，则 A 点位置应根据附加条件来确定。

2. 曲柄滑块机构的设计

已知滑块的行程 S、偏心距 e、行程速比因数 K，设计曲柄滑块机构。

设计步骤：

1）由 K 求出极位夹角 θ，即

$$\theta = 180° \frac{K-1}{K+1}$$

2）选取适当的比例尺 μ_l，取 C_1、C_2 为滑块的两个极限位置，如图 5-31 所示。

3）作辅助圆，连接 C_1 和 C_2，作 $\angle C_1C_2O = \angle C_2C_1O = 90° - \theta$，得交点 O，以 O 为圆心，OC_1 为半径作圆。

4）作与 C_1C_2 相距为 e 的平行直线，且与辅助圆的交点为 A 点，连接 AC_1 和 AC_2，量出其长度，按照相应比例尺 μ_l，由 $L_{AB} = \frac{L_{AC2} - L_{AC1}}{2}$ 和 $L_{BC} = \frac{L_{AC2} + L_{AC1}}{2}$ 两式，计算曲柄和连杆的尺寸。

曲柄轴心 A 位置无穷多，故满足设计要求的曲柄滑块机构有无穷多。如果设计要求中给出了其他辅助条件，如给出机架的尺寸，则有唯一解。

二、按给定的连杆两位置设计四杆机构

实际生产中，往往根据给定连杆的两个位置，设计四杆机构。图 5-32 所示为铸造车间砂箱翻转机构。砂箱造型时，翻转台（连杆）在 B_1C_1 位置，待震实砂型后，需将翻转台翻转到 B_2C_2 位置，以便于砂箱起模。

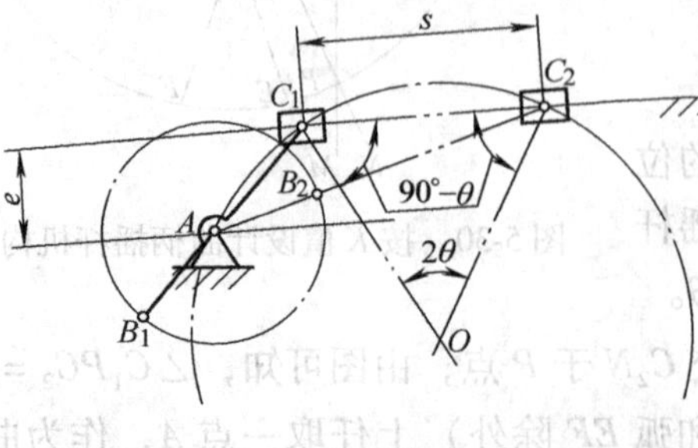

图 5-31　按 K 值设计曲柄滑块机构

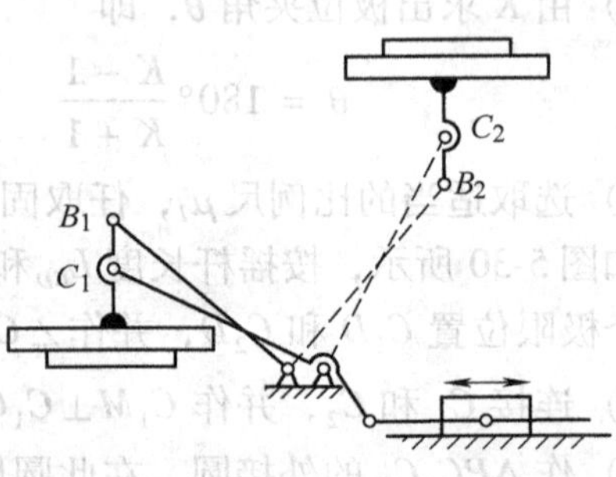

图 5-32　铸造车间砂箱翻转机构

如图 5-33 所示，给出连杆 BC 的长度 L_{BC} 及两个位置 B_1C_1 和 B_2C_2，设计四杆机构。

设计步骤：

1）选取比例尺 μ_l，作出连杆的两位置 B_1C_1 和 B_2C_2。

2）连接 B_1、B_2 和 C_1、C_2 点，作 B_1B_2、C_1C_2 的垂直平分线，b_{12} 和 c_{12}。

3）在 b_{12} 上任取一点 A，在 c_{12} 上任取一点 D。

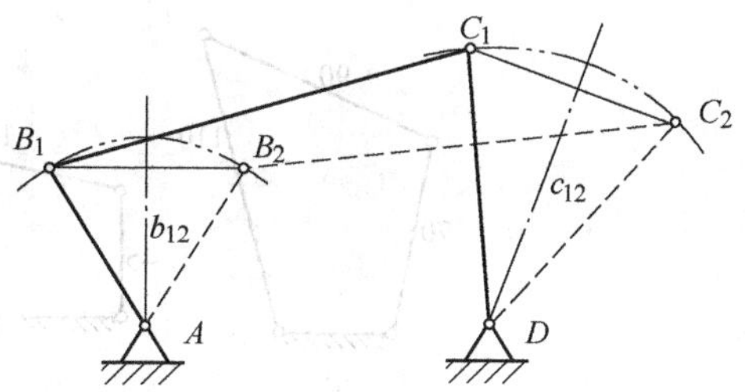

图 5-33　给定连杆两位置设计四杆机构

4）连接 AB_1C_1D（或 AB_2C_2D）即为所求的四杆机构。

将以上各构件的长度，按照相应的比例尺换算成实际长度。

注意：由于 b_{12} 和 c_{12} 在 A、D 上是任取的，所以有无穷多解，在给出机架长度的情况下，就可得到唯一解。

本章小结

平面连杆机构是由若干构件以低副（转动副与移动副）连接而成的机构。工作时形成面接触，压强小、磨损量少；构成运动副的表面为圆柱面或平面，制造方便。平面连杆机构容易实现常见的转动、移动及转换，在机械中被广泛应用。

本章重点：铰接四杆机构的应用、类型、类型判别和特性。

思考题与习题

5-1　举例说明生活中见到的平面连杆机构及其功用。

5-2　平面连杆机构中的极位夹角所表示的含义是什么？

5-3　试叙述曲柄摇杆机构最小传动角 γ_{min} 所在的位置。

5-4　铰接四杆机构的基本类型为________、________、________。

5-5　曲柄滑块机构是由________、________、________等构件组成，曲柄为主动件带动连杆使滑块作________运动；冲床机构中主动件是________，从动件是________。

5-6　有急回特性的的平面连杆机构的行程速比因数 K 值是________。

A. $K=1$　　B. $K<1$　　C. $K>1$

5-7　曲柄滑块机构有死点时，其主动件为哪个构件？________。

A. 曲柄　　B. 连杆　　C. 滑块

5-8　四杆机构中，传动角越大，机构的传力性能越好？________。

A. 完全正确　　B. 完全错误　　C. 该说法过于片面

5-9　当连架杆为主动件时，下列哪种机构具有急回特性？________。

A. 曲柄摇杆机构　　B. 对心曲柄滑块机构　　C. 转动导杆机构

5-10　根据图 5-34 中注明的尺寸判别该机构的类型。

5-11　判别图 5-35 中标有 $ABCD$ 字符的机构是什么类型的机构？

5-12　如图 5-36 所示四杆机构，杆件 1 为主动件，杆件 3 为从动件。

1）作各机构的极限位置，并量出从动件的摆角 ψ 和行程 S。

2）作出各机构最小传动角 γ_{min} 或最大压力角 α_{max} 位置图。

3）若杆件 3 为主动件，杆件 1 为从动件，试作出机构的死点位置。

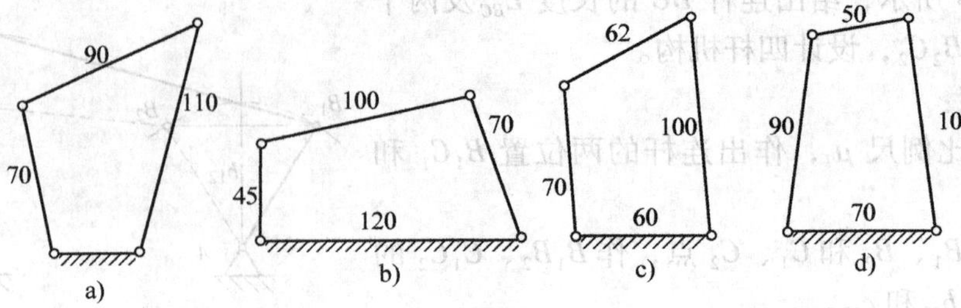

图 5-34　题 5-10

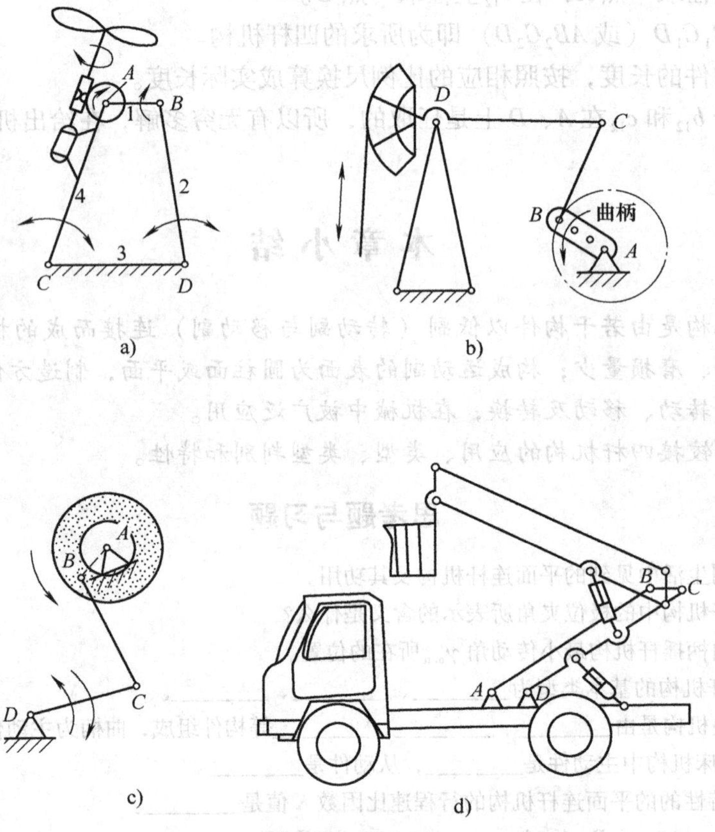

图 5-35　题 5-11

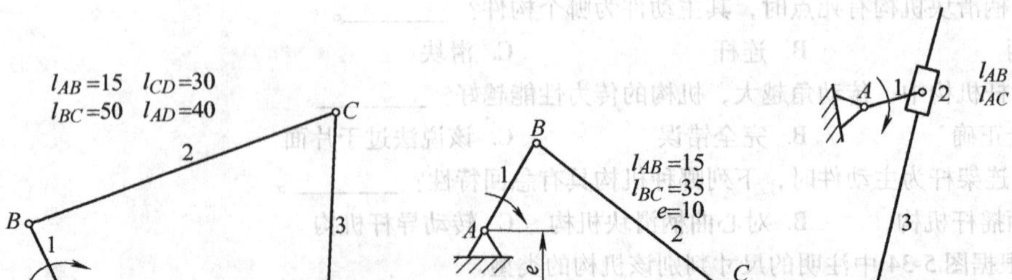

图 5-36　题 5-12

第六章 凸轮机构

在机器中，特别是自动化机器中，为实现某些特殊或准确的运动规律，常采用凸轮机构。凸轮机构由原动件凸轮、从动件和机架组成。其作用是将凸轮的连续转动或移动，变换为从动件的移动或摆动。由于凸轮与从动件是高副接触，所以容易磨损，另外高精度凸轮制造比较困难。

本章介绍凸轮机构应用、类型、运动规律和设计方法。

第一节 凸轮机构的应用和类型

凸轮机构广泛地应用于各种机械，特别是在印刷机、纺织机、内燃机以及各种自动机中应用更加普遍。

一、凸轮机构的应用

图 6-1 所示为转塔车床刀架进给凸轮机构。凸轮 1 转动时，驱使扇形齿轮 2 绕 O 轴转动，带动齿条及刀架 3 作往复进给运动。

图 6-2 所示为绕线机构。当凸轮 1 转动时，驱使从动件 2 往复摆动，使线均匀地缠绕在转动的绕线轴 3 上。

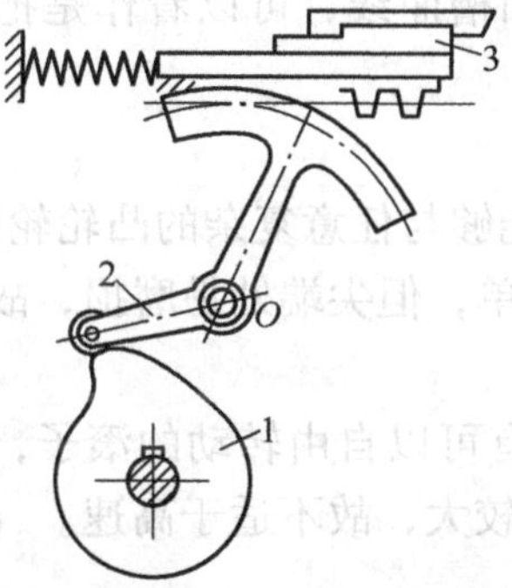

图 6-1 转塔车床刀架进给凸轮机构

1—凸轮 2—扇形齿轮 3—刀架

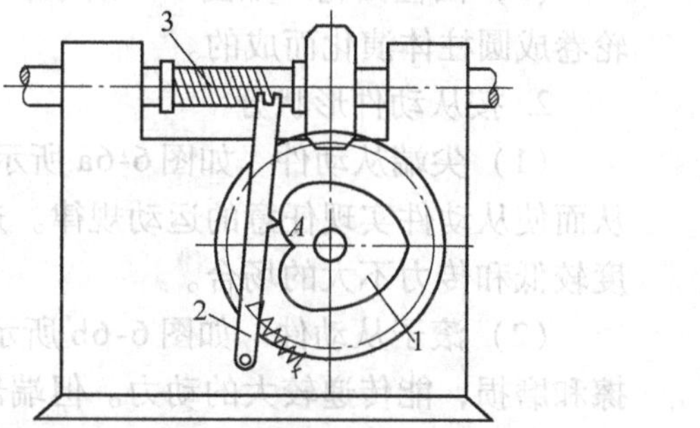

图 6-2 绕线机构

1—凸轮 2—从动件 3—绕线轴

图 6-3 所示为自动车床靠模车削机构。拖板带动从动件 2 沿靠模凸轮 1 轮廓运动，刀刃加工出手柄形状。

图 6-4 所示为自动机床控制刀架进给运动的凸轮机构。开有曲线凹槽的圆柱体，称为圆柱凸轮。当圆柱凸轮 1 等速回转时，其曲线形凹槽驱动从动件 2 绕固定点作往复摆动，驱使刀架 3 运动。

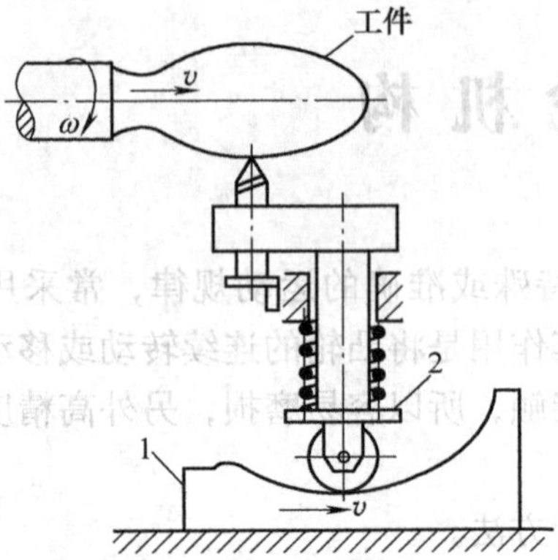

图 6-3　靠模车削机构
1—靠模凸轮　2—从动件

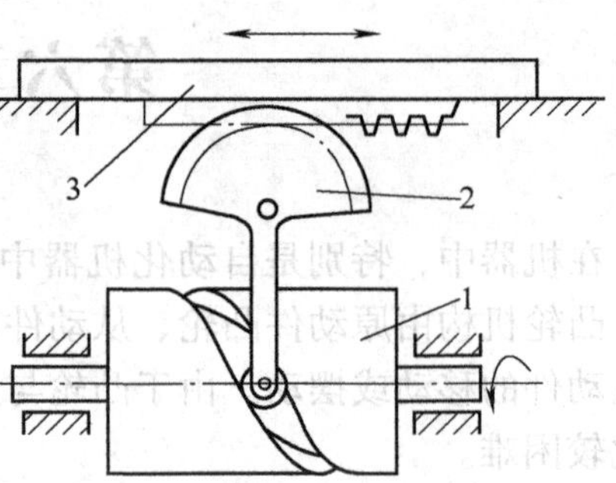

图 6-4　机床自动进给机构
1—圆柱凸轮　2—从动件　3—刀架

二、凸轮机构的类型

工程实际中所使用的凸轮机构，形式多种多样，常用的分类方法有以下几种：

1. 按照凸轮的形状分

（1）盘形凸轮　如图 6-1、图 6-2 所示，凸轮呈盘状，并且具有变化的向径。当其绕固定轴转动时，可推动从动件在垂直于凸轮转轴的平面内运动。盘形凸轮是凸轮最基本的形式，其结构简单，应用广泛。

（2）移动凸轮　当盘形凸轮的转轴位于无穷远处时，就演化成了如图 6-3、图 6-5 所示的凸轮，这种凸轮称为移动凸轮，凸轮呈板状，相对于机架作直线移动。

（3）圆柱凸轮　如图 6-4 所示，在圆柱体上制有凹槽曲线，可以看作是把上述移动凸轮卷成圆柱体演化而成的。

2. 按从动件形状分

（1）尖端从动件　如图 6-6a 所示，从动件的尖端能够与任意复杂的凸轮轮廓保持接触，从而使从动件实现任意的运动规律。这种从动件结构简单，但尖端处易磨损，故只适用于速度较低和传力不大的场合。

（2）滚子从动件　如图 6-6b 所示，从动件端部装有可以自由转动的滚子，使之减少摩擦和磨损，能传递较大的动力。但端部结构复杂，质量较大，故不适于高速。

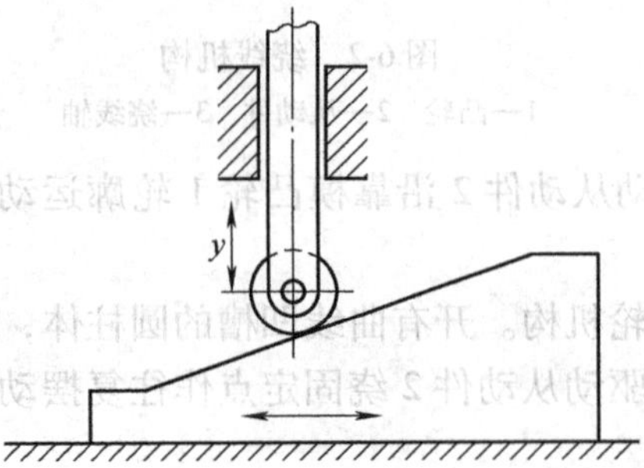

图 6-5　移动凸轮

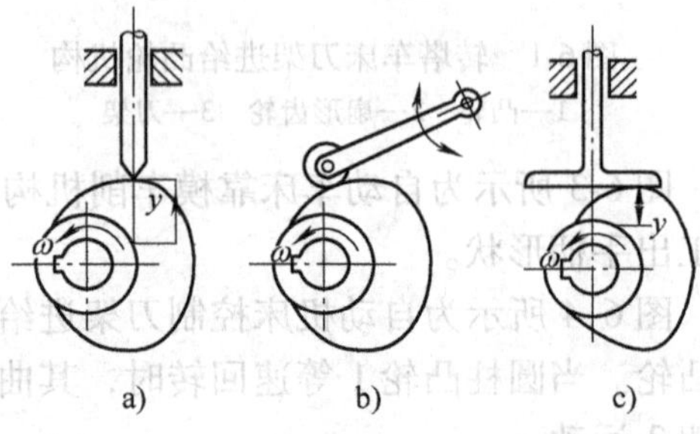

图 6-6　凸轮机构的基本类型
a）尖端从动件　b）滚子从动件　c）平底从动件

（3）平底从动件　如图 6-6c 所示，当不计摩擦时，凸轮作用于从动件的驱动力垂直于平底，有效分力较大，凸轮与从动件之间为线接触，接触处易形成油膜，润滑状况好，故常应用于高速凸轮。但平底从动件不适用于轮廓曲线内凹的凸轮。

三、从动件常用运动规律

在凸轮机构中，从动件的运动由凸轮轮廓决定。从动件的运动规律，是指从动件位移、速度、加速度随时间或随凸轮转角的变化规律。

1. 凸轮机构运动过程及有关名称

图 6-7a 所示为尖端移动从动件盘形凸轮机构，以凸轮轮廓最小向径 r_b 为半径所做的圆称为基圆。从动件与基圆接触时处于“最低”位置，即从动件上升的起始位置。

（1）推程　当凸轮以等角速度 ω 逆时针转过 δ_0 角时，从动件尖端与凸轮轮廓 AB 段接触并按某一运动规律上升 h 至最高位置 B'，h 称为升程，这个过程称为推程，δ_0 称为推程运动角。推程也称为工作行程。

（2）远休止角　凸轮继续转动，从动件与凸轮轮廓 BC 段接触，并在最高处静止不动，这个过程为远程休止过程，凸轮相应转过 δ_s 角，称为远休止角。

（3）回程　当凸轮转过 δ_h 角时，从动件尖端与凸轮轮廓 CA'接触，从动件按某一运动规律下降 h，这个过程为回程，δ_h 称为回程运动角。

（4）近休止角　凸轮继续转动，从动件尖端与凸轮轮廓 $A'A$ 段接触，从动件在最低处静止不动，为近程休止过程，凸轮相应转角δ_s'，称为近休止角。

凸轮连续回转时，从动杆重复上述升—停—降—停的运动循环。

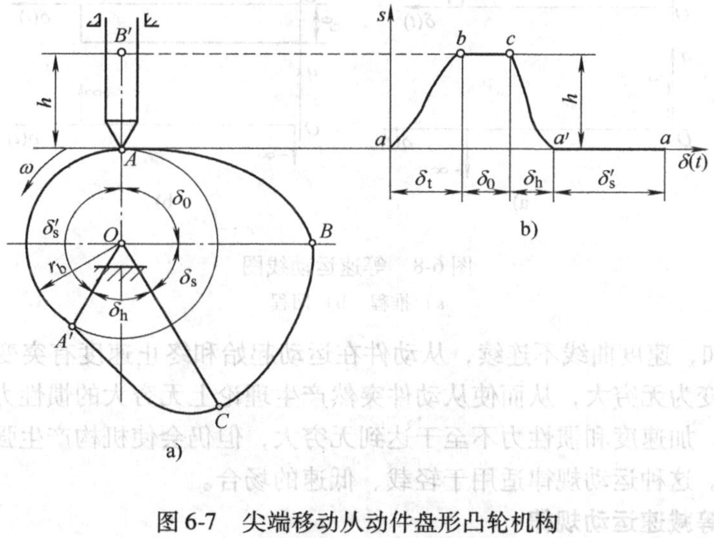

图 6-7　尖端移动从动件盘形凸轮机构

a）凸轮机构　b）运动线图

2. 位移曲线

由以上分析可知，从动件运动规律是与凸轮轮廓曲线的形状相对应的。设计凸轮，主要是根据从动件的运动规律，绘制凸轮轮廓。凸轮轮廓的确定，是根据位移线图确定的。

位移线图以从动件位移 s 为纵坐标，凸轮转角 δ 为横坐标而绘制的线图。

图 6-7b 所示为凸轮机构的运动线图，也称为位移线图，以 ab、bc、ca'、$a'a$ 4 条位移线

分别表示推程、远程休止、回程、近程休止 4 个运动过程。

由于凸轮以等角速度 ω 转动，转角 $\delta=\omega t$，ω 是常数，所以位移曲线也可以时间 t 为横坐标。

第二节　从动件常用运动规律

从动件运动规律是指从动件位移、速度及加速度与凸轮转角（或时间）的关系。通常把位移、速度、加速度随转角（或时间）的变化曲线称为从动件运动线图。常用运动规律有以下几种：

一、等速运动

等速运动也称为匀速运动，从动件的运动速度为定值。

图 6-8 所示为等速运动规律的位移 s、速度 v、加速度 a 曲线。其中图 6-8a 所示为推程线图，图 6-8b 所示为回程线图。

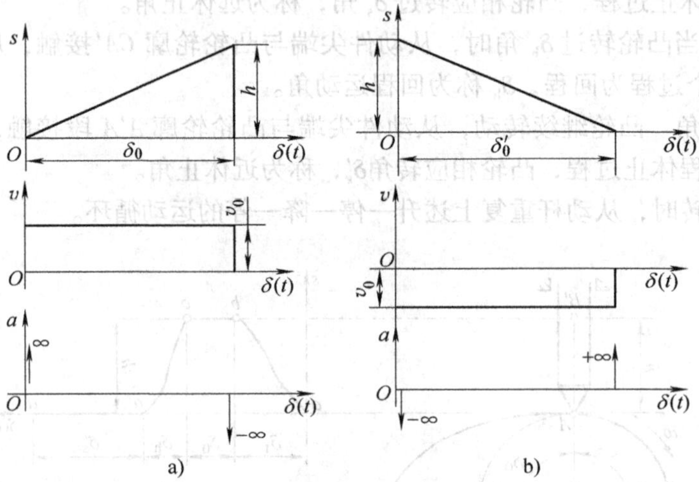

图 6-8　等速运动线图

a）推程　b）回程

由图 6-8 可知，速度曲线不连续，从动件在运动起始和终止速度有突变，此时加速度在理论上由零瞬间变为无穷大，从而使从动件突然产生理论上无穷大的惯性力。虽然实际上由于材料具有弹性，加速度和惯性力不至于达到无穷大，但仍会使机构产生强烈冲击，这种冲击称为刚性冲击。这种运动规律适用于轻载、低速的场合。

二、等加速等减速运动规律

从动件在一个行程 h 中，前半行程作等加速运动，后半行程作等减速运动。等加速等减速运动线图为抛物线图形，其作图方法如下：

1）在横坐标上找出代表 $\frac{\delta_0}{2}$ 的一点，将 $\frac{\delta_0}{2}$ 分成若干等分（图 6-9 中为 4 等分），得 1、2、3、4 各点，过这些点做横坐标的垂线。

2）将从动件推程的一半，即$\frac{h}{2}$分成相应等分（图 6-9 中为 4 等分），将点 O 分别与$\frac{h}{2}$上各点 1′、2′、3′、4′相连接，得 $O1'$、$O2'$、$O3'$、$O4'$直线，这些直线分别与横坐标轴上的点 1、2、3、4 的垂线相交，最后将各点连成一条光滑曲线，该曲线便是等加速段的位移曲线。

图 6-9a 所示为推程时等加速等减速运动从动件的运动线图。同理，如图 6-9b 所示，回程时等加速等减速运动从动件的运动线图，也可按上述方法作出。

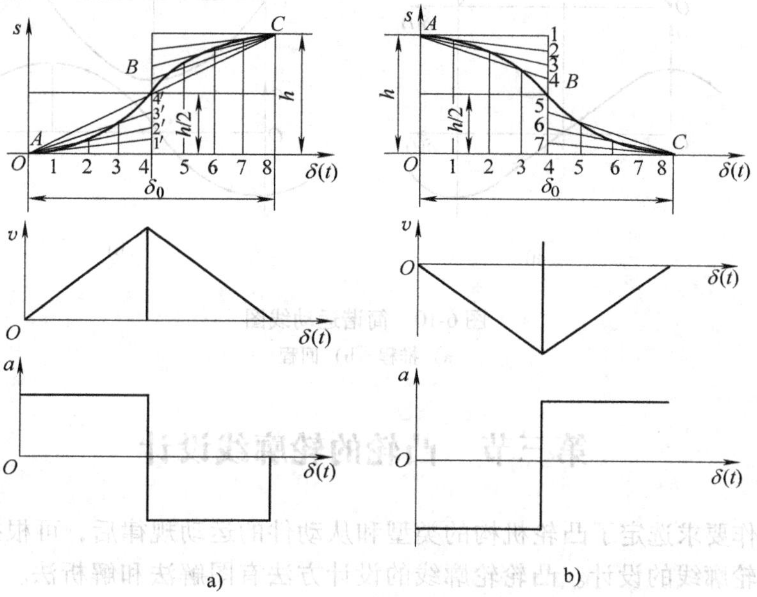

图 6-9　等加速等减速运动线图

a）推程　b）回程

由运动线图可知，其速度曲线连续，故不会产生刚性冲击，但其加速度曲线在运动的起始点 A、中间点 B 和终点 C 三处不连续，加速度有突变，这种加速度有限突变引起的冲击，称为柔性冲击。它比刚性冲击小得多，因此这种运动规律适用于中载、中速场合。

三、简谐运动规律

当一质点在圆周上作匀速运动时，该点在圆直径上的投影形成的运动，称为简谐运动。

图 6-10 所示为从动件作简谐运动时的运动线图。由于加速度线图为一余弦函数，故简谐运动规律又称为余弦加速度运动规律。

由运动线图可知，其速度曲线连续，故不会产生刚性冲击，但在运动的起始和终止位置，加速度曲线不连续，加速度产生有限突变，因此也产生柔性冲击。当从动件作无停歇的升—降—升连续往复运动时，加速度曲线变为连续函数，从而避免了柔性冲击，适用于高速运动场合。

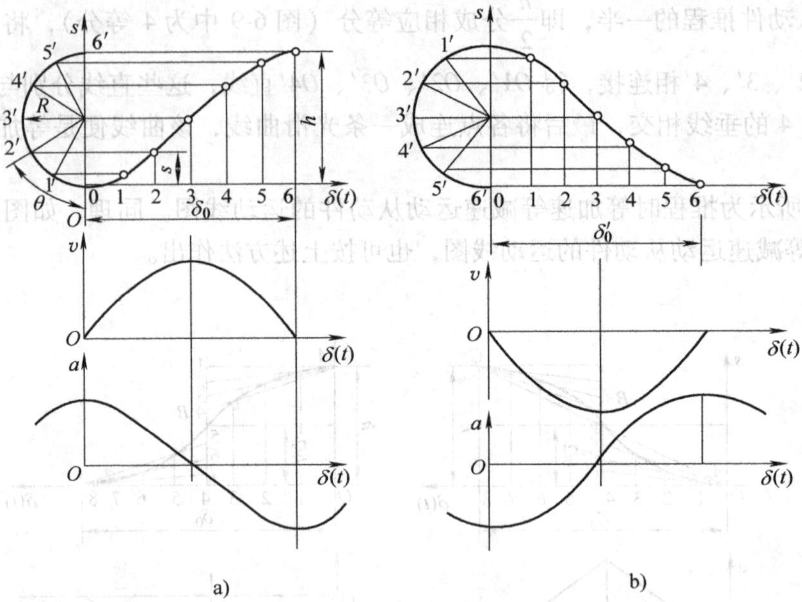

图 6-10　简谐运动线图

a）推程　b）回程

第三节　凸轮的轮廓线设计

当根据工作要求选定了凸轮机构的类型和从动件的运动规律后，可根据其他的给定条件，进行凸轮轮廓线的设计。凸轮轮廓线的设计方法有图解法和解析法。图解法简便、直观，但精度有限，适用于低速和对从动件运动规律要求不太严格的凸轮机构。对高速或高精度的凸轮，则须采用解析法设计。这里主要介绍图解法。

一、凸轮轮廓线设计的基本原理

当凸轮机构工作时，凸轮和从动件都是运动的。为了在图纸上画出凸轮轮廓，应使凸轮与图纸平面相对静止。凸轮轮廓曲线的设计通常采用反转法，其基本原理如下：

如图 6-11 所示，已知凸轮绕轴 O 以等角速度逆时针转动。如果在该机构上加一个公共角速度 $-\omega$，绕 O 轴反向回转，则凸轮与从动件之间的相对运动并不改变，但凸轮将静止不动。从动件一方面随导路以 $-\omega$ 绕 O 点转动（即反转），另一方面又在导路中移动。由于尖端从动件在反转过程中始终与凸轮轮廓曲线接触，故从动件尖端的轨迹就是该凸轮的理论廓线，这就是反转法原理。反转法原理适用于各种凸轮轮廓线的设计。

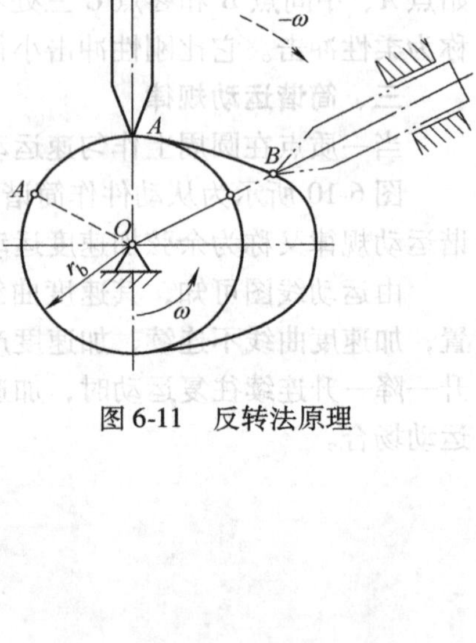

图 6-11　反转法原理

二、移动从动件盘形凸轮轮廓设计

1. 尖端对心移动从动件盘形凸轮

移动从动件盘形凸轮机构中，从动件的导路通过凸轮转动中心，称为尖端对心移动从动件盘形凸轮机构。

设已知尖端从动件盘形凸轮机构的凸轮按顺时针方向转动，从动件中心线通过凸轮的回转中心，从动件尖端距凸轮回转中心的最小距离为30mm。当凸轮转动时，在0～90°范围内，从动件匀速上升20mm，在90°～180°范围内，从动件停止不动，在180°～360°范围内，从动件匀速下降到原处，试绘制凸轮轮廓曲线。

凸轮轮廓曲线绘制步骤如下：

1）选定适当的比例尺μ_l，作出从动件的位移曲线图，如图6-12a所示。

2）用与位移曲线相同的比例尺（长度比例尺），以$r_b=30$mm为半径作基圆，基圆与导路的交点A_0便是从动杆尖端起始位置。

3）在基圆上，自OA_0开始沿转向相反方向，按位移曲线横坐标等分的方法，将基圆各区间作相应等分，0～90°分为3等分，180°～360°分为6等分（90°～180°区间不需等分），画出各等分角线OA_0、OA_1、…、OA_9。

4）沿各径向线自基圆开始量取从动件在各位置的位移量，即取线段$A_1A_1'=s_1$、$A_2A_2'=s_2$、…、$A_9A_9'=s_9$各点，将这些点连成光滑曲线，即得到所求的凸轮轮廓，如图6-12b所示。

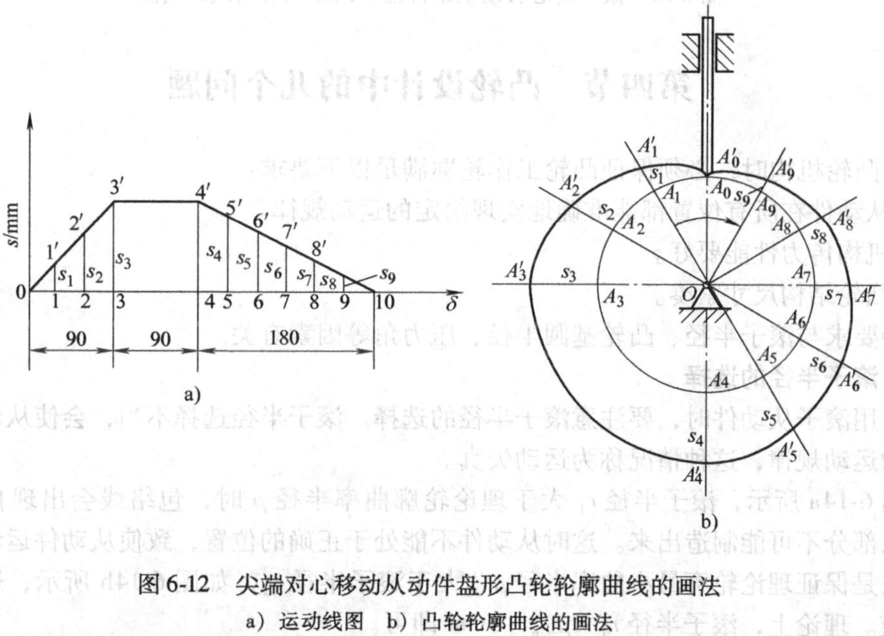

图6-12 尖端对心移动从动件盘形凸轮轮廓曲线的画法

a）运动线图 b）凸轮轮廓曲线的画法

2. 滚子对心移动从动件盘形凸轮

绘制滚子对心移动从动件盘形凸轮轮廓曲线可分为两步：

1）把滚子中心看成尖端从动件的尖端，按上述尖端从动件的凸轮轮廓画出，作为理论轮廓B。

2）以B上各点为圆心，以滚子半径为半径作一系列滚子圆，然后作这些滚子圆的内包

络线 C，即为滚子从动件的凸轮实际轮廓，如图 6-13 所示。

由作图过程可知，滚子从动件凸轮的基圆半径 r_b 应在凸轮理论轮廓曲线上量取。

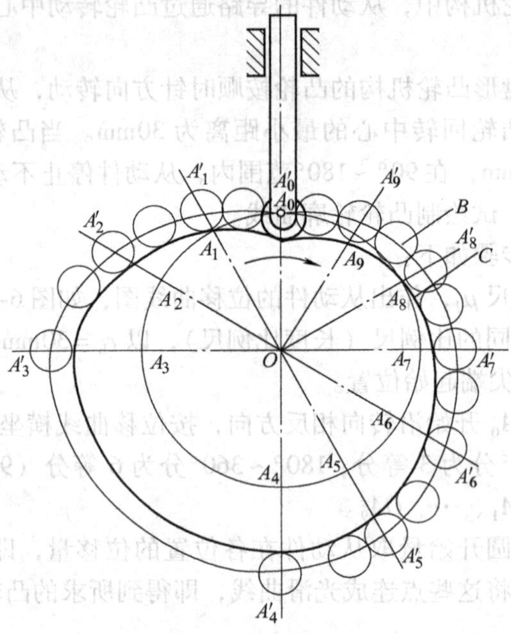

图 6-13　滚子对心移动从动件盘形凸轮轮廓曲线的画法

第四节　凸轮设计中的几个问题

设计凸轮机构时，必须保证凸轮工作轮廓满足以下要求：

1）从动件在所有位置都能准确地实现给定的运动规律。

2）机构传力性能要好。

3）凸轮结构尺寸紧凑。

这些要求与滚子半径、凸轮基圆半径、压力角等因素有关。

一、滚子半径的选择

当采用滚子从动件时，要注意滚子半径的选择。滚子半径选择不当，会使从动件不能实现给定的运动规律，这种情况称为运动失真。

如图 6-14a 所示，滚子半径 r_T 大于理论轮廓曲率半径 ρ 时，包络线会出现自相交叉现象，交叉部分不可能制造出来。这时从动件不能处于正确的位置，致使从动件运动失真。避免的方法是保证理论轮廓最小曲率半径 ρ_{min} 大于滚子半径 r_T，如图 6-14b 所示，这时，包络线不自交。理论上，滚子半径 $r_T < \rho_{min} - 3mm$ 即可。

滚子半径的选择，同时还受到结构、强度等因素限制，因而不能取得太小。设计时，通常取 $r_T = (0.1 \sim 0.5)\ r_b$，其中 r_b 为凸轮基圆半径。

二、凸轮机构的压力角

1. 压力角

凸轮作用在从动件上的法向力 F_n 与从动件速度 v 方向线之间所夹的锐角 α，称为凸轮

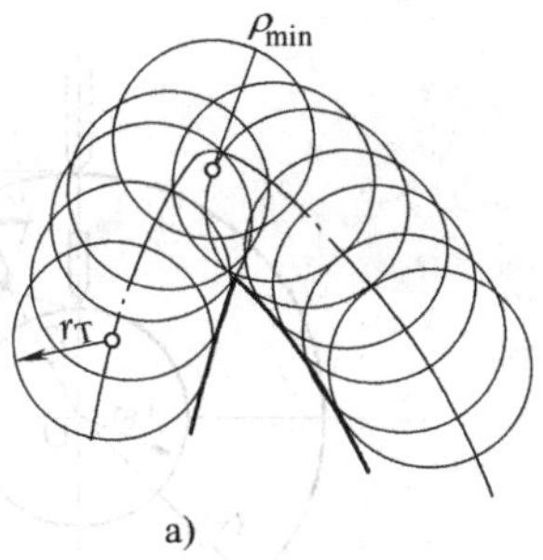

图 6-14　滚子半径的选择

a）$\rho_{min} < r_T$　b）$\rho_{min} > r_T$

机构的压力角，如图 6-15a 所示。

在工作过程中，凸轮轮廓与从动件的接触点是变化的，所以凸轮上各点的压力角也不相同。为保证凸轮机构正常工作，必须使轮廓上的最大压力角 α_{max} 不超过许用值［α］。在一般设计中，推荐许用压力角［α］的数值如下：

移动从动件推程：［α］$=30° \sim 40°$

摆动从动件推程：［α］$=40° \sim 50°$

机构在回程时，从动件是在锁合力作用下返回的，发生自锁的可能性很小，故回程压力角［α］可以取大些，无论是移动还是摆动从动件，通常可取［α］$=70° \sim 80°$。

压力角的测量可用图 6-15b 所示的方法，用量角器直接测量检查。如果测量结果超过许用值，可采取相应措施：

1）适当增大凸轮基圆半径 r_b。

2）从动件导路适当偏向凸轮转动方向，如图 6-16 所示。

3）利用平底从动件压力角 $\alpha=0°$，传力性能好的特点，采用平底从动件。

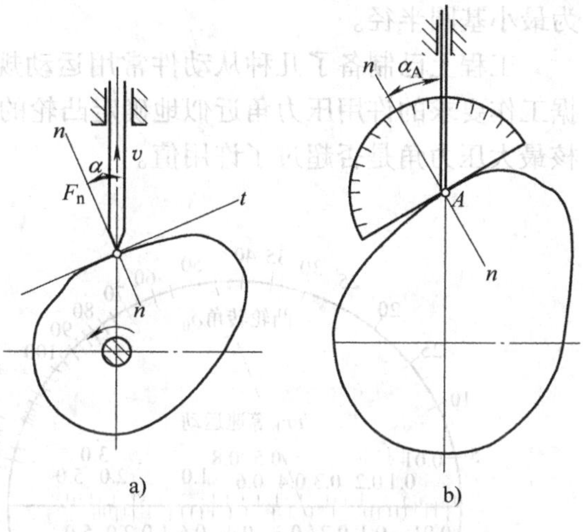

图 6-15　凸轮机构的压力角及测量

a）凸轮廓线上的压力角　b）压力角的测量

2. 压力角与基圆半径的关系

如图 6-17 所示，两个凸轮的基圆半径分别为 r_{b1}、r_{b2}，且 $r_{b1} < r_{b2}$，当凸轮转过相同的转角 δ 时，从动件上升相同的高度 h（为便于说明问题，两小段轮廓均用直线表示）。由图可看出 $\alpha_1 > \alpha_2$，即基圆半径大，压力角小；基圆半径小，压力角大。

因此，当从动件运动规律一定时，增大基圆半径 r_b，可以减小压力角，从而改善机构传力性能，但机构总体尺寸将加大，所以考虑到凸轮尺寸的影响，压力角并非越小越好。压力角过小，机构运动将不顺利或发生自锁。

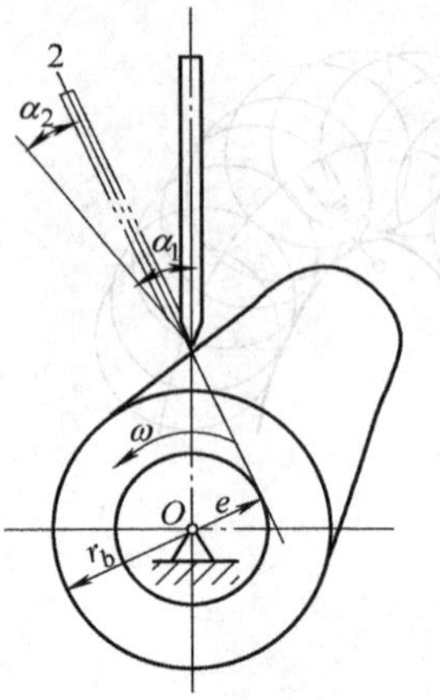

图 6-16　从动件导路偏置

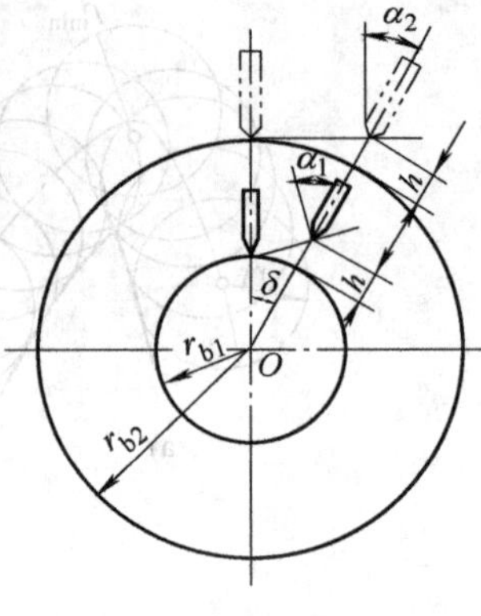

图 6-17　压力角与基圆半径的关系

三、凸轮基圆半径的确定

基圆半径 r_b 是凸轮的主要尺寸参数。设计时，通常要求在压力角不超过许用值［α］的原则下，尽可能取较小的基圆半径，凸轮机构的最大压力角 α_{max} =［α］时的基圆半径，称为最小基圆半径。

工程上已制备了几种从动件常用运动规律的诺模图，如图 6-18 所示。使用该图，可根据工作要求的许用压力角近似地确定凸轮的最小基圆半径，也可以根据所选用的基圆半径校核最大压力角是否超过了许用值。

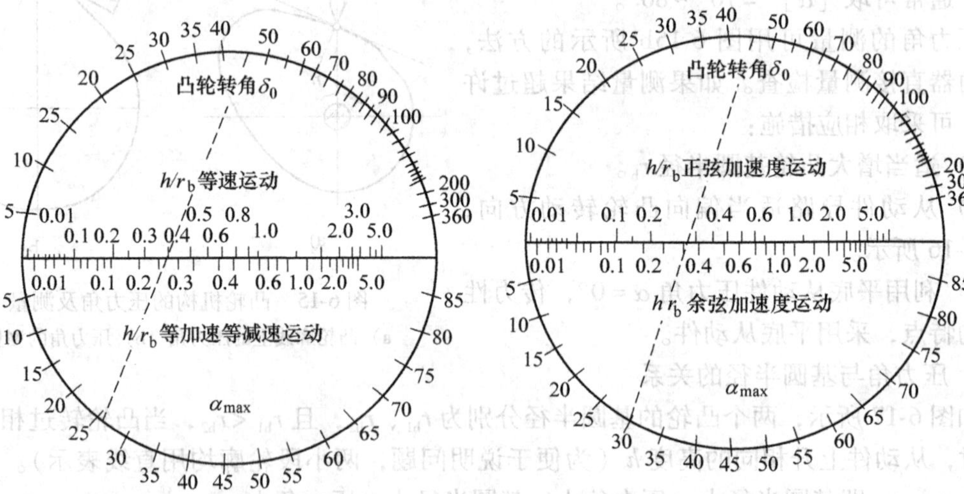

a)　　b)

图 6-18　诺模图

a）等速、等加速、等减速诺模图　b）正弦、余弦加速度诺模图

下面通过具体例子说明诺模图的用法。

例 6-1　已知一尖端对心移动滚子从动件盘形凸轮机构，从动件按等速运动规律上升，

升程 $h=10\text{mm}$，凸轮的升程运动角 $\delta_0=45°$，基圆半径 $r_b=25\text{mm}$，试检验推程的最大压力角 α_{max}。

解：由图 6-18a 标尺线上部刻度，查得 $h/r_b=10\text{mm}/25\text{mm}=0.4$ 的点，再由上半圆圆周，查得 $\delta_0=45°$的点，将两点连成直线并延长，与下半圆圆周交得 $\alpha_{max}=26°$。$\alpha_{max}<[\alpha]=30°\sim40°$，合格。

在实际设计过程中，凸轮的基圆半径也可以根据具体的结构条件来选择，通常可取凸轮的基圆直径等于或大于其配合轴径的 1.6～2 倍。

四、凸轮的结构与安装

1. 凸轮的结构

（1）凸轮轴　凸轮尺寸较小时，凸轮与轴可制成一体，如图 6-19 所示的凸轮轴。

（2）整体式凸轮　用于尺寸无特殊要求的场合，如图 6-20 所示。

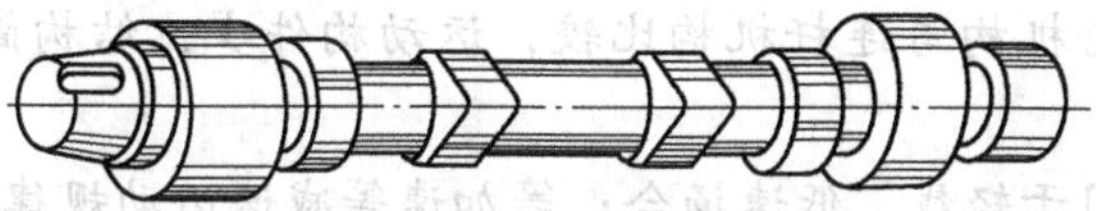

图 6-19　凸轮轴

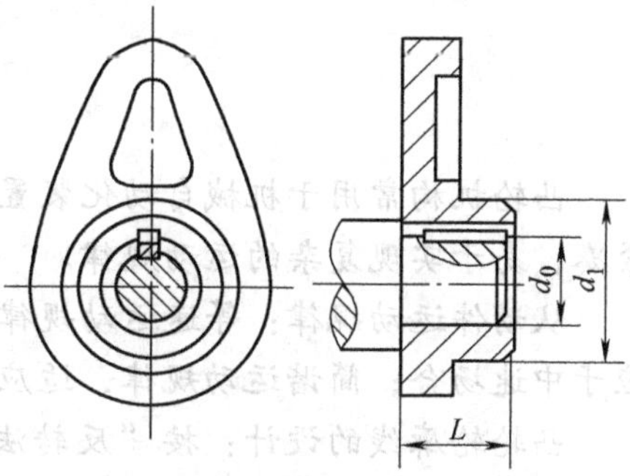

图 6-20　整体式凸轮

（3）组合式　组合式凸轮用螺栓将凸轮和轮毂连成一体，可以方便地调整凸轮与从动件的启始位置，如图 6-21 所示。

（4）镶块式凸轮　当从动件运动规律需经常变换时，可采用不同轮廓的镶块，以适应工作情况的变换，如图 6-22 所示。

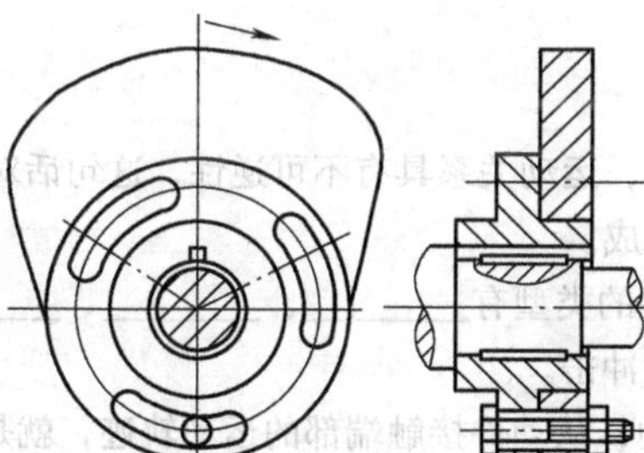

图 6-21　组合式凸轮

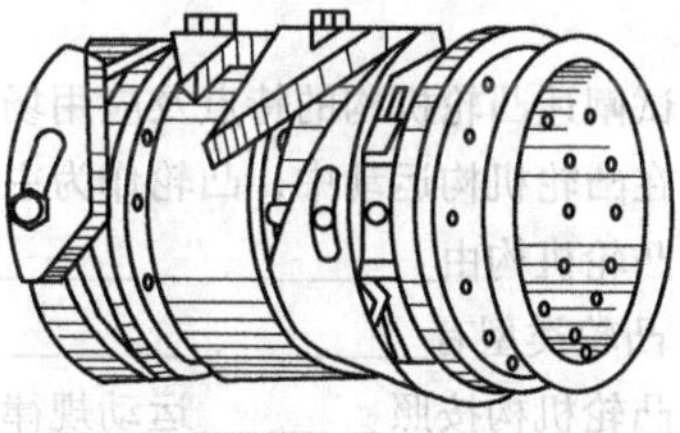

图 6-22　镶块式凸轮

2. 凸轮的安装

凸轮在轴上的安装和固定，可采用键、销联接的方式，如图 6-23a、b 所示；图 6-23c 所示采用螺纹联接固定，这种固定方式，调整灵活，但传递转矩不能过大。

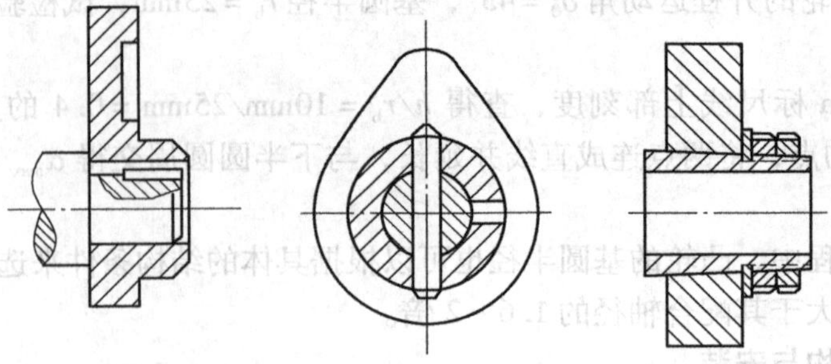

a)　　b)　　c)

图 6-23　凸轮的安装

a）键联接　b）销联接　c）螺纹联接

本章小结

凸轮机构常用于机械自动化装置；凸轮机构与连杆机构比较，运动构件少，结构简单、紧凑，易于实现复杂的运动规律。

从动件运动规律：等速运动规律，适用于轻载、低速场合；等加速等减速运动规律，适应于中速场合；简谐运动规律，适应于高速场合。

凸轮轮廓线的设计：按“反转法”原理，绘制凸轮轮廓线。

设计中的几个问题：滚子半径的确定；凸轮机构的压力角与平面连杆机构的压力角概念相同，即从动件的受力方向线与速度方向线之间所夹的锐角。压力角反映了机构受力状态，压力角越大，机构受力越不好，压力角达到一定数值，机构锁死。但是，压力角也并非越小越好，压力角过小，凸轮机构尺寸将增大。压力角控制在适用范围即可。

本章重点：凸轮机构的应用及设计方法。

思考题与习题

6-1　试阐述凸轮机构的特点及应用场合。

6-2　在凸轮机构运动中，凸轮作为主动件，杆作为从动件，运动关系具有不可逆性，这句话对吗？

6-3　凸轮机构由________、________、________等构件组成。

6-4　凸轮类型有________、________、________；从动件的类型有________、________、________。

6-5　凸轮机构按照________运动规律运动时，会产生刚性冲击。

6-6　设计盘形凸轮轮廓线时，从动件按________方向转动，从动件接触端部的运动轨迹，就是凸轮的________。

6-7　凸轮机构运动时，易产生刚性冲击的是________。

A. 等加速等减速运动规律　　B. 等速运动规律　　C. 简谐运动规律

6-8　直动从动件盘形凸轮机构中，从动件端部为哪种形状传力最好？________。

A. 滚子从动件　　B. 尖端从动件　　C. 平底从动件

6-9　影响凸轮机构压力角的大小的因素有哪些？一般如何校验凸轮机构压力角的大小？

6-10　基圆半径过大、过小，会出现什么问题？

6-11　如图 6-24 所示的凸轮机构，试求解下列问题：

1）图 6-24a 所示为尖端对心移动从动件盘形凸轮机构，试作出从动件在 A 点、B 点与凸轮相接触时凸轮机构的压力角 α_A 和 α_B，并分别求出 A 点和 B 点从动件的位移。

2）如图 6-24b 所示，试作出当凸轮顺针时转过 45°时的凸轮机构的压力角和从动件的位移。

3）试作出图 6-24c 所示位置凸轮机构的压力角。

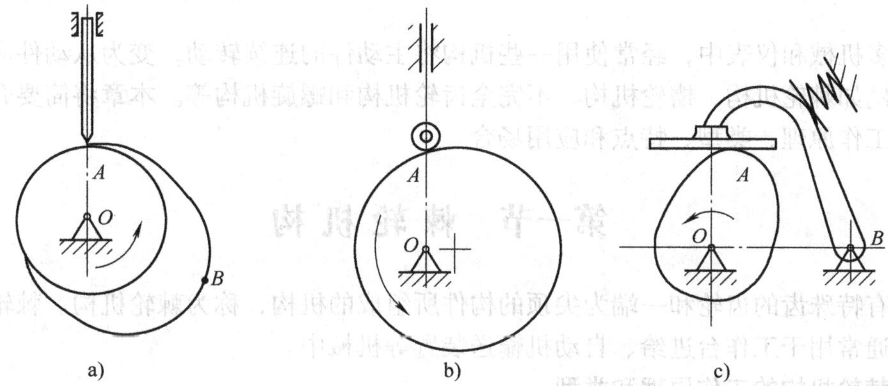

图 6-24　题 6-11

6-12　一对心直动从动件盘形凸轮机构，已知行程 $h = 30\text{mm}$，基圆半径 $r_b = 40\text{mm}$，凸轮逆时针转动，其运动规律为：

凸轮转角 δ	0 ~90°	90° ~150°	150° ~240°	240° ~360°
从动件位移	等速上升	停止	等加速等减速下降	停止

要求：1）画出位移曲线。

2）画出凸轮轮廓。

3）校验从动件在升程时的最大压力角。

第七章　其他常用机构

在许多机械和仪表中，经常使用一些机构将主动件的连续转动，变为从动件周期性的间歇运动，例如棘轮机构、槽轮机构、不完全齿轮机构和螺旋机构等。本章将简要介绍这些常用机构的工作原理、类型、特点和应用场合。

第一节　棘轮机构

由具有特殊齿的齿轮和一端为尖顶的构件所组成的机构，称为棘轮机构。棘轮机构为间歇机构，通常用于工作台进给、自动机输送装置等机械中。

一、棘轮机构的工作原理和类型

1. 单向式棘轮机构

单向式棘轮机构可分为外啮合齿式棘轮机构和内啮合棘轮机构。图 7-1 所示为常见的外啮合齿式棘轮机构。主要由棘轮 1、主动棘爪 2、销轴 3、主动摆杆 4、止回棘爪 5 和机架组成。当主动摆杆 4 顺时针转动时，摆杆上铰接的主动棘爪 2 插入棘轮 1 的齿内，并推动棘轮同向转动一个角度。当主动摆杆 4 逆时针摆动时，止回棘爪 5 阻止棘轮反向转动，此时主动棘爪 2 在棘轮 1 的齿背上滑回原位，棘轮 1 静止不动，从而实现将主动件的往复摆动转换为从动件的间歇运动。

图 7-2 所示为自行车中的内啮合棘轮机构，内啮合棘轮的轮齿分布在内圈。其工作原理与外啮合齿式棘轮机构相同。

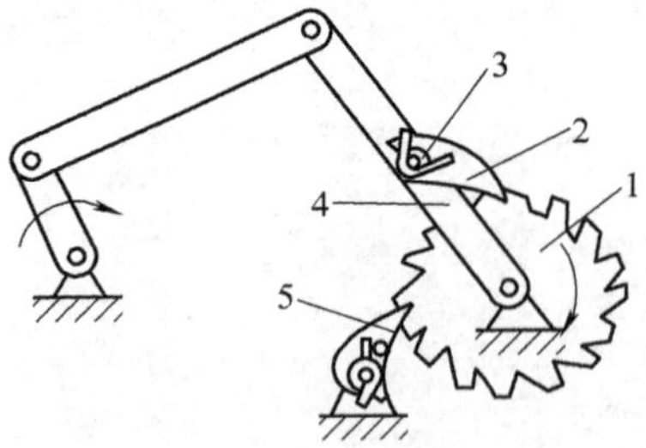

图 7-1　外啮合齿式棘轮机构

1—棘轮　2—主动棘爪

3—销轴　4—主动摆杆　5—止回棘爪

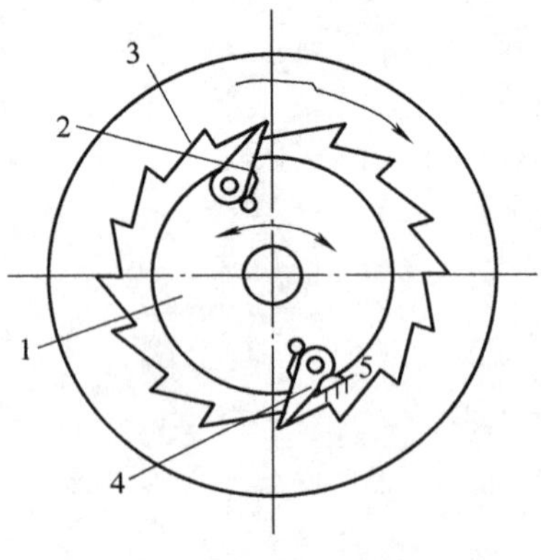

图 7-2　内啮合棘轮机构

1—主动轴　2—主动棘爪

3—棘轮　4—止回棘爪　5—支承点

若要改变棘轮机构运动状态，只要改变某些构件的结构形状，即可得到不同运动的棘轮机构。

2. 双动式棘轮机构

如图 7-3 所示，当摇杆 1 往复摆动一次时，能使棘轮 2 沿同一方向做两次间歇运动。这种棘轮机构每次停歇的时间较短，棘轮每次转角也较小。

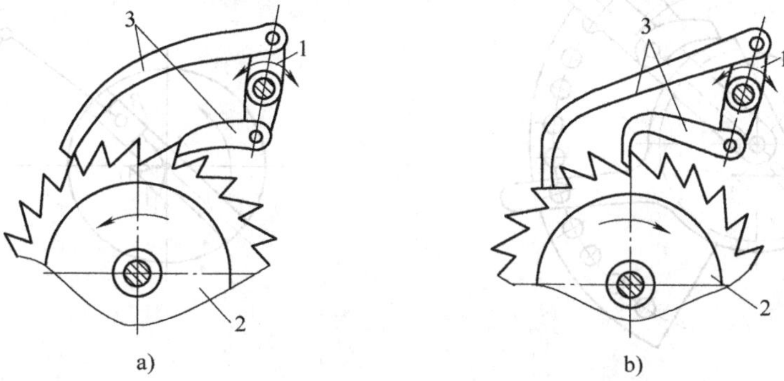

图 7-3　双动式棘轮机构

a）直边形棘爪　b）钩头形棘爪

1—摇杆　2—棘轮　3—棘爪

3. 可变向棘轮机构

如图 7-4a 所示，棘轮机构的齿形为矩形，当棘爪在实线位置 B 时，棘轮可实现逆时针转动；而当棘爪绕其销轴 A 翻转到双点画线位置 B'时，棘轮可获得顺时针单向间歇运动。

图 7-4b 所示为另一种可变向的棘轮机构，若将棘轮提起并绕其轴线转动 180°后放下，即可改变棘轮 3 的间歇转动方向，可变向棘轮机构的齿形一般采用对称齿形。

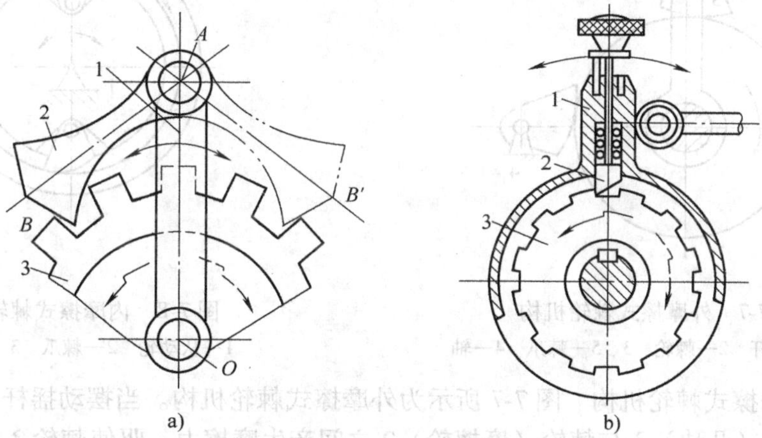

图 7-4　可变向棘轮机构

a）改变棘爪位置实现变向　b）提起并转动棘爪实现变向

1—摇杆　2—棘爪　3—棘轮

4. 可调节转角的棘轮机构

（1）带遮板式棘轮机构　图 7-5 所示为带遮板式棘轮机构。在棘轮上加装一块遮板，用以调节棘轮的转角。被遮板遮住的齿越多，棘轮每次转过的角度就越小。

（2）改变摇杆摆角的棘轮机构　如图7-6所示，利用丝杠的可调性，改变曲柄AB的长度，从而改变摇杆和棘爪的摆角，使棘轮转角发生变化。

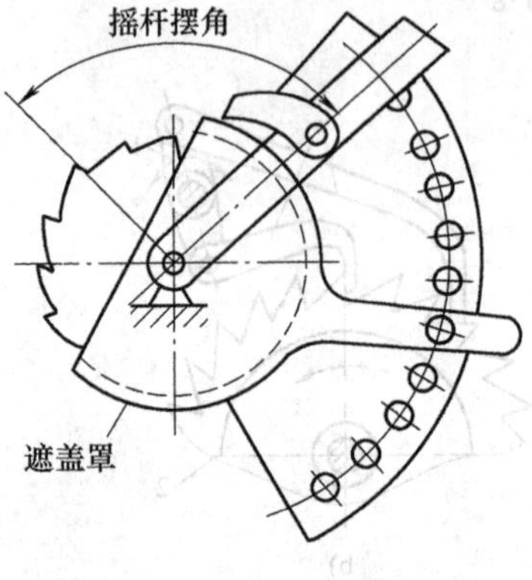

图7-5　带遮板式棘轮机构

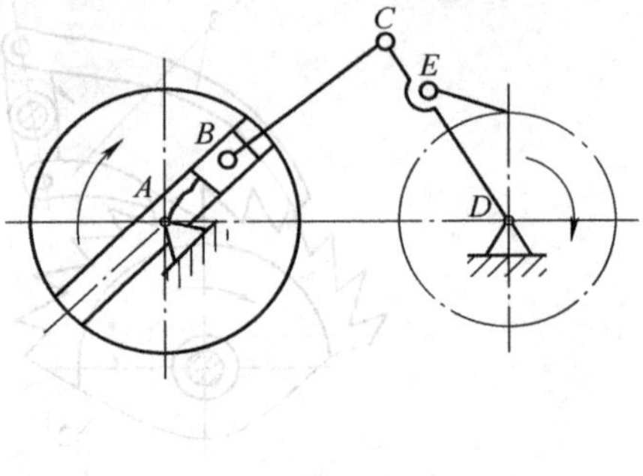

图7-6　改变摇杆摆角的棘轮机构

5. 摩擦式棘轮机构

有齿的棘轮机构中，棘轮转角是相邻两齿所夹中心角的整数倍，转角是有级改变的。如需要无级改变棘轮转角，就需采用无棘齿的棘轮，即摩擦式棘轮机构。摩擦式棘轮机构的工作原理与齿式棘轮机构相同，所不同的是棘爪为扇形凸块，棘轮为摩擦轮。

图7-7、图7-8所示为摩擦式棘轮机构，其工作过程与齿式棘轮机构相似。

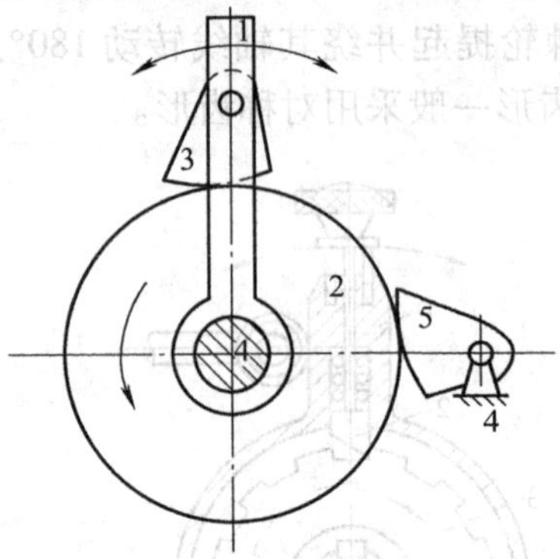

图7-7　外摩擦式棘轮机构

1—摆动摇杆　2—棘轮　3、5—棘爪　4—轴

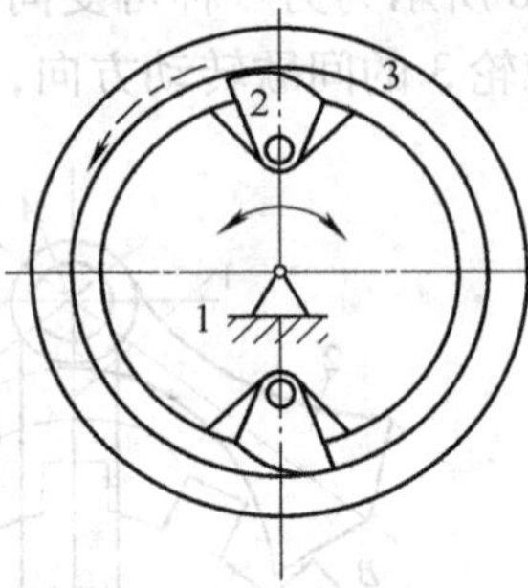

图7-8　内摩擦式棘轮机构

1—从动轮　2—棘爪　3—主动轮

（1）外摩擦式棘轮机构　图7-7所示为外摩擦式棘轮机构。当摆动摇杆1作逆时针方向转动时，棘爪（凸块）3与棘轮（摩擦轮）2之间产生摩擦力，驱使棘轮2与摆动摇杆1一起运动；当摆动摇杆1顺时针方向返回时，棘爪3与棘轮2之间滑动，棘爪5与棘轮2楔紧，阻止棘轮反转。摆动摇杆1往复摆动时，棘轮2作单向的间歇运动。

（2）内摩擦式棘轮机构　图7-8所示为内摩擦式棘轮机构。当主动轮3逆时针转动时，因摩擦力的作用，使棘爪2楔紧在主动轮3和从动轮1之间，从而带动从动轮1一起运动。当主动轮3顺时针转动时，棘爪2松开，从动轮1静止。这种棘轮机构常用在扳钳上。

摩擦式棘轮机构特点：可无级调节转角的大小，噪声小，冲击小；运动准确性较差，不宜用于运动精度高的场合。

二、棘轮机构的应用

棘轮机构常用于低速、轻载的间歇运动中，应用场合如下：

1. 超越

超越指的是原动件停止运动，而从动件继续运动的现象。

图7-9所示为自行车链传动所采用的超越式棘轮机构。当脚蹬踏板时，大链轮1转动，使链条2带动后轮轴上带有棘齿的小链轮3，通过棘爪4的作用，转动后轮轴5，从而使自行车前进。自行车运动中，如不蹬踏板，自行车的后轮轴5在惯性作用下，就会超越小链轮3而转动，则棘爪4就在棘轮齿上滑过，形成超越运动。

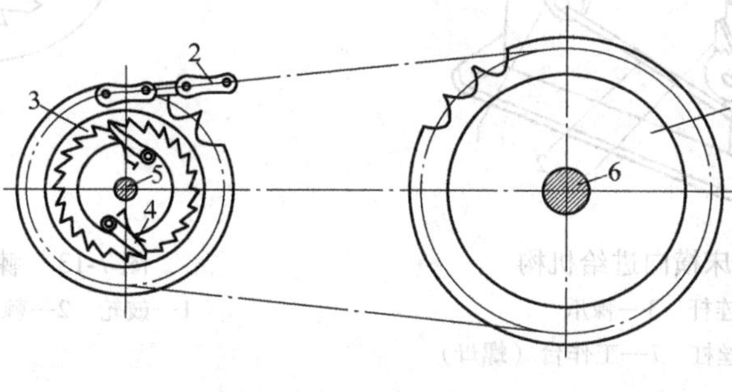

图7-9　超越式棘轮机构

1、3—链轮　2—链条　4—棘爪　5—后轮轴　6—踏板轴

2. 输送

图7-10所示为射砂自动浇注输送装置。卷筒装在棘轮轴上，当高压气体进入气缸时，推动活塞运动，在棘爪的作用下，棘轮和卷筒作间歇的转动，通过输送带使砂型向右间歇移动。棘轮不转动时，浇包对准砂型进行浇注。

在间歇输送中也可采用齿条式棘轮机构，如图7-11所示。

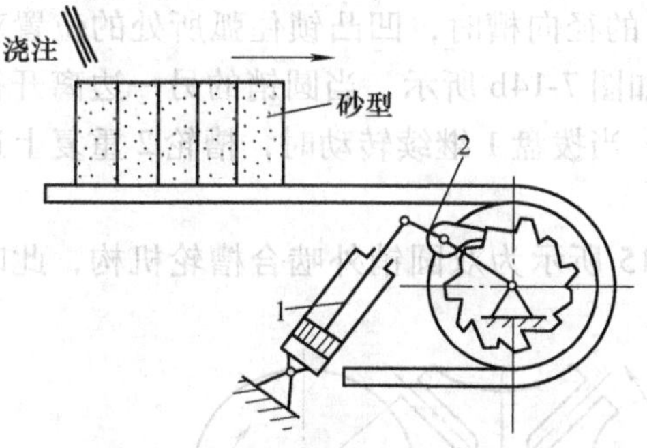

图7-10　射砂自动浇注输送装置

1—活塞杆　2—摇杆

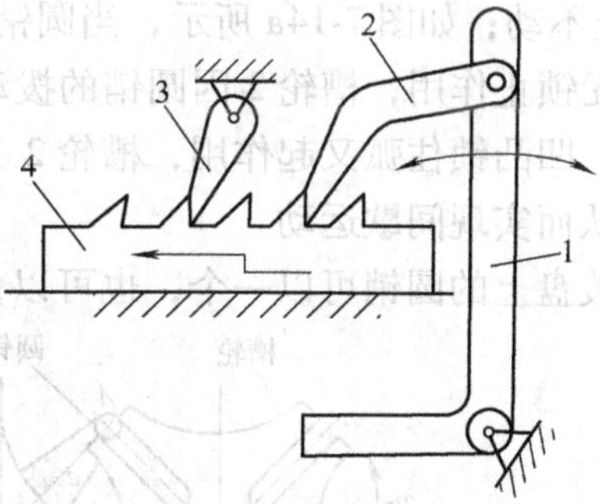

图7-11　齿条式棘轮机构

1—摆杆　2—棘爪　3—止回棘爪　4—齿条式“棘轮”

3. 送进

如图7-12所示，当牛头刨床工作时，要求工件作横向进给运动。通过采用棘轮机构使丝杠间歇转动，带动工作台实现横向间歇进给运动。

4. 制动

起重机或卷扬机吊起重物时，为防止停电等原因而造成事故，可采用图 7-13 所示的棘轮止逆机构。

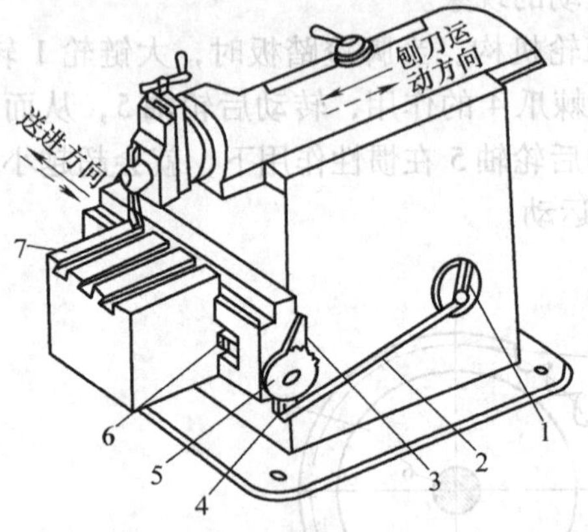

图 7-12　牛头刨床横向进给机构
1—曲柄　2—连杆　3—棘爪
4—摆杆　5—棘轮　6—丝杠　7—工作台（螺母）

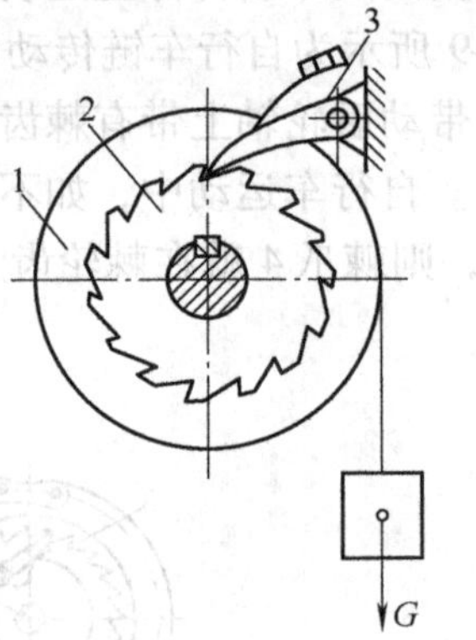

图 7-13　棘轮止逆机构
1—鼓轮　2—棘轮　3—止回棘爪

第二节　槽轮机构

一、槽轮机构工作原理和类型

1. 外槽轮机构

槽轮机构由带圆销的拨盘 1、具有径向槽的槽轮 2 和机架组成，如图 7-14 所示。拨盘 1 以等角速度 ω_1 作连续回转运动，槽轮 2 作间歇运动。

拨盘 1 未进入槽轮 2 的径向槽时，槽轮 2 的内凹锁住弧被拨盘的外凸锁住弧卡住，槽轮 2 静止不动；如图 7-14a 所示，当圆销进入槽轮 2 的径向槽时，凹凸锁住弧所处的位置对槽轮 2 无锁止作用，槽轮 2 因圆销的拨动而转动；如图 7-14b 所示，当圆销的另一边离开径向槽时，凹凸锁住弧又起作用，槽轮 2 又卡住不动。当拨盘 1 继续转动时，槽轮 2 重复上述运动，从而实现间歇运动。

拨盘上的圆销可以一个，也可以多个。图 7-15 所示为双圆销外啮合槽轮机构，此时拨

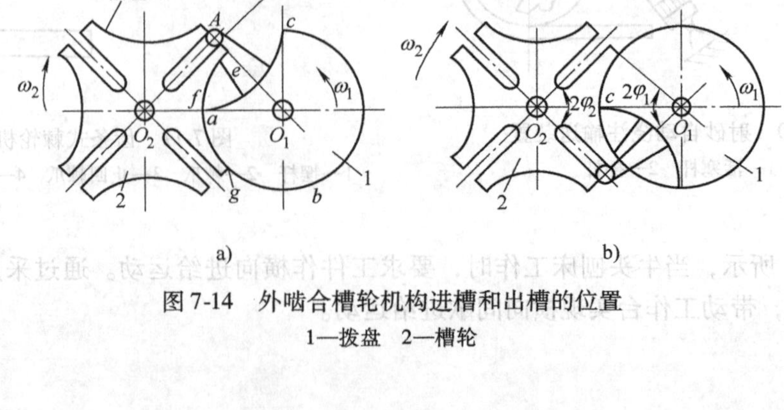

图 7-14　外啮合槽轮机构进槽和出槽的位置
1—拨盘　2—槽轮

盘转动一周，槽轮完成两次停歇。

2. 内槽轮机构

槽轮机构也有内、外啮合之分。外啮合时槽轮与拨盘转向相反，如图 7-14 所示；内啮合时槽轮与拨盘转向相同，如图 7-16 所示。

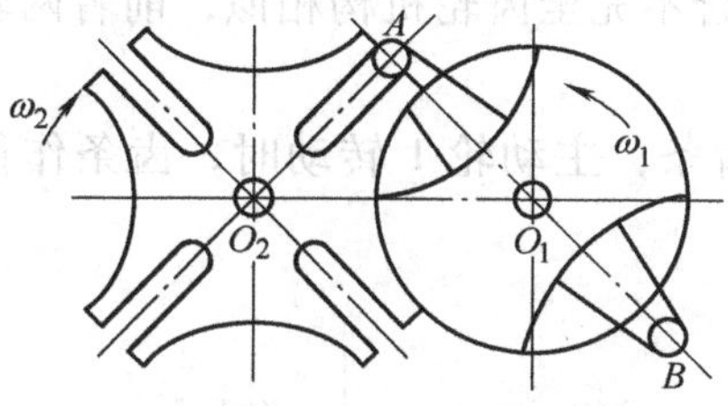

图 7-15　双圆销外啮合槽轮机构

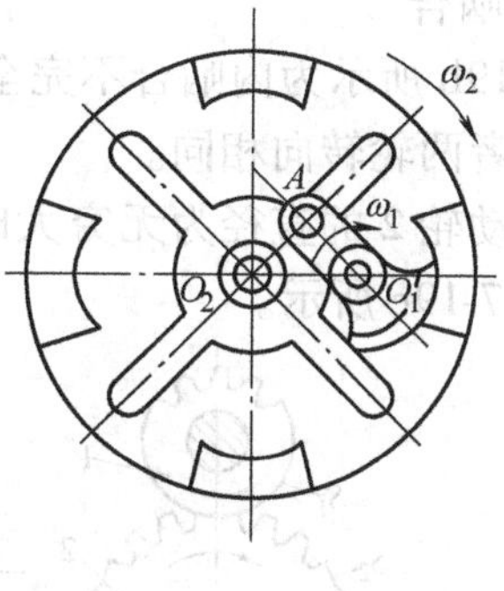

图 7-16　内啮合槽轮机构

二、槽轮机构的特点和应用

槽轮机构也称马耳他机构。槽轮机构结构简单，制造方便，转位迅速。但转角不能调节，当槽数 z 确定后，槽轮转角即被确定。由于槽轮的槽数不宜过多，所以槽轮机构不宜用于转角较小的场合。槽轮机构的定位精度不高，只适用于转速不太高的自动机械中，作转位和分度机构。

图 7-17 所示为车床刀架转位机构，槽轮转过一个角度，即可将所需刀具换到加工位置。

图 7-18 所示为电影放映机卷片机构，电影放映时，槽轮机构每转过一个角度，电影胶片即停留一定时间，从而满足人们眼睛“视觉暂留现象”，使所看到的画面连续。

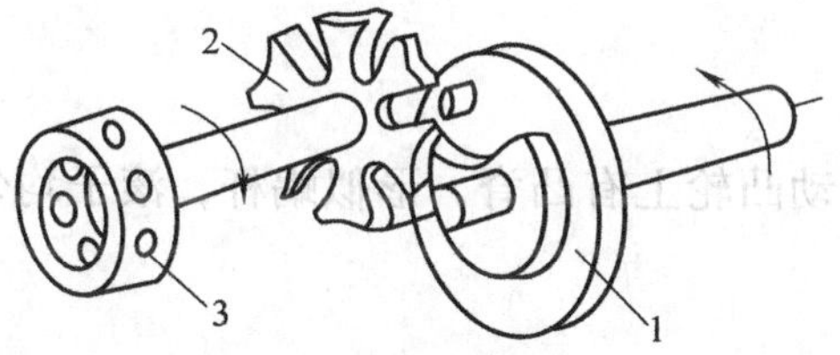

图 7-17　车床刀架转位机构
1—拨盘　2—槽轮　3—刀架

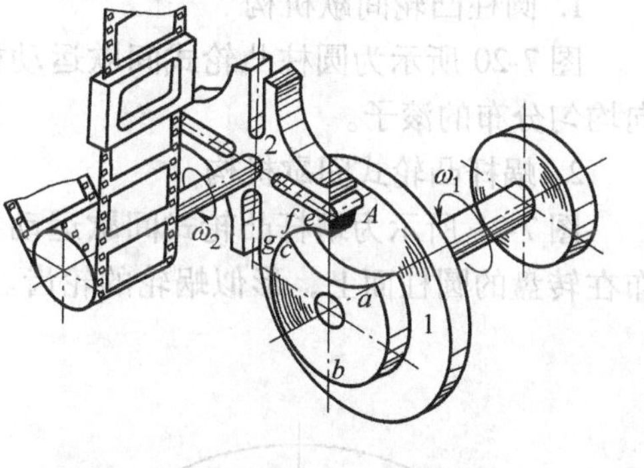

图 7-18　电影放映机卷片机构
1—拨盘　2—槽轮

第三节　不完全齿轮机构和凸轮间歇机构

一、不完全齿轮机构

沿圆周没有全部布满的齿轮，所组成的啮合传动，称为不完全齿轮机构；不完全齿轮机构分为外啮合与内啮合两种类型。

1. 外啮合

图 7-19a 所示为外啮合不完全齿轮机构。主动轮 1 上只有一个或几个齿，从动轮 2 可根据一个工作循环的次数分为几个区间。若主动轮与从动轮相啮合，则驱使从动轮转动；若两轮的凸弧与凹弧相互接触，则从动轮受到凸凹两弧锁止作用而静止。

2. 内啮合

图 7-19b 所示为内啮合不完全齿轮机构，与外啮合不完全齿轮机构相似，前者两轮转向相反，后者两轮转向相同。

当从动轮 2 的直径为无穷大时，从动轮 2 形成齿条，主动轮 1 转动时，齿条作往复移动，如图 7-19c 所示。

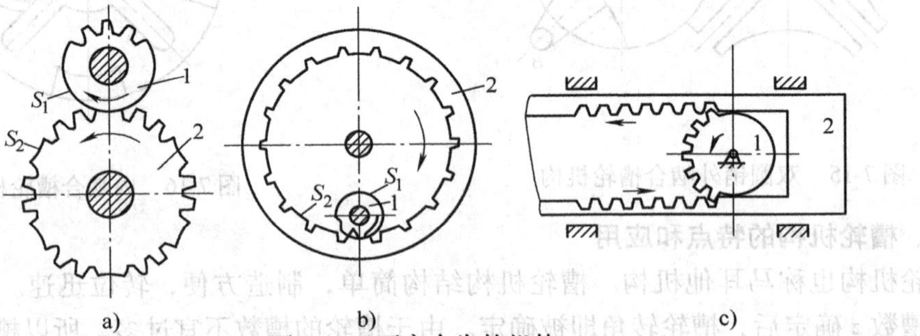

图 7-19　不完全齿轮机构

a）外啮合　b）内啮合　c）齿轮与齿条啮合

1—主动轮　2—从动轮

二、凸轮间歇机构

凸轮间歇机构由主动凸轮与从动盘组成。主动凸轮是具有曲线凸脊或曲线凹槽的圆柱凸轮，从动盘上有均匀分布的滚子。

1. 圆柱凸轮间歇机构

图 7-20 所示为圆柱凸轮式间歇运动机构。主动凸轮为圆柱凸轮，从动盘上固定有沿周向均匀分布的滚子。

2. 蜗杆凸轮式间歇机构

图 7-21 所示为蜗杆凸轮式间歇运动机构，主动凸轮上有凸脊，形似蜗杆，滚子均匀分布在转盘的圆柱面上，形似蜗轮的轮齿。

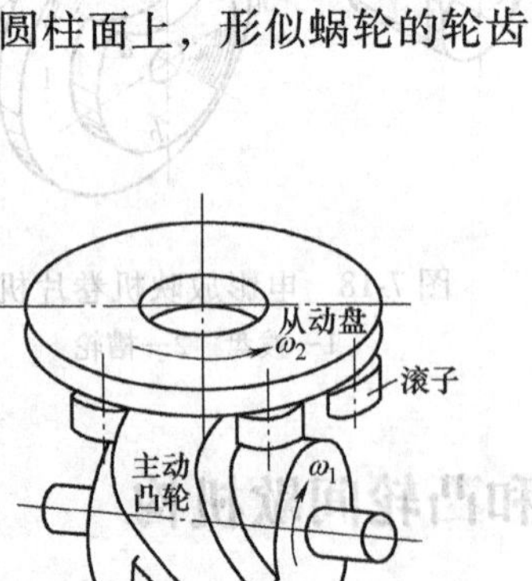

图 7-20　圆柱凸轮式间歇运动机构

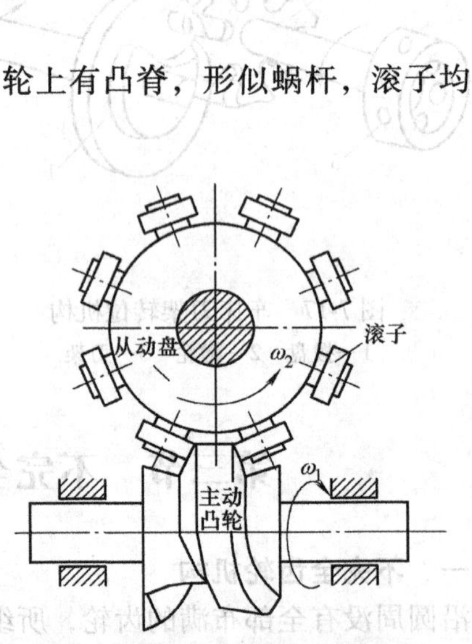

图 7-21　蜗杆凸轮式间歇运动机构

蜗杆凸轮式间歇运动机构是由圆柱凸轮轮廓上某一段曲线演化获得的，从而接触从动盘上的滚子，驱使从动盘旋转；蜗杆凸轮轮廓另一段曲线不变，使从动盘静止不动，实现蜗杆凸轮连续转动，从动盘作单向间歇运动。

凸轮式间歇运动机构传动平稳无噪声，适用于高速、中载和高精度分度的场合。其缺点是加工和装配较难。

第四节　螺旋机构

螺旋机构能将旋转运动转换为直线运动，在各种机械中得到了广泛应用。螺旋传动按螺旋副的摩擦性质，分为滑动螺旋（滑动摩擦）、滚动螺旋（滚动摩擦）和静压螺旋（静压摩擦）。

一、滑动螺旋传动的类型和应用

螺旋机构由螺杆、螺母和机架组成，具有结构简单，制造方便，工作平稳，载荷较大，易于自锁等优点。但缺点为磨损较快，传动效率低。

（一）滑动螺旋传动的类型

1. 单螺旋传动

图 7-22 所示为由螺杆 1、螺母 2 和机架 3 组成单螺旋机构。其中 A 为转动副，B 为螺旋副，C 为移动副。

当螺杆转过 φ 角时，螺母的位移为：

$$L = S\frac{\varphi}{2\pi} \tag{7-1}$$

式中　S——螺旋的导程（mm），其移动方向根据螺纹的旋向和转动方向来确定。

2. 双螺旋传动

图 7-23 所示为由螺杆 1、螺母 2、螺母（机架）3 组成的双螺旋机构。其中 A、B 为螺旋副，C 为移动副。

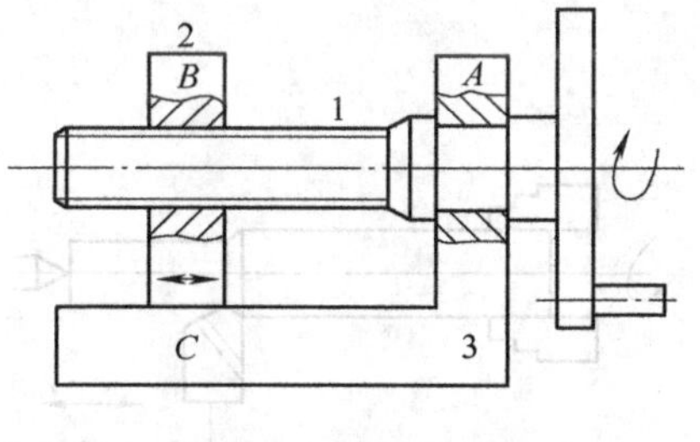

图 7-22　单螺旋机构
1—螺杆　2—螺母　3—机架

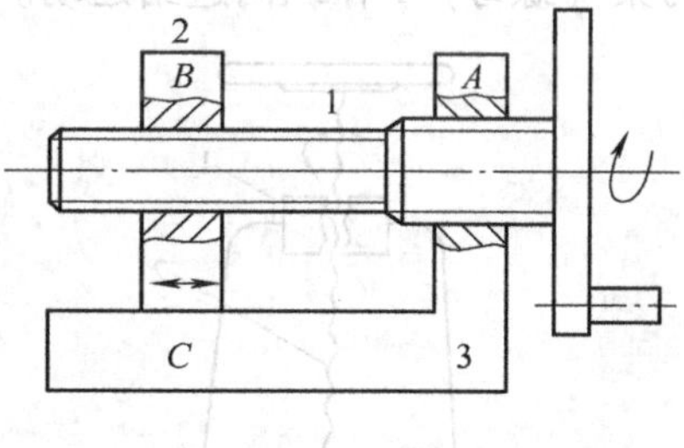

图 7-23　双螺旋机构
1—螺杆　2—螺母　3—螺母（机架）

设 A、B 两螺旋副的导程分别为 S_A、S_B，当螺杆上 A、B 两段螺旋的旋向相同，螺杆转过 φ 角时，螺母的位移为

$$L = L_A - L_B = (S_A - S_B)\frac{\varphi}{2\pi} \tag{7-2}$$

式中　L_A——螺杆相对于机架的位移（mm）；

L_B——螺母相对于螺杆的位移（mm）。

S_A、S_B 相差很小时，螺母相对于机架的位移非常小，可以达到微调的目的，故称之为差动螺旋传动或微调螺旋传动。

当螺杆上 A、B 两段螺旋的旋向相反，当螺杆转过 φ 角时，螺母的位移为

$$L = L_A + L_B = (S_A + S_B)\frac{\varphi}{2\pi}$$

螺母将沿着螺杆轴线方向快速前进或退回，故称之为复式螺旋传动。

复式螺旋传动中，当两螺旋副旋向相同时，若 L_A 与 L_B 相差很小，则螺母 2 的位移也必然很小；当两螺旋副旋向相反时，则螺母 2 可实现快速移动。

例 7-1 如图 7-23 所示为双螺旋传动简图。螺旋副 A、B 的螺纹都为右旋，导程分别为 $S_A = 6\text{mm}$，$S_B = 5\text{mm}$。当手柄按图示方向转动 $\varphi = \pi$ 时，求螺母 2 相对机架 3 的移动的距离及方向。

解：由式（7-2）得螺母 2 相对机架 3 的位移为

$$L = L_A - L_B = (S_A - S_B)\frac{\varphi}{2\pi} = (6-5)\frac{\pi}{2\pi}\text{mm} = 0.5\text{mm}$$

当螺杆 1 转过 φ 角后，螺母 2 既随 A 段向左移动 L_A，又随 B 段向右移动 L_B，因 $L_A > L_B$，所以螺母 2 的移动方向向左。

（二）滑动螺旋传动的应用

1. 传力螺旋

具有增力特性的螺旋机构，称为传力螺旋。图 7-24 所示为压紧工件的手动螺旋压力机，在螺杆上安装了手轮，增加了螺旋副旋转作用力臂的长度，即增加了螺旋副的传力能力，从而使工件更可靠地被压紧。相类似的机构还有螺旋千斤顶。

2. 传导螺旋

用于转换运动形式，传递运动的螺旋机构，称为传导螺旋。传导螺旋通常用于车床、铣床、钻床、刨床等机床的工作台进给机构中。图 7-25 所示为车床丝杠传动，丝杠（螺杆）2 驱使刀架（螺母）1 作纵向进给运动。

图 7-24 手动螺旋压力机
1—螺母 2—螺杆

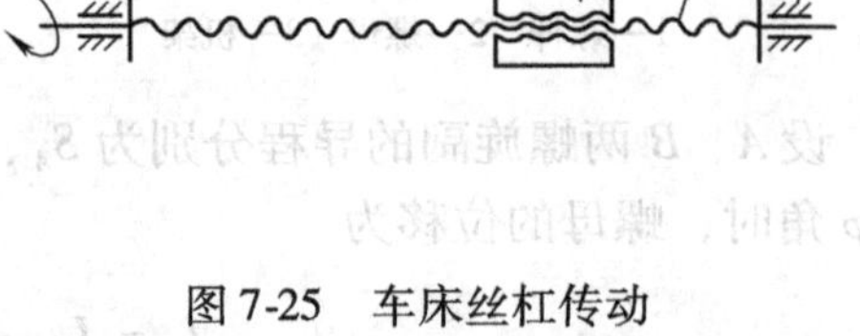

图 7-25 车床丝杠传动
1—刀架 2—丝杠 3—机架

3. 微调螺旋

图 7-26 所示为镗床镗刀螺旋微调机构。螺杆为复式同向螺旋，当转动螺杆时，镗刀移动量非常微小，达到微量调节功能。

4. 夹紧螺旋

图 7-27 所示为铣床夹具。螺杆为复式反向螺旋，当转动螺杆时，螺母 *A* 和螺母 *B* 能快速相向或相反运动，实现工件的快速夹紧和松开。

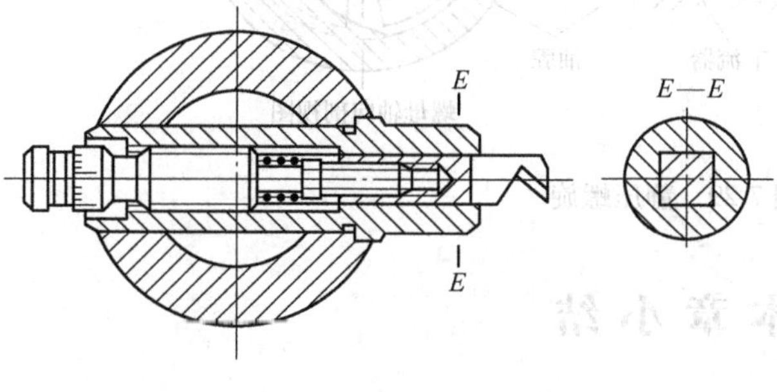

图 7-26　镗床镗刀螺旋微调机构

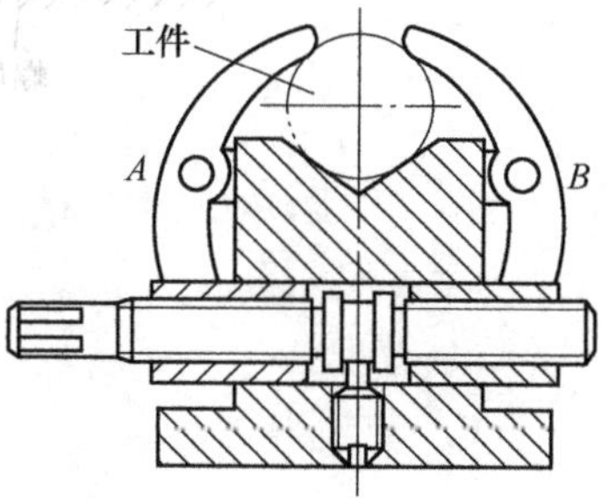

图 7-27　铣床夹具

二、滚动螺旋机构

滚动螺旋机构如图 7-28 所示，是在螺旋副中填充滚动体，当螺杆与螺母相对转动时，滚动体在滚道内滚动，使螺杆与螺母间的滑动摩擦转换成滚动磨擦，克服了滑动螺旋的缺点，但结构复杂，无自锁性能，成本高。滚动螺旋机构广泛用于数控机床的螺旋传动、汽车的转向等要求高效、高精度的机械中。

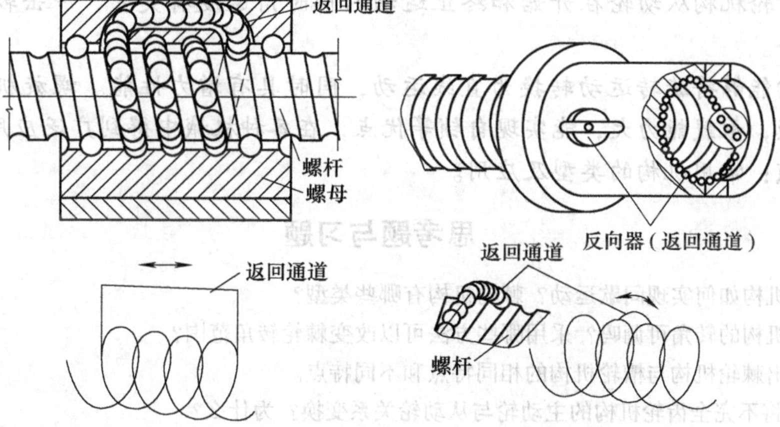

图 7-28　滚动螺旋机构

a）外循环　b）内循环

三、静压螺旋

如图 7-29 所示，静压螺旋是在螺旋副中注入高压油。其传动效率高，抗振性能好，承载力高，传动平稳，传动精确性高，但需要复杂的供油系统，一般用于精密机床进给和分度机构中。

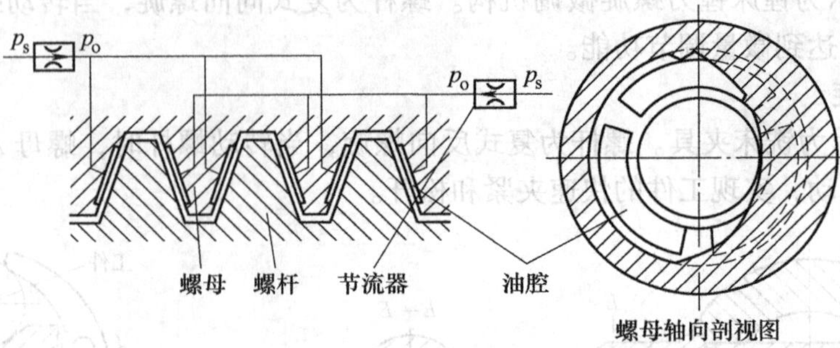

图 7-29　静压螺旋

本 章 小 结

连杆机构和凸轮机构是组成机械的主要的常用机构。除了这些机构外，还有一些机构能将主动件的连续转动，变为从动件的周期运动和间歇运动，例如棘轮机构、槽轮机构、不完全齿轮机构和螺旋机构等，这些机构称为其他常用机构。

棘轮机构为一种间歇运动机构。棘轮机构的转角可通过改变摇杆的摆角来改变，也可利用覆盖罩等措施实现有级调节。

槽轮机构中槽轮的轮槽数目为定数，其转角不可调整，拨盘进入槽口和离开槽口时容易出现柔性冲击，所以槽轮机构制造、安装精度要求较高。

不完全齿轮机构从动轮在开始和终止运动的瞬时角速度有突变，冲击较大，故用于低速、轻载场合。

螺旋机构能够将旋转运动转换为直线运动，同时具有增力性能。螺旋机构具有机构简单，工作平稳，承载能力大，能实现自锁等优点，在各种机械中得到广泛应用。

本章重点：常用机构的类型及应用。

思考题与习题

7-1　棘轮机构如何实现间歇运动？棘轮机构有哪些类型？

7-2　棘轮机构的转角可调吗？采用哪些方法可以改变棘轮转角范围？

7-3　请说出棘轮机构与槽轮机构的相同特点和不同特点。

7-4　能否将不完全齿轮机构的主动轮与从动轮关系变换？为什么？

7-5　螺旋机构中的螺纹，通常是左旋还是右旋？

7-6　快动夹具的双螺旋机构中，两处螺旋副是否相同？

7-7　棘轮机构是________运动机构，主要由________、________和________组成。

7-8　槽轮机构适用于________、________的场合。

7-9　自行车的飞轮采用的是一种超越机构，下列哪种机构可用于自行车中？

A. 槽轮机构　　B. 外啮合棘轮机构　　C. 内啮合棘轮机构

7-10　数控机床中采用哪种形式的螺旋传动？

A. 滑动螺旋传动　　B. 滚动螺旋传动　　C. 传力螺旋传动

7-11　螺旋机构如图 7-30 所示，A 处螺旋副为左旋，导程 $S_A = 5$mm，B 处螺旋副为右旋，导程 $S_B = 6$mm，C 处为移动副。当螺杆 2 沿箭头所示方向旋转两圈时，求滑块 3 移动距离 l 及位移方向。

7-12　机身微调支承机构如图 7-31 所示，当旋转螺母 1 时，螺杆 2 上下移动，以调整机身 3。若按图示方向旋转螺母 1/4 圈可将支承点调低 1mm，试确定 A、B 螺旋副螺纹的旋向及导程 S_A、S_B 的差值（$S_A > S_B$）。

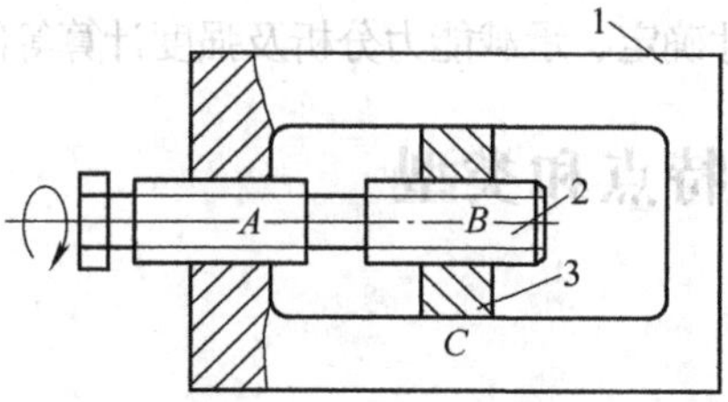

图 7-30　题 7-11

1—机架　2—螺杆　3—滑块

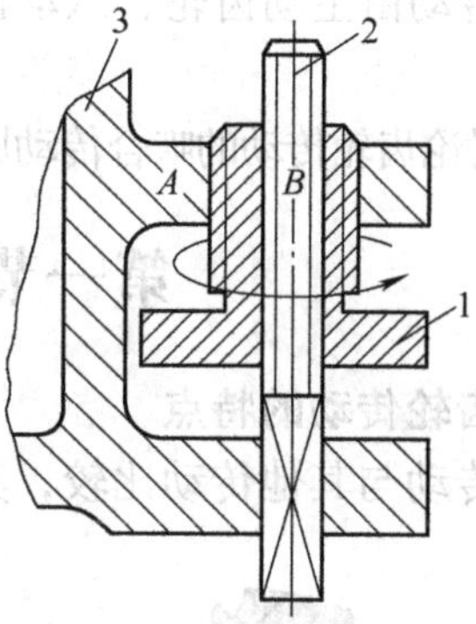

图 7-31　题 7-12

1—螺母　2—螺杆　3—机身

第八章　齿 轮 传 动

齿轮传动由主动齿轮、从动齿轮和支承件等组成，通过轮齿和轮齿间相互啮合传递运动和动力。

本章讨论齿轮传动的啮合传动原理、参数和几何尺寸确定、承载能力分析及强度计算等问题。

第一节　齿轮传动的特点和类型

一、齿轮传动的特点

齿轮传动与其他传动比较，其特点为：

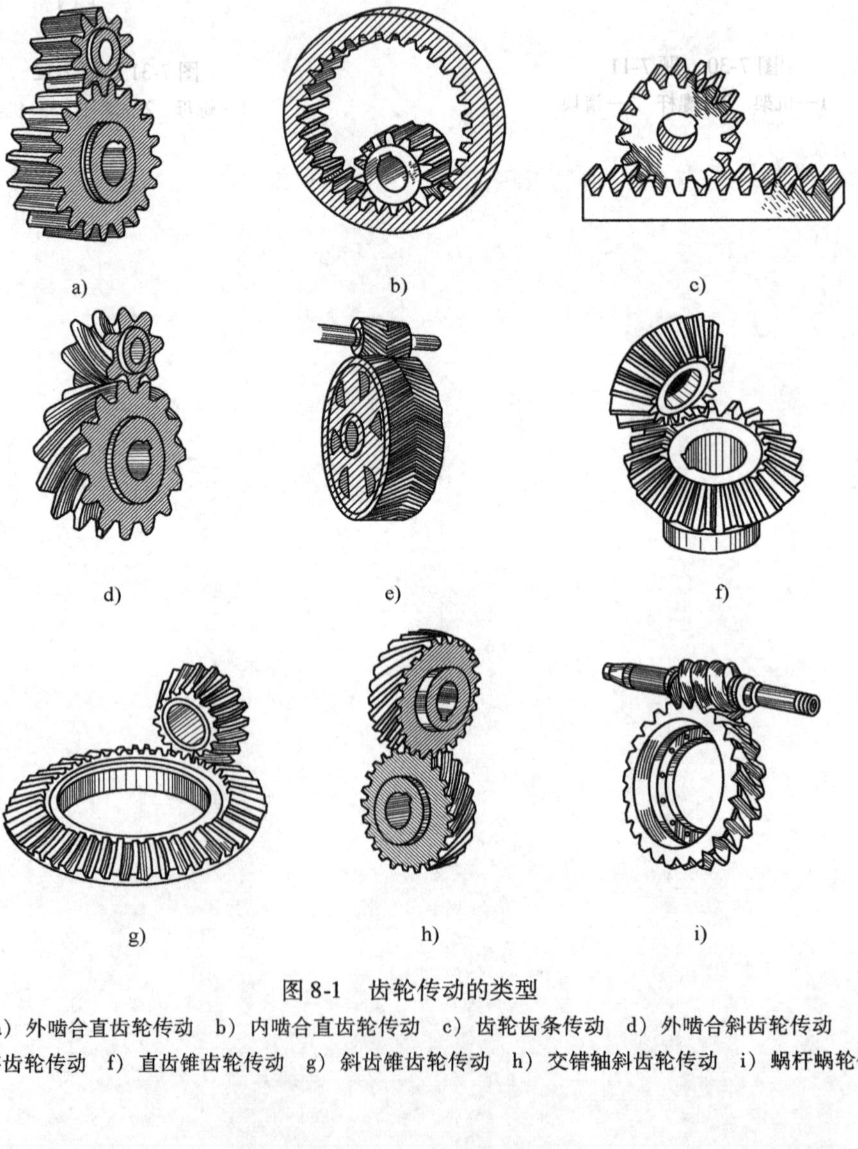

图 8-1　齿轮传动的类型

a）外啮合直齿轮传动　b）内啮合直齿轮传动　c）齿轮齿条传动　d）外啮合斜齿轮传动
e）人字齿轮传动　f）直齿锥齿轮传动　g）斜齿锥齿轮传动　h）交错轴斜齿轮传动　i）蜗杆蜗轮传动

1）传动平稳、传动比恒定（常数）。

2）结构紧凑、寿命长、工作可靠。

3）可实现平行轴、任意两相交轴和交错轴之间的传动。

4）齿轮传动制造成本较高，低精度齿轮传动噪声大，不适宜两轴间距离较大的传动。

二、齿轮传动的类型

齿轮传动的类型，可按照两齿轮轴线的相对位置、轮齿沿轴向的形状及啮合情况进行分类。分类情况如图 8-1 所示。

第二节　渐开线标准直齿圆柱齿轮

齿轮传动是否能保证传动平稳，与齿轮的齿廓形状有关。齿轮齿廓有渐开线齿廓、摆线齿廓和圆弧齿廓三种，常用的齿廓曲线为渐开线齿廓曲线。渐开线齿廓具有传动平稳、加工容易、安装方便、互换性好等优点。

一、渐开线的形成及其性质

如图 8-2 所示，与圆相切的直线 nn'，在该圆上作纯滚动时，直线上任意一点 K 的轨迹 $\overset{\frown}{AK}$，便是在这个圆上形成的渐开线，该圆称为基圆，其半径为 r_b。直线 nn' 称为渐开线的发生线，r_K 称为渐开线上 K 点的向径。向径 r_K 与 $\overline{OA}$ 的夹角 θ_K，称为渐开线的展角。

从上述渐开线的形成过程，得出渐开线的性质有：

1）发生线上的线段 $\overline{BK}$ 长度，与基圆上被滚过的圆弧 $\overset{\frown}{AB}$ 长度相等。

2）线段 $\overline{BK}$ 为渐开线上任意一点 K 的曲率半径，也是渐开线的法线，且始终与基圆相切。

3）渐开线上各点的曲率半径不同，渐开线的弯曲程度也不同。渐开线起始点 A 处的曲率半径为零，离基圆越远，曲率半径越大，渐开线越平直。

如图 8-2 所示，渐开线上 K 点的法向力 F_n 的方向与该点的线速度 v_K 方向所夹的锐角 α_K，称为渐开线在 K 点的压力角。从基圆开始，向径 r_K 越大，压力角越大，基圆上的压力角为零。压力角 α 反映的是渐开线轮齿的形状。

4）渐开线的形状取决于基圆半径的大小，基圆半径越小，渐开线越弯曲；反之，渐开线越平直；基圆半径为无穷大时，渐开线成为垂直于发生线的斜直线，即为齿条的斜直线齿廓，如图 8-3 所示。

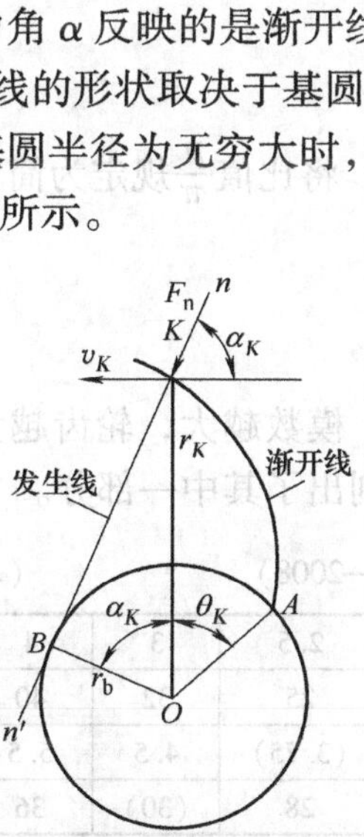

图 8-2　渐开线的形成

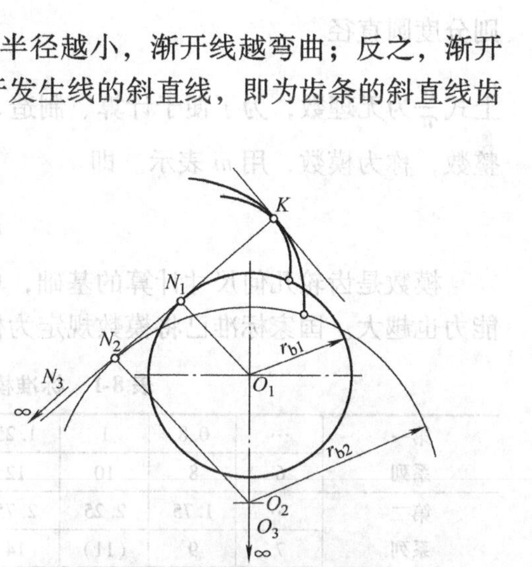

图 8-3　不同基圆的渐开线

5）基圆内无渐开线。

二、直齿圆柱齿轮各部分名称及符号

图 8-4 所示为标准直齿圆柱齿轮的一部分，各部分名称及符号如下：

1. 齿顶圆

过齿轮齿顶所作的圆，称为齿顶圆，其直径和半径分别用 d_a 和 r_a 表示。

2. 齿根圆

相邻两齿间的空间称为齿槽，过齿轮齿槽底面所作的圆，称为齿根圆，其直径和半径分别用 d_f 和 r_f 表示。

3. 基圆

形成渐开线的圆，称为基圆，其直径和半径分别用 d_b 和 r_b 表示。

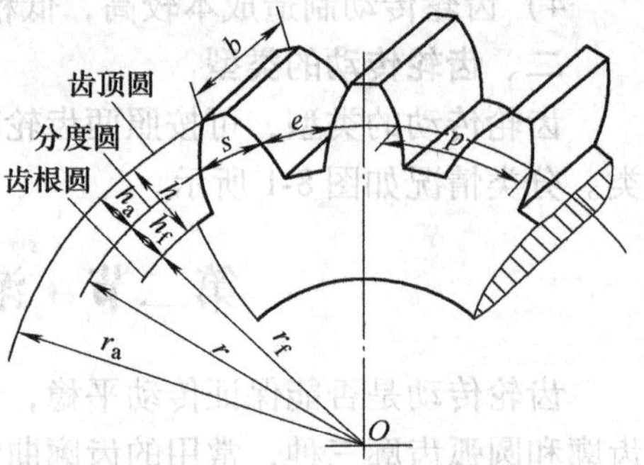

图 8-4　直齿圆柱齿轮各部分名称及符号

4. 齿距、齿厚、齿槽宽

在任意直径 d_K 的圆周上，相邻两齿同侧齿廓间的弧长，称为齿距，用 p_K 表示；同一轮齿两侧间的弧长，称为齿厚，用 s_K 表示；齿槽两侧齿廓间的弧长，称为齿槽宽，用 e_K 表示。显然，任意圆上齿距为

$$p_K = s_K + e_K$$

5. 分度圆、模数、压力角

为了测量和计算方便，在齿轮的齿顶圆和齿根圆之间，规定一个圆作为计算齿轮各部分尺寸的基准，这个圆称为分度圆。分度圆上各参数的符号都不带角标，例如，直径和半径用 d 和 r 表示。

设齿轮的齿数为 z，根据齿距与分度圆周长的关系得

$$\pi d = pz$$

则分度圆直径

$$d = \frac{p}{\pi}z \tag{8-1}$$

上式 $\frac{p}{\pi}$ 为无理数，为了便于计算、制造、检测和互换使用，将比值 $\frac{p}{\pi}$ 规定为简单的有理数或整数，称为模数，用 m 表示。即

$$m = \frac{p}{\pi} = \frac{d}{z}$$

模数是齿轮几何尺寸计算的基础，单位为 mm。显然，模数越大，轮齿越大，齿轮承载能力也越大。国家标准已将模数规定为标准系列，表 8-1 列出了其中一部分。

表 8-1　标准模数系列（GB/T 1357—2008）　　　（单位：mm）

第一	…	0.8	1	1.25	1.5	2	2.5	3	4	5
系列	6	8	10	12	16	20	25	32	40	50
第二	…	1.75	2.25	2.75	(3.25)	3.5	(3.75)	4.5	5.5	(6.5)
系列	7	9	(11)	14	18	22	28	(30)	36	45

注：优先从上表中选择第一系列，其次为第二系列，括号中的模数尽量不用。

国家标准规定齿轮分度圆上的标准压力角为 $\alpha = 20°$。因此，分度圆的定义为：齿轮上具有标准模数和标准压力角的圆，称为分度圆。

6. 全齿高、齿顶高、齿根高

齿轮的齿顶圆和齿根圆之间的径向尺寸，称为全齿高，用 h 表示；分度圆到齿顶圆之间的径向尺寸，称为齿顶高，用 h_a 表示；分度圆到齿根圆之间的径向尺寸，称为齿根高，用 h_f 表示。

齿轮的齿顶高和齿根高用模数乘以一个系数表示，即

齿顶高 $$h_a = h_a^* m \tag{8-2}$$

齿根高 $$h_f = (h_a^* + c^*)m \tag{8-3}$$

全齿高 $$h = (2h_a^* + c^*)m \tag{8-4}$$

式中 h_a^*——齿顶高系数，国家标准规定，正常齿 $h_a^* = 1$，短齿 $h_a^* = 0.8$；

c^*——顶隙系数，国家标准规定，正常齿 $c^* = 0.25$，短齿 $c^* = 0.3$。

一对齿轮相啮合时，为了避免齿轮齿顶圆与另一个齿轮的齿槽底部相抵触，在齿顶圆与齿槽底部之间制备了顶隙，用 c 表示，$c = c^* m$。顶隙的另一个作用是储存润滑油。

综上所述可知，渐开线标准直齿圆柱齿轮有四个圆：分度圆 d、齿顶圆 d_a、齿根圆 d_f 和基圆 d_b；有五个参数：齿数 z、模数 m、压力角 α、齿顶高系数 h_a^* 和顶隙系数 c^*。

三、标准直齿圆柱齿轮的几何尺寸计算

标准齿轮的定义：齿轮的模数、压力角、齿顶高系数、顶隙系数均为标准值，且分度圆上的齿厚 s 等于齿槽宽 e 的齿轮。即

$$s = e = \frac{p}{2} \tag{8-5}$$

标准直齿圆柱齿轮的几何尺寸计算公式见表 8-2。

表 8-2 标准直齿圆柱齿轮的几何尺寸计算公式

名称		符号	计算公式
基本参数	模数	m	根据强度计算结果，在表 8-1 中选取
	齿数	z	$z_1 \geqslant z_{\min}$，$z_2 = iz_1$
	压力角	α	$\alpha = 20°$
	齿顶高系数	h_a^*	$h_a^* = 1.0$
	顶隙系数	c^*	$c^* = 0.25$
几何尺寸	分度圆直径	d	$d = mz$
	基圆直径	d_b	$d_b = d\cos\alpha$
	齿顶圆直径	d_a	$d_a = d \pm 2h_a = m(z \pm 2h_a^*)$
	齿根圆直径	d_f	$d_f = d \mp 2h_f = m(z \mp 2h_a^* \mp 2c^*)$
	齿顶高	h_a	$h_a = h_a^* m$
	齿根高	h_f	$h_f = h_a + c = m(h_a^* + c^*)$
	齿高	h	$h = h_a + h_f$
	齿距	p	$p = s + e = \pi m$
	齿厚	s	$s = p/2 = \pi m/2$
	齿槽宽	e	$e = p/2 = \pi m/2$

注：表中齿顶圆和齿根圆的计算公式中的运算符号“±”和“∓”分别表示：上边的符号为计算外齿轮用的运算符号，下边为内齿轮的运算符号。

1. 内齿轮与齿条

图 8-5a 所示为一圆柱内齿轮，内齿轮的齿廓为内凹的渐开线。其特点是：内齿轮的齿厚相当于外齿轮的齿槽宽，内齿轮的齿槽宽相当于外齿轮的齿厚；内齿轮的齿顶圆小于分度圆，齿根圆大于分度圆。由于上述特点，内齿轮的齿顶圆直径与齿根圆直径的计算也不同于外齿轮，其计算公式见表 8-2。

图 8-5b 所示为一齿条，当外齿轮的齿数增加到无穷多时，齿轮的圆就变为互相平行的直线，渐开线齿廓就变成直线齿廓，这种齿轮的一部分就是齿条。齿轮的分度圆变为齿条分度线，与分度线相互平行的直线上，齿距 p 均相等；分度线上 $s=e=\dfrac{\pi m}{2}$，其他直线上 $s\neq e$；齿廓上各点处压力角 α 均相等，标准值为 $\alpha=20°$。

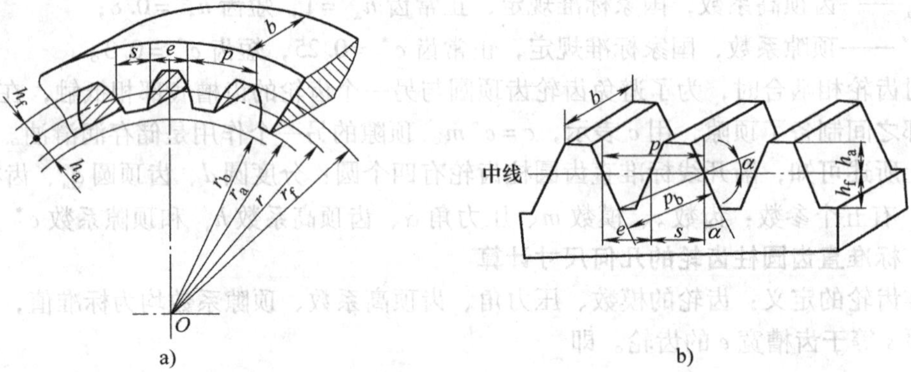

图 8-5 内齿轮与齿条

a）内齿轮 b）齿条

2. 径节制

英、美等国家以径节作为计算齿轮几何尺寸的主要参数。径节是齿数与分度圆直径之比，用 P 表示，单位是 in^{-1}，即

$$P=\frac{z}{d} \tag{8-6}$$

模数与径节互为倒数关系，因 1in = 25.4mm，则

$$m=\frac{25.4}{P} \tag{8-7}$$

3. 标准齿轮公法线长度

由于齿轮上有很多弧尺寸，如齿距、齿厚、齿槽宽等，无法直接测量，所以工程上常用弦齿厚、弦齿高、公法线长度进行测量。

如图 8-6 所示，测量工具两卡脚跨过 k 个齿，与齿廓相切于 A、B 两点，两切点间的距离$\overline{AB}$称为公法线长度，用 W 表示。圆柱齿轮的公法线长度为

$$W=m[2.9521(k-0.5)+0.014z] \tag{8-8}$$

式中 k 为测量时的跨齿数，可由下式计算

$$k=\frac{z}{9}+0.5 \tag{8-9}$$

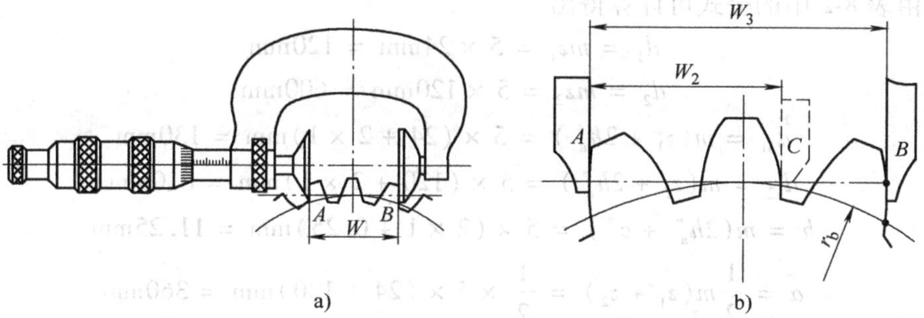

图 8-6　齿轮公法线长度及测量

a）用量具测量公法线长度　b）卡尺测得 AB 正确

计算所得的跨齿数应圆整。W 和 k 也可从《机械零件设计手册》等有关资料中查得。

当齿轮的尺寸很大时，无法用公法线卡尺测量公法线，可用如图 8-7 所示的方法，测量分度圆弦齿厚。用齿轮卡尺测量时，是以分度圆弦齿高 $\overline{h}_a$ 为基准高度来测量分度圆弦齿厚 $\overline{s}$ 的。标准直齿圆柱齿轮的 $\overline{h}_a$、$\overline{s}$ 计算公式为

$$\overline{s}=mz\sin\left(\frac{90^\circ}{z}\right) \tag{8-10}$$

$$\overline{h}_a=h_a+\frac{mz}{2}\left[1-\cos\left(\frac{90^\circ}{z}\right)\right] \tag{8-11}$$

式中　h_a——被测齿轮的齿顶高（mm）。

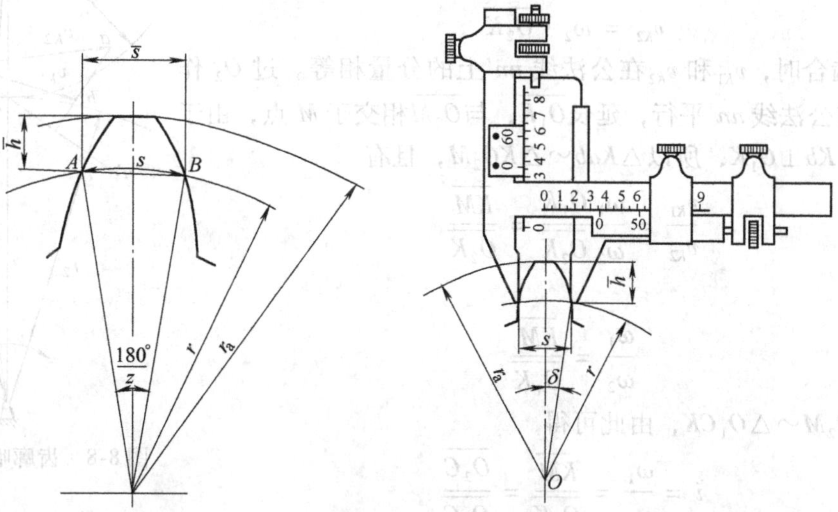

图 8-7　分度圆弦齿厚及测量

a）齿轮分度圆弦齿厚　b）弦齿厚的测量

例 8-1　已知某六角车床推动刀盘的一对外啮合标准直齿圆柱齿轮传动的参数为：$z_1=24$，$z_2=120$，$m=5\text{mm}$，$\alpha=20°$，$h_a^*=1$，$c^*=0.25$。试求两轮的分度圆直径 d_1 和 d_2，齿顶圆直径 d_{a1} 和 d_{a2}，全齿高 h 及分度圆上的齿厚 s 和齿槽宽 e。

解：由表 8-2 中的公式可计算得出

$$d_1 = mz_1 = 5 \times 24\text{mm} = 120\text{mm}$$

$$d_2 = mz_2 = 5 \times 120\text{mm} = 600\text{mm}$$

$$d_{a1} = m(z_1 + 2h_a^*) = 5 \times (24 + 2 \times 1)\text{mm} = 130\text{mm}$$

$$d_{a2} = m(z_2 + 2h_a^*) = 5 \times (120 + 2 \times 1)\text{mm} = 610\text{mm}$$

$$h = m(2h_a^* + c^*) = 5 \times (2 \times 1 + 0.25)\text{mm} = 11.25\text{mm}$$

$$a = \frac{1}{2}m(z_1 + z_2) = \frac{1}{2} \times 5 \times (24 + 120)\text{mm} = 360\text{mm}$$

$$s = e = \frac{p}{2} = \frac{\pi m}{2} = \frac{\pi \times 5}{2}\text{mm} = 7.85\text{mm}$$

第三节　渐开线齿轮的啮合传动

一、渐开线齿廓满足齿廓啮合基本定律

1. 齿廓啮合基本定律

图 8-8 所示为一对任意齿廓的齿轮相互啮合。主动轮齿廓 E_1 与从动轮齿廓 E_2 在任意点 K 接触，过该接触点作这对齿廓的公法线 nn'，与连心线 O_1O_2 交于 C 点，该点称为节点。若两轮角速度分别为 ω_1 和 ω_2，方向如图 8-8 所示，则两齿廓 E_1、E_2 上 K 点的线速度分别为

$$v_{K1} = \omega_1 \cdot \overline{O_1K}$$

$$v_{K2} = \omega_2 \cdot \overline{O_2K}$$

齿廓啮合时，v_{K1} 和 v_{K2} 在公法线 nn' 上的分量相等。过 O_2 作直线 $\overline{O_2M}$ 与公法线 nn' 平行，延长 $\overline{O_1K}$，与 $\overline{O_2M}$ 相交于 M 点，由于 $Ka \perp O_2K$，$Kb \perp O_1K$，所以 $\triangle Kab \backsim \triangle KO_2M$，且有

$$\frac{v_{K1}}{v_{K2}} = \frac{\omega_1 \overline{O_1K}}{\omega_2 \overline{O_2K}} = \frac{\overline{KM}}{\overline{O_2K}}$$

即

$$\frac{\omega_1}{\omega_2} = \frac{\overline{KM}}{\overline{O_1K}}$$

又因 $\triangle O_1O_2M \backsim \triangle O_1CK$，由此可得

$$i = \frac{\omega_1}{\omega_2} = \frac{\overline{KM}}{\overline{O_1K}} = \frac{\overline{O_2C}}{\overline{O_1C}}$$

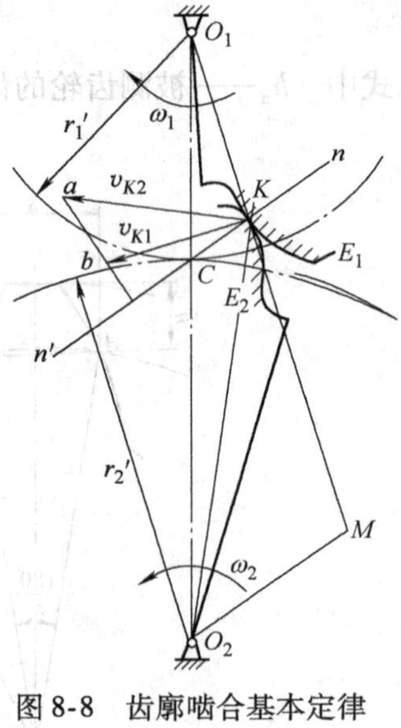

图 8-8　齿廓啮合基本定律

上式为齿轮 1 与齿轮 2 的传动比。

由上述分析可知，只要节点 C 的位置固定，传动比 i 便会固定不动。由此得出对齿廓形状提出要求的齿廓啮合基本定律为：无论两齿廓在任何点接触，过接触点所作的两齿廓的公法线交于一固定点，才能保证两齿廓啮合时，瞬时传动比为恒定。

过节点 C 分别以 O_1、O_2 为圆心作圆，称为节圆，半径分别为 r_1'、r_2'。单个齿轮上没有节圆，只有一对齿轮啮合时才有。

2. 渐开线齿廓实现传动比恒定

如图 8-9 所示，齿廓 E_1、E_2 为渐开线齿廓。根据渐开线的性质 2 可知，无论这对渐开线齿廓是在任意点 K，还是在另一任意点 K' 啮合，过该点所作这对齿廓的公法线，同时与形成这两条渐开线的基圆相切。由于两齿轮基圆的大小和位置不变，且同方向的公切线只有一条，所以，这对渐开线齿廓无论在任何点啮合，过接触点所作的公法线的方向和位置始终不变。因而，节点 C 位置不变，瞬时传动比为常数。

3. 渐开线的啮合特性

由于生产和装配存在一定的误差，所以实际中心距$\overline{O_1O_2}$与理论值往往不同。但是，从图 8-9 中可知，$\triangle O_1N_1C \backsim \triangle O_2N_2C$，从而得

$$i = \frac{\omega_1}{\omega_2} = \frac{\overline{O_2C}}{\overline{O_1C}} = \frac{r_{b2}}{r_{b1}} = \frac{r_2}{r_1} = \frac{z_2}{z_1} = \text{常数} \tag{8-12}$$

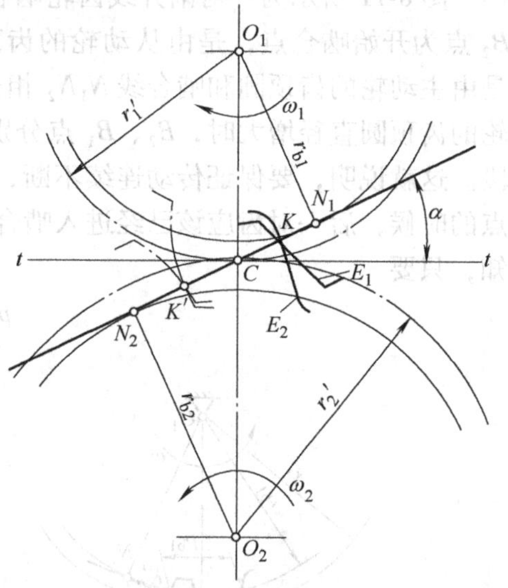

图 8-9　渐开线齿廓啮合传动

式中　r_1、r_2——分度圆半径（mm）；

r_{b1}、r_{b2}——基圆半径（mm）；

ω_1、ω_2——两齿轮的转动角速度（rad/s）；

z_1、z_2——两齿轮的齿数。

由式（8-12）可知，两齿轮的传动比与分度圆的半径成反比，也与两齿轮的齿数成反比。因而渐开线齿轮啮合时，两齿轮中心距在小范围内变动，仍可保持传动比不变。渐开线齿廓的这一特性，称为中心距可分性。

由渐开线的性质和上述分析可知，渐开线齿廓的公法线既是形成渐开线的基圆的公切线，也是渐开线的发生线，同时由于过任意接触点所作公法线都是两基圆的公切线，所以，啮合点的轨迹也是这条直线，故称这条直线为“四线合一”。

二、正确啮合条件

图 8-10 所示为一对相互啮合的渐开线齿轮。图中 K' 点为后一对齿的开始啮合点，K 点为前一对齿的脱离啮合点，KK' 称为法向齿距。根据渐开线的性质 1 可知，法向齿距 KK' 分别和两齿轮的基圆上的齿距 p_{b1} 和 p_{b2} 相等。这就说明，要想让一对齿轮相互啮合在一起，两齿轮的齿距必须相等。即

$$p_{b1} = p_{b2}$$

因基圆上有

$$zp_b = \pi mz\cos\alpha$$

故有

$$zp_b = \pi d_b$$

所以

$$p_b = p\cos\alpha$$

从而有

$$p_1\cos\alpha_1 = p_2\cos\alpha_2$$

由此得正确啮合条件为

$$\begin{cases} m_1 = m_2 = m \\ \alpha_1 = \alpha_2 = \alpha \end{cases}$$

这就说明，只要一对渐开线齿轮的模数和压力角分别相等，就可以相互正确啮合。

三、渐开线齿轮啮合连续传动的条件

图 8-11 所示为一对渐开线齿轮啮合传动图。齿轮 1 为主动轮，齿轮 2 为从动轮。图中 B_2 点为开始啮合点，是由从动轮的齿顶圆和啮合线 N_1N_2 相交获得的，B_1 为脱离啮合点，是由主动轮的齿顶圆和啮合线 N_1N_2 相交获得的，因此线段 B_1B_2 称为实际啮合线段。当两齿轮的齿顶圆直径增大时，B_2、B_1 点分别靠近 N_1、N_2 点，因此啮合线 N_1N_2 称为理论啮合线段。这就说明，要保证传动连续不断，必须在前一对齿还未脱开啮合，也就是在未越过 B_1 点的时候，后一对齿应该已经进入啮合，即越过 B_2 点。根据渐开线的性质 1，由图 8-11 可知，只要

$$p_{b1} = p_{b2} \leqslant \overline{B_2B_1}$$

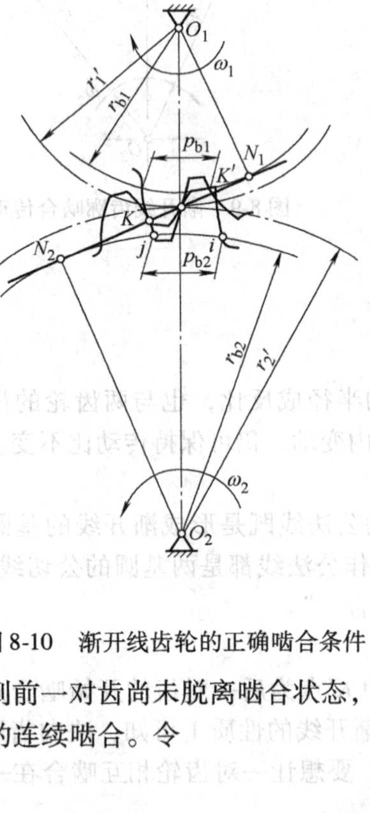

图 8-10　渐开线齿轮的正确啮合条件

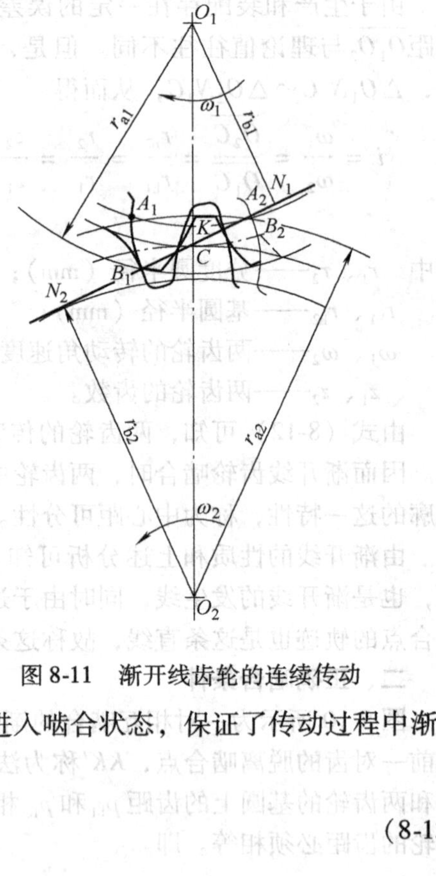

图 8-11　渐开线齿轮的连续传动

便可做到前一对齿尚未脱离啮合状态，后一对齿已经进入啮合状态，保证了传动过程中渐开线齿廓的连续啮合。令

$$\varepsilon = \frac{\overline{B_1B_2}}{p_b} \geqslant 1 \tag{8-13}$$

式中　ε——称为渐开线齿轮传动的重合度。

重合度越大，同时啮合的齿数越多，多齿啮合所占时间也越多，传动越平稳。

四、标准中心距

为了避免齿轮啮合过程中产生冲击和噪声，要求按照齿侧无侧隙来安装一对齿轮。由于标准齿轮在分度圆上的齿厚和齿槽宽相等。所以，安装时应使两齿轮的分度圆相切，才能做到无侧隙。图 8-12 所示为外啮合齿轮传动的中心距，图 8-13 所示为内啮合齿轮传动的中心距。下列两式为标准齿轮的正确安装中心距。

外啮合为 $$a = r_1' + r_2' = r_1 + r_2 = \frac{1}{2}m(z_1 + z_2) \tag{8-14}$$

内啮合为 $$a = r_2' - r_1' = r_2 - r_1 = \frac{1}{2}m(z_2 - z_1) \tag{8-15}$$

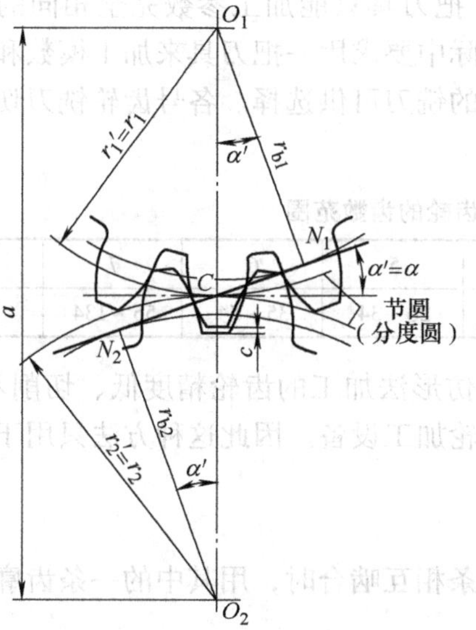

图 8-12　外啮合齿轮传动的中心距

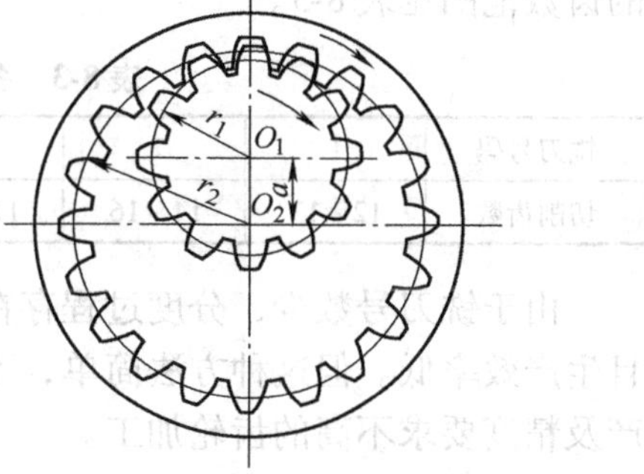

图 8-13　内啮合齿轮传动的中心距

由上述可知，一对按照标准齿轮无侧隙安装中心距安装的齿轮，在啮合时，两齿轮的分度圆与节圆重合。啮合线 N_1N_2 与节圆的公切线的夹角称为啮合角 α'，则啮合角与压力角相等，即 $\alpha' = \alpha$。

第四节　渐开线齿轮的加工与齿廓的根切

渐开线齿轮的加工有很多方法，用金属切削机床加工是目前最常用的一种方法。齿轮齿廓的根切，是指齿轮根部被刀具切去了一部分。

一、渐开线齿轮的加工

从原理上讲，齿轮加工有仿形法和展成法两种。

1. 仿形法加工齿轮

仿形法加工齿轮，采用的设备通常是铣床，使用的刀具是盘状和指状两种成形铣刀。刀具的切削刃与被加工齿轮的齿槽形状相同。

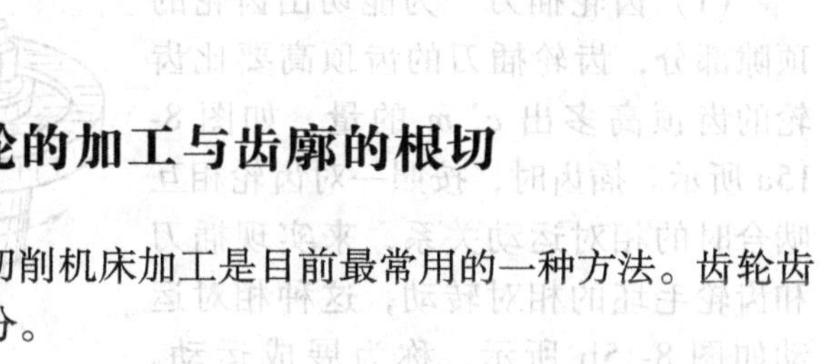

图 8-14　仿形法加工齿轮
a）盘形铣刀加工齿轮　b）指状铣刀加工齿轮

如图 8-14a 所示，在加工过程中，刀具绕自身轴线旋转，做切削运动，轮坯沿被加工齿轮轴线做直线运动，完成纵向进给运动，轮坯向靠近刀具中心方向运动，完成横向进给运动。完成一个齿槽的切削后，轮坯退回原位并转位一个齿的角度360°/z，再切削第二个齿槽，完成分度过程。重复这样的过程，最终完成整个齿轮的加工。

如图 8-14b 所示为指状铣刀加工齿轮。

仿形法加工齿轮，要求刀具的切削刃与齿廓的形状完全相同，故刀具切削刃的刃磨，应完全按照确定齿轮的五个参数来进行。这就使得一把刀具只能加工参数完全相同的一种齿轮。这显然在实际中是不可行的。因此，在工程实际中要求用一把刀具来加工模数和压力角相同，但齿数不同的几种齿轮。通常备有 8 种号码的铣刀可供选择。各号齿轮铣刀切削齿轮的齿数范围见表 8-3。

表 8-3　各号齿轮铣刀切削齿轮的齿数范围

铣刀号码	1	2	3	4	5	6	7	8
切削齿数	12 ~ 13	14 ~ 16	17 ~ 20	21 ~ 25	26 ~ 34	35 ~ 54	55 ~ 134	≥135

由于铣刀号数少，分度过程存在误差，所以用仿形法加工的齿轮精度低、切削不连续，且生产效率低。但这种方法简单，不需要专用的齿轮加工设备。因此这种方法只用于单件生产及精度要求不高的齿轮加工。

2. 展成法加工齿轮

展成法加工齿轮，是利用一对齿轮或齿轮与齿条相互啮合时，用其中的一条齿廓包络出另一条齿廓的加工方法。

将相互啮合的一对齿轮中的一个制成刀具，在轮坯上切出能与其相互啮合的渐开线齿廓。常用的刀具有齿轮插刀、齿条插刀和齿轮滚刀等。

（1）齿轮插刀　为能切出齿轮的顶隙部分，齿轮插刀的齿顶高要比齿轮的齿顶高多出 $c^* m$ 的量，如图 8-15a 所示。插齿时，按照一对齿轮相互啮合时的相对运动关系，来实现插刀和齿轮毛坯的相对转动，这种相对运动如图 8-15b 所示，称为展成运动。为了完成切齿，插刀除沿轮坯轴向做往复切削运动外，还应有向中心靠近的横向进给运动。

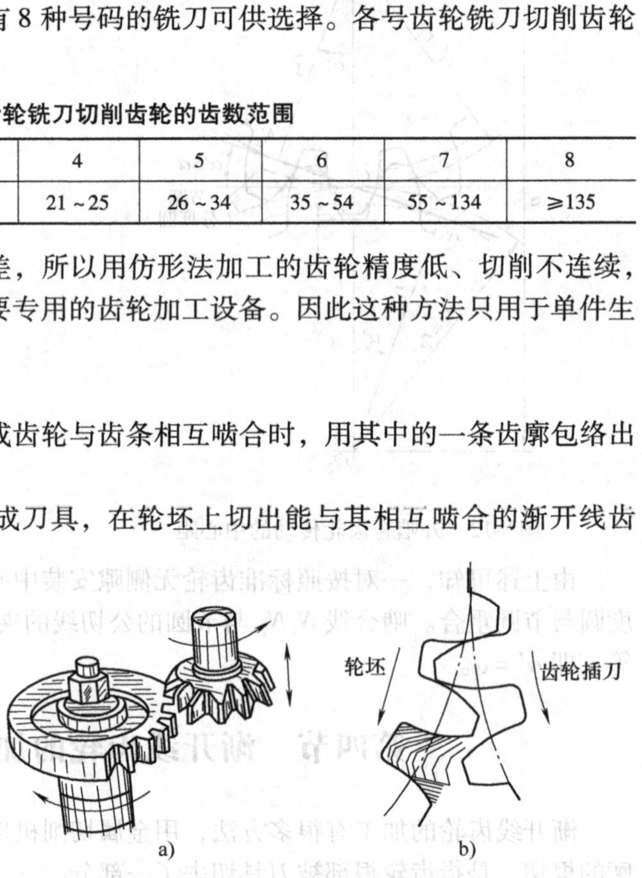

图 8-15　齿轮插刀加工齿轮

a）齿轮插刀加工齿轮　b）展成运动

（2）齿条插刀　齿条插刀加工齿轮与齿轮插刀不同之处就在于，刀具与轮坯的展成运动是用齿条与齿轮啮合时的相对运动关系来实现的。其运动形式与齿轮插刀加工齿轮时相同，如图 8-16a 所示。

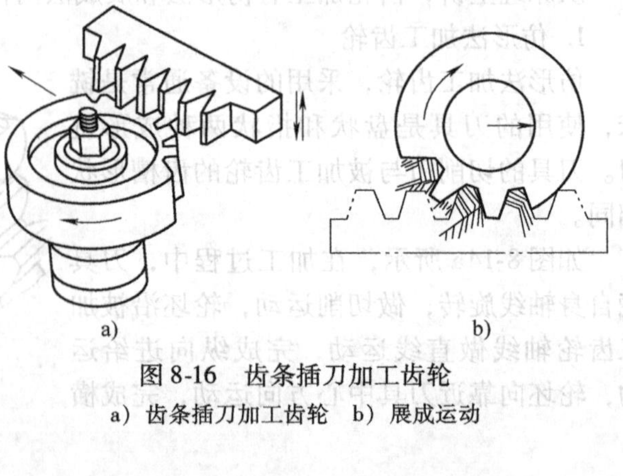

图 8-16　齿条插刀加工齿轮

a）齿条插刀加工齿轮　b）展成运动

与齿轮插刀一样，如图 8-16b 所示，齿条插刀的齿顶高也要高出 $c^* m$

的量，以便切出顶隙。因刀具是按标准加工的，所以，在刀具的中线（即分度线）上的齿厚与齿槽宽相等。因而，在加工标准齿轮时，刀具横向进给的量，应保证刀具的中线与被切齿轮的分度圆相切，才能使切制出的齿轮分度圆上的齿厚与齿槽宽相等。

（3）齿轮滚刀　采用上述两种刀具加工齿轮，都需要由刀具沿轮坯轴线作往复直线运动来实现切削过程。因而，由于冲击造成切削精度低，且生产效率也低。实际生产中常常采用能实现连续切削，而且生产效率高的齿轮滚刀来加工齿轮。图 8-17 所示为齿轮滚刀加工齿轮，滚刀转动时，相当于齿条的切削刃在连续向一个方向移动。为了完成切削，滚刀还要作纵向和横向的进给运动。

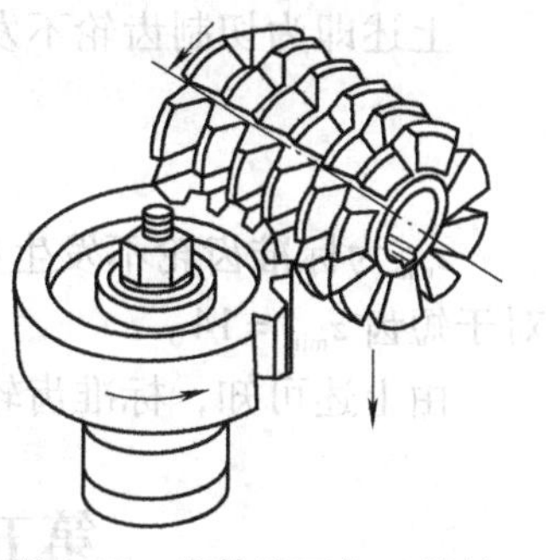

图 8-17　齿轮滚刀加工齿轮

二、根切现象与最少齿数

1. 根切现象

如图 8-18a 所示，齿轮轮齿根部被切去一部分，这种现象被称为轮齿的根切。轮齿产生根切后，抗弯强度减弱，重合度减小，所以这种现象要避免。

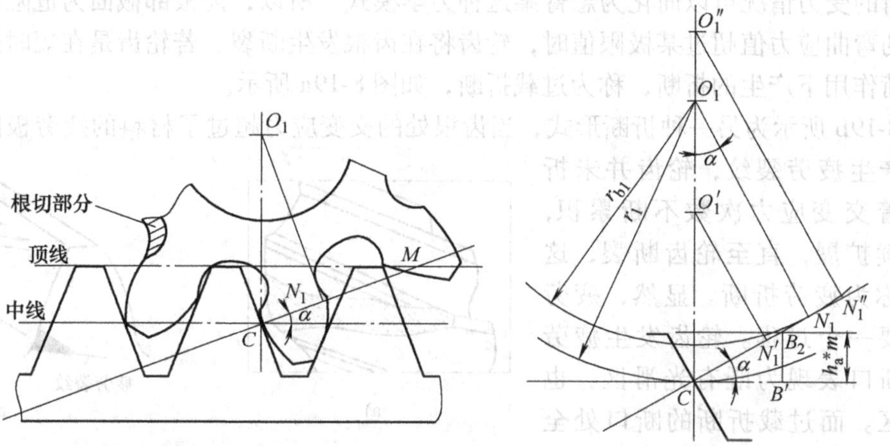

图 8-18　轮齿根切及其原因

a）根切现象　b）基圆大小的影响

2. 最少齿数

要避免根切，刀具顶线就不能超过 N_1 点，刀具齿顶高也为一定值。加工齿轮时，刀具的分度线必须与轮坯分度圆相切，齿顶线的位置也就确定了。基圆半径越小，齿数越少，N_1 点就越接近 C，产生根切的可能性就越大。

如图 8-18b 所示，按不根切条件，应使 $CB_2 \leqslant CN_1$，由 $\triangle O_1N_1C$ 则有

$$CN_1 = r_1\sin\alpha = \frac{mz}{2}\sin\alpha$$

由 $\triangle CB_2B'$ 得

$$CB_2 = \frac{h_a^* m}{\sin\alpha}$$

故有
$$z \geqslant \frac{2h_a^*}{\sin^2\alpha}$$

上述即为切制齿轮不发生根切的条件。则不根切的最少齿数为

$$z_{\min} = \frac{2h_a^*}{\sin^2\alpha} \tag{8-16}$$

$z_{\min}$为标准齿轮不发生根切的最少齿数。对于正常齿 $z_{\min}=17$，允许少量根切 $z_{\min}=14$，对于短齿 $z_{\min}=14$。

由上述可知，标准齿轮避免根切的措施是齿轮齿数大于或等于最少齿数。

第五节　齿轮的失效形式与材料选择

本节根据齿轮的受力情况，结合齿轮传动的工作环境、润滑条件等讨论齿轮轮齿的失效形式。其中，正确选择齿轮材料，也是很重要的一个方面。

一、轮齿的失效分析

1. 轮齿折断

轮齿的受力情况可以简化为悬臂梁这种力学模式。所以，齿根部截面为危险截面。当该截面上的弯曲应力值超过某极限值时，轮齿将在齿根发生断裂。若轮齿是在短时过载或是在冲击载荷作用下产生的折断，称为过载折断，如图 8-19a 所示。

图 8-19b 所示为另一种折断形式，当齿根处的交变应力超过了材料的疲劳极限时，齿根圆角会产生疲劳裂纹，轮齿并未折断。随着交变应力次数不断累积，裂纹继续扩展，直至轮齿断裂，这种断裂称为疲劳折断。显然，疲劳折断需要一个过程。轮齿发生疲劳折断，断口表现为既有光滑区，也有锋利区。而过载折断的断口处全部为锋利区。

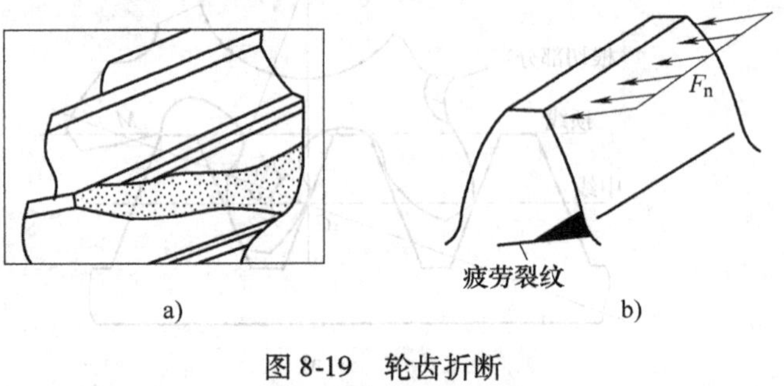

图 8-19　轮齿折断

a）过载折断　b）疲劳裂纹

2. 齿面点蚀

齿廓相互啮合时，作用在齿面上的法向力，对齿面表层产生的应力，称为齿面接触应力。齿面接触应力在各个不同齿面接触点的大小不同，在节点处最大。当交变接触应力重复次数累积到一定限度后，轮齿表面层的金属就会产生不规则的细微的疲劳裂纹。随着交变接触应力继续累积，疲劳裂纹蔓延扩展使金属脱落而在齿面形成麻点状凹坑，即为齿面点蚀，如图 8-20 所示。

因节线处啮合的齿对少，接触应力大，且节线处齿廓间滑动速度小，不易形成油膜，所以这种失效形式常发生在节线附近。齿面点蚀主要发生在闭式软齿面（齿面硬度≤350HBW）的齿轮传动中。

3. 齿面胶合

对于承受重载作用、高速转动，且齿面硬度较低的齿轮，因摩擦过大，导致轮齿表面局部温度过高，使齿面油膜破裂，造成齿面金属软化，并直接接触形成粘着。随着相对运动的

继续，金属从齿面上被撕落而引起严重的粘着磨损，这种失效称为齿面胶合，如图 8-21 所示。

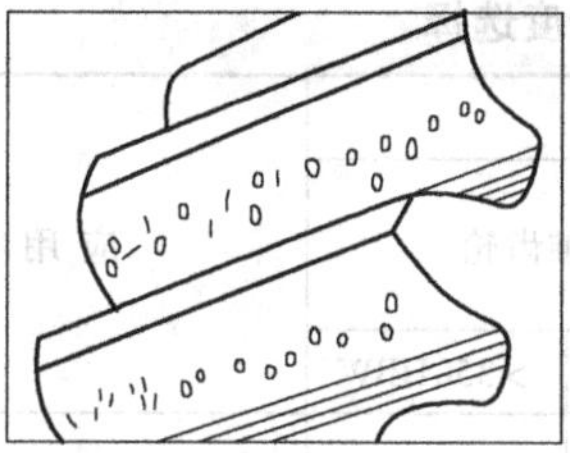

图 8-20　齿面点蚀

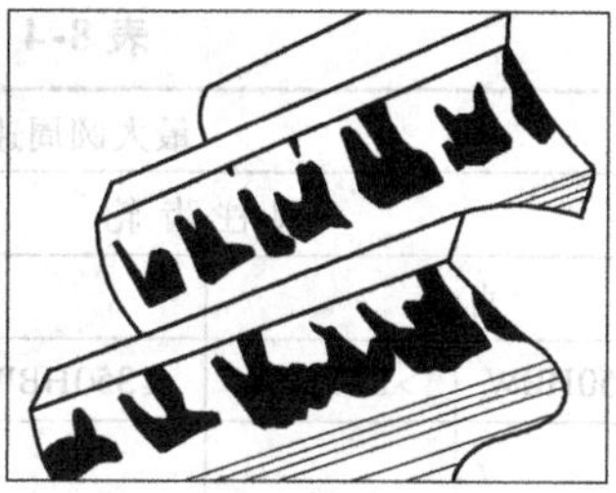

图 8-21　齿面胶合

另外，在低速重载时，也会出现胶合失效。所不同的是，齿面不变软，直接在重载下刺破油膜发生胶合破坏，故这种胶合失效也称为冷胶合。

4. 齿面磨损

当齿廓工作表面硬度较高，或落入灰尘、硬屑等颗粒物质时，会引起齿面磨损。产生齿面磨损后，齿廓渐开线曲线形状遭到破坏，造成冲击、振动和噪声，且齿厚变薄，从而引起轮齿因强度削弱而折断，如图 8-22 所示。齿面磨损主要发生在开式硬齿面（齿面硬度 > 350HBW）齿轮传动中。

5. 齿面塑性变形

如图 8-23 所示，对于齿面较软的轮齿，在载荷及摩擦力较大时，轮齿在啮合过程中，齿面表层的材料会沿着摩擦力的方向，产生局部塑性变形，使齿廓失去正确的形状，导致失效。

图 8-22　齿面磨损

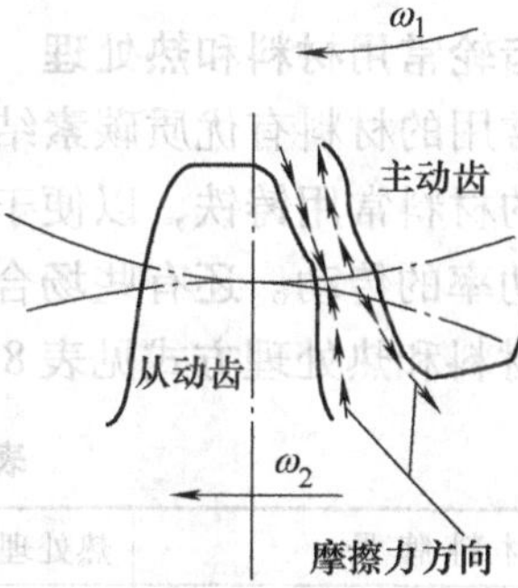

图 8-23　齿面塑性变形

轮齿常见的失效形式虽然有多种，但不同的工作环境、齿面硬度条件下，失效的影响因素有主有次，并不是都要发生或同时发生。

二、齿轮的传动精度

齿轮传动设计计算中，不仅要保证不发生失效，还要正确地选择齿轮传动的精度，这样才能使齿轮在传动装置中合理地使用。

国家标准中规定渐开线圆柱齿轮、锥齿轮的精度分为 12 级，1 级最高，12 级最低，常用的精度等级为 6 ~ 9 级。齿轮每个精度等级又根据对运动的准确性、传动平稳性和载荷分布均匀性三方面要求，分成Ⅰ、Ⅱ、Ⅲ三个公差组。第Ⅱ公差组的精度等级可按表8-4选出，第Ⅰ、Ⅲ公差组的精度等级可与第Ⅱ公差组同级，也可按需要上、下相差1级。

表8-4　齿轮传动平稳性要求的精度选择

精度等级	最大圆周速度/（$m \cdot s^{-1}$）						应用举例
	圆柱齿轮				直齿锥齿轮		
	直齿		斜齿				
	≤350HBW	>350HBW	≤350HBW	>350HBW	≤350HBW	>350HBW	
6	18	15	36	30	10	9	普通分度机构或高速传动的重要齿轮，飞机、汽车、机床的重要齿轮
7	12	10	25	20	7	6	一般机械制造业的重要齿轮，飞机、汽车、机床中的一般齿轮
8	6	5	12	9	4	3	一般机械制造业的齿轮，飞机、汽车、机床中的不重要齿轮，农业机械中的重要齿轮
9	4	3	8	6	3	2.5	低速传动齿轮，农业机械中的一般齿轮

注：锥齿轮传动圆周速度按平均直径计算。

三、齿轮常用材料和热处理

齿轮常用的材料有优质碳素结构钢、合金钢、铸钢和铸铁。在低速、大直径的开式传动中，齿轮的材料常用铸铁，以便于制造。但铸铁的抗弯强度和抗冲击能力差，不宜用于重要的和较大功率的传动。还有些场合，也可用非铁金属和非金属材料。

常用材料和热处理方式见表8-5。

表8-5　常用材料和热处理方式

材料牌号		热处理方法	硬　度	应用举例
优质碳素结构钢	35	正火	150～180 HBW	低速、轻载的齿轮或中载、中速的大齿轮
	45	正火	162～217 HBW	
		调质	217～255 HBW	中速中载一般传动用的齿轮，如减速器
合金结构钢	35SiMn	调质	217～269 HBW	中速中载一般传动用的齿轮，如通用减速器等
	38SiMnMo		217～269 HBW	
	40Cr		241～286 HBW	
铸钢	ZG310－570	正火	156～217 HBW	重型机械中的低速齿轮
	ZG340－640		169～229 HBW	

注：$v<25m/s$为低速，$v=25\sim40m/s$为中速，$v>40m/s$为高速。

第六节 直齿圆柱齿轮传动的强度计算

一、齿轮受力分析

齿轮传动是靠轮齿间作用力传递功率的。为便于分析计算，以节点作为计算简化点，并且忽略摩擦力的影响。

如图 8-24 所示，齿廓间的作用力 F_n 沿啮合线方向，F_n 称为法向力。F_n 可分解为两互相垂直的分力，即

圆周力 $$F_{t1} = \frac{2T_1}{d_1} = -F_{t2} \quad (8\text{-}17)$$

径向力 $$F_{r1} = F_{t1}\tan\alpha = -F_{r2} \quad (8\text{-}18)$$

式中 d_1——主动齿轮分度圆直径（mm）；

T_1——主动齿轮上的转矩，$T_1 = 9.55 \times 10^6 \frac{P_1}{n_1}$N · mm，其中，$P_1$为主动轮功率（kW），$n_1$ 为主动轮上的转速（r/min）。

各力方向确定：圆周力 F_{t1}是主动轮上的阻力，在主动轮上与啮合点处的运动方向相反；圆周力 F_{t2}是从动轮上的驱动力，在从动轮上与啮合点处的运动方向相同；径向力 F_r 的方向，分别由啮合点指向各自的轮心。

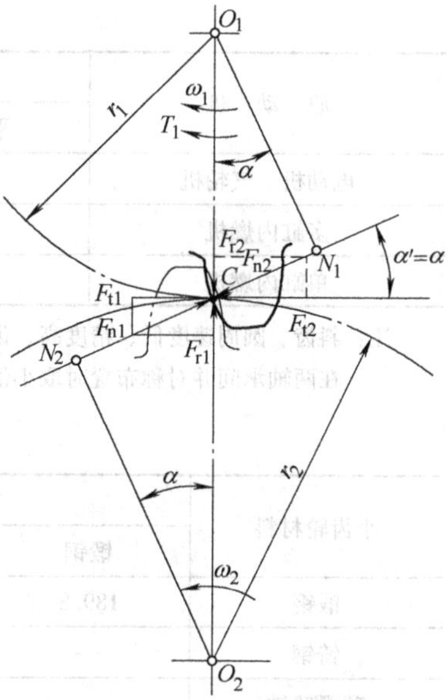

图 8-24 直齿圆柱齿轮受力分析

二、齿面接触疲劳强度计算

根据失效分析可知，要保证轮齿齿面不发生点蚀，具有足够的接触疲劳强度，应使最大接触应力不超过齿面的接触疲劳极限。为此需计算齿面接触应力，建立强度条件式。将齿轮几何尺寸及作用的转矩 T_1 等，代入到弹性力学接触应力的计算公式中。由此可得，轮齿齿面接触疲劳强度计算公式，为

$$\sigma_H = 2.5Z_E\sqrt{\frac{2KT_1}{bd_1^2}\frac{u \pm 1}{u}} \leqslant [\sigma_H] \quad (8\text{-}19)$$

式中 σ_H——轮齿齿面所受到的接触应力（MPa）；

K——载荷系数，由表 8-6 确定；

Z_E——材料系数 $\sqrt{\text{MPa}}$，其值可由表 8-7 查得；

$[\sigma_H]$——许用接触应力（MPa）；

u——齿数比，既大齿轮齿数与小齿轮齿数之比；

T_1——齿轮 1 所受到的转矩（N · mm）；

d_1——齿轮 1 的分度圆直径（mm）；

b——轮齿齿宽（mm）。

令 $b = \psi_d d_1$，ψ_d 称为齿宽系数，其值由表 8-10 查得。在设计计算时可将上式整理为

$$d \geqslant 1.84\sqrt[3]{\frac{2KT_1}{\psi_d}\left(\frac{Z_E}{[\sigma_H]}\right)^2\frac{u \pm 1}{u}} \quad (8\text{-}20)$$

以上两式的意义：

1）相啮合的两齿面接触处的应力相等，即 $\sigma_{H1}=\sigma_{H2}$。

2）轮齿齿面接触应力取决于小齿轮的分度圆的直径；齿面接触疲劳强度取决于材料及其热处理后的齿面硬度和齿轮分度圆直径。

3）齿轮传动进行校核时，要校核 $[\sigma_H]_1$ 和 $[\sigma_H]_2$ 中较小的那个齿轮。

表 8-6　载荷系数 K

原动机	工作机械的载荷特性		
	平稳和较平稳	中等冲击	大的冲击
电动机、气轮机	1 ~ 1.2	1.2 ~ 1.6	1.6 ~ 1.8
多缸内燃机	1.2 ~ 1.6	1.6 ~ 1.8	1.9 ~ 2.1
单缸内燃机	1.6 ~ 1.8	1.8 ~ 2.0	2.2 ~ 2.4

注：斜齿、圆周速度低、精度高、齿宽系数小时取小值；直齿、圆周速度高、精度低、齿宽系数大时取大值。齿轮在两轴承间并对称布置时取小值；齿轮在两轴承间不对称布置及悬臂布置时取大值。

表 8-7　材料系数　（单位：$\sqrt{\text{MPa}}$）

小齿轮材料	大齿轮材料				
	锻钢	铸钢	球墨铸铁	灰铸铁	夹布胶木
锻钢	189.8	188.9	186.4	162.0	56.4
铸钢	—	188	180.5	161.4	—
球墨铸铁	—	—	173.9	156.6	—
灰铸铁	—	—	—	143.7	—

三、齿根弯曲疲劳强度计算

轮齿啮合时，作用在齿面上的载荷，在齿根产生的弯曲应力最大，齿根截面为危险截面，当弯曲应力超过轮齿材料的疲劳极限时，轮齿便发生疲劳折断。将齿轮几何量代入弯曲应力计算公式中，经推导可得齿根弯曲疲劳强度条件式为

$$\sigma_F=\frac{2KT_1}{bm^2z_1}Y_{FS}\leqslant[\sigma_F] \tag{8-21}$$

式中　σ_F——轮齿齿根所受到的弯曲应力（MPa）；

$[\sigma_F]$——许用弯曲应力（MPa）；

K——载荷系数，由表 8-6 确定；

T_1——主动齿轮所受到的转矩（N · mm）；

z_1——主动齿轮的齿数；

m——齿轮的模数（mm）；

b——轮齿宽度（mm），即 $b=\psi_d d_1$；

Y_{FS}——齿形系数，其值可查表 8-8 得到。

整理上式可得设计公式为

$$m\geqslant\sqrt[3]{\frac{2KT_1}{\psi_d z_1^2}\frac{Y_{FS}}{[\sigma_F]}} \tag{8-22}$$

以上两式的意义：

1）因大、小齿轮的齿数不同，所以齿形系数不同，轮齿齿廓形状不同。故两齿轮齿根上的弯曲应力也不相同，即$\sigma_{F1} \neq \sigma_{F2}$。

2）在齿轮材料、传动转矩、齿数和齿宽系数一定的情况下，齿根弯曲应力取决于模数。

3）校核计算时，应将两齿轮全部进行校核。而设计计算时，要将$Y_{FS}/[\sigma_F]$中的大值代入进行计算。

表 8-8　齿形系数

$z(z_v)$	17	18	19	20	21	22	23	24	25	26	27	28	29
Y_{FS}	4.51	4.45	4.34	4.34	4.31	4.27	4.24	4.19	4.17	4.15	4.11	4.11	4.10
$z(z_v)$	30	35	40	45	50	60	70	80	90	100	150	200	∞
Y_{FS}	4.10	4.04	4.01	3.95	3.94	3.94	3.92	3.92	3.92	3.90	3.92	3.95	4.06

注：1. 该表中的数值是参数为$\alpha=20°$、$h_a^*=1.0$、$c^*=0.25$的标准直齿轮的齿形系数。

2. 内齿轮的齿形系数可近似地取为$z=\infty$时的齿形系数。

3. 若齿数为表中未列出，可用两种方法确定。一种是根据本表，用内插值法计算。例如确定齿数$z=112$齿轮的齿形系数，112 在相邻两数值 100、150 之间，可根据下式计算得出$Y_{FS}=3.90+\frac{3.92-3.90}{150-100}\times(112-100)\approx3.91$；另一种方法是在《机械零件设计手册》中的有关图表中查得。

四、许用应力的确定

许用接触应力和许用弯曲应力可按下式确定

$$[\sigma_H]=\frac{\sigma_{Hlim}}{S_{Hmin}}$$

$$[\sigma_F]=\frac{\sigma_{Flim}}{S_{Fmin}}$$

式中　σ_{Hlim}——齿面接触疲劳极限，如图 8-25 所示；

σ_{Flim}——齿根弯曲疲劳极限，如图 8-26 所示；

S_{Hmin}——接触强度的最小安全系数，其值由表 8-9 确定；

S_{Fmin}——弯曲强度的最小安全系数，其值由表 8-9 确定。

表 8-9　最小安全系数

安全系数	静强度		疲劳强度	
S_{Hmin}	1.0	1.3	1.0~1.2	1.3~1.6
S_{Fmin}	1.4	1.8	1.4~1.5	1.6~3.0

注：表中数值可根据齿轮传动的重要程度选取。要求可靠程度高的齿轮传动设计中选大值；反之，选小值。

五、直齿圆柱齿轮传动设计

齿轮传动的设计主要内容包括选择齿轮材料和热处理方式、确定主要参数、几何尺寸、结构形式、精度等级等，最后绘制出零件工作图。

1. 主要参数的选择

为了使齿面磨损均匀，小齿轮的齿数一般应$z_1 \geqslant 17 \sim 40$。传动比一般在$i \leqslant 7$。对于一般

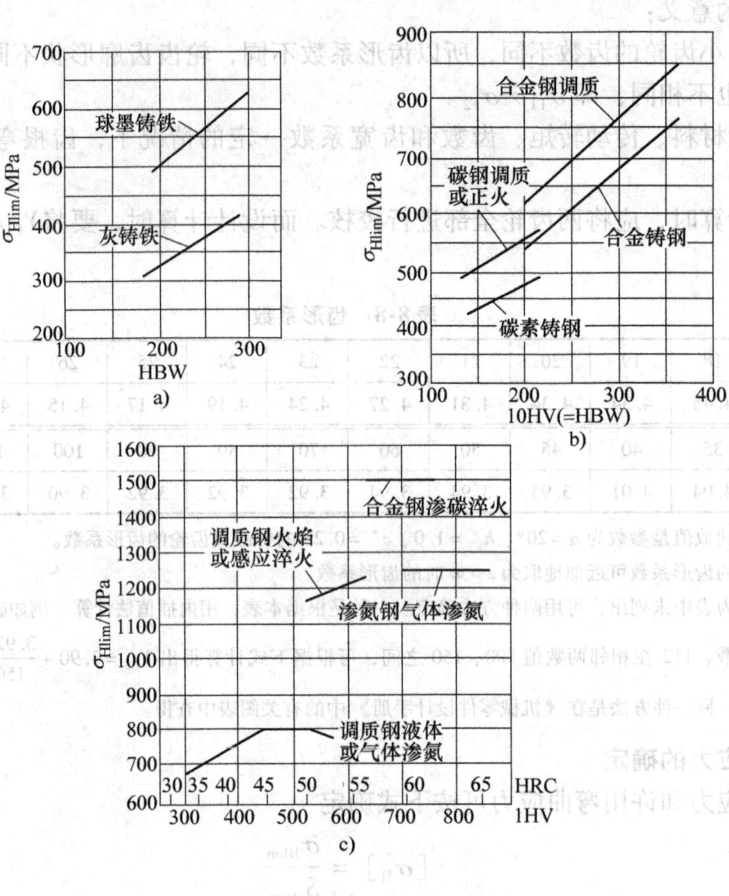

图 8-25　齿面接触疲劳极限

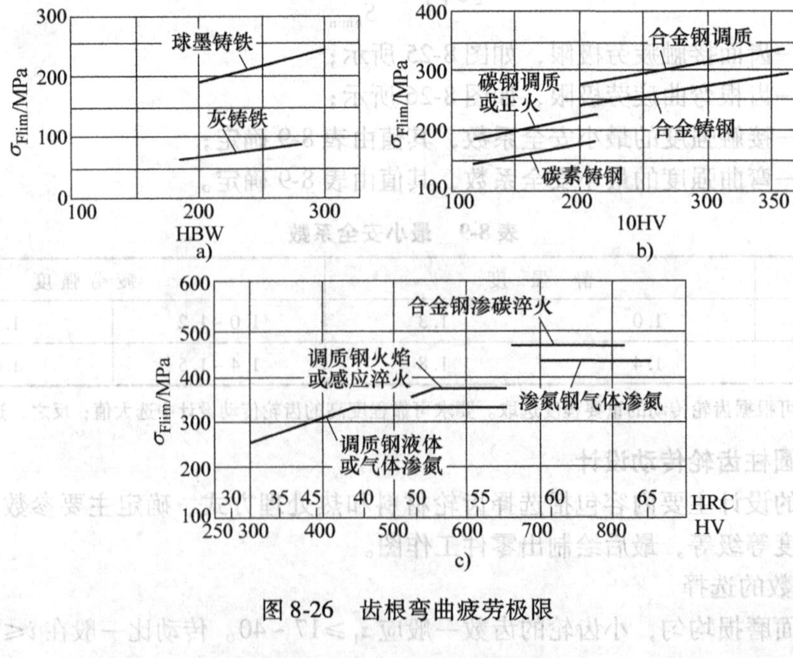

图 8-26　齿根弯曲疲劳极限

齿轮传动，实际传动比为 $i \leqslant 4.5$ 时，允许有 ±2.5% 的误差；传动比为 $i>4.5$ 时，有 ±4% 的误差。模数一般在 2 ~ 8mm 之间。

表 8-10 圆柱齿轮的齿宽系数

齿轮相对轴承的位置	大齿轮或两轮齿面硬度≤350HBW	两轮齿面硬度 >350HBW
对称布置	0.8 ~ 1.4	0.4 ~ 0.9
非对称布置	0.6 ~ 1.2	0.3 ~ 0.6
悬臂布置	0.3 ~ 0.4	0.2 ~ 0.5

注：1. 载荷稳定时取大值，轴与轴承的刚度较大时取大值，斜齿轮与人字齿轮取大值。
2. 对于金属切削机床的传动齿轮，取小值；传动功率不大时，可小到 0.2。

2. 设计准则

设计齿轮过程中，必须正确选择材料、热处理方式、精度等级及合理选择齿轮参数，并按设计准则进行设计，随后确定齿轮的结构，绘制齿轮的零件工作图。设计准则如下：

（1）软齿面闭式齿轮传动　按接触疲劳强度设计公式，确定小齿轮分度圆直径；计算齿轮的主要尺寸；校核所设计的齿轮传动的弯曲疲劳强度。

（2）硬齿面闭式齿轮传动　按弯曲疲劳强度设计公式求出模数，并圆整为标准模数；计算齿轮的主要尺寸；校核所设计的齿轮传动的接触疲劳强度。

（3）开式传动　按弯曲疲劳强度求出模数，并加大 10% ~ 20%，取标准值；计算齿轮的主要尺寸。

例 8-2　某机械装置中的减速器，采用的是一级直齿圆柱齿轮传动。已知小齿轮转速 $n_1=650\text{r/min}$，传递的功率 $P=5\text{kW}$，传动比 $i=3.83$。减速器工作时，载荷为中等冲击。试设计该齿轮传动。

解：1）选择材料、确定齿轮的许用应力。

由表 8-4 确定这对齿轮的精度等级为 8 级，由表 8-5 选择齿轮的材料和热处理为：小齿轮 45 钢，调质热处理的，其硬度为 217 ~ 255HBW；大齿轮 45 钢，正火热处理，其硬度为 162 ~ 217HBW。查图 8-25 和图 8-26 可得

$$\sigma_{\text{Hlim1}} = 590\text{MPa} \qquad \sigma_{\text{Hlim2}} = 540\text{MPa}$$

$$\sigma_{\text{Flim1}} = 230\text{MPa} \qquad \sigma_{\text{Flim2}} = 210\text{MPa}$$

因这对齿轮传动属一般传动装置，故查表 8-9 可得

$$S_{\text{Hmin}} = 1.2 \qquad S_{\text{Fmin}} = 1.5$$

由此得两轮的许用应力为

$$[\sigma_{\text{H}}]_1 = \frac{\sigma_{\text{Hlim1}}}{S_{\text{Hmin}}} = \frac{590}{1.2}\text{MPa} = 491.7\text{MPa} \qquad [\sigma_{\text{H}}]_2 = \frac{\sigma_{\text{Hlim2}}}{S_{\text{Hmin}}} = \frac{540}{1.2}\text{MPa} = 450\text{MPa}$$

$$[\sigma_{\text{F}}]_1 = \frac{\sigma_{\text{Flim1}}}{S_{\text{Fmin}}} = \frac{230}{1.5}\text{MPa} = 153.3\text{MPa} \qquad [\sigma_{\text{F}}]_2 = \frac{\sigma_{\text{Flim2}}}{S_{\text{Fmin}}} = \frac{210}{1.5}\text{MPa} = 140\text{MPa}$$

2）按齿面接触疲劳强度设计齿轮的分度圆直径。

计算小齿轮传递的转矩为

$$T_1 = 9.55\times10^6\frac{P}{n_1} = 9.55\times10^6\times\frac{5}{650}\text{N}\cdot\text{mm} = 73461.5\text{N}\cdot\text{mm}$$

因载荷为中等冲击，查表 8-6 可得选定载荷系数为 $K=1.5$。因传动为减速，故，齿数比为 $u=i=3.83$。因齿轮在两轴承间对称布置，查表 8-10 可得齿宽系数为 $\psi_d=1.2$。查表 8-7可得材料系数为 $Z_E=189.8$。由齿面接触疲劳强度条件式可得

$$d_1 \geqslant 1.84\sqrt[3]{\frac{2KT_1}{\psi_d}\left(\frac{Z_E}{[\sigma_H]_2}\right)^2\frac{u \pm 1}{u}}$$

$$= 1.84 \times \sqrt[3]{\frac{2\times 1.5\times 73461.5}{1.2}\times\left(\frac{189.8}{450}\right)^2\times\frac{3.83+1}{3.83}}\text{mm} = 63.55\text{mm}$$

取 $d_1=64\text{mm}$。

3）确定基本参数、计算几何尺寸。

为使齿轮不发生根切，且结构紧凑，取 $z_1=29$，$z_2=z_1 i=29\times 3.83=111.07$，取 $z_2=112$。

模数 $$m=\frac{d_1}{z_1}=\frac{64}{29}\text{mm}=2.2\text{mm}$$

考虑弯曲强度的情况，由表 8-1 取标准模数为 $m=3\text{mm}$。

分度圆直径 $$d_1=mz_1=3\times 29\text{mm}=87\text{mm}$$
$$d_2=mz_2=3\times 112\text{mm}=336\text{mm}$$

齿顶圆直径 $$d_{a1}=m(z_1+2h_a^*)=3\times(29+2\times 1)\text{mm}=93\text{mm}$$
$$d_{a2}=m(z_2+2h_a^*)=3\times(112+2\times 1)\text{mm}=342\text{mm}$$

齿根圆直径 $$d_{f1}=m(z_1-2h_a^*-2c^*)=3\times(29-2\times 1-2\times 0.25)\text{mm}=79.5\text{mm}$$
$$d_{f2}=m(z_2-2h_a^*-2c^*)=3\times(112-2\times 1-2\times 0.25)\text{mm}=328.5\text{mm}$$

中心距 $$a=\frac{1}{2}m(z_1+z_2)=\frac{1}{2}\times 3\times(29+112)\text{mm}=211.5\text{mm}$$

计算齿宽为 $$b=\psi_d d_1=1.2\times 87\text{mm}=104.4\text{mm}$$

取 $b_2=105\text{mm}$。考虑齿轮安装误差的因素，通常小齿轮取为

$$b_1=b_2+5\sim 10\text{mm}=105+5\text{mm}=110\text{mm}$$

4）校核弯曲疲劳强度。

查表 8-8 可得这对齿轮的齿形系数为 $Y_{FS1}=4.10$，$Y_{FS2}=3.91$。由齿根弯曲疲劳强度条件式可得

$$\sigma_{F1}=\frac{2KT_1}{bm^2z_1}Y_{FS1}=\frac{2\times 1.5\times 73461.5}{105\times 3^2\times 29}\times 4.10\text{MPa}=33.2\text{MPa}<[\sigma_F]_1$$

$$\sigma_{F2}=\frac{2KT_1}{bm^2z_1}Y_{FS2}=\frac{2\times 1.5\times 73461.5}{105\times 3^2\times 29}\times 3.91\text{MPa}=31.5\text{MPa}<[\sigma_F]_2$$

说明该对齿轮的齿根弯曲疲劳强度足够。

5）验算圆周速度。

$$v=\frac{\pi d_1 n_1}{60\times 1000}=\frac{\pi\times 87\times 650}{60\times 1000}\text{m/s}=2.98\text{m/s}$$

属于中低速，符合 8 级精度。

6）绘制大齿轮工作图，如图 8-27 所示。因为该齿轮传动属一般减速器用，故按 8 级精

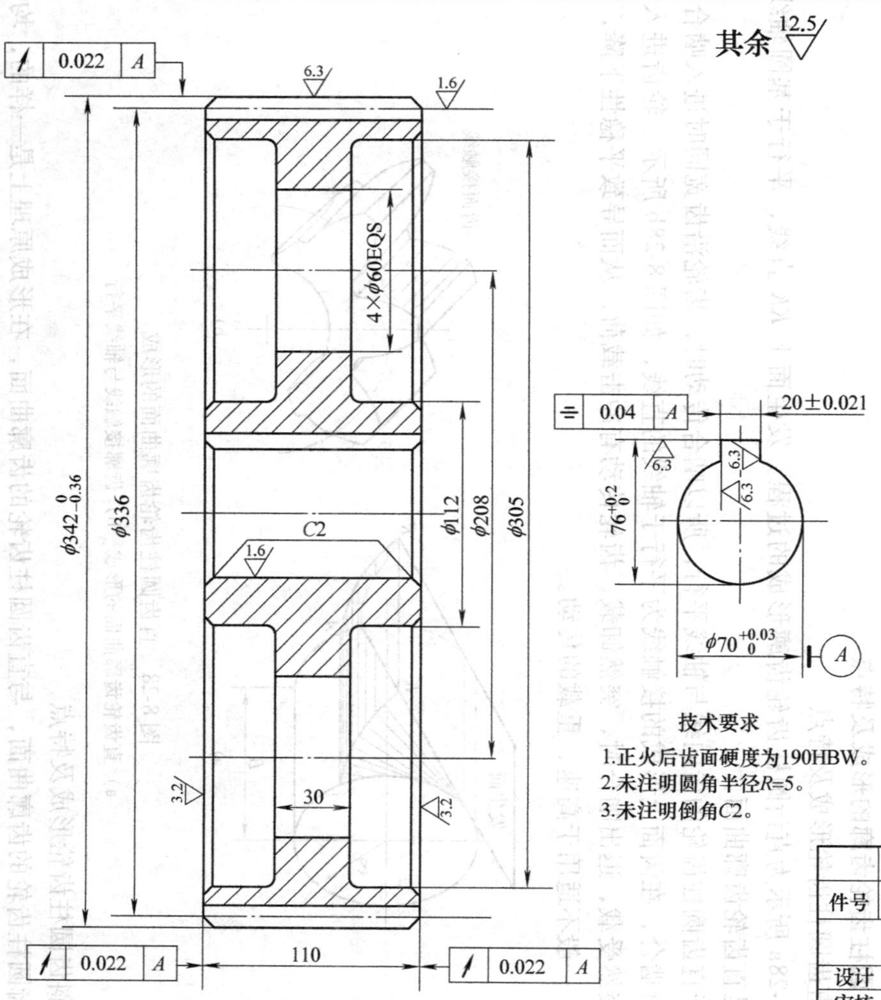

齿数	z	112
模数	m	3
压力角	α	20°
全齿高	h	6.75
精度等级	8GJ GB/T10095–1988	
公法线平均长度	W	$115^{+0.242}_{+0.13}$
跨齿数	k	13
齿轮副中心距极限偏差	$a \pm f_a$	211.5±0.036
配对齿轮	图号	
	齿数	29
公差组	检验项目	公差值
I	F_r	0.071
	F_w	0.05
II	F_{pt}	±0.028
	F_{pb}	±0.025
III	接触斑点	高度不小于40% 长度不小于50%

技术要求

1.正火后齿面硬度为190HBW。
2.未注明圆角半径R=5。
3.未注明倒角C2。

1		大齿轮	45	
件号	件数	名称	材料	备注
(校名)			减速器	
设计		年 月	比例	1:2
审核			图号	
制图				

图 8-27 大齿轮工作图

度选各组公差，公差值可在《机械零件设计手册》查得。

由式（8-8）、（8-9）计算跨齿数和公法线长度，即

$$k = \frac{z_2}{9} + 0.5 = \frac{112}{9} + 0.5 = 12.94 \approx 13$$

$$W = m[2.9521(k - 0.5) + 0.014z_2]$$

$$= 3 \times [2.9521 \times (13 - 0.5) + 0.014 \times 112]\text{mm} = 115.41\text{mm}$$

查《机械零件设计手册》可得公法线平均长度的上下偏差为

$$W = 115.41^{-0.168}_{-0.280}, \text{写成} W = 115^{+0.242}_{+0.13}$$

齿轮其他结构尺寸确定，可参阅本章第八节有关内容。与齿轮配合的轴的直径 d_s = 70mm。

第七节　斜齿圆柱齿轮传动

一、圆柱齿轮齿廓的形成及特点

1. 直齿圆柱齿轮形成及特点

图 8-28a 所示为直齿圆柱齿轮齿廓形成的过程。发生面上 *KK* 直线，平行于基圆轴线，展成的是直齿轮齿廓曲面。

由于直齿圆柱齿轮的齿向线与轴线平行，所以啮合传动时，齿轮沿齿宽同时进入啮合和同时退出啮合，在齿面上形成的接触线为平行于轴线的直线，如图 8-28b 所示。轮齿进入啮合时，突然受载，退出啮合时，突然卸载，齿轮传动有冲击载荷，从而导致平稳性下降，噪声增大，一般不适用于高速、重载的传动。

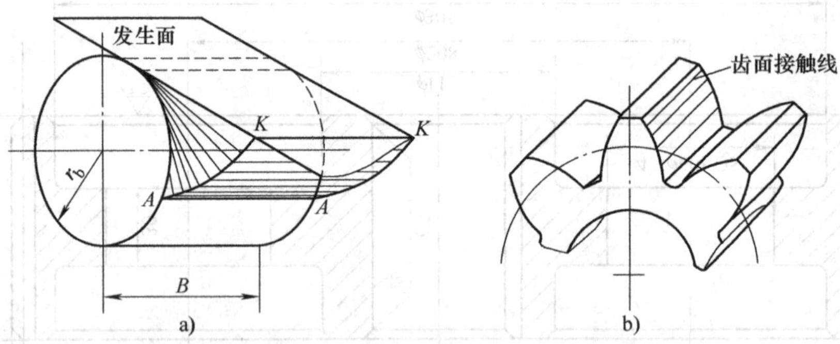

图 8-28　直齿圆柱齿轮齿廓曲面的形成

a）直齿轮齿廓曲面的形成　b）齿廓接触线与轴线平行

2. 斜齿圆柱齿轮形成及特点

斜齿圆柱齿轮的齿廓曲面，与直齿圆柱齿轮的齿廓曲面，在形成原理上是一样的，均是发生面在基圆柱上作纯滚动时，发生面上的一条直线走过的轨迹。

图 8-29a 所示为斜齿圆柱齿轮齿廓形成的过程。发生面上 *KK* 直线，是不平行于基圆轴线的斜直线，螺旋线的切线与圆柱体母线之间所夹的角度为螺旋角 β_b，展成的是斜齿圆柱齿轮的螺旋齿廓曲面。

齿廓曲面接触线是一条斜直线，如图 8-29b 所示。因而斜齿轮的啮合过程，不像直齿轮那样，突然进入啮合，突然脱离啮合，而是接触线逐渐由短变长，进入啮合状态，再由长变短，逐渐脱离啮合。轮齿承受的载荷，由小变大，再由大变小。此外，当轮齿在 A 端啮合时，B 端还未啮合；当 A 端退出啮合时，B 端还在啮合，后面的每对齿又逐渐进入啮合。所以，斜齿圆柱齿轮传动平稳，同时参与啮合的齿对数多，重合度大，承载能力大。

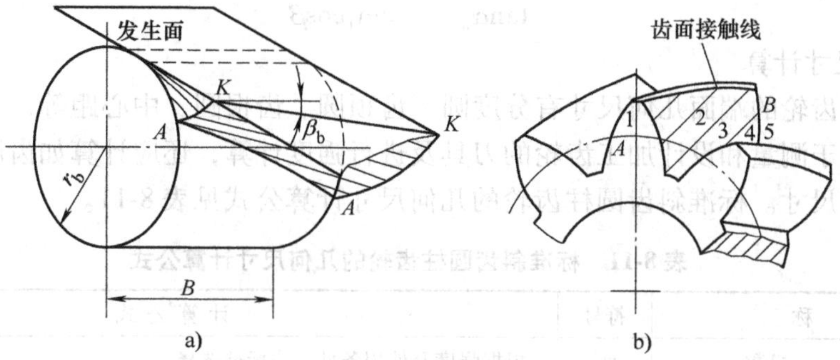

图 8-29　斜齿圆柱齿轮齿廓曲面的形成

a）斜齿轮齿廓曲面的形成　b）齿廓接触线与轴线倾斜

二、主要参数和几何尺寸计算

1. 主要参数

（1）螺旋角　螺旋角是反映斜齿轮轮齿倾斜程度的参数。若将斜齿轮的分度圆柱展开成平面，如图 8-30 所示，在分度圆柱面上，分度圆和齿廓曲面的交线（即螺旋线）变为一条斜直线。该直线与齿轮的轴线所夹的锐角 β，称为斜齿轮的螺旋角。

螺旋角越大，轮齿倾斜程度越大，重合度越大，传动平稳性越好。但轴向力也越大。一般螺旋角取为 $\beta \approx 8° \sim 15°$。根据螺旋线的方向，斜齿轮可为左旋和右旋。

判断轮齿旋向的方法为：齿轮按轴线铅垂放置，齿向线左高为左旋，如图 8-31a 所示；齿向线右高为右旋，如图 8-31b 所示。

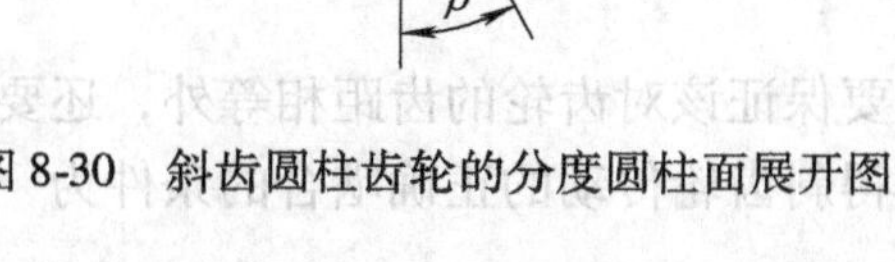

图 8-30　斜齿圆柱齿轮的分度圆柱面展开图

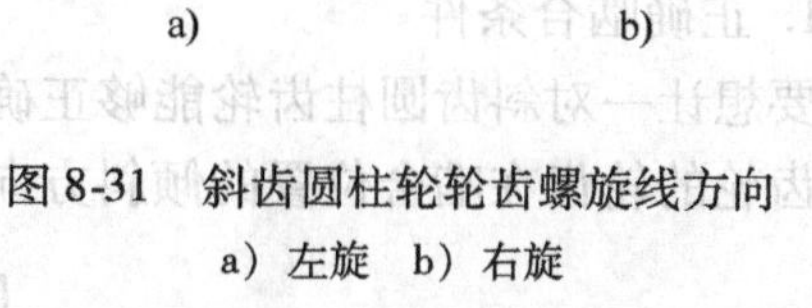

图 8-31　斜齿圆柱轮轮齿螺旋线方向

a）左旋　b）右旋

（2）端面参数和法面参数　在加工斜齿轮时，刀具沿齿轮的齿线方向进刀，所以，斜齿轮法面内的参数规定为标准参数。因此，要在端面和法面间进行参数的换算。

如图 8-30 所示，斜齿圆柱齿轮的分度圆柱面展开图中，p_n 为法向齿距，p_t 为端面齿距，

由几何关系得出下式

$$p_n = p_t\cos\beta$$

若 m_n 为法面模数，m_t 为端面模数，且因 $p = m\pi$，由此得

$$m_n = m_t\cos\beta \tag{8-23}$$

也可用同样的方法得出法向压力角 α_n 和端面压力角 α_t 的关系

$$\tan\alpha_n = \tan\alpha_t\cos\beta \tag{8-24}$$

2. 几何尺寸计算

斜齿圆柱齿轮的端面几何尺寸有分度圆、齿顶圆、齿根圆、中心距等，计算原理与直齿轮相同。为便于测量和设计加工齿轮的刀具及进行强度计算，还应计算如齿厚、齿槽宽、齿距等法面几何尺寸。标准斜齿圆柱齿轮的几何尺寸计算公式见表 8-11。

表 8-11　标准斜齿圆柱齿轮的几何尺寸计算公式

名　称		符号	计 算 公 式
基本参数	模数	m_n	根据强度及使用条件，按标准选择
	齿数	z	根据强度及使用要求选定
几何尺寸	螺旋角	β	常取 $\beta = 8° \sim 15°$
	分度圆压力角	α_n	$\alpha_n = 20°$
	齿厚	s	$s = \pi m_n/2$
	齿槽宽	e	$e = \pi m_n/2$
	齿距	p	$p = s + e$
	齿顶高	h_a	$h_a = m_n$
	齿根高	h_f	$h_f = 1.25m_n$
	齿全高	h	$h = 2.25m_n$
	顶隙	c	$c = 0.25m_n$
	分度圆直径	d	$d = m_n z/\cos\beta$
	基圆直径	d_b	$d_b = d\cos\alpha_t$
	齿顶圆直径	d_a	$d_a = d \pm 2h_a$ “+”外啮合；“-”内啮合
	齿根圆直径	d_f	$d_f = d \mp 2h_f$ “-”外啮合；“+”内啮合
啮合计算	中心距	a	$a = m_n(z_2 \pm z_1)/2\cos\beta$ “+”外啮合；“-”内啮合

三、斜齿圆柱齿轮的啮合传动

1. 正确啮合条件

要想让一对斜齿圆柱齿轮能够正确啮合，除了要保证该对齿轮的齿距相等外，还要使这对斜齿轮的轮齿在啮合位置的倾斜方向一致。由此得斜齿轮传动的正确啮合的条件为

$$\begin{cases} m_{n1} = m_{n2} = m_n \\ \alpha_{n1} = \alpha_{n2} = \alpha_n \\ \beta_1 = \mp\beta_2 \end{cases}$$

式中“-”表示外啮合两齿轮的轮齿旋向不同，“+”表示内啮合两齿轮的轮齿旋向相同。

2. 斜齿圆柱齿轮的当量齿数

用仿形法加工斜齿轮时，铣刀沿轮齿齿槽方向进刀，所以要求齿轮铣刀端面齿形与斜齿轮的法面齿槽形状相同。因此必须按照斜齿轮的法向平面来选择铣刀的号码。另外在计算斜齿轮齿根弯曲强度时，因力作用在齿轮的法向平面内，所以也要知道斜齿轮法向平面齿形。

如图 8-32 所示，过斜齿轮的某一轮齿上的节点 C 作轮齿的法向平面 n—n，此法向平面与斜齿轮分度圆柱的交线为一椭圆，其长轴半径 $a=\dfrac{d}{2\cos\beta}$，短轴半径 $b=\dfrac{d}{2}$。根据高等数学可知，此椭圆在节点的曲率半径为

$$\rho=\frac{a^2}{b}=\frac{d}{2\cos^2\beta}$$

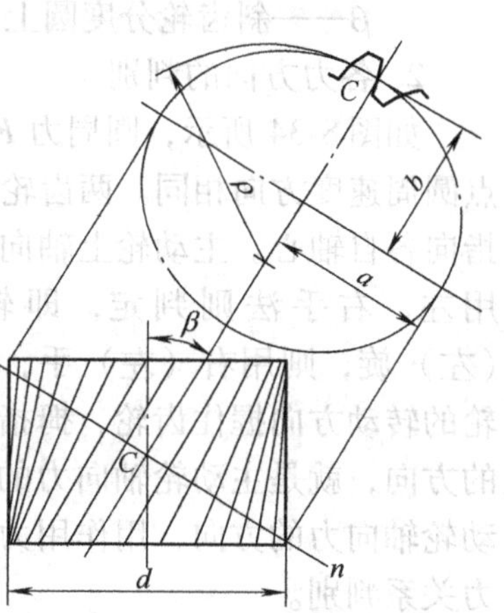

图 8-32　斜齿轮的当量齿轮

以 ρ 为分度圆半径，取斜齿轮法向模数 m_n 为模数，法向压力角 α_n 为压力角，作一个直齿圆柱齿轮，其齿形近似于斜齿轮的法向平面齿形。这个假想的直齿圆柱齿轮称为斜齿圆柱齿轮的当量齿轮，齿数 z_v 为当量齿数，其值为

$$z_v=\frac{2\rho}{m_n}=\frac{z}{\cos^3\beta} \tag{8-25}$$

式中　z——斜齿轮的实际齿数。

四、斜齿轮传动的强度计算

1. 轮齿的受力分析

如图 8-33 所示，斜齿轮传动中主动轮轮齿齿廓受有 F_n 作用，忽略摩擦力，将法向力 F_n 分解为三个互相垂直的分力，即

圆周力
$$F_{t1}=\frac{2T_1}{d_1}=-F_{t2} \tag{8-26}$$

径向力
$$F_{r1}=\frac{F_t\tan\alpha_n}{\cos\beta}=-F_{r2} \tag{8-27}$$

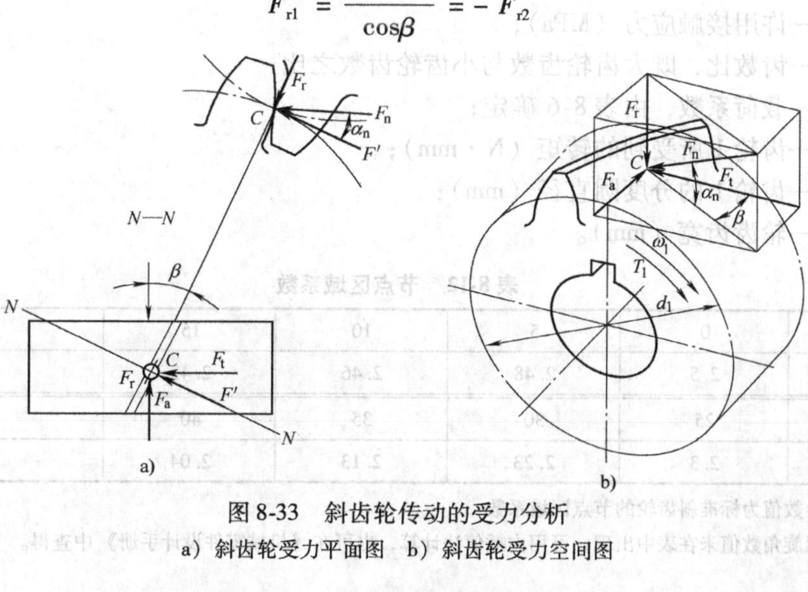

图 8-33　斜齿轮传动的受力分析

a）斜齿轮受力平面图　b）斜齿轮受力空间图

轴向力 $$F_a = F_t\tan\beta = -F_{a2} \tag{8-28}$$

式中 T_1——齿轮 1 传递的转矩（N · mm）；

α_n——斜齿轮法面分度圆上的压力角（°）；

β——斜齿轮分度圆上的螺旋角（°）。

2. 各力方向的判别

如图 8-34 所示，圆周力 F_t 在主动轮上与啮合点圆周速度方向相反；在从动轮上与啮合点圆周速度方向相同。两齿轮径向力 F_r 指向各自轴心。主动轮上轴向力方向可用左、右手法则判定，即轮齿为右（左）旋，则用右（左）手，四指按齿轮的转动方向握住齿轮，拇指伸直所指的方向，就是主动轮轴向力的方向；从动轮轴向力的方向，用作用力与反作用力关系判别。

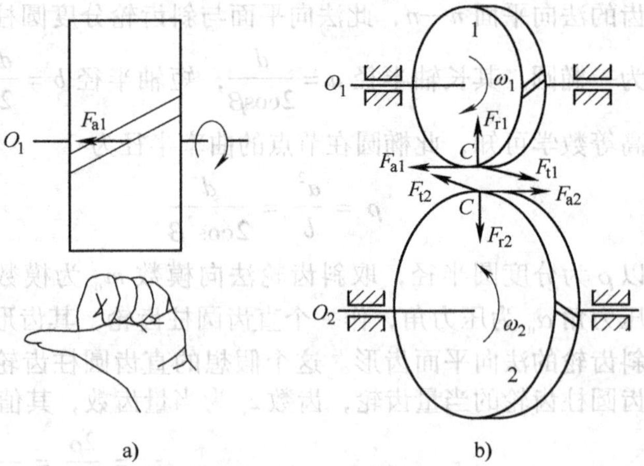

图 8-34 各分力的方向

a）判断轴向力方向 b）各分力方向

3. 齿面接触疲劳强度

由于斜齿圆柱齿轮的轮齿是倾斜的，考虑接触线长度的变化对齿面接触疲劳强度的影响，在直齿圆柱齿轮传动的齿面接触疲劳强度条件式中引入螺旋角系数 $Z_\beta = \sqrt{\cos\beta}$，从而得到斜齿轮传动的齿面接触疲劳强度条件式为

$$\sigma_H = Z_H Z_E Z_\beta \sqrt{\frac{2KT_1}{bd_1^2}\frac{u \pm 1}{u}} \leqslant [\sigma_H] \tag{8-29}$$

式中 Z_H——节点区域系数，可由表 8-12 中查得；

σ_H——轮齿齿面所受到的接触应力（MPa）；

Z_E——材料系数 $\sqrt{\text{MPa}}$，其值可由表 8-7 查得；

$[\sigma_H]$——许用接触应力（MPa）；

u——齿数比，既大齿轮齿数与小齿轮齿数之比；

K——载荷系数，由表 8-6 确定；

T_1——齿轮 1 所受到的转矩（N · mm）；

d_1——齿轮 1 的分度圆直径（mm）；

b——轮齿齿宽（mm）。

表 8-12 节点区域系数

β/（°）	0	5	10	15	20
Z_H	2.5	2.48	2.46	2.43	2.37
β/（°）	25	30	35	40	45
Z_H	2.3	2.23	2.13	2.04	1.95

注：1. 表中数值为标准斜齿轮的节点区域系数。

2. 若螺旋角数值未在表中出现，可用内插值法计算，也可在《机械零件设计手册》中查得。

将 $b=\psi_d d_1$ 代入上式中，可得出接触疲劳强度的设计式为

$$d_1 \geqslant \sqrt[3]{\frac{2KT_1(Z_H Z_\beta Z_E)^2}{\psi_d [\sigma_H]^2} \frac{u \pm 1}{u}} \tag{8-30}$$

以上两式中，除了 Z_β 以外，其余的参数和几何尺寸及许用应力的选用，均与直齿轮传动中的接触疲劳条件式中的含义一样，强度条件式的含义也相同。

从上式中可以看出，在相同条件下，斜齿轮传动的强度要比直齿轮传动大。

4. 齿根弯曲疲劳强度的计算

对斜齿轮传动进行弯曲疲劳强度计算时，也要考虑轮齿倾斜对弯曲强度的影响，引入螺旋角系数 Y_β，得到斜齿轮弯曲疲劳强度计算式

$$\sigma_F = \frac{2KT_1}{bd_1 m_n} Y_{FS} Y_\beta \leqslant [\sigma_F] \tag{8-31}$$

将 $b=\psi_d d_1$ 和 $d_1=\dfrac{m_n z_1}{\cos\beta}$ 代入上式中可得设计式为

$$m \geqslant \sqrt[3]{\frac{2KT_1 \cos^2\beta \cdot Y_\beta}{\psi_d z_1^2} \frac{Y_{FS}}{[\sigma_F]}} \tag{8-32}$$

以上两式中 Y_{FS}——齿形系数，按照当量齿数 z_v 在表 8-8 中查得；

Y_β——螺旋角系数，一般取为 0.85 ~ 0.92，螺旋角值大，系数取小值；反之则取大值；

σ_F——轮齿齿根所受到的弯曲应力（MPa）；

$[\sigma_F]$——许用弯曲应力（MPa）；

K——载荷系数，由表 8-6 确定；

T_1——齿轮 1 所受到的转矩（N · mm）；

m_n——齿轮标准模数（mm）；

d_1——齿轮 1 的分度圆直径（mm）；

b——轮齿齿宽（mm）。

其余参数和许用应力值的确定与直齿轮传动设计中的原则相同。

第八节　齿轮的结构设计

齿轮的结构分为轮缘、轮辐和轮毂三部分。在齿轮传动的强度计算中已经将轮缘部分的几何尺寸设计确定出来了，轮辐和轮毂也要确定出来。圆柱齿轮常用的结构形式有四种。

1. 齿轮轴

对于直径较小的齿轮，若齿根圆到轮毂孔键槽底部的径向距离 $x<2.5m$ 时，应将齿轮和轴制成一体，成为齿轮轴，如图 8-35 所示。

2. 实心式齿轮

当齿顶圆直径 $d_a \geqslant 200$mm，齿根圆直径到键槽底部的径向距离 $x>2.5m$ 时，则可做成实心结构的齿轮，如图 8-36 所示。

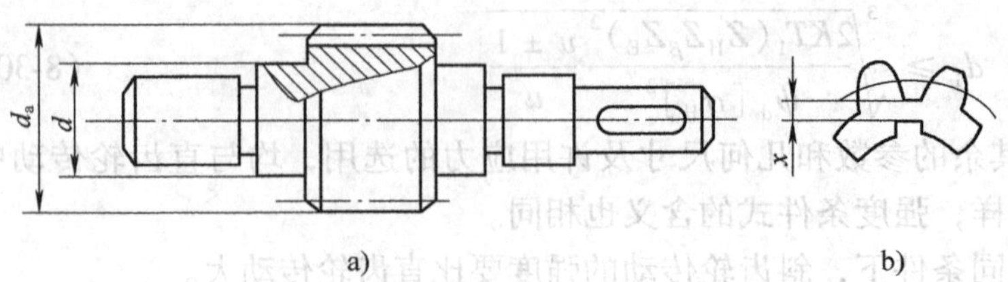

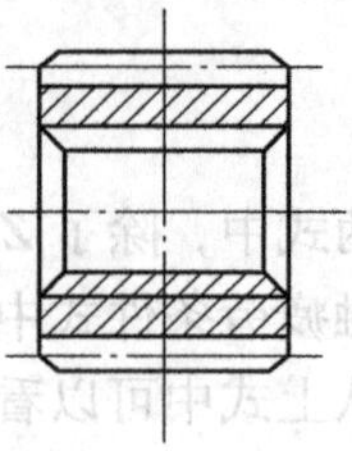

图 8-35　齿轮轴

a）结构　b）$x<2.5\text{m}$

图 8-36　实心式齿轮

3. 腹板式齿轮

当齿顶圆直径 $200\text{mm}<d_a\leqslant 500\text{mm}$ 时，为了减轻重量和节约材料，应将齿轮设计为腹板式结构，如图 8-37 所示。

4. 轮辐式齿轮

当齿顶圆直径 $d_a>500\text{mm}$ 时，齿轮的毛坯制造因受锻压设备的限制，常用材料为铸铁或铸钢，所以制造齿轮常做成轮辐式结构，如图 8-38 所示。

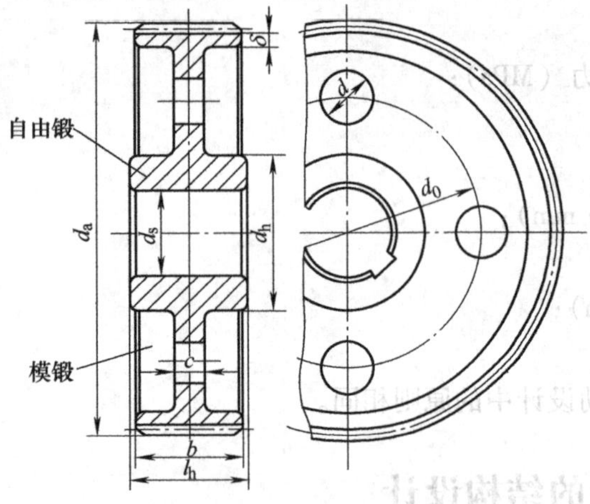

图 8-37　腹板式齿轮

$d_h=1.6d_s$；$l_h=(1.2\sim1.5)\ d_s$，

并使 $l_h\geqslant b$；模锻 $c=0.2b$，自由锻 $c=0.3b$，

但不小于 8mm；$\delta=(2.5\sim4)\ m_n$；

d_0 和 d 根据结构取定，当 d 较小时可不开孔

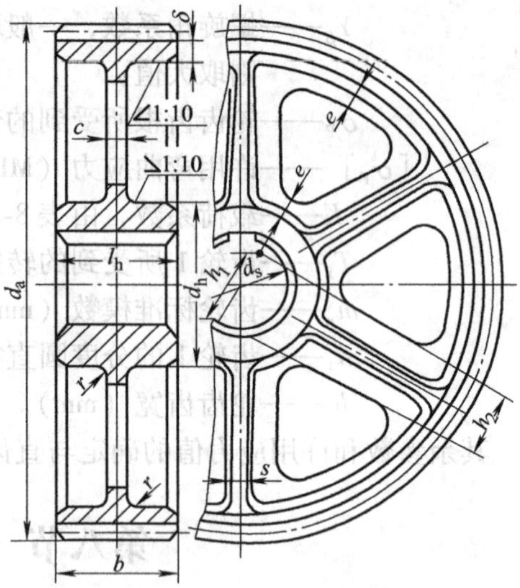

图 8-38　轮辐式齿轮

$d_h=1.6d_s$；$l_h=(1.2\sim1.5)\ d_s$，

并使 $l_h\geqslant b$；$c=0.2b$，但不小于 10mm；

$\delta=(2.5\sim4)\ m_n$，但不小于 8mm；$h_1=0.8d_s$，

$h_2=0.8h_1$；$s=0.15h_1$，但不小于 10mm；$e=0.8\delta$

对腹板式齿轮和轮辐式齿轮的结构设计，要在轴的结构设计过程中确定了齿轮孔直径 d_s 后进行。

第九节　锥齿轮及蜗杆传动简介

一、锥齿轮传动

1. 特点及应用

如图 8-39a 所示，圆锥齿轮传动同样具备圆柱齿轮传动的特点，如传动功率范围大，效率高，结构紧凑等。图 8-39b 所示为锥齿轮传动示意图。

锥齿轮传动不同于平面机构的圆柱齿轮传动，它是空间齿轮传动，是用来传递两相交轴之间的运动和动力的。其轮齿分布在截锥体上，齿形由大端到小端逐渐变小。为了计算和测量方便，通常取锥齿轮的大端参数为标准值。由于锥齿轮的轮齿分布在截锥体上，因而圆柱齿轮中有关的圆柱，在锥齿轮中均相应地变成圆锥，例如分度圆锥、齿顶圆锥、齿根圆锥等。

一对锥齿轮轴间的夹角 Σ 称为轴交角，可根据机械装置的传动要求来确定。在一般机械中，多取 $\Sigma=90°$。

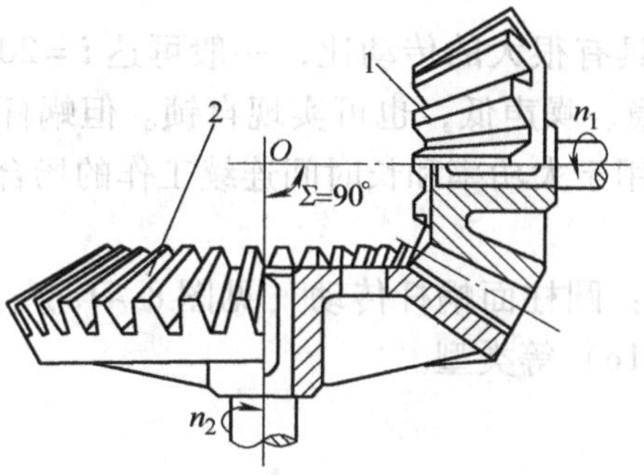

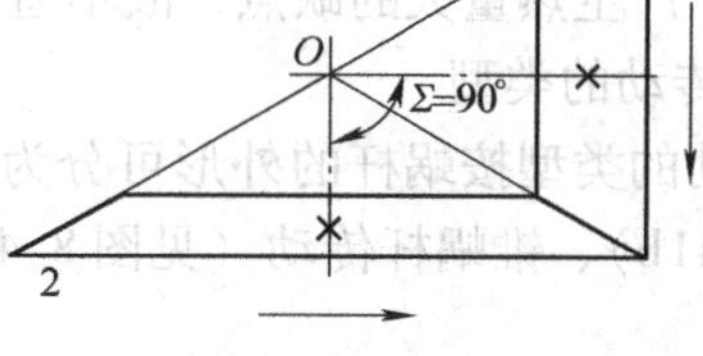

图 8-39　圆锥齿轮传动

1—小锥齿轮　2—大锥齿轮

锥齿轮传动有直齿和曲齿等多种形式，由于直齿锥齿轮传动设计、制造和安装均简单，故应用较广泛。

锥齿轮常用于高速重载传动，如汽车、拖拉机、飞机中的锥齿轮传动等。

锥齿轮传动的强度分析和设计计算，与圆柱齿轮传动分析思路相同，可参阅《机械零件设计手册》等有关资料进行强度分析和设计计算。

2. 锥齿轮转动方向的判别

一对锥齿轮传动，由于两轮轴线不平行，故其转向关系，不能用平行轴齿轮转向关系判别，而只能用图 8-39b 所示的画箭头的方法确定。两轮的转动方向或相对，或相背。

二、蜗杆传动

1. 蜗杆传动的组成和特点

蜗杆传动是由少齿数、大螺旋角、分度圆直径很小、齿宽较大、形状像螺杆的蜗杆（螺旋升角较大的小齿轮），与齿顶为圆弧形，轮齿为弧齿形的蜗轮（螺旋升角较小的斜齿轮）相啮合，组成啮合传动，如图 8-40 所示。蜗杆传动主要用于实现两交错轴间的运动和动力传递。

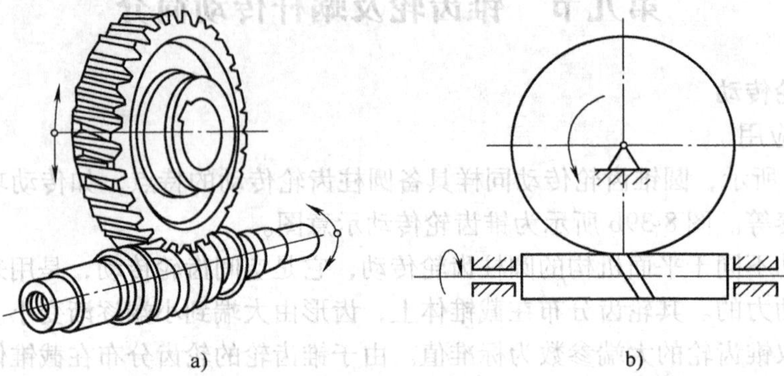

图 8-40　蜗杆传动

a）蜗杆传动　b）蜗杆传动简图

蜗杆传动中，蜗杆与蜗轮螺旋线的旋向相同，蜗杆为主动轮，蜗轮为从动轮，主、从动关系具有不可逆性。

由于蜗杆的齿数很少，所以蜗杆传动具有很大的传动比，一般可达 $i=20\sim80$，有时甚至达 $i=1000$ 以上。其结构紧凑、工作平稳、噪声低，也可实现自锁。但蜗杆传动存在效率低、摩擦大、产生热量大的缺点，故不适用于大功率和长时间连续工作的场合。

2. 蜗杆传动的类型

蜗杆传动的类型按蜗杆的外形可分为：圆柱面蜗杆传动（见图 8-41a)、圆弧面蜗杆传动（见图 8-41b)、锥蜗杆传动（见图 8-41c）等类型。

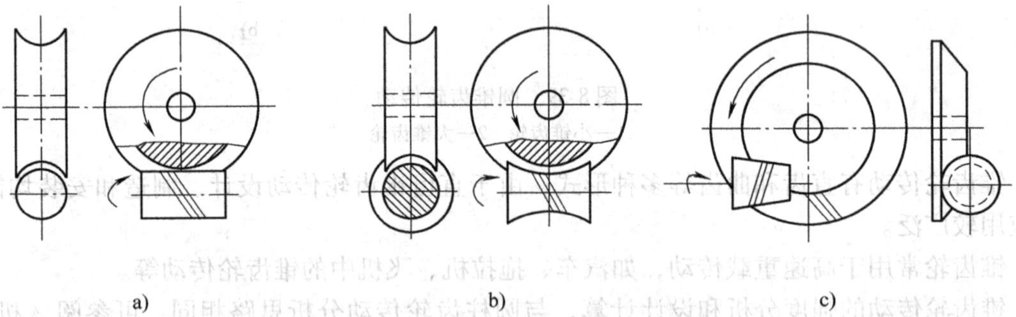

图 8-41　蜗杆传动的类型

a）圆柱面蜗杆传动　b）圆弧面蜗杆传动　c）锥蜗杆传动

根据蜗杆齿面形状的不同，圆柱面蜗杆可分为阿基米德蜗杆、渐开线蜗杆及延伸渐开线蜗杆。其中阿基米德蜗杆因容易制造，所以得到广泛应用。

蜗杆传动还有左旋和右旋之分与单头和双头之分。蜗杆和蜗轮的轮齿旋向相同。

3. 蜗轮转动方向的判别

蜗轮转动方向的判别，应用“左、右手法则”来确定，左旋用左手，右旋用右手，四个指头为蜗杆的回转方向，大拇指的反方向为蜗轮在节点处的速度方向，由此可判别蜗轮的转动方向，如图 8-42 所示。

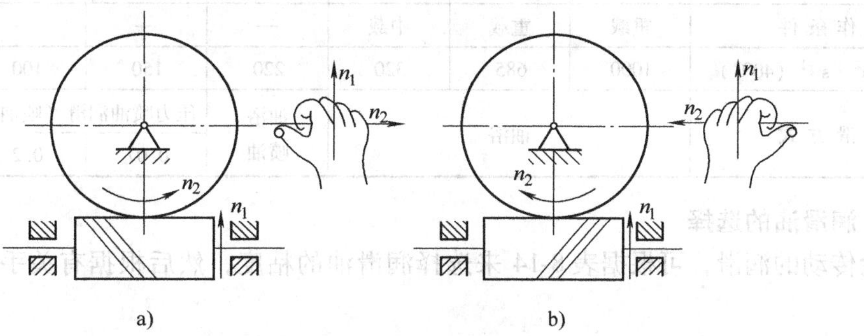

图 8-42　蜗轮转动方向的判别

a）右旋蜗杆用右手　b）左旋蜗杆用左手

第十节　齿轮传动的润滑

一、润滑方式

开式齿轮传动采用的润滑方式通常是人工定期加油润滑。

闭式齿轮传动的润滑方式，一般根据齿轮圆周速度的大小而定。当齿轮的圆周速度 $v \leqslant 12\text{m/s}$ 时，通常采用浸油（或称油池、油浴）润滑。大齿轮浸入油池一定的深度，齿轮运转时，把润滑油带到啮合区，同时也甩到箱体壁上，起到散热的作用。当 v 较大时，浸入深度约为一个齿高；当 v（0.5～0.8m/s）较小时，浸入深度为 1/6 的齿轮半径。

在多级齿轮传动中，当几个大齿轮直径不相等时，可借带油轮将油带到未浸入油池内的齿轮的齿面上，如图 8-43 所示。

当 $v > 12\text{m/s}$ 时，应采用喷油润滑，如图 8-44 所示，采用油泵以一定的压力，用喷油嘴将润滑油喷到轮齿的啮合面上。

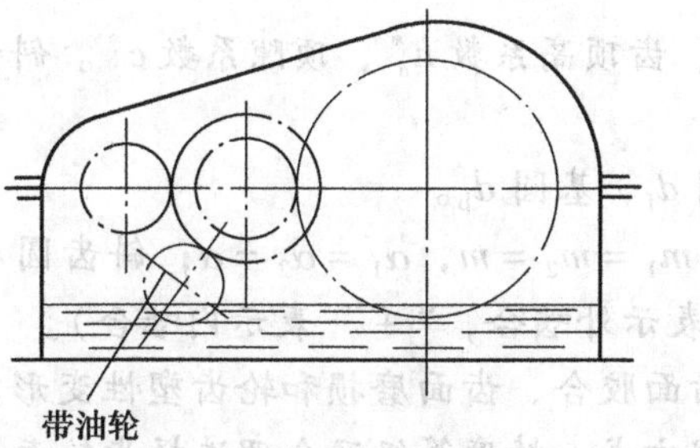

图 8-43　用带油轮润滑

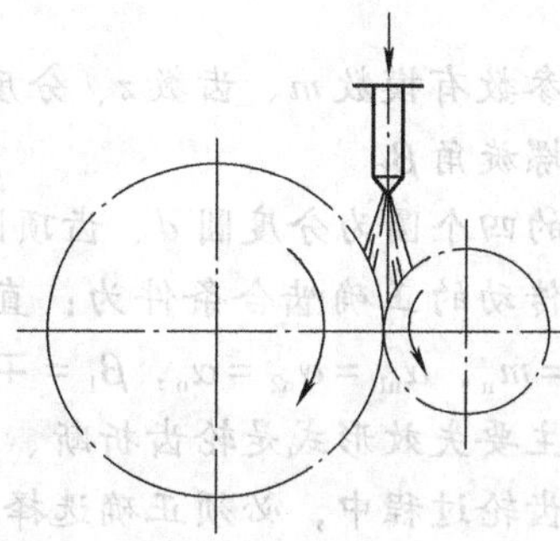

图 8-44　喷油润滑

蜗杆传动通常采用润滑油润滑。常用的润滑方式及选择见表 8-13。

表 8-13　蜗杆传动常用的润滑方式及选择

滑动速度 v_s/m·s^{-1}	<1	<2.5	<5	>5~10	>10~15	>15~25	>25
工作条件	重载	重载	中载	—	—	—	—
粘度/mm^2·s^{-1}（40℃）	1000	685	320	220	150	100	68
润滑方式	油浴			油浴喷油	压力喷油润滑（喷油压力）/N·mm^{-1}		
					0.07	0.2	0.3

二、润滑油的选择

齿轮传动的润滑，可根据表 8-14 来选择润滑油的粘度，然后根据有关手册选定润滑油的牌号。

表 8-14　齿轮传动润滑油的推荐粘度值

齿轮材料	强度极限 σ_B/MPa	圆周速度 v/m·s^{-1}						
		<0.5	0.5~1	1~2.5	2.5~5	5~12.5	12.5~25	>25
		运动粘度 ν/mm^2·s^{-1}（40℃）						
塑料、铸铁、青铜	—	350	220	150	100	80	55	—
钢	450~1000	500	350	220	150	100	80	55
	1000~1250	500	500	350	220	150	100	80
渗碳或表面淬火钢	1250~1580	900	500	500	350	220	150	100

注：对于多级齿轮传动，应采用各级传动圆周速度的平均值来选择润滑油的粘度。

闭式蜗杆传动的润滑油粘度可根据相对滑动速度和载荷类型，在表 8-14 中选取；对于开式传动，则采用粘度较高的齿轮油或润滑脂。

本章小结

齿轮传动是机械中应用较多的传动装置。齿轮传动包括：直齿圆柱齿轮传动、斜齿圆柱齿轮传动、锥齿轮传动、蜗杆传动等。蜗杆可看作是直径较小、螺旋角很大、齿数少的斜齿轮。

齿轮参数有模数 m、齿数 z、分度圆压力角 α、齿顶高系数 h_a^*、顶隙系数 c^*。斜齿轮多一项参数螺旋角 β。

齿轮的四个圆为分度圆 d、齿顶圆 d_a、齿根圆 d_f、基圆 d_b。

齿轮传动的正确啮合条件为：直齿圆柱齿轮 $m_1=m_2=m$，$\alpha_1=\alpha_2=\alpha$；斜齿圆柱齿轮 $m_{n1}=m_{n2}=m_n$，$\alpha_{n1}=\alpha_{n2}=\alpha_n$，$\beta_1=\mp\beta_2$（“-”表示外啮合，“+”表示内啮合）。

齿轮主要失效形式是轮齿折断、齿面点蚀、齿面胶合、齿面磨损和轮齿塑性变形。

设计齿轮过程中，必须正确选择材料、热处理方式、精度等级及合理选择齿轮参数，并按设计准则进行设计，随后确定齿轮的结构，绘制齿轮的零件工作图。

本章重点：齿轮几何尺寸计算公式、齿轮传动强度计算、蜗轮转向的判别等。

思考题与习题

8-1 保证一对齿轮啮合传动平稳的基本条件是什么？

8-2 说明齿条齿廓的参数和几何尺寸的特点。

8-3 直齿圆柱齿轮的正确啮合条件为____________________；斜齿圆柱齿轮的正确啮合条件为____________________。

8-4 蜗杆传动的类型有____________________。

8-5 一对外啮合斜齿圆柱齿轮传动，螺旋角应满足的条件是：

A. $\beta_1=\beta_2$　　B. $\beta_1<\beta_2$　　C. $\beta_1=-\beta_2$

8-6 闭式、软齿面齿轮传动，一般易发生的失效形式为：

A. 齿面磨损　　B. 齿面疲劳点蚀　　C. 齿面胶合

8-7 要实现两相交轴之间的传动，可采取的传动形式是：

A. 直齿圆柱齿轮传动　B. 蜗杆传动　　C. 斜齿圆柱齿轮传动　　D. 锥齿轮传动

8-8 一对相互外啮合的渐开线齿轮为正常齿制的标准直齿轮，已知传动比 $i=3.2$，小齿轮齿数 $z_1=23$，模数 $m=4\text{mm}$。试求这对齿轮的分度圆直径、齿顶圆直径、齿根圆直径、基圆直径、齿距、齿厚、齿槽宽和中心距。

8-9 测得某标准直齿圆柱齿轮的齿顶圆直径 $d_a=104\text{mm}$，齿根圆直径 $d_f=86\text{mm}$，齿数 $z_1=24$，齿距 $p=12.57\text{mm}$。试求该齿轮的模数、齿顶间隙系数和齿顶高系数。

8-10 三个齿数分别为 $z_1=20$、$z_2=60$、$z_3=60$ 的渐开线标准直齿轮，压力角相等，齿顶圆分别为$d_{a1}=44\text{mm}$、$d_{a2}=124\text{mm}$、$d_{a3}=139.5\text{mm}$。试确定哪两个齿轮可以正确啮合，并求正确啮合的中心距。

8-11 单级闭式直齿圆柱齿轮传动，已知传递的功率 $P_1=5.5\text{kW}$，小齿轮转速 $n_1=720\text{r/min}$，两齿轮的齿数分别为 $z_1=23$、$z_2=68$，两齿轮的齿宽分别为 $b_1=84\text{mm}$、$b_2=78\text{mm}$。齿轮工作时，双向运转，预期寿命 15 年，双班工作制，齿轮在两轴承间对称布置，载荷性质属中等冲击，由电动机驱动。若小齿轮选用 45 钢，调质处理；大齿轮用 ZG45，正火处理，试校核这对齿轮的传动强度是否足够。

8-12 闭式直齿圆柱齿轮传动中，已知传递的功率 $P_1=30\text{kW}$，小齿轮转速 $n_1=960\text{r/min}$，传动比 $i=3.8$，使用寿命为 10 年，双班制，电动机驱动，频繁双向起动，载荷有轻微冲击，要求结构紧凑，齿轮在两轴承间对称布置。试设计该齿轮传动（要求：绘制出大齿轮工作图）。

8-13 图 8-45 所示为圆柱蜗杆传动，两蜗杆均为右旋，试确定蜗轮 4 的转动方向。

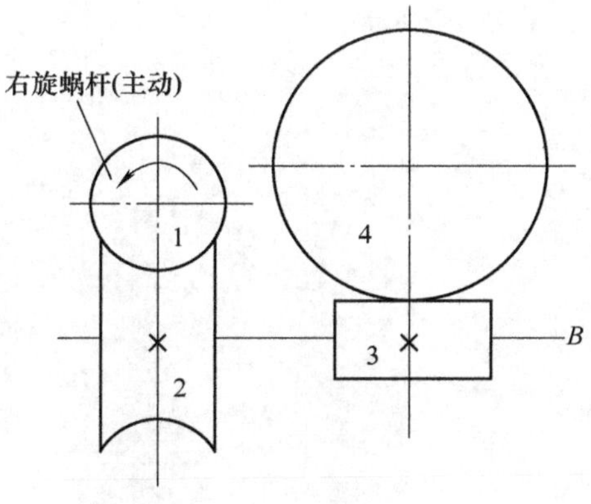

图 8-45　题 8-13

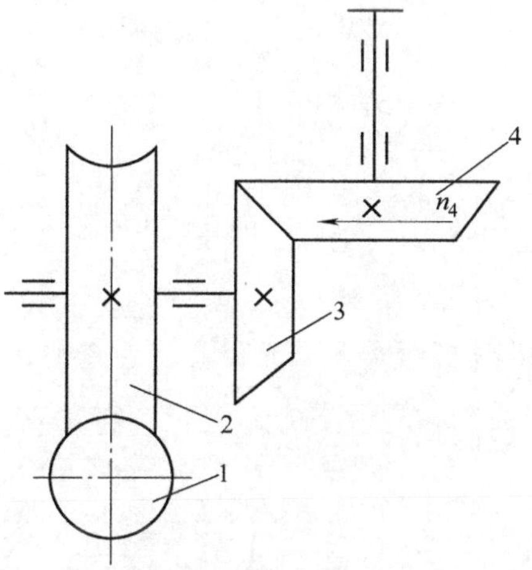

图 8-46　题 8-14

8-14　图 8-46 所示为圆柱蜗杆—锥齿轮传动，已知输出轴上的齿轮 4 的转速及转向，为使中间轴上的轴向力互相抵消一部分，试在图上画出：

1）蜗杆、蜗轮的转向及螺旋线旋向。

2）各轮所受轴向力方向。

8-15　图 8-47 所示为采用蜗杆传动的手动绞车。试求重物上升时，手柄的转动方向。

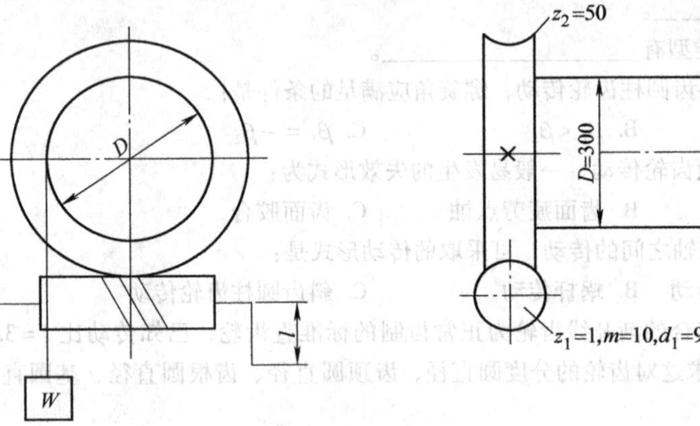

图 8-47　题 8-15

第九章　轮系传动

在机械传动中，仅用一对齿轮往往不能满足工作要求，常采用由一系列相互啮合的齿轮来传动，如各种加工机械主轴箱、运输机械变速器等。这种由一系列齿轮组成的传动系统，称为齿轮系，简称轮系。

轮系可实现变速、换向、多路输出，运动合成与分解及获得大的传动比等多种功能。

第一节　轮系传动的类型

根据轮系运动时各轮几何轴线是否固定，可将轮系分为定轴轮系和周转轮系两大类。

一、定轴轮系

轮系在传动时，所有齿轮几何轴线位置都是固定不变的，这种轮系，称为定轴轮系传动。

如图 9-1a 所示，二级圆柱齿轮减速器中的齿轮传动，运动由输入轴输入，通过一对齿轮啮合，将运动传递给另一对齿轮，由输出轴将运动传出。这是由两对相啮合的圆柱齿轮组成的定轴齿轮传动系统，其运动简图如图 9-1b 所示。

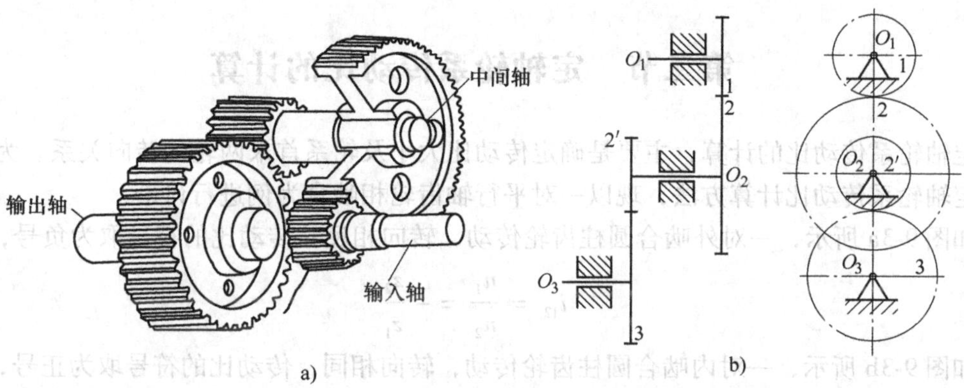

图 9-1　定轴轮系

a）两对齿轮组成的定轴轮系　b）简图

二、周转轮系

如图 9-2 所示，轮系在运转时，齿轮 1、3 的几何轴线固定不动，而齿轮 2 的转轴装在构件 H 的端部，当构件 H 转动时，齿轮 2 既绕自身轴线 O_2 作自转，又绕齿轮 1、3 的轴线 O_1 作公转。这种至少有一个齿轮的几何轴线绕其他齿轮固定轴线回转的轮系，称为周转轮系。齿轮 2 称为行星轮，支持行星轮的构件 H 称为转臂或行星架，齿轮 1 和 3 称为太阳轮，也称为中心轮。

周转轮系中，由于一般都以太阳轮和行星架作为运动的输入和输出构件，故称这些构件为周转轮系的基本构件。根据周转轮系所具有的自由度数目的不同，周转轮系可进一步分为以下两类：

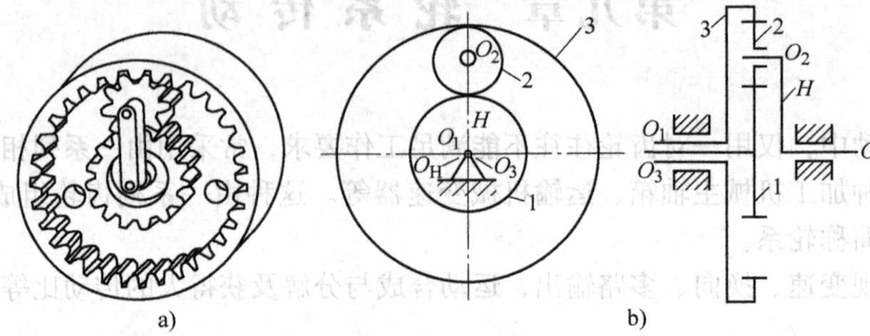

图 9-2 周转轮系

a）结构示意图 b）运动简图

1. 行星轮系

在图 9-2 所示的周转轮系中，若将太阳轮 3 固定，则整个轮系的自由度为 1，这种自由度为 1 的周转轮系，称为行星轮系。只要将轮系中一个构件作为原动件，整个轮系的运动规律即可确定。

2. 差动轮系

在图 9-2 所示的周转轮系中，若太阳轮 1 和 3 均不固定，则整个轮系的自由度数为 2，为使其具有确定的运动，需要有 2 个原动件。这种自由度为 2 的周转轮系，称为差动轮系。

第二节 定轴轮系传动比的计算

定轴轮系传动比的计算，主要是确定传动比大小及轮系首末两轮的转向关系。为了准确分析定轴轮系传动比计算方法，现以一对平行轴齿轮相啮合为例进行讨论：

如图 9-3a 所示，一对外啮合圆柱齿轮传动，转向相反，传动比的符号取为负号，则有

$$i_{12}=\frac{n_1}{n_2}=-\frac{z_2}{z_1}$$

如图 9-3b 所示，一对内啮合圆柱齿轮传动，转向相同，传动比的符号取为正号，则有

$$i_{12}=\frac{n_1}{n_2}=+\frac{z_2}{z_1}$$

两齿轮之间的转动方向，也可用画箭头的方法表示。如图 9-3 所示，当两箭头相反时，表示两齿轮的转动方向相反，传动比为负；当两箭头相同时，表示两齿轮的转动方向相同，传动比为正。

现以图 9-4 所示平行轴定轴轮系为例，讨论定轴轮系传动比的计算。设首轮为 1，末轮为 5，各轮的转速和齿数分别为 n_1、n_2、n'_2、n_3、n'_3、n_4、n_5 和 z_1、z_2、z'_2、z_3、z'_3、z_4、z_5，轮系中各对齿轮的传动比为

$$i_{12}=\frac{n_1}{n_2}=-\frac{z_2}{z_1}$$

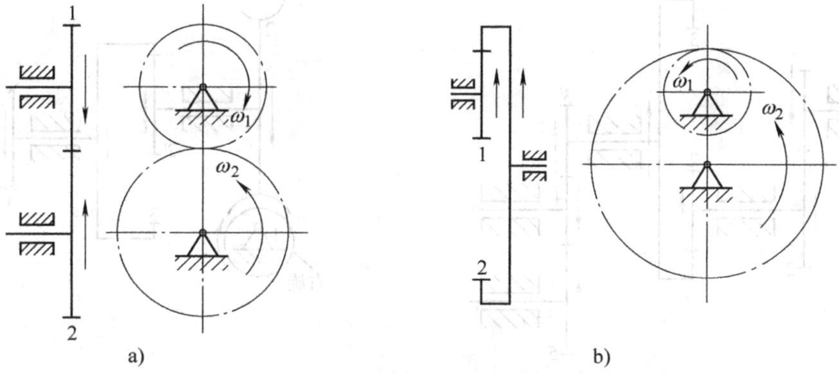

图 9-3　平行轴齿轮传动

a）外啮合传动　b）内啮合传动

$$i_{2'3}=\frac{n'_2}{n_3}=\frac{z_3}{z'_2}$$

$$i_{3'4}=\frac{n'_3}{n_4}=-\frac{z_4}{z'_3}$$

$$i_{45}=\frac{n_4}{n_5}=-\frac{z_5}{z_4}$$

将以上各式等号两边分别相乘，可得

$$i_{15}=i_{12}\cdot i_{2'3}\cdot i_{3'4}\cdot i_{45}=\frac{n_1}{n_2}\cdot\frac{n'_2}{n_3}\cdot\frac{n'_3}{n_4}\cdot\frac{n_4}{n_5}=(-1)^3\frac{z_2z_3z_4z_5}{z_1z'_2z'_3z_4}$$

上式表明，定轴轮系传动比的大小为：所有从动轮齿数的连乘积与所有主动轮齿数的连乘积之比，也等于各对齿轮传动比的连乘积。传动比的正、负号取决于轮系中外啮合齿轮的对数，当外啮合齿轮的对数为偶数时，用正号表示，即主、从动齿轮转向相同；外啮合齿轮的对数为奇数时，用负号表示，即主、从动齿轮转向相反。

另外，由以上传动比计算可见，式中不含齿轮 4 的齿数，这是因为齿轮 4 既是主动轮，又是从动轮，故在等式右边分子分母中消去，这说明齿轮 4 的齿数不影响传动比的大小，但它可改变轮系的转向和增大轴距，这种齿轮称为惰轮。

以上结果推广到一般情况，平面定轴轮系传动比的一般表达式为

$$i_{1k}=\frac{n_1}{n_k}=(-1)^m\frac{\text{轮系中所有从动轮齿数的连乘积}}{\text{轮系中所有主动轮齿数的连乘积}}\tag{9-1}$$

式中　m——外啮合圆柱齿轮的对数。

对于由平行轴圆柱齿轮组成的定轴轮系，轮系中主、从动轮的转向关系可用 $(-1)^m$ 来确定，也可以用画箭头的方法确定，如图 9-4 所示。

若定轴轮系中有锥齿轮、蜗杆和蜗轮等空间齿轮机构，其传动比的大小仍用式（9-1）计算，但由于空间齿轮轴线不平行，主动齿轮与从动齿轮不存在转动方向相同或相反的问题，所以不能用 $(-1)^m$ 来确定轮系首轮与末轮的转向关系，各齿轮的转向必须用画箭头的方法确定，如图 9-5 所示。

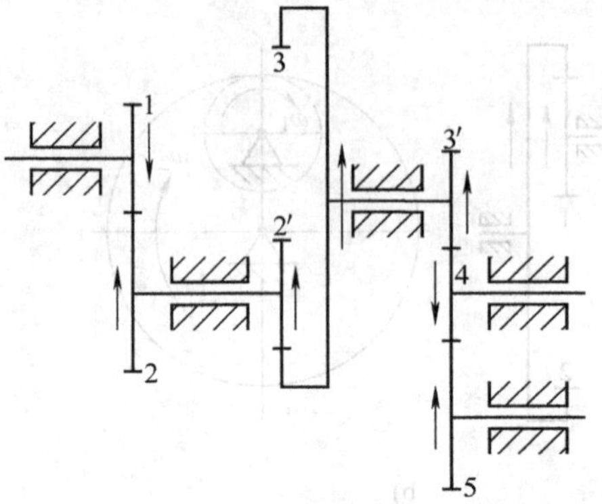

图 9-4　定轴轮系传动比的计算

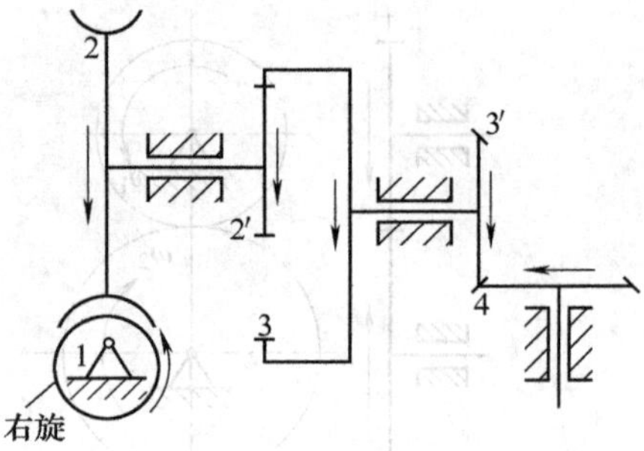

图 9-5　空间定轴轮系

例 9-1　如图 9-6 所示，车床溜板箱进给刻度盘轮系中，运动由齿轮 1 输入，由齿轮 5 输出，各齿轮的齿数为 $z_1=18$，$z_2=87$，$z_3=28$，$z_4=20$，$z_5=84$。试求轮系的传动比 i_{15}。

解：1）计算轮系传动比。由图 9-6 可以看出，该轮系为平面定轴轮系，所以按式(9-1)计算传动比。

$$i_{15}=\frac{n_1}{n_5}=(-1)^2\frac{z_2z_4z_5}{z_1z_3z_4}=(-1)^2\frac{87\times 84}{18\times 28}=14.5$$

2）确定转向。因为传动比的大小为正，所以末轮 5 的转向与首轮 1 的转向相同。首、末两轮的转向关系也可以用画箭头的方法确定，如图 9-6 所示。

例 9-2　如图 9-7 所示，组合机床动力滑台轮系中，动力由电动机输入，由蜗杆 6 输出。已知电动机转速 $n_1=960\text{r/min}$，$z_1=24$，$z_2=48$，$z_3=24$，$z_4=28$，蜗杆螺旋线为右旋，其头数 $z_5=2$，蜗轮齿数 $z_6=56$。试确定蜗轮的转速和转向。

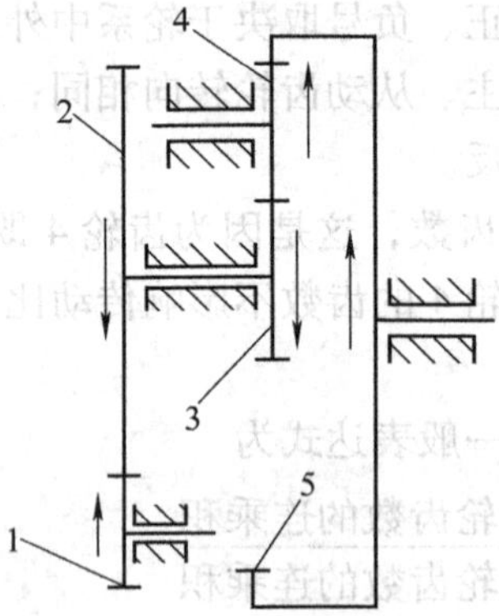

图 9-6　车床溜板箱进给轮系

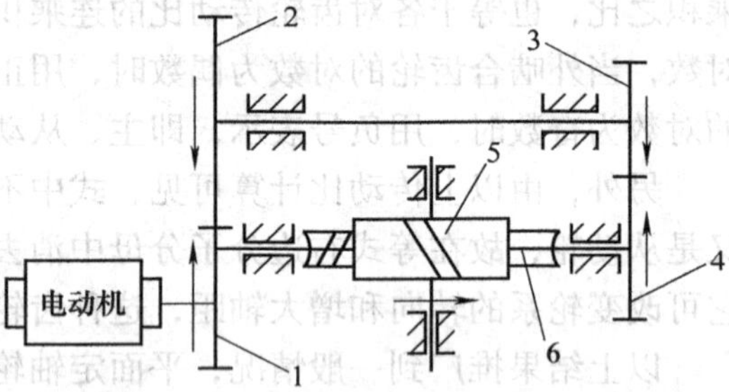

图 9-7　组合机床动力滑台轮系

解：1）轮系为定轴轮系，由式（9-1）计算轮系的传动比，即

$$i_{16}=\frac{n_1}{n_6}=\frac{z_2z_4z_6}{z_1z_3z_5}=\frac{48\times 28\times 56}{24\times 24\times 2}=65.3$$

$$n_6=\frac{n_1}{i_{16}}=\frac{960}{65.3}\text{r/min}=14.7\text{r/min}$$

2）确定转向。因轮系中有蜗杆传动，所以，必须用画箭头的方法确定转动方向。n_1 与 n_6 的转向关系，如图 9-7 中箭头所示。

第三节　周转轮系传动比的计算

在周转轮系中，由于其行星轮系的运动不是绕定轴的简单运动，因此其传动比的计算，也不能象定轴轮系那样直接以齿数的反比的形式表示。

一、周转轮系的转化机构

周转轮系与定轴轮系的根本区别在于，周转轮系中存在一个转动着的转臂 H，如图9-8 所示，因此行星齿轮既有自转又有公转。

如果能够使转臂 H 固定不动，那么周转轮系就可以转化为定轴轮系。为此，假想给整个轮系上加上一个公共的转速（$-n_H$），根据相对运动原理可知，各构件之间的相对运动关系并不改变，但此时转臂 H 的转速就变成了 $n_H - n_H = 0$，即转臂 H 可视为固定不动，于是周转轮系就转化成了一个假想的定轴轮系，称为周转轮系的转化机构。

在图 9-8 所示的周转轮系中，当给整个轮系加上一个（$-n_H$）的公共转速后，其各个构件的转速变化情况如表 9-1 所示。

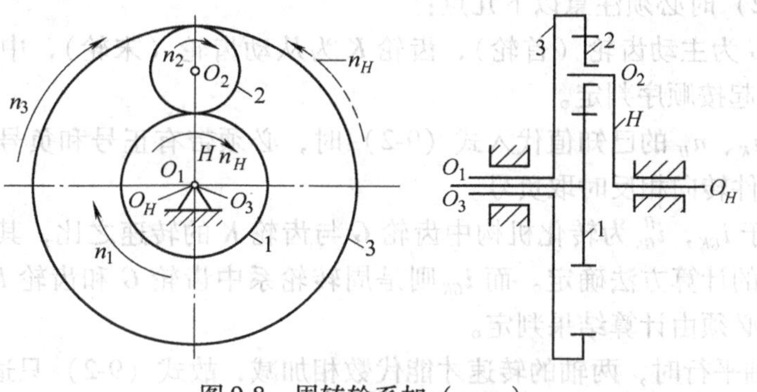

图 9-8　周转轮系加（$-n_H$）

表 9-1　周转轮系转化机构中各构件的转速

构件代号	原有转速	在转化机构中的转速（即相对系杆的转速）
1	n_1	$n_1^H = n_1 - n_H$
2	n_2	$n_2^H = n_2 - n_H$
3	n_3	$n_3^H = n_3 - n_H$
H	n_H	$n_H^H = n_H - n_H = 0$

表中 n_1^H、n_2^H、n_3^H 分别表示在转臂 H 固定后，所得到转化机构中齿轮 1、2、3 的转速。由于 $n_H^H = 0$，所以上述周转轮系就转化为如图 9-9 所示的定轴轮系。因此，该转化机构的传动比就可以按照定轴机构的传动比计算。通过对转化机构的传动比计算，即可得到周转轮系中各构件的真实转速与齿数之间的关系，进而求出周转轮系的传动比。

二、周转轮系的传动比计算

如图 9-9 所示的周转轮系，其转化机构中齿轮 1 与齿轮 3 的传动比 i_{13}^H 为

$$i_{13}^H = \frac{n_1^H}{n_3^H} = \frac{n_1 - n_H}{n_3 - n_H} = -\frac{z_2 \cdot z_3}{z_1 \cdot z_2} = -\frac{z_3}{z_1}$$

式中“−”号表示转化轮系中齿轮1和齿轮3的转向相反。

根据上述原理，不难得出周转轮系中转化机构传动比的一般计算公式，设周转轮系中首轮和末轮分别为 G 和 K，转臂为 H，则其转化机构传动比为

$$i_{GK}^{H}=\frac{n_{G}^{H}}{n_{K}^{H}}=\frac{n_{G}-n_{H}}{n_{K}-n_{H}}=(-1)^{m}\frac{G、K\text{间各从动轮的齿数连乘积}}{G、K\text{间各主动轮的齿数连乘积}} \tag{9-2}$$

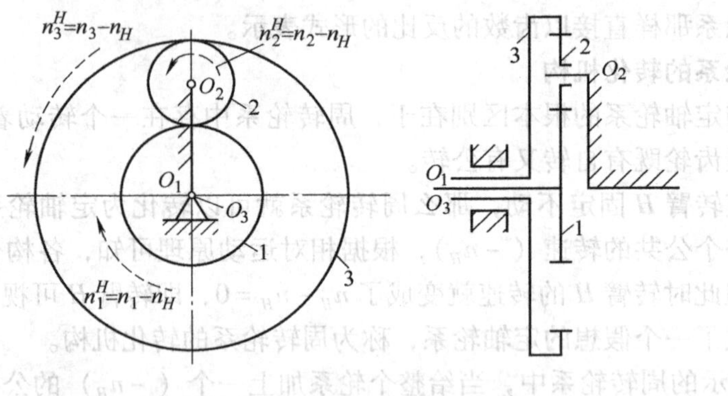

图9-9 周转轮系的转化机构

应用式（9-2）时必须注意以下几点：

1）视齿轮 G 为主动齿轮（首轮），齿轮 K 为从动齿轮（末轮），中间各齿轮的主从动地位，从齿轮 G 起按顺序判定。

2）将 n_G、n_K、n_H 的已知值代入式（9-2）时，必须带有正号和负号。两构件转向相同时取正号；两构件转向相反时取负号。

3）i_{GK}^{H}不等于 i_{GK}，i_{GK}^{H}为转化机构中齿轮 G 与齿轮 K 的转速之比，其大小与正负号应按定轴轮系传动比的计算方法确定。而 i_{GK}则是周转轮系中齿轮 G 和齿轮 K 的绝对转速之比，其大小及正负号必须由计算结果判定。

4）只有两轴平行时，两轴的转速才能代数相加减，故式（9-2）只适于齿轮 G、K 和转臂 H 轴线相平行的场合。式（9-2）也适应于由锥齿轮组成的周转轮系，不过两个太阳轮和转臂 H 的轴线必须平行，且转化机构的传动比 i_{GK}^{H}的正负号必须用画箭头的方法确定。

例9-3 图9-10所示为一平行轴差动轮系，已知各轮齿数 $z_1=16$、$z_2=24$、$z_3=64$。轮1和轮3的转速分别为 $n_1=1\text{r/min}$、$n_3=4\text{r/min}$，转向如图所示，试求 n_H 和 i_{1H}。

解：轮系为平行轴周转轮系，由式（9-2）可得

$$i_{13}^{H}=\frac{n_1-n_H}{n_3-n_H}=(-1)^{1}\frac{z_3}{z_1}$$

由题意可知，轮1和轮3转向相反，取 n_1 为正，n_3 为负，将 n_1、n_3 代入，解得

$$i_{13}^{H}=\frac{1-n_H}{-4-n_H}=-\frac{64}{16}=-4$$

$$n_H=-3\text{r/ min}$$

由此可求得

$$i_{1H}=\frac{n_1}{n_H}=-\frac{1}{3}$$

计算结果为负值，表明转臂 H 的转向与齿轮1相反，与齿轮3相同。

例 9-4 在图 9-11 所示的轮系中，各轮的齿数分别为 $z_1=48$、$z_2=48$、$z_{2'}=18$、$z_3=24$，$n_1=250\text{r/min}$、$n_3=100\text{r/min}$，转向如图所示。求系杆的转速 n_H 的大小和方向。

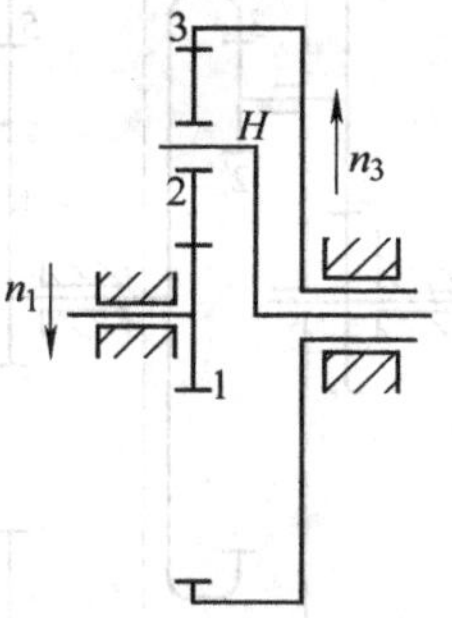

图 9-10 平行轴差动轮系

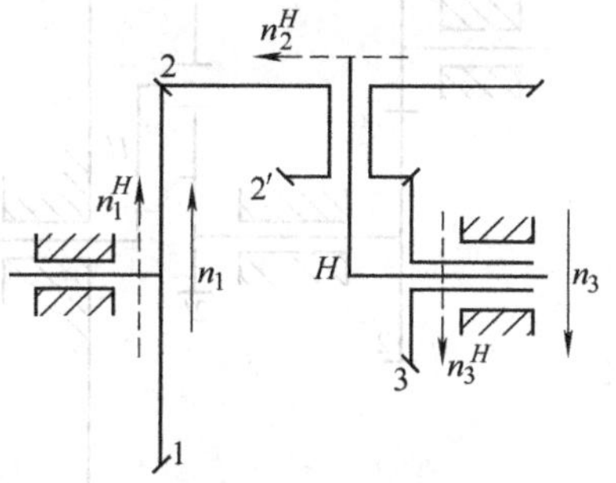

图 9-11 锥齿轮所组成的周转轮系

解：轮系是由锥齿轮所组成的周转轮系，其转化机构的传动比为

$$i_{13}^H=\frac{n_1^H}{n_3^H}=\frac{n_1-n_H}{n_3-n_H}=-\frac{z_2z_3}{z_1z_2{}'}=-\frac{48\times 24}{48\times 18}=-\frac{4}{3}$$

式中，齿数比前的“－”号表示在该轮系的转化机构中，齿轮 1、3 的转向相反，是通过图中虚线箭头表示的 n_1^H 来确定的。将已知的 n_1、n_3 值代入上式则

$$\frac{n_1-n_H}{n_3-n_H}=\frac{250-n_H}{-100-n_H}=-\frac{4}{3}$$

解出

$$n_H=\frac{350}{7}\text{r/ min}=50\text{r/ min}$$

计算结果为正值，表明转臂 H 的转向与齿轮 1 相同。

第四节 复合轮系

在机械中，除了广泛应用定轴轮系和周转轮系外，还经常把定轴轮系和周转轮系组合在一起使用，这样的轮系称为复合轮系，也称为混合轮系。

如图 9-12 所示，轮系由齿轮 1、齿轮 2 组成定轴轮系；由中心齿轮 2′、4，行星齿轮 3 和转臂 H 组成周转轮系，此轮系即为复合轮系。

复合轮系的传动比计算是建立在定轴轮系和周转轮系传动比计算基础上的。其步骤是：

1）先把整个轮系划分为各周转轮系和定轴轮系，然后分别列出它们传动比的计算公式。

2）根据这些基本轮系的组合方式（即联系起来的条件），联立求解所需的传动比。

例 9-5 如图 9-13 所示，电动卷扬机齿轮系统中，各齿轮齿数分别为 $z_1=24$，$z_2=48$，$z_{2'}=30$，$z_3=102$，$z_{3'}=40$，$z_4=48$，$z_5=100$。动力由齿轮 1 输入，$n_1=750\text{r/min}$，经卷筒 5 输出，求卷筒转速 n_H。

解：1）划分轮系。双联齿轮 2-2′的几何轴线不固定，绕中心齿轮轴线转动，是行星轮；支承该行星齿轮的内齿轮 5 即为转臂 H，而与齿轮 2 和 2′分别啮合的齿轮 1 和齿轮 3，即为中心齿轮。

故齿轮 1、2-2′、3、5（H）组成周转轮系；齿轮 3′、4、5 组成定轴轮系。因此，该轮系为一复合轮系。

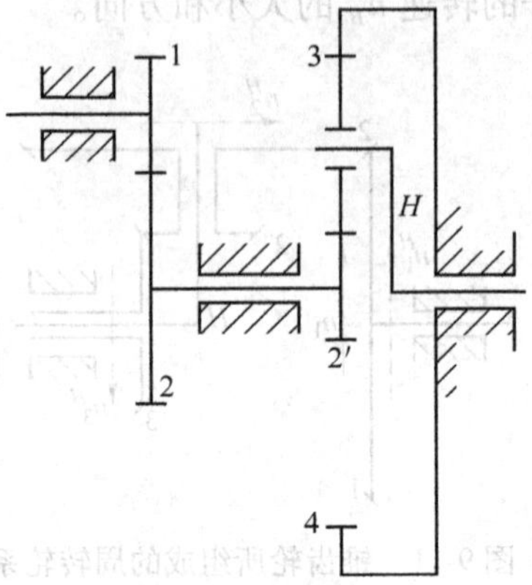

图 9-12　复合轮系

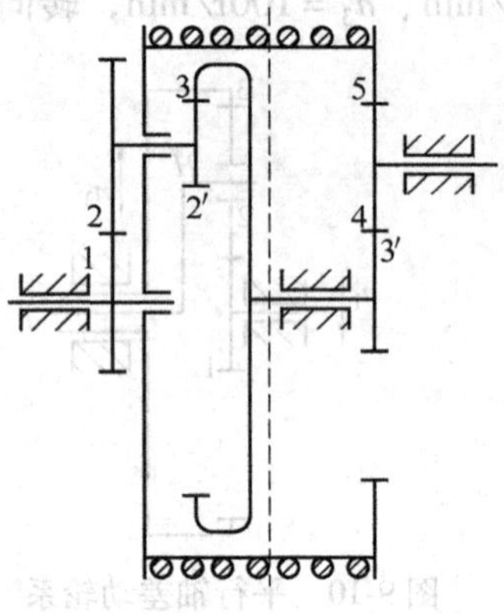

图 9-13　电动卷扬机齿轮系统

2）计算各轮系的传动比。周转轮系传动比为

$$i_{13}^{H}=\frac{n_1-n_H}{n_3-n_H}=-\frac{z_2z_3}{z_1z_{2'}}=-\frac{48\times102}{24\times30}=-0.68 \quad (a)$$

定轴轮系的传动比为

$$i_{3'5}=\frac{n_{3'}}{n_5}=\frac{n_3}{n_H}=-\frac{z_5}{z_{3'}}=-\frac{100}{40}=-2.5 \quad (b)$$

由于 $n_5=n_H$，所以 $n_3=-2.5n_H$

联立（a）和（b）两式求解得

$$i_{1H}=\frac{n_1}{n_H}=24.8$$

$$n_H=\frac{n_1}{i_{1H}}=\frac{750}{24.8}\text{r/min}=30.24\text{r/min}$$

式中 i_{1H} 为正值，表明齿轮 1 与卷筒 5 的转向相同。

第五节　轮系的应用

周转轮系应用比较广泛，主要有以下几方面：

一、实现大传动比传动

一般齿轮传动其传动比 $i\leq7$，为了获得大的传动比可采用周转轮系。

例 9-6　如图 9-14 所示轮系，已知各轮齿数 $z_1=100$，$z_2=101$，$z_2'=100$，$z_3=99$，试确定传动比 i_{H1}。

解：由式（9-2）式得

$$i_{13}^{H}=\frac{n_1-n_H}{n_3-n_H}=\frac{n_1-n_H}{0-n_H}=(-1)^2\frac{z_2z_3}{z_1z_2'}=\frac{101\times99}{100\times100}=\frac{9999}{10000}$$

整理后得　$$i_{1H}=\frac{n_1}{n_H}=1-\frac{9999}{10000}=\frac{1}{10000}$$

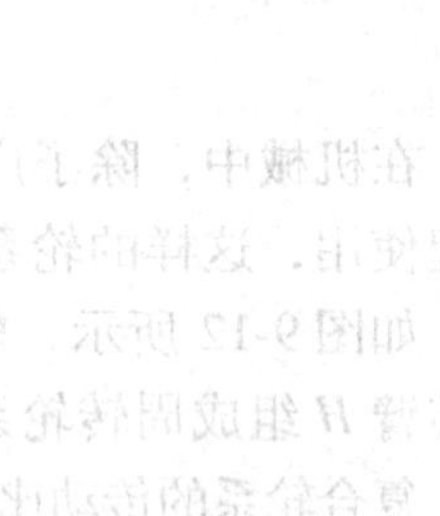

图 9-14　大传动比行星轮系

因此 $$i_{H1} = 10000$$

此例说明，当行星架 H 转 10000 转时，齿轮 1 只转一转。这种大传动比的轮系。通常只用于高转速的仪表中，或用作精密微调机构。

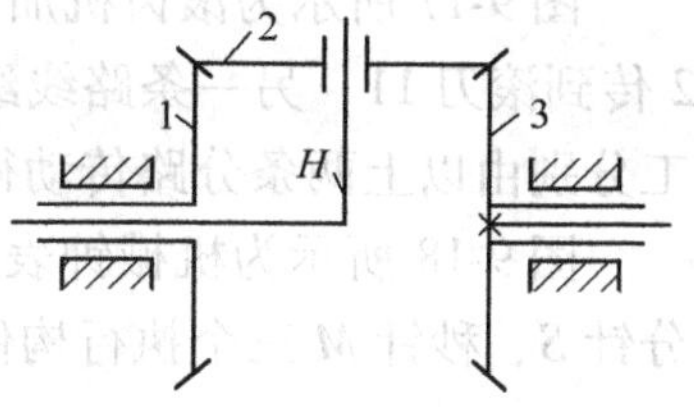

图 9-15　空间差动轮系

二、实现运动的合成

图 9-15 所示为空间差动轮系，该轮系包括太阳轮 1 和 3 ($z_1 = z_3$)、行星轮 2、行星架 H 等构件。只有给定任意两个基本构件的运动后，另一个基本构件的运动才能确定。如以齿轮 1、3 为原动件，且 $z_1 = z_3$，由式（9-2）得

$$i_{13}^H = \frac{n_1 - n_H}{n_3 - n_H} = -\frac{z_3}{z_1} = -1$$

$$n_H = \frac{1}{2}(n_1 + n_3) \tag{a}$$

此例说明行星架 H 的转速是齿轮 1、3 转速的合成，可视为加法机构。

若以其中任一太阳轮与行星架为原动件，将式（a）整理，则有

$$n_1 = 2n_H - n_3 \tag{b}$$

或

$$n_3 = 2n_H - n_1 \tag{c}$$

(b)、(c) 两式表明，差动轮系又可作为减法机构。

差动轮系的这些特性在机床、运输机械、计算机及补偿调节装置中得到广泛的应用。

三、实现变向传动

图 9-16 所示为车床走刀丝杠换向机构，通过改变手柄的位置，使齿轮 2 参与啮合（见图 9-16a)，或不参与啮合（见图 9-16b)，以改变不同的齿轮啮合形式，达到从动齿轮 4 转动方向的变化。

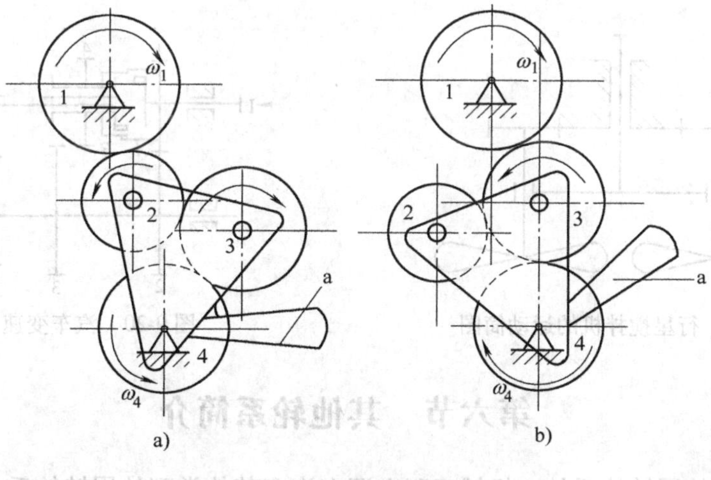

图 9-16　车床走刀丝杠换向机构

四、实现分路传动

在轮系传动中，一个原动件可通过多对齿轮从不同的传动路线，将运动传递给执行件，

以实现分路传动。

图9-17所示为滚齿机加工齿轮传动简图。一条运动路线从主动轴1开始，经锥齿轮1、2传到滚刀11，另一条路线经齿轮3、4、5、6、7、蜗杆8、蜗轮9传到轮坯10，齿轮的加工分别由以上两条分路传动得到保证。

图9-18所示为机械钟表传动系统，主动轮1驱使若干从动轴转动，将运动传给时针H、分针S、秒针M三个执行构件，实现分路传动。

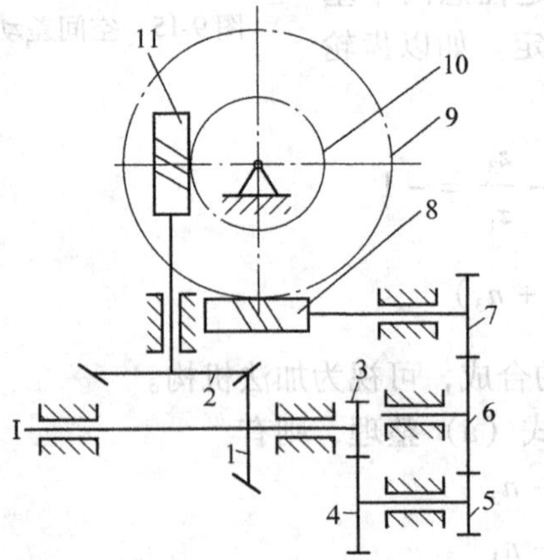

图9-17　滚齿机加工齿轮传动简图

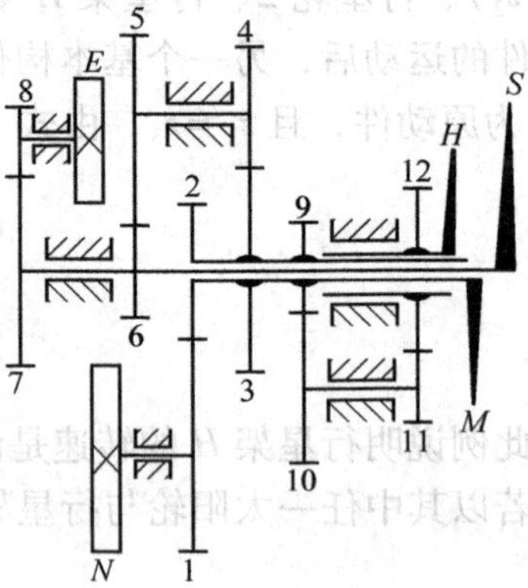

图9-18　机械钟表传动系统

五、实现从动件的复杂运动

许多传动装置，利用周转轮系行星轮既自转又公转这一特点，实现复杂运动。如图9-19所示的行星搅拌机的运动简图，其搅拌器由行星轮连接在一起，从而增加了搅拌效果。

六、实现变速传动

如图9-20所示的汽车变速器简图，利用滑移齿轮与不同齿轮啮合，达到改变车速的目的。

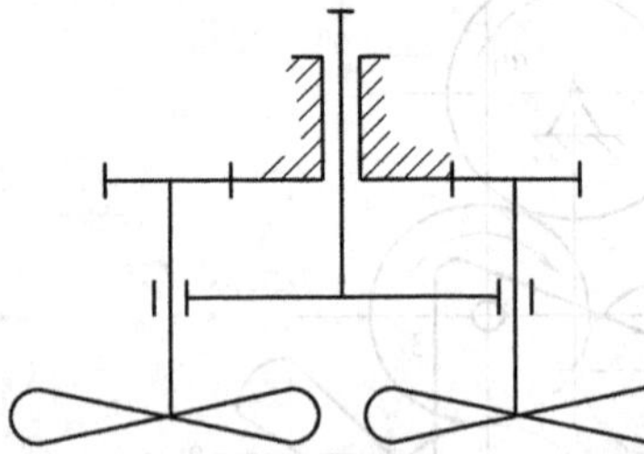

图9-19　行星搅拌机的运动简图

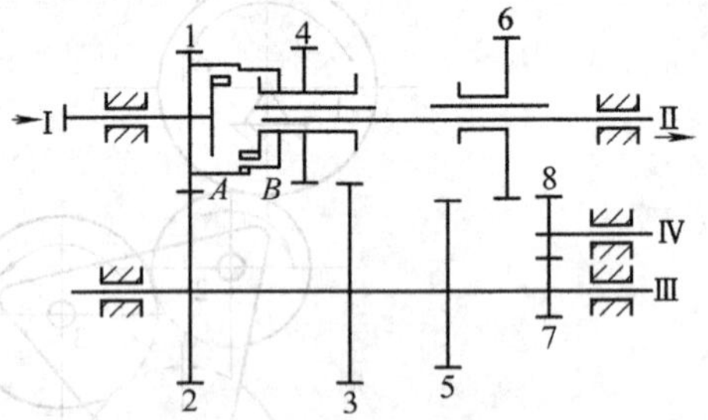

图9-20　汽车变速器简图

第六节　其他轮系简介

除前面介绍的周转轮系外，机械工程上还有许多其他类型的周转轮系。其共同特点是结构紧凑，传动比大，质量小和效率高。

一、渐开线少齿差行星传动

图9-21所示为渐开线少齿差行星传动示意图。其结构由行星轮g、太阳轮（内齿轮）

b、转臂 *H* 和一个输出机构 *V* 组成。运转时，太阳轮 *b* 固定不动，动力由行星架输入，经行星轮 *g* 并通过输出机构 *V* 传给输出轴。渐开线太阳轮 *b* 和行星轮 *g* 的尺数相差很少，故这种行星传动称为渐开线少齿差行星传动。

渐开线少齿差行星传动机构简单、体积小、重量轻、容易加工和维修方便。一般用于中、小功率的传动。

图 9-22 所示为渐开线少齿差行星传动销孔式输出机构。

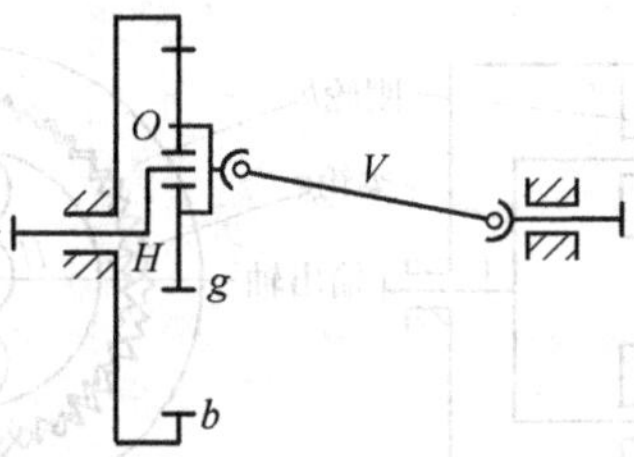

图 9-21 渐开线少齿差行星传动示意图

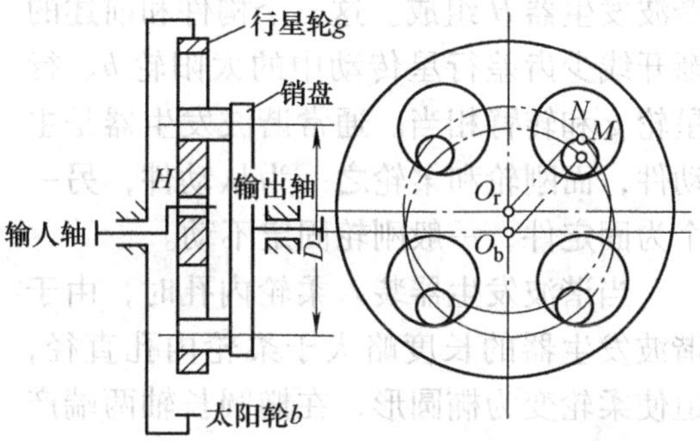

图 9-22 渐开线少齿差行星传动销孔式输出机构

图 9-23 所示为渐开线少齿差行星传动机构示意图。

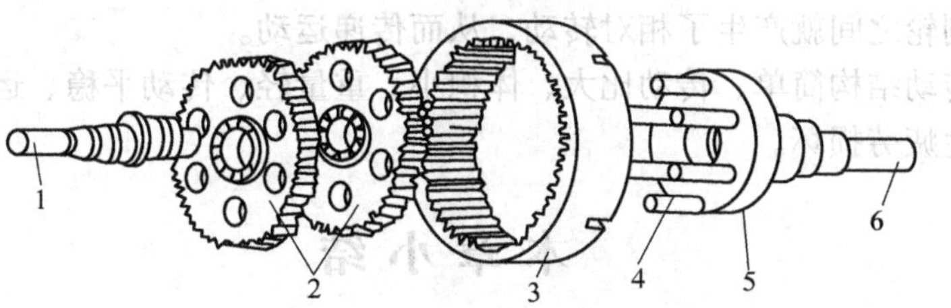

图 9-23 渐开线少齿差行星传动机构示意图

1—输入轴 2—行星轮 3—太阳轮 4—销轴 5—销盘 6—输出轴

二、摆线针轮行星传动

图 9-24 所示为摆线针轮行星传动机构示意图。摆线针轮行星传动原理、输出机构形式

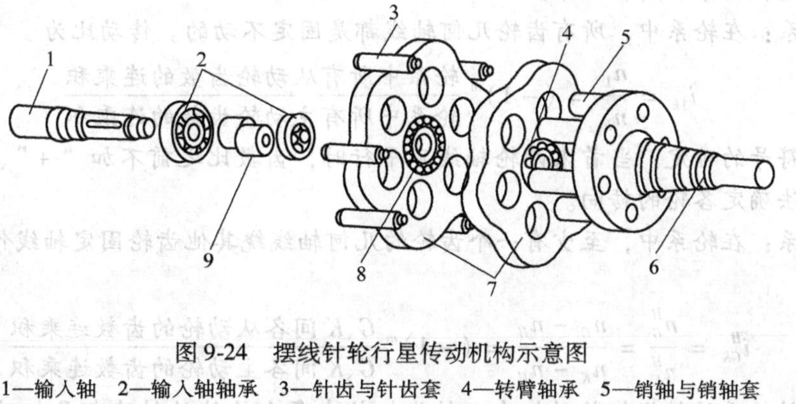

图 9-24 摆线针轮行星传动机构示意图

1—输入轴 2—输入轴轴承 3—针齿与针齿套 4—转臂轴承 5—销轴与销轴套 6—输出轴 7—摆线轮 8—转臂轴承 9—双偏心套

均与渐开线少齿差行星传动相同。两者的不同之处仅在于：摆线针轮传动中，行星轮的齿廓曲线不是渐开线，而是外摆线，太阳内齿轮采用了针轮。

摆线针轮行星传动结构紧凑、传动效率高、承载能力大；其缺点是加工工艺复杂，制造成本较高。

三、谐波齿轮传动

图 9-25 所示为谐波齿轮传动示意图。此机构由具有内齿的刚轮 b、具有外齿的柔轮 g 和谐波发生器 H 组成。这三个构件和前述的渐开线少齿差行星传动中的太阳轮 b、行星轮 g 和转臂相当。通常谐波发生器是主动件，而刚轮和柔轮之一为从动件，另一个为固定件，一般刚轮固定不动。

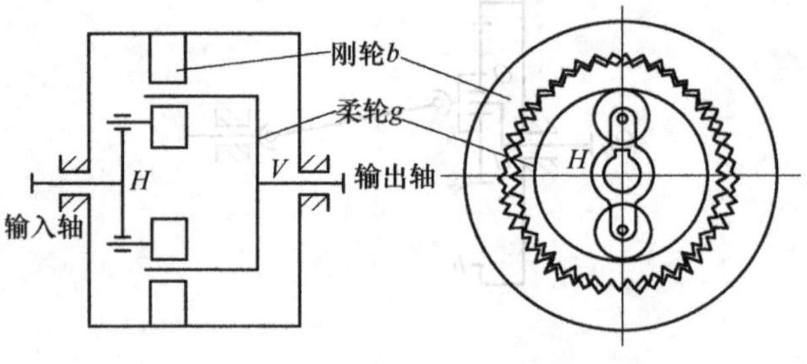

图 9-25　谐波齿轮传动示意图

当谐波发生器装入柔轮内孔时，由于谐波发生器的长度略大于柔轮内孔直径，迫使柔轮变为椭圆形，在椭圆长轴两端产生了柔轮与刚轮轮齿的两个局部啮合区；椭圆短轴两端两轮轮齿则完全脱开。至于其他各处，则处于啮合与脱开的过渡阶段。谐波发生器连续转动时，柔轮长短轴的位置不断变化，从而使轮齿的啮合处和脱开处也随之变化，因此在柔轮与刚轮之间就产生了相对转动，从而传递运动。

谐波齿轮传动结构简单、传动比大、体积小、重量轻、传动平稳、运动精度高；其缺点是柔轮容易发生疲劳损坏。

本 章 小 结

在实际机械中，往往对齿轮传动有各种工作要求，有时需要获得大的传动比，有时需要将主动轴的转速变为从动轴的多种转速，有时需要将主动轴上的运动和动力分配到不同的传动路线上。这样，一对齿轮是无法满足要求的，因此，常将多对齿轮组合在一起进行传动，这种由多对齿轮组成的传动系统，称为齿轮传动系统，简称为轮系。

轮系有定轴轮系和周转轮系。

定轴轮系：在轮系中，所有齿轮几何轴线都是固定不动的。传动比为

$$i_{1k}=\frac{n_1}{n_k}=(-1)^m\frac{\text{轮系中所有从动轮齿数的连乘积}}{\text{轮系中所有主动轮齿数的连乘积}}$$

传动比符号的确定：当首末两轮轴线不平行时，齿数比之前不加“+”、“-”号，按画箭头的方法确定各轮的转向。

周转轮系：在轮系中，至少有一个齿轮的几何轴线绕其他齿轮固定轴线作回转运动。传动比为

$$i_{GK}^{H}=\frac{n_G^H}{n_K^H}=\frac{n_G-n_H}{n_K-n_H}=(-1)^m\frac{G\text{、}K\text{ 间各从动轮的齿数连乘积}}{G\text{、}K\text{ 间各主动轮的齿数连乘积}}$$

理解周转轮系的转化机构的概念，转化机构中每个构件的转速都是相对于行星架的转速。

重点：定轴轮系传动比的计算、周转轮系传动比的计算。

思考题与习题

9-1　怎样区别定轴轮系、行星轮系、差动轮系？

9-2　怎样计算定轴轮系传动比？如何确定定轴轮系的转向？

9-3　怎样计算周转轮系传动比？如何确定周转轮系的转向？

9-4　在定轴轮系中，i_{GK}为定轴轮系中轮 G 与轮 K 的________，其大小与正负号由________确定。

9-5　在周转轮系中，i_{GK}^{H}为转化机构中轮 G 与轮 K 的________，其大小与正负号应按________的计算方法确定。

9-6　轮系传动中，所有齿轮几何轴线位置都是固定不变的，这种轮系，称为________；轮系传动中，至少有一个齿轮的几何轴线绕其他齿轮固定轴线回转的轮系，称为________。

9-7　如图 9-26 所示的轮系，已知各轮的齿数 $z_1 = z_2' = 15$，$z_2 = 45$，$z_3 = 30$，$z_3' = 17$，$z_4 = 34$，试求传动比 i_{14}。

9-8　如图 9-27 所示的外圆磨床进给机构，已知各轮的齿数 $z_1 = 28$，$z_2 = 56$，$z_3 = 38$，$z_4 = 57$。手轮与齿轮固联，横向丝杠与齿轮 4 固联，其丝杠螺距为 3mm，试求当手轮转动 1/100转时，砂轮架的横向进给量。

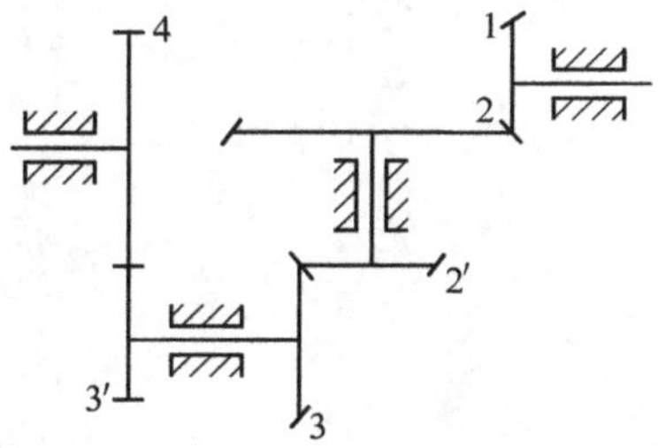

图 9-26　题 9-7

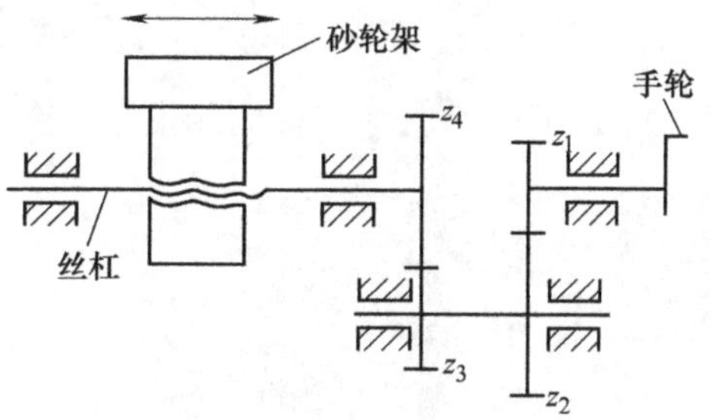

图 9-27　题 9-8

9-9　如图 9-28 所示的行星轮系，已知 $z_1 = 15$，$z_2 = 25$，$z_2' = 20$，$z_3 = 60$，$n_1 = 200\text{r/min}$，$n_3 = 50\text{r/min}$。试分别计算当 n_1 和 n_3 转向相同和转向相反时，行星架 H 转速的大小和方向。

9-10　如图 9-29 所示的电动三爪自定心卡盘传动系统中，已知 $z_1 = 16$，$z_2 = z_2' = 25$，$z_3 = 57$，$z_4 = 56$。试求传动比 i_{14}。

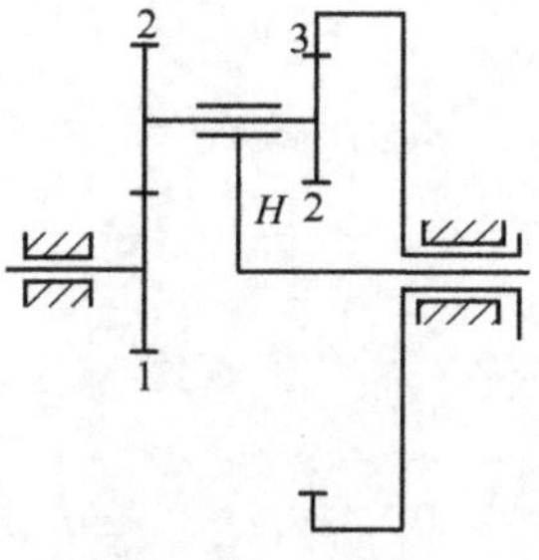

图 9-28　题 9-9

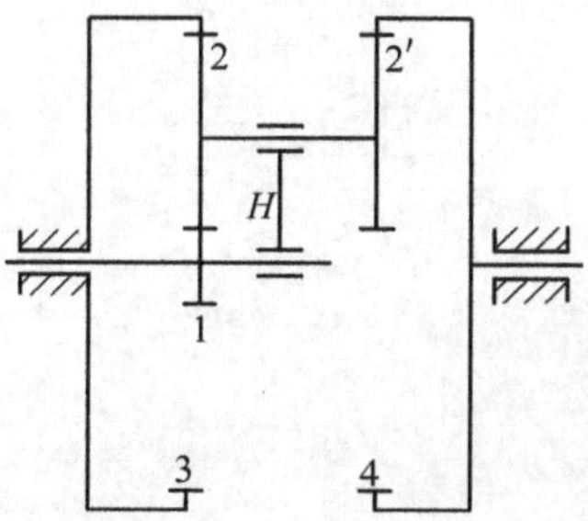

图 9-29　题 9-10

9-11　如图 9-30 所示的车床尾架套筒的进给机构。手轮 A 为输入构件，带动套筒的螺杆 B 为输出构件。A 处于图示位置时，B 作慢速进给；A 处于与内齿轮 4 啮合位置时，B 作快速退回。已知 $z_1 = z_2 =$

$z_4=16$，$z_3=25$。单线螺杆 B 的螺距 $P=4\text{mm}$。求手轮转动 1 周时，螺杆慢速移动和快速退回的距离各为多少？

9-12　如图 9-31 所示的轮系中，已知 $z_1=z_4=40$，$z_2=z_5=30$，$z_3=z_6=100$。求 i_{1H}。

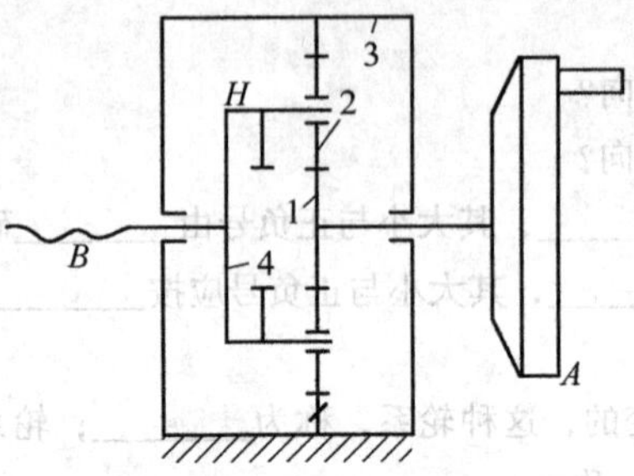

图 9-30　题 9-11

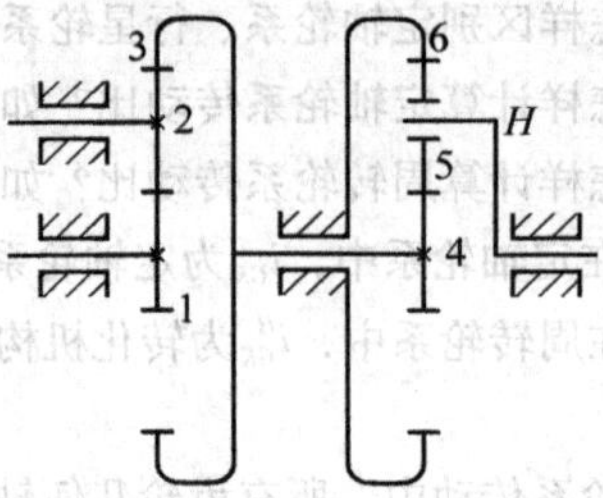

图 9-31　题 9-12

第十章　带传动与链传动

带传动与链传动可用来传递运动和动力，但以传递动力为主要功能。因此，在各种机械传动中得到广泛应用。

本章主要讨论带传动与链传动装置的工作原理、特点、基本类型、有关参数、工作能力和传动设计、使用和维护等内容。

第一节　带　传　动

一、带传动的特点

带传动是通过中间挠性体传递运动和动力的，其特点为：

1）传动中能缓和冲击、吸收振动、传动平稳、噪声小。

2）传递动力过载时会发生打滑，可防止其他零件损坏。

3）结构简单，易于制造、安装、维护和保养。

4）缺点是外廓尺寸及作用在轴上的载荷大，不能保证准确的传动比，带的寿命短。

二、带传动的类型

图 10-1 所示为带传动简图，是由主动带轮 1、从动带轮 2 和传动带 3 等组成。带传动按工作原理的不同，分为摩擦型带传动（见图 10-1a）、啮合型带传动（见图 10-1b）两大类。

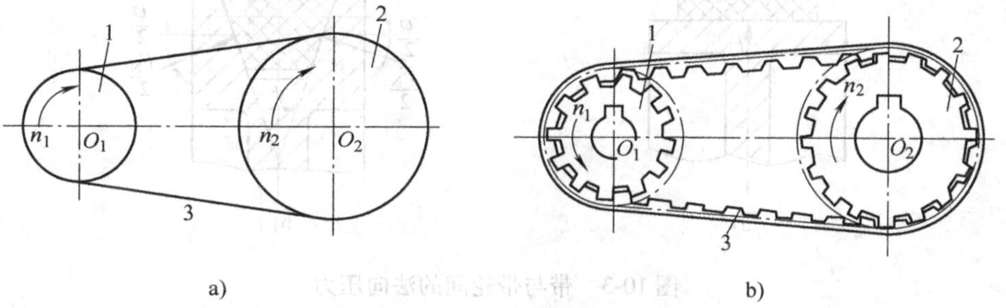

图 10-1　带传动简图

a）摩擦型　b）啮合型

（一）摩擦型带传动

摩擦型带传动按传动带的截面形状分为平带、V 带、圆形带、多楔带传动等，如图 10-2 所示。

1. 平带传动

图 10-2a 所示为平带截面，平带主要用于物料输送等，具有结构简单、制造容易、效率高、中心距较大的特点。

2. V 带传动

图 10-2b 所示为 V 带截面，V 带工作面为与轮槽接触的两侧面，产生的摩擦力较平带

大，传动能力强，在各种机械中应用较广泛。

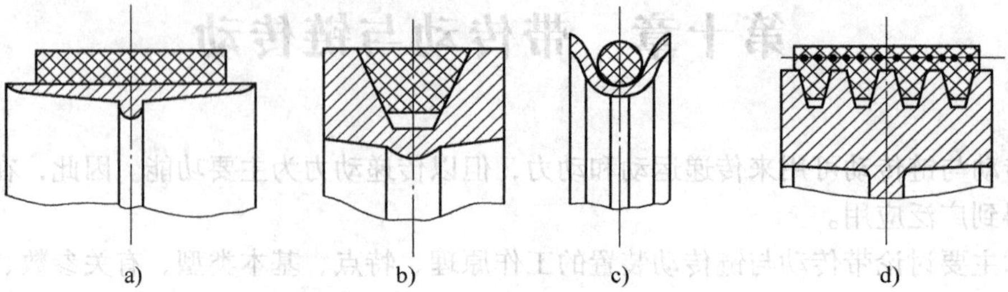

图 10-2　摩擦带横截面形状

a）平带　b）V 带　c）圆形带　d）多楔带

3. 圆形带传动

图 10-2c 所示为圆形带截面，圆形带用于仪器、收录机、缝纫机等小功率的传动中。

4. 多楔带传动

图 10-2d 所示为多楔带的截面相当于多根 V 带的组合，结构紧凑，避免了多根 V 带载荷不均匀的缺陷。多楔带用于大功率、载荷变动大和有冲击载荷的传动中。

早期机械工业多用平带传递运动和动力，随着 V 带的产生和逐渐完善，如今，机械工业大多使用 V 带传动。这是由于 V 带传动传动能力大，工作可靠。

如图 10-3 所示，当平带传动与 V 带传动的压紧力 F_Q 相等时，其产生的法向压力 F_N 不同，因此摩擦力也不同。

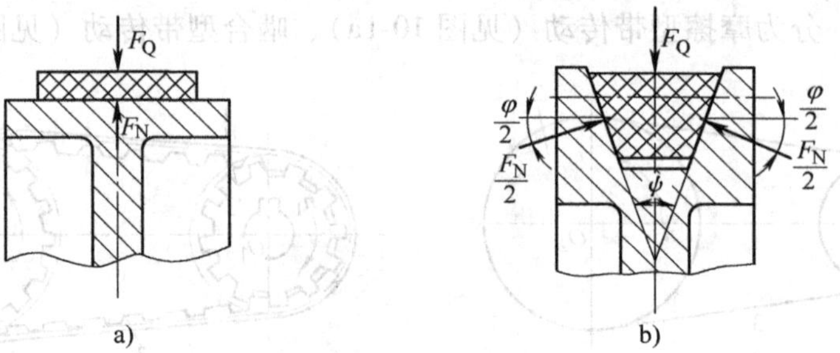

图 10-3　带与带轮间的法向压力

a）平带　b）V 带

平带传动的摩擦力为
$$F_f = fF_N = fF_Q$$

V 带传动的摩擦力为
$$F'_f = fF_N = f\frac{F_Q}{\sin\frac{\varphi}{2}} = f_V F_Q$$

式中　f——摩擦因数；

φ——带轮轮槽的楔角，$\varphi = 32° \sim 38°$；

f_V——当量摩擦因数，$f_V = \dfrac{f}{\sin\frac{\varphi}{2}}$。

若 $\varphi=38°$，则 $F_f'=f\dfrac{F_Q}{\sin\dfrac{\varphi}{2}}\approx 3.07fF_Q$

上述表明，在相同的条件下，V 带的传动能力是平带的三倍多，故 V 带应用更为广范。

（二）同步带传动

同步带传动是依靠带内侧齿与带轮轮齿的啮合传递运动和动力。由于是齿啮合，带与带轮间没有相对滑动，主动轮与从动轮速度同步，它可以消除摩擦型带传动的缺点，如图 10-1b所示。

同步带传动的优点是：

1）传动功率较大，可达 200kW；传动效率高，可达 0.98。

2）不需要张紧力，故对轴压力小。

3）维护保养方便，能在高温、灰尘、积水及腐蚀介质中工作。

其缺点是制造、安装精度要求高，且价格较贵。

同步带传动主要用于要求传动比准确的机械中，如汽车、电子计算机、录音机、数控机床等。

三、V 带与带轮

1. V 带的结构和标准

标准普通 V 带都制成无接头的环状。V 带由包布、顶胶、抗拉体和底胶组成，结构如图 10-4 所示。包布为胶帆布，主要起保护作用。顶胶和底胶材料为橡胶，分别承受带弯曲时的拉伸和压缩。抗拉体是承受载荷拉力的主体，分帘布结构和线绳结构两种类型。帘布结构的 V 带抗拉体强度较高，制造方便；线绳结构的 V 带柔韧性好，抗弯强度高。

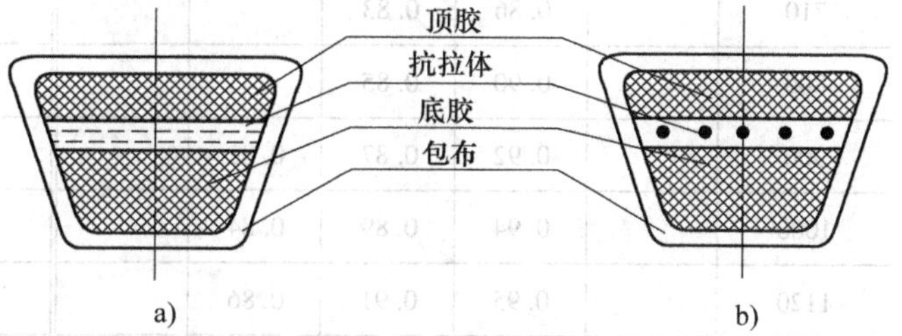

图 10-4　V 带的结构

a）帘布结构　b）线绳结构

普通 V 带两侧楔角为 40°，尺寸已经标准化，其节线长度 L_d 为带的基准长度。按截面尺寸由小至大分为 Y、Z、A、B、C、D、E 七种型号，见表 10-1。表 10-2 为常用普通 V 带的基准长度系列。

表 10-1　普通 V 带横截面尺寸（GB/T 11544—1997）　　（单位：mm）

型　号	Y	Z	A	B	C	D	E
顶宽 b	6	10	13	17	22	32	38
节宽 b_d	5.3	8.5	11	14	19	27	32
高度 h	4.0	6.0	8.0	11	14	19	25
楔角 φ	40°						
每米质量 q/（kg · m^{-1}）	0.04	0.06	0.10	0.17	0.30	0.60	0.87

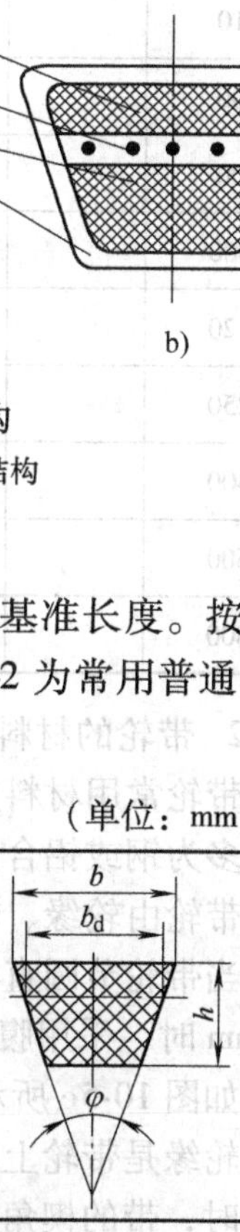

表 10-2　普通 V 带的长度系列和带长修正系数 K_L（GB/T 13575.1—2008）

基准长度 L_d/mm	K_L					基准长度 L_d/mm	K_L			
	Y	Z	A	B	C		Z	A	B	C
200	0.81					2000	1.08	1.03	0.98	0.88
224	0.82					2240	1.10	1.06	1.00	0.91
250	0.84					2500	1.30	1.09	1.03	0.93
280	0.87					2800		1.11	1.05	0.95
315	0.89					3150		1.13	1.07	0.97
355	0.92					3550		1.17	1.09	0.99
400	0.96	0.79				4000		1.19	1.13	1.02
450	1.00	0.80				4500			1.15	1.04
500	1.02	0.81				5000			1.18	1.07
560		0.82				5600				1.09
630		0.84	0.81			6300				1.12
710		0.86	0.83			7100				1.15
800		0.90	0.85			8000				1.18
900		0.92	0.87	0.82		9000				1.21
1000		0.94	0.89	0.84		10000				1.23
1120		0.95	0.91	0.86		11200				
1250		0.98	0.93	0.88		12500				
1400		1.01	0.96	0.90		14000				
1600		1.04	0.99	0.92	0.83	16000				
1800		1.06	1.01	0.95	0.86					

2. 带轮的材料与结构

带轮常用材料为铸铁（HT150 或 HT200），比较适宜的速度范围为 5～25m/s；高速带轮材料多为钢或铝合金；低速或传递较小功率时，也可采用塑料。

带轮由轮缘、轮毂和轮辐三部分组成，如图 10-5 所示。

当带轮节圆直径 $d \leqslant 200$mm 时，采用实心结构，如图 10-5a 所示；带轮节圆直径 $d < 400$mm 时，采用腹板式结构，如图 10-5b 所示；带轮节圆直径 $d > 400$mm 时，采用轮辐式结构，如图 10-5c 所示。

轮缘是带轮上具有轮槽的部分，轮槽楔角小于 V 带两侧的楔角，这是由于带在带轮上弯曲时，带的楔角变小，以使 V 带能紧贴在轮槽上。轮槽的形状和尺寸与相应型号传动带的截面尺寸相适应。普通 V 带轮的轮槽尺寸见表 10-3。

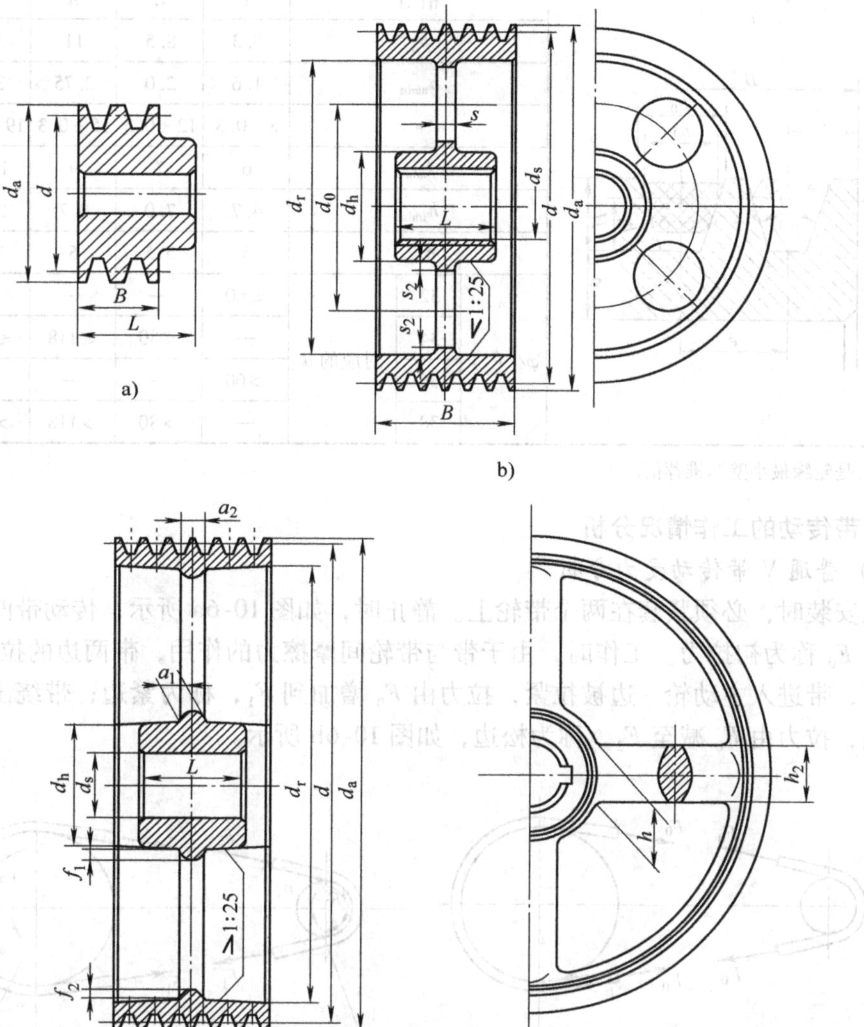

$d_h=(1.8\sim2)d_s, d_0=\dfrac{d_h+d_r}{2}, d_r=d_a-2(H+\delta)$，$H$、$\delta$见表10-3

$s=(0.2\sim0.3)B, s_1\geqslant1.5s, s_2\geqslant0.5s, L=(1.5\sim2)d_s$

$h_1=290\sqrt[3]{\dfrac{P}{nA}}$，$P$为传递功率(kW)；$n$为带轮转速(r/min)；$A$为轮辐数

$h_2=0.8h_1, a_1=0.4h_1, a_2=0.8a_1, f_1=0.2h_1, f_2=0.2h_2$

图 10-5　V 带轮的结构形式

a）实心带轮　b）腹板式带轮　c）轮辐式带轮

表 10-3 普通 V 带轮的轮槽尺寸 （单位：mm）

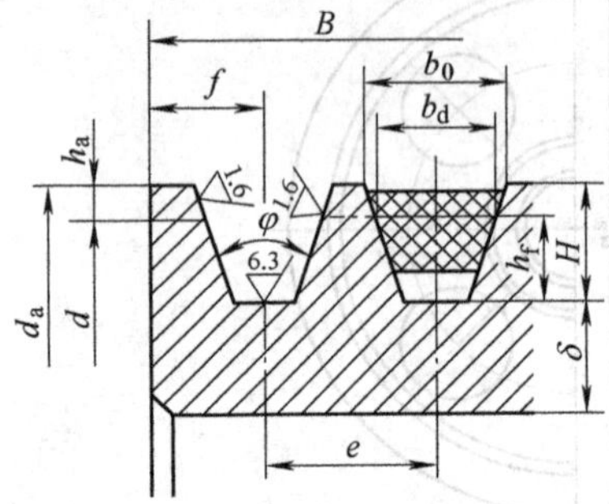

槽型			Y	Z	A	B	C
b_d			5.3	8.5	11	14	19
h_{amin}			1.6	2.0	2.75	3.5	4.8
e			8 ±0.3	12 ±0.3	15 ±0.3	19 ±0.4	25.5 ±0.5
f_{min}			6	7	9	11.5	16
h_{fmin}			4.7	7.0	8.7	10.8	14.3
δ_{min}			5	5.5	6	7.5	10
φ/（°）	32	对应的 d	≤60	—	—	—	—
	34		—	≤80	≤118	≤190	≤315
	36		>60	—	—	—	—
	38		—	>80	>118	>190	>315

注：δ_{min}是轮缘最小壁厚推荐值。

四、带传动的工作情况分析

（一）普通 V 带传动受力分析

带在安装时，必须紧套在两个带轮上。静止时，如图 10-6a 所示，传动带两边的拉力均等于 F_0，F_0 称为初拉力。工作时，由于带与带轮间摩擦力的作用，带两边的拉力发生变化，不再相等，带进入主动轮一边被拉紧，拉力由 F_0 增加到 F_1，称为紧边；带绕出主动轮的一边被放松，拉力由 F_0 减至 F_2，称为松边，如图 10-6b 所示。

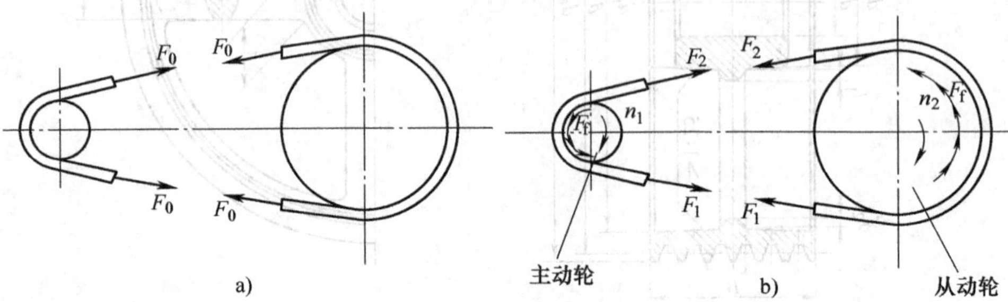

图 10-6 带传动受力分析

a）静止状态 b）工作状态

设带的总长度不变，则紧边拉力的增加量应等于松边拉力的减少量，即

$$F_1 - F_0 = F_0 - F_2$$

$$F_1 + F_2 = 2F_0 \tag{10-1}$$

紧边拉力与松边拉力之差，称为带传动的有效拉力，即带所能传递的有效圆周力 F_t。有效圆周力 F_t 等于带与带轮接触面上各点摩擦力的总和 F_f，即

$$F_t = F_1 - F_2 = F_f \tag{10-2}$$

有效圆周力 F_t、带速 v、带传动的功率 P 之间的关系为

$$P = \frac{F_t v}{1000} \tag{10-3}$$

式中　P——带传递的功率（kW）；

F_t——带传动有效圆周力（N）；

v——带的圆周线速度（m/s）。

由式（10-3）可知，带速一定时，传递的功率越大，则有效圆周力就越大，带与带轮间所产生的摩擦力也越大。当所传递的有效圆周力 F_t 超过摩擦力的极限值 F_{fmax}时，带将沿轮面产生显著的相对滑动，这种现象称为打滑。

在带传动中，带在带轮上即将发生打滑时，摩擦力达到极限值，带所能传递的有效圆周力也达到最大值。

由欧拉公式可得 F_1 与 F_2 之间的关系为

$$\frac{F_1}{F_2} = e^{f_V\alpha_1} \tag{10-4}$$

式中　f_V——当量摩擦因数，$f_V = \frac{f}{\sin\frac{\varphi}{2}}$，其中 f 为摩擦因数，φ 为槽轮楔角；

α_1——小带轮包角（°）；

e——自然对数的底，e≈2.718。

将式（10-1）、式（10-2）代入式（10-4），整理后，则有

$$F_{tmax} = F_1\left(1 - \frac{1}{e^{f_V\alpha_1}}\right) = 2F_0\frac{1 - \frac{1}{e^{f_V\alpha_1}}}{1 + \frac{1}{e^{f_V\alpha_1}}} \tag{10-5}$$

由式（10-5）分析可知，带传动的最大有效圆周力 F_{tmax} 与初拉力 F_0、当量摩擦因数 f_V 及小带轮包角 α_1 的大小有关，F_0、f_V、α_1 越大，F_{tmax} 也越大。但初拉力 F_0 过大，带的使用寿命将降低；摩擦力 f_V 越大，传动能力越大，但磨损将加剧。带传动要保证不打滑，且有一定的疲劳寿命。

（二）带的应力分析

带传动时，带中的应力有以下三部分：

1. 拉应力

紧边拉应力　$\sigma_1 = \frac{F_1}{A}$

松边拉应力　$\sigma_2 = \frac{F_2}{A}$　　（10-6）

式中　F_1、F_2——分别为紧边拉力、松边拉力（N）；

A——带的截面面积（mm^2）。

2. 离心拉应力

带在工作时，绕在带轮上的传动带因作圆周运动而产生离心力，故带受到离心拉应力为

$$\sigma_c = \frac{qv^2}{A} \tag{10-7}$$

式中　q——带每米长度的质量（kg/m）；

v——带的线速度（m/s）。

3. 弯曲应力

带绕过带轮时受到弯曲作用，如图 10-7 所示，产生的弯曲应力为

$$\left.\begin{aligned}\sigma_{b1} &= \frac{2Eh_a}{d_{d1}} \\ \sigma_{b2} &= \frac{2Eh_a}{d_{d2}}\end{aligned}\right\} \tag{10-8}$$

式中 h_a——带最外层到中性层的距离（mm）；

E——带的弹性模量（MPa）；

d_{d1}、d_{d2}——分别为两带轮的基准直径（mm）。

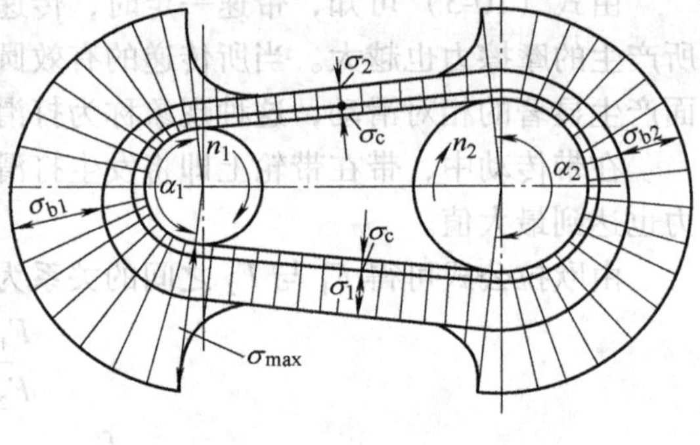

图 10-7 带的应力分布

由以上分析可知，两轮直径不相等时，带在小带轮上产生的弯曲应力 σ_{b1} 较大。传动中，带传动的应力是不断变化的，最大应力发生在紧边开始进入小带轮处，如图 10-7 所示。其值为

$$\sigma_{max} = \sigma_1 + \sigma_{b1} + \sigma_c \tag{10-9}$$

（三）带的弹性滑动、传动比、打滑

1. 带的弹性滑动与传动比

带传动工作时，受到拉力将产生弹性变形。带由紧边绕在主动轮上，带随主动轮由紧边转到松边时，拉力由 F_1 减少到 F_2，带因弹性变形而回缩，导致从动轮圆周速度降低。若主动轮圆周速度为 v_1，从动轮圆周速度为 v_2，则有 $v_2 < v_1$。这种从动轮圆周速度小于主动轮圆周速度现象，称为弹性滑动。

从动轮上带与带轮的运转情况，请读者自行分析。

从动轮的圆周速度低于主动轮的圆周速度，其降低程度用滑动率 ε 表示，即

$$\varepsilon = \frac{v_1 - v_2}{v_1} \times 100\% \tag{10-10}$$

式中 v_1、v_2——主、从动轮的圆周速度（m/s）。

v_1、v_2 分别由下式计算

$$v_1 = \frac{\pi d_{d1} n_1}{60 \times 1000}, \quad v_2 = \frac{\pi d_{d2} n_2}{60 \times 1000}$$

式中 n_1、n_2——主、从动轮每分钟的转数（r/min）。

则传动比为

$$i = \frac{n_1}{n_2} = \frac{d_{d2}}{d_{d1}(1-\varepsilon)} \tag{10-11}$$

滑动率 $\varepsilon = 0.01 \sim 0.02$，非精确计算时，可以忽略不计。

弹性滑动是由于带两边产生拉力差，带在轮面局部发生的滑动，是不可避免的。

2. 打滑

带传动是靠摩擦工作的，在初拉力 F_0 一定时，带与带轮间摩擦力值的总和有一个极限

值为 $F_{f\,lim}$。当传递的有效圆周力 F_t 超过极限值 $F_{f\,lim}$ 时，带在带轮上发生全面的滑动，这种现象称为打滑。

弹性滑动与打滑是两个完全不同的概念，打滑是由于超载，带与带轮在整个接触面上发生相对滑动。打滑使带的磨损加剧，传动效率降低，甚至使传动失效，因此必须予以避免。

避免打滑的措施是：避免超载；小带轮包角 $\alpha_1 \geqslant 120°$。

五、V 带传动的设计计算

（一）带传动的失效形式和设计准则

根据带传动的工作情况分析可知，带传动的主要失效形式为打滑和疲劳破坏。带传动的设计准则为：在保证不打滑的条件下，具有一定的疲劳寿命。

（二）单根 V 带传递的功率

为保证带传动在正常工作时既不打滑，又有一定的疲劳强度，在特定条件下（载荷平稳、包角 $\alpha_1 = 180°$、传动比 $i = 1$、规定带长），经实验得到单根 V 带所能传递的基本额定功率 P_0 见表 10-4。

表 10-4 单根 V 带的基本额定功率 P_0 （单位：kW）

带型	小带轮基准直径 D_1/mm	小带轮转速 n_1/（r·mm^{-1}）						
		400	730	800	980	1200	1480	2800
Z	50	0.06	0.09	0.10	0.12	0.14	0.16	0.26
	63	0.08	0.13	0.15	0.18	0.22	0.25	0.41
	71	0.09	0.17	0.20	0.23	0.27	0.31	0.50
	80	0.14	0.20	0.22	0.26	0.30	0.36	0.56
A	75	0.27	0.42	0.45	0.52	0.60	0.68	1.00
	90	0.39	0.63	0.68	0.79	0.93	1.07	1.64
	100	0.47	0.77	0.83	0.97	1.14	1.32	2.05
	112	0.56	0.99	1.00	1.18	1.39	1.62	2.51
	125	0.67	1.11	1.19	1.40	1.66	1.91	2.08
B	125	0.84	1.34	1.44	1.67	1.93	2.20	2.96
	140	1.05	1.69	1.82	2.13	2.47	2.83	3.85
	160	1.32	2.16	2.32	2.72	3.17	3.64	4.89
	180	1.59	2.61	2.81	3.30	3.85	4.41	5.76
	200	1.85	3.05	3.30	3.86	4.50	5.15	6.43
C	200	2.41	3.80	4.07	4.66	5.29	5.86	5.00
	224	2.99	4.78	5.12	5.89	6.71	7.47	6.08
	250	3.62	5.82	6.23	7.18	8.21	9.06	6.56
	280	4.32	6.99	7.52	8.65	9.81	10.74	6.13
	315	5.14	8.34	8.92	10.23	11.53	12.48	4.16
	400	7.06	11.52	12.10	13.67	15.04	15.51	—

实际使用条件与特定条件不相符合时，需对 P_0 值进行修正。修正后得到与实际条件相

符的传递功率，称为许用功率，用 $[P_0]$ 表示，即

$$[P_0] = (P_0 + \Delta P_0) K_\alpha K_L \tag{10-12}$$

式中　ΔP_0——功率增量，考虑传动比不等于1时，带绕经大带轮时的弯曲应力较小，可使带的疲劳强度提高，传递的功率增大，ΔP_0 值见表10-5；

K_α——包角修正系数，见表10-6；

K_L——带长修正系数，见表10-2。

表10-5　单根V带传递的功率的增量 ΔP_0　（单位：kW）

带型	小带轮转速 $n_1/(r \cdot mm^{-1})$	传动比 i						
		1.09～1.12	1.13～1.18	1.19～1.24	1.25～1.34	1.35～1.51	1.52～1.99	≥2
Z	730	0.00	0.00	0.00	0.01	0.01	0.01	0.02
	980	0.00	0.01	0.01	0.01	0.02	0.02	0.02
	1460	0.01	0.01	0.02	0.02	0.02	0.02	0.03
	2800	0.02	0.03	0.03	0.03	0.04	0.04	0.04
A	730	0.03	0.04	0.05	0.06	0.07	0.08	0.09
	980	0.04	0.05	0.06	0.07	0.08	0.10	0.11
	1460	0.06	0.08	0.09	0.11	0.13	0.15	0.17
	2800	0.11	0.15	0.19	0.23	0.26	0.30	0.34
B	730	0.07	0.10	0.12	0.15	0.17	0.20	0.22
	980	0.10	0.13	0.17	0.20	0.23	0.26	0.30
	1460	0.15	0.20	0.25	0.31	0.36	0.40	0.46
	2800	0.29	0.39	0.49	0.59	0.69	0.79	0.89
C	730	0.21	0.27	0.34	0.41	0.48	0.55	0.62
	980	0.27	0.37	0.47	0.56	0.65	0.74	0.83
	1460	0.42	0.58	0.71	0.85	0.99	1.14	1.27
	2800	0.82	1.10	1.37	1.64	1.92	2.19	2.47

表10-6　包角修正系数 K_α

包角 α_1	180°	170°	160°	150°	140°	130°	120°	110°	100°	90°
K_α	1.00	0.98	0.95	0.92	0.89	0.86	0.82	0.78	0.74	0.69

（三）带传动的设计计算

设计带传动时，一般已知条件是传动用途、工作情况、传递功率、传动比或带轮转速、传动位置要求等。设计的主要内容是：

1）确定带的型号、带的长度、根数。

2）带轮材料、结构和尺寸。

3）传动中心距和作用在轴上的力。

1. 确定计算功率 P_C

$$P_C = K_A P \tag{10-13}$$

式中　P——带所传递的功率（kW）；

K_A——工作情况系数，见表 10-7。

表 10-7　工作情况系数 K_A

载荷性质	工作机	原动机					
		电动机、四缸以上的内燃机			电动机、四缸以下的内燃机		
		每天工作小时数/h					
		<10	10~16	>16	<10	10~16	>16
载荷变化很小	搅拌机、通风机和鼓风机（≤7.5kW）离心水泵、压缩机和轻负荷输送机	1.0	1.1	1.2	1.1	1.2	1.3
载荷变化小	带式输送机（不均匀负荷）、通风机（>7.5kW）、旋转水泵、发电机、金属切削机床、印刷机、旋转筛等	1.1	1.2	1.3	1.2	1.3	1.4
载荷变化较大	制砖机、提升机、起重机、磨粉机、冲床、振动筛、重型输送机等	1.2	1.3	1.4	1.4	1.5	1.6
载荷变化很大	破碎机（旋转式、颚式）和磨碎机等	1.3	1.4	1.5	1.5	1.7	1.8

2. 选择 V 带型号

根据计算功率 P_C 和小带轮转速 n_1，由图 10-8 选取 V 带型号。

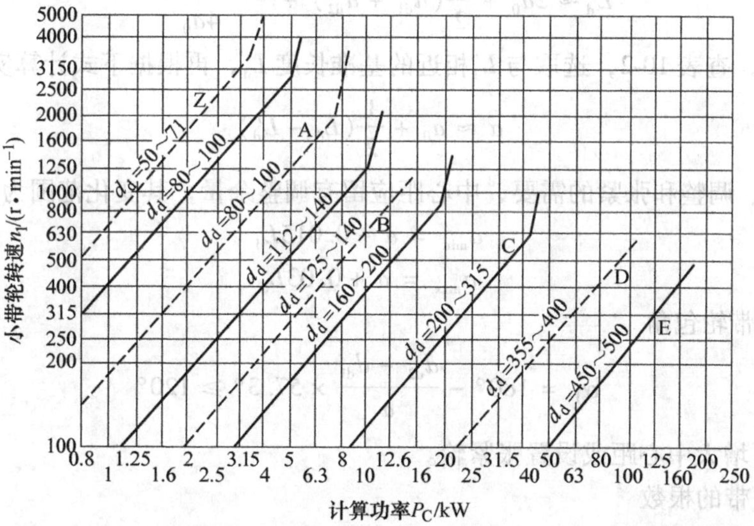

图 10-8　普通 V 带选型图

3. 确定带轮基准直径

根据 V 带型号，按表 10-8 选取带轮基准直径 d_d，为避免带的弯曲应力过大导致其寿命降低，应使 $d_{d1} \geqslant d_{dmin}$。大带轮的基准直径 $d_{d2} = id_{d1}$，并按表 10-8 圆整成标准直径。

表 10-8　普通 V 带轮的基准直径 d_d 系列值

带型	Y	Z	A	B	C	D	E
d_{dmin}	20	50	75	125	200	355	500
d_d 的标准系列值	20 22 25 28 31.5 35.5 40 45 50 56 63 67 71 75 80 85 90 95 100 106 112 118 125 132 140 150 160 170 180 200 212 224 236 250 280 300 315 355 375 400 425 450 475 500 560 600 630 710 750 800 1000						

4. 验算带的速度 v

$$v = \frac{\pi d_{d1} n_1}{60 \times 1000} \text{m/s}$$

带速对传动性能影响较大，当传递功率一定时，增大带速，有效圆周力将减小，所需带的根数也少。因此，带传动通常布置在高速级。若带速过高，也会导致离心力增大，带与带轮间的正压力减小，传动能力降低。带速 v 一般应在 5～25m/s 之间，否则可通过改变小带轮基准直径 d_{d1} 来调整带速。

5. 确定中心距 a 和带的基准长度

中心距过大，会引起带的颤动；中心距过小，带的长度短，在一定的带速下，单位时间内，带的应力变化次数多，会加剧带的疲劳破坏，同时，中心距小会影响小带轮的包角 α_1。

如果带传动的中心距未限定，可按下式初选中心距，即

$$0.7(d_{d1} + d_{d2}) < a_0 < 2(d_{d1} + d_{d2}) \tag{10-14}$$

选取 a_0 后，可由下式初步计算带的基准长度 L'_d

$$L'_d \approx 2a_0 + \frac{\pi}{2}(d_{d1} + d_{d2}) + \frac{(d_{d2} - d_{d1})^2}{4a_0} \tag{10-15}$$

由 L'_d数值，查表 10-2，选取与 L'_d相近的基准长度 L_d，再根据下式计算实际的中心距 a。

$$a \approx a_0 + \frac{1}{2}(L_d - L'_d) \tag{10-16}$$

考虑安装、调整和张紧的需要，中心距应留有调整余量，其变化范围为

$$a_{min} = a - 0.015L_d$$
$$a_{max} = a + 0.03L_d$$

6. 验算小带轮包角

$$\alpha_1 = 180° - \frac{d_{d2} - d_{d1}}{a} \times 57.3° \geqslant 120° \tag{10-17}$$

若 α_1 太小，可增大中心距或设置张紧轮。

7. 确定 V 带的根数

$$Z = \frac{P_C}{[P_0]} = \frac{P_C}{(P_0 + \Delta P_0)K_\alpha K_L} \tag{10-18}$$

带的根数不应过多，否则会使带受力不均匀，一般 $Z < 8$。

8. 计算带的初拉力

保证带传动正常工作的单根 V 带的初拉力 F_0 为

$$F_0 = 500 \times \frac{(2.5 - K_\alpha)P_C}{K_\alpha Z v} + qv^2 \qquad (10\text{-}19)$$

9. 带对轴的压力 F_y

如图 10-9 所示，V 带作用在轴上的压力 F_y，可按下式计算

$$F_y = 2ZF_0 \sin\frac{\alpha_1}{2} \qquad (10\text{-}20)$$

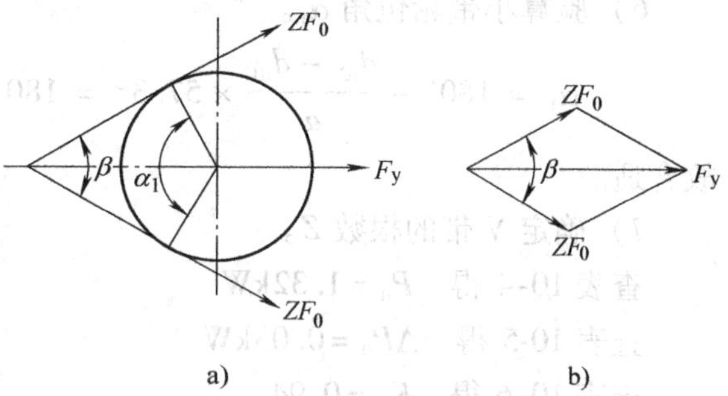

图 10-9 带作用在轴上的压力

a）带作用在轴上的压力 b）计算图

10. 带轮的结构设计（略）。

例 10-1 设计一带式输送机的普通 V 带传动，已知电动机功率 $P = 4\text{kW}$，转速 $n_1 = 1460\text{r/min}$，从动轮转速 $n_2 = 480\text{r/min}$，两班制工作。试设计 V 带传动。

解：1）确定计算功率 P_C。

由表 10-7 查得 $K_A = 1.2$

$$P_C = K_A P = 1.2 \times 4\text{kW} = 4.8\text{kW}$$

2）选择 V 带型号。

根据 $P_C = 4.8\text{kW}$ 和 $n_1 = 1460\text{r/min}$，查图 10-8，选 A 型带。

3）确定带轮基准直径 d_{d1} 和 d_{d2}。

由表 10-8，根据 $d_{d1} \geqslant d_{min}$ 的要求，取 $d_{d1} = 100\text{mm}$，则

$$d_{d2} = \frac{d_{d1} n_1}{n_2} = \frac{100 \times 1460}{480}\text{mm} = 304\text{mm}$$

由表 10-8 取 $d_{d2} = 300\text{mm}$。

4）验算带速 v。

$$v = \frac{\pi d_{d1} n_1}{60 \times 1000} = \frac{3.14 \times 100 \times 1460}{60 \times 1000}\text{mm} = 7.64\text{m/s}$$

带速 v 在 5～25m/s 范围内，故合适。

5）计算中心距 a 和带长 L_d。

由式（10-14） $0.7(100 + 300)\text{mm} < a_0 < 2(100 + 300)\text{mm}$

取 $a_0 = 450\text{mm}$

由式（10-15）得

$$L'_d = 2a_0 + \frac{\pi}{2}(d_{d1} + d_{d2}) + \frac{(d_{d2} - d_{d1})^2}{4a_0}$$

$$= \left[2 \times 450 + \frac{3.14 \times (100 + 300)}{2} + \frac{(300 - 100)^2}{4 \times 450}\right]\text{mm} = 1550\text{mm}$$

由表 10-2 取 $L_d = 1600\text{mm}$。

由式（10-16）得

$$a \approx a_0 + \frac{1}{2}(L_d - L'_d) = \left[450 + \frac{1}{2}(1600 - 1550)\right]\text{mm} = 475\text{mm}$$

中心距范围为

$$a_{\min} = a - 0.015L_d = (475 - 0.015 \times 1600)\text{mm} = 451\text{mm}$$

$$a_{\max} = a + 0.03L_d = (475 + 0.03 \times 1600)\text{mm} = 523\text{mm}$$

6）验算小带轮包角 α_1。

$$\alpha_1 = 180° - \frac{d_{d2} - d_{d1}}{a} \times 57.3° = 180° - \frac{300 - 100}{475} \times 57.3° = 156° \geqslant 120°$$

故合适。

7）确定 V 带的根数 Z。

查表 10-4 得　$P_0 = 1.32\text{kW}$

查表 10-5 得　$\Delta P_0 = 0.03\text{kW}$

查表 10-6 得　$K_\alpha = 0.94$

查表 10-2 得　$K_L = 0.99$

由式（10-17）得

$$Z = \frac{P_C}{[P_0]} = \frac{P_C}{(P_0 + \Delta P_0)K_\alpha K_L} = \frac{4.8}{(1.32 + 0.03) \times 0.94 \times 0.99} = 3.82$$

取 $Z = 4$ 根。

8）计算初拉力 F_0。

由表 10-1 查得 $q = 0.1\text{kg/m}$，由式（10-19）得

$$F_0 = 500 \times \frac{(2.5 - K_\alpha)P_C}{K_\alpha Z v} + qv^2$$

$$= \left[500 \times \frac{(2.5 - 0.94) \times 4.8}{0.94 \times 4 \times 7.64} + 0.10 \times 7.64^2\right]\text{N}$$

$$= 136.16\text{N}$$

9）计算轴上得压力 F_y。

由式（10-20）得

$$F_y = 2ZF_0 \sin\frac{\alpha_1}{2}$$

$$= 2 \times 4 \times 136.16 \times \sin\frac{156°}{2}\text{N}$$

$$= 1065.47\text{N}$$

10）带轮结构设计。

小带轮基准直径 $d_{d1} = 100\text{mm}$，作成实心式带轮，设计从略。

大带轮基准直径 $d_{d2} = 300\text{mm}$，作成腹板式带轮。带轮的轴径按轴的设计确定，若假定轴径 $d_s = 40\text{mm}$，则由图 10-5 中所示的带轮结构计算公式，即

$$d_h = (1.8 \sim 2) \times 40\text{mm} = 72 \sim 80\text{mm}$$

取　$d_h = 75\text{mm}$

轮毂长　$L = [(1.5 \sim 2) \times 40]\text{mm} = 60 \sim 80\text{mm}$

取　$L = 65\text{mm}$

带轮宽　　$B = [(4-1) \times 15 + 2 \times 10]\text{mm} = 65\text{mm}$

顶圆直径　　$d_a = (300 + 2 \times 3)\text{mm} = 306\text{mm}$

轮槽深　　$H = 12\text{mm}$

槽宽　　$b_d = 11\text{mm}$

槽角　　$\varphi = 38°$

图 10-10 所示为大带轮的工作图。

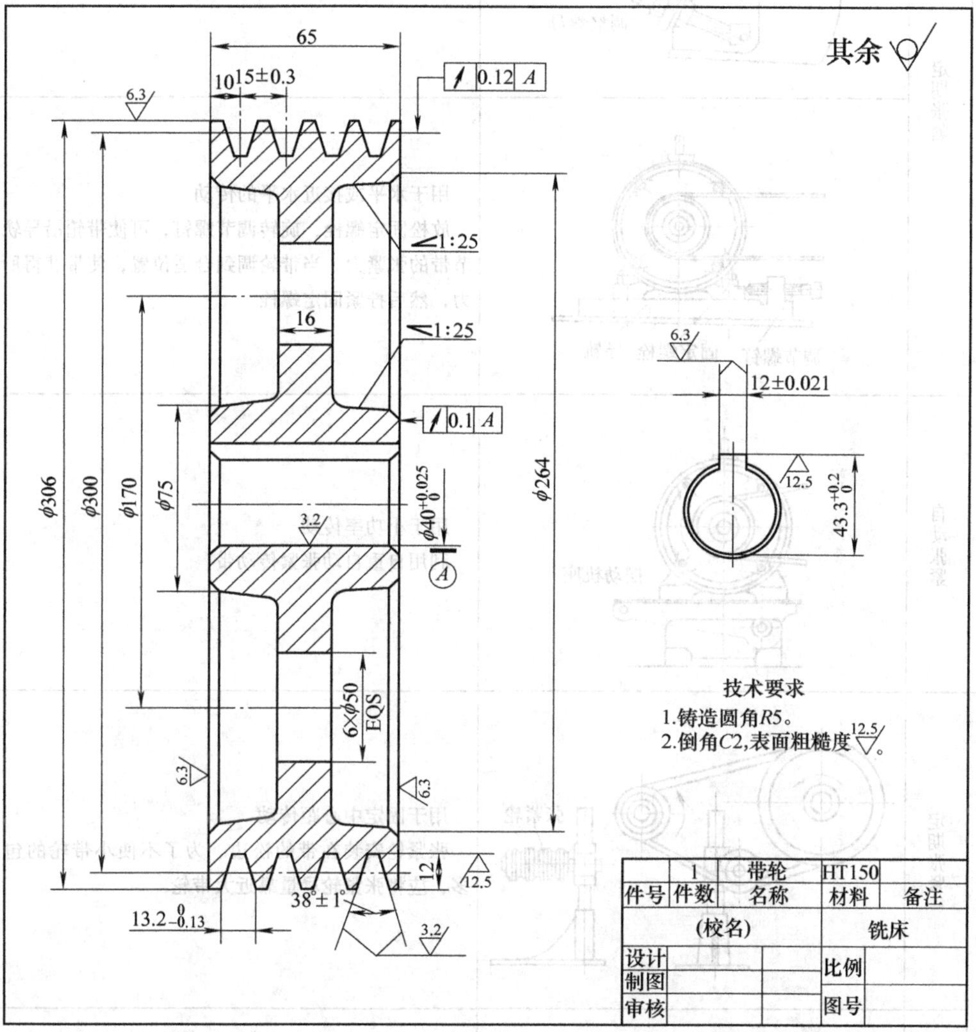

图 10-10　带轮的工作图

六、带传动的张紧及维护

带在张紧力的长期作用下，会逐渐松弛，使带的初拉力减小，传动能力降低。为了保持一定的初拉力，带传动需要进行张紧。

1. 带传动的张紧

带传动常用张紧装置及方法见表 10-9。

表 10-9　带传动常用张紧装置及方法

<table>
<tr><th colspan="2">张紧方法</th><th>示 意 图</th><th>说 明</th></tr>
<tr><td rowspan="3">用调节轴的位置张紧</td><td rowspan="2">定期张紧</td><td>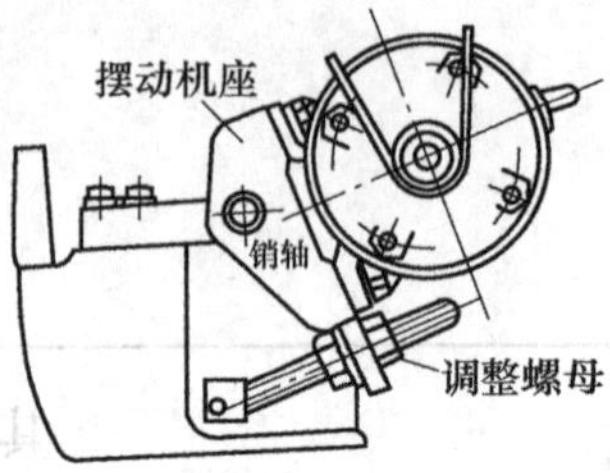
</td><td>用于垂直或接近垂直的传动
旋转调整螺母，使机座绕轴线转动，将带轮调整到合适位置，使带获得所需的张紧力，然后固定机座位置</td></tr>
<tr><td>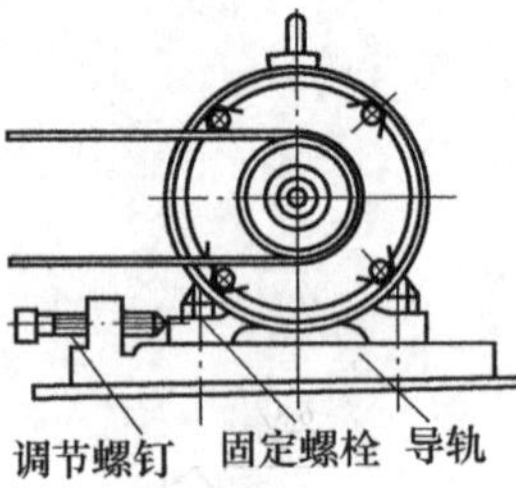
</td><td>用于水平或接近水平的传动
放松固定螺栓，旋转调节螺钉，可使带轮沿导轨移动，调节带的张紧力。当带轮调到合适位置，使带获得所需的张紧力，然后拧紧固定螺栓</td></tr>
<tr><td>自动张紧</td><td>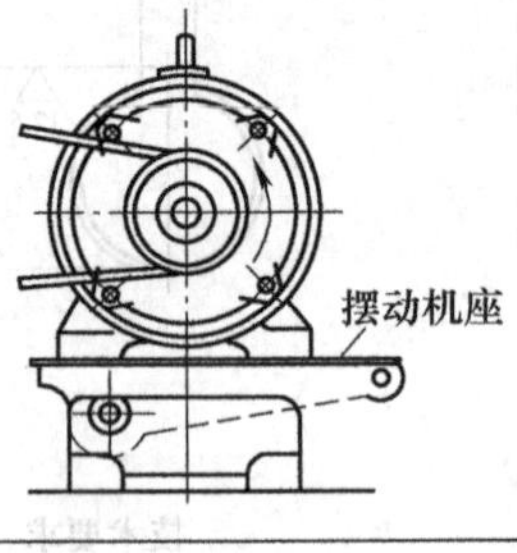
</td><td>用于小功率传动
利用自重自动张紧传动带</td></tr>
<tr><td rowspan="2">用张紧轮张紧</td><td>定期张紧</td><td>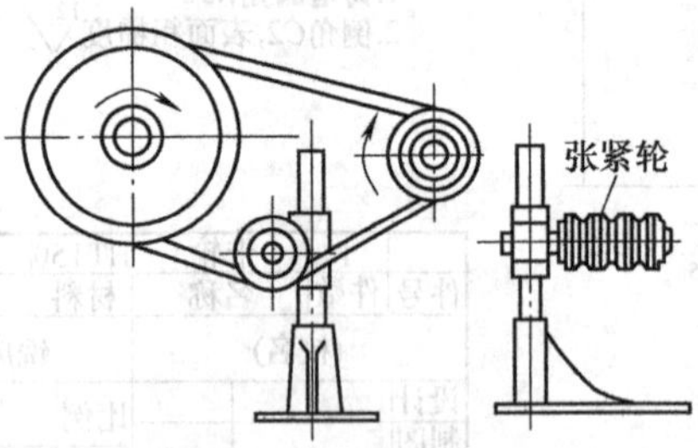
</td><td>用于固定中心距传动
张紧轮安装在带的松边。为了不使小带轮的包角减小过多，应将张紧轮尽量靠近大带轮</td></tr>
<tr><td>自动张紧</td><td>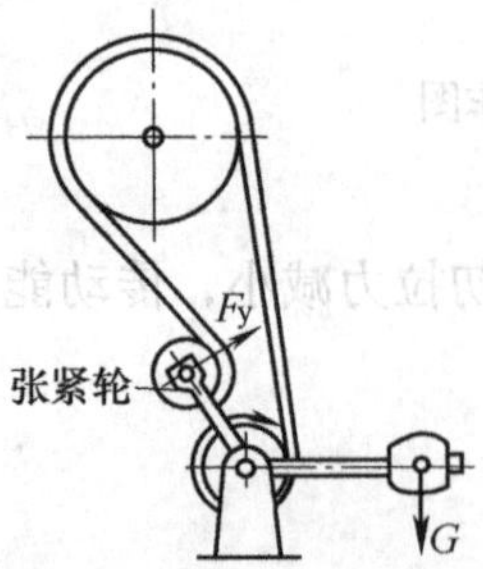
</td><td>用于中小距小、传动比大的场合，但寿命短，适宜平带传动
张紧轮可安装在带松边的外侧，并尽量靠近小带轮处，这样可以增大小带轮上的包角</td></tr>
</table>

2. 带传动的安装和维护

正确地安装和维护，可以延长带的使用寿命。因此应注意以下几点：

1）安装时应先缩小中心距，将带套入轮槽中后再调整到合适地张紧程度。不要硬撬，以免损坏。

2）安装时两带轮轴线必须平行，轮槽应对正，以免带磨损加剧。

3）多根 V 带传动时，为使各根带受力均匀，同一组的传动带不仅公称长度应一样，而且还应具有相同的公差值。

4）对带传动应进行定期检查，对不能使用的旧带应及时更换。更换时应全部同时更换，不能新旧传动带混合使用。

5）为保证安全，带传动装置应装设防护罩。

6）传动带应避免与酸、碱、油接触，也应避免阳光直晒和雨水浸淋。

第二节　链　传　动

一、链传动的特点和应用

链传动由主动链轮 1、从动链轮 3 和绕在链轮上的链条 2 组成，如图 10-11 所示。链轮具有特定的齿形，通过链轮的轮齿与链条的啮合来传递平行轴间的运动和动力。

链传动主要用于两轴中心距较大、要求平均传动比准确的场合。另外链传动可在恶劣环境下工作，所以被广泛用于汽车及各种机械设备中。

按用途链条可分为传动链、输送链和起重链。输送链和起重链主要用在运输和起重机械中，一般机械中传递运动和动力常用的是传动链。传动链主要有滚子链和齿形链两种。其中，滚子链传动应用最广泛。一般所说的链传动是指滚子链传动。

齿形链是由成组的齿形链板用铰链连接而成，如图 10-12 所示。其传动平稳、噪声小、承受冲击载荷的能力高，故常用于高速或运动精度和可靠性要求较高的传动装置中。

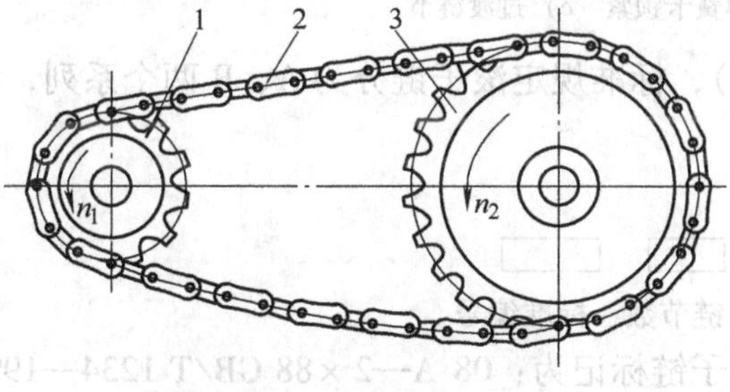

图 10-11　链传动结构图

1—主动链轮　2—链条　3—从动链轮

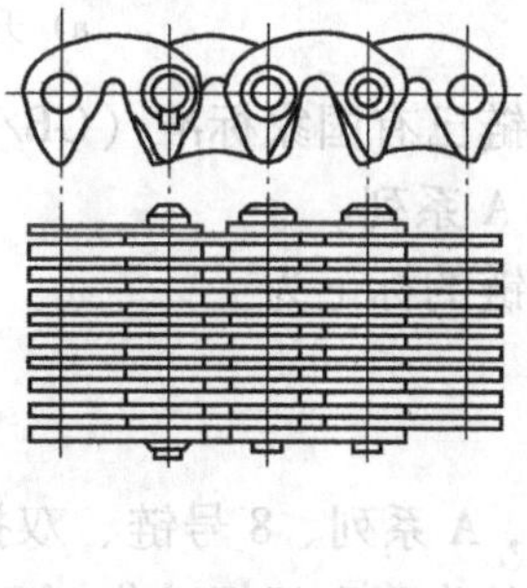

图 10-12　齿形链

二、滚子链和链轮

如图 10-13 所示，滚子链由内链板 1、外链板 2、销轴 3、套筒 4 和滚子 5 组成。两内链板与套筒之间、两外链板与销轴之间分别用过盈配合联接；滚子和套筒之间、套筒与销轴之间采用间隙配合联接，它们之间可相对转动。链板一般制成 8 字形，以减少重量，并使各截面抗拉强度大致相等。

当传递的功率较大时，可采用如图 10-14 所示的双排链或多排链。

链条上的相邻两销轴中心之间的距离称为节距，用 p 表示，它是链条的主要参数。

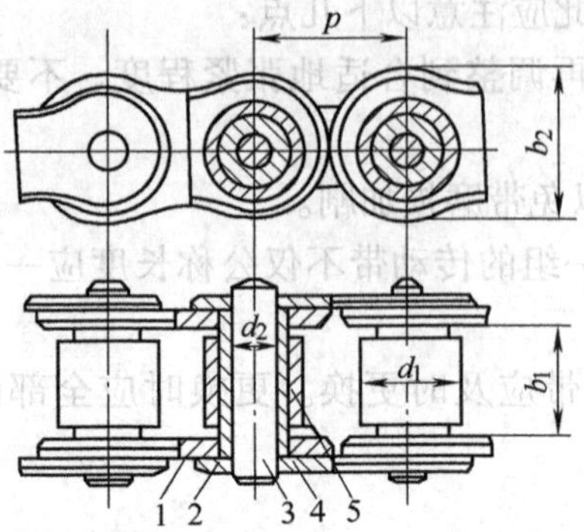

图 10-13　滚子链的结构

1—内链板　2—外链板　3—销轴　4—套筒　5—滚子

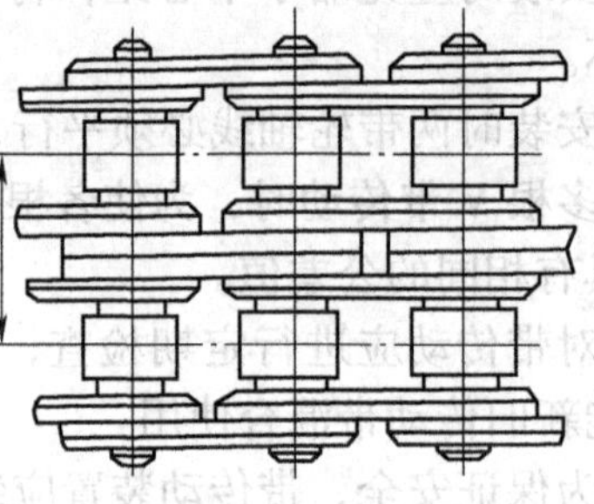

图 10-14　双排链

将链连成环形时，滚子链的接头形式如图 10-15 所示。当链节数为偶数时，正好是内外链板相接。当节距较大时，可用开口销锁紧，如图 10-15a 所示；当节距较小时，可用弹簧卡锁紧，如图 10-15b 所示；若链节数为奇数时，接头可用过渡链节，如图 10-15c 所示。过渡链节的弯曲链板受附加的弯曲应力。因此，链节数最好为偶数。

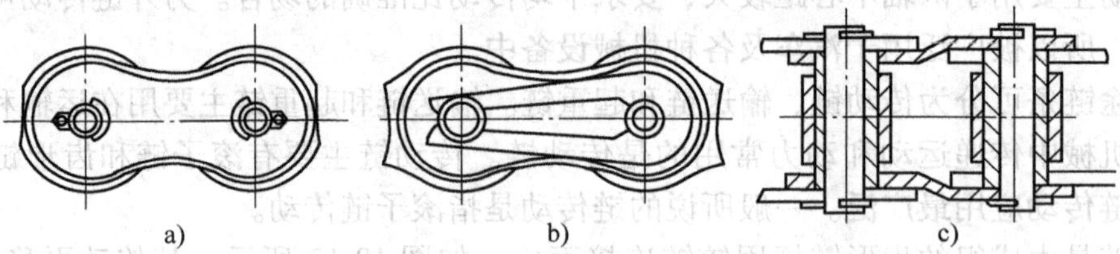

图 10-15　滚子链的接头形式

a）开口销锁紧　b）弹簧卡锁紧　c）过渡链节

滚子链已有国家标准（GB/T 1243—1997），标准规定滚子链分为 A、B 两个系列，我国主要采用 A 系列。

滚子链的标记为：

□—□×□　□

链号　排数　链节数　标准编号

例如，A 系列、8 号链、双排、88 节的滚子链标记为：08 A—2 ×88 GB/T 1234—1997。

链轮的齿形已经标准化（GB/T 1243—1997）。链轮材料通常采用优质碳素钢或合金钢，并经过热处理。链轮的结构如图 10-16 所示。小直径的链轮制成实心式（见图 10-16a）；中等直径的链轮可制成孔板式（见图 10-16b）；大直径的链轮可采用组合式结构（见图 10-16c）。

三、链传动的布置和润滑

1. 链传动的布置

链传动的布置见表 10-10。

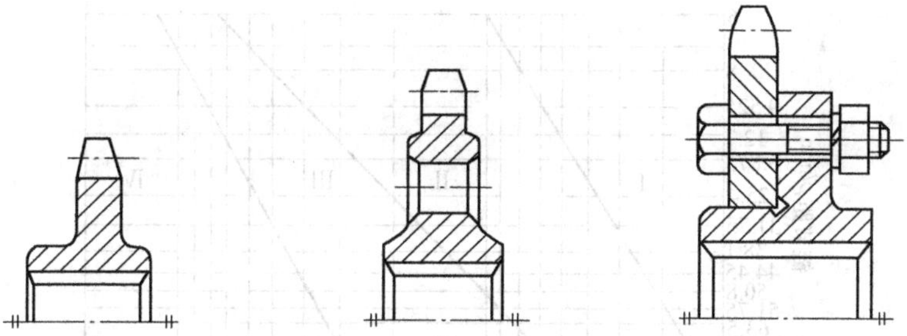

图 10-16 链轮的结构

a）实心式 b）孔板式 c）组合式

表 10-10 链传动的布置

传动条件	正确布置	不正确布置	说明
$i>2$ $a=(30\sim50)p$ （a 为中心距）	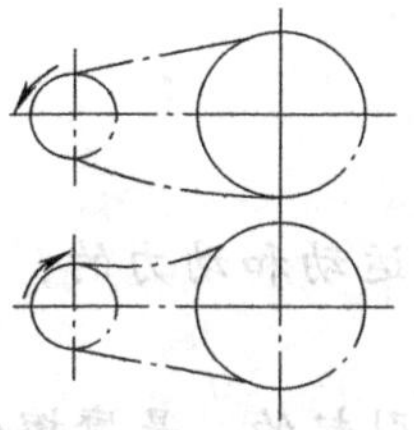	—	两轮轴线在同一水平面，紧边在上在下均可
$i>2$ $a<30p$	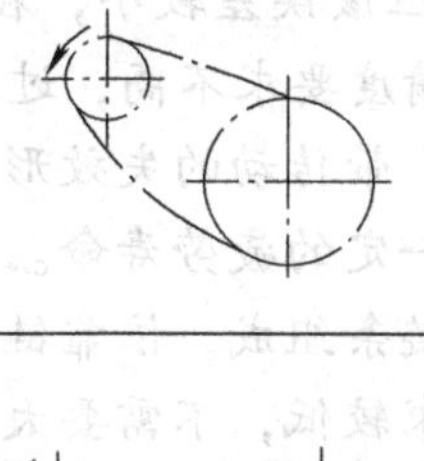	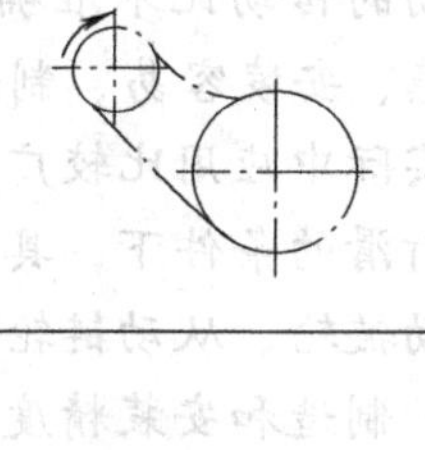	两轮轴线不在同一水平面，松边应在下，否则松边下垂过大后，链条易与链轮卡死
$i<1.5$ $a>60p$	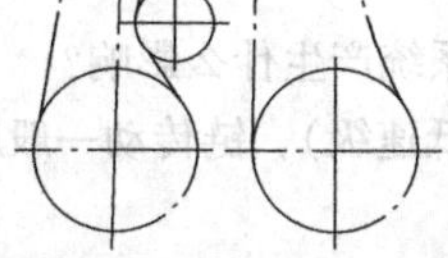	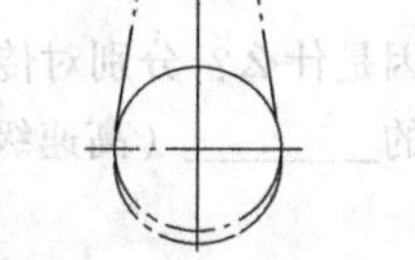	两轮轴线在同一水平面，松边应在下面，否则松边下垂过大后，松边会与紧边相碰，需经常调整中心距
i，a 为任意	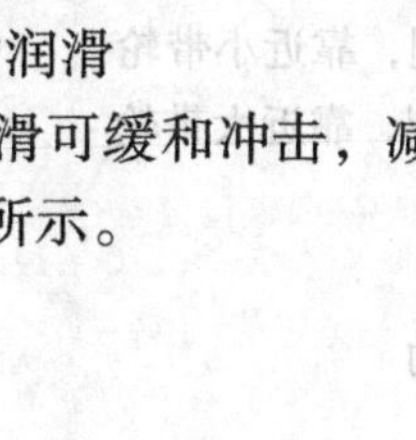	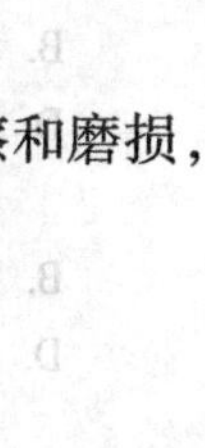	两轮轴线在同一铅垂面内，会减少下链轮有效啮合齿数，为此应采用：中心距可调，张紧装置，使上下两轮偏置，不在同一铅垂面内

2. 链传动的润滑

链传动的润滑可缓和冲击，减少摩擦和磨损，延长链条的使用寿命。常见的润滑方式的选择如图 10-17 所示。

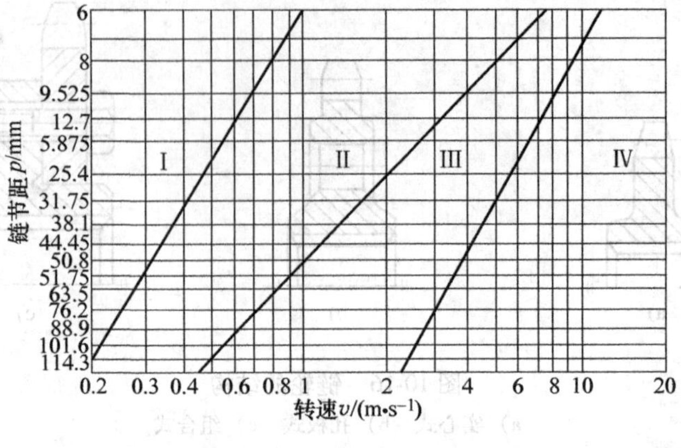

图 10-17　润滑方式选择图

Ⅰ—人工定期润滑　Ⅱ—滴油润滑　Ⅲ—油浴或飞溅润滑　Ⅳ—压力喷油润滑

本章小结

带传动和链传动都是通过中间挠性体（带或链）传递运动和动力的，结构简单、成本低，适用于两轴中心距较大的场合。

带传动存在弹性滑动，这是由带紧边和松边拉力差所引起的，是摩擦带传动的固有现象，是不能避免的。弹性滑动使带传动的传动比不准确，但该误差较小，在一般的机械中，可以不予考虑。V带传动具有传动平稳、安装容易、制造精度要求不高，过载时打滑，能够保护机械设备不损坏等优点，因此在实际中应用比较广泛。带传动的失效形式为打滑、疲劳破坏。设计准则为：带传动在保证不打滑的条件下，具有一定的疲劳寿命。

链传动是由安装在平行轴上的主动链轮、从动链轮和链条组成，依靠链与链轮的啮合传递动力。链传动没有弹性滑动和打滑，制造和安装精度要求较低，不需要太大的张紧力，作用在轴上的压力小，传递功率大，传动效率高（可达98%），低速时传递较大的圆周力。

本章重点：带传动和链传动特点和应用、安装、保养和维护方法；掌握V带传动的设计步骤 。

思考题与习题

10-1　带的传动能力与哪些因素有关？

10-2　带传动产生弹性滑动和打滑的原因是什么？分别对传动系统产生什么影响？

10-3　带传动一般应放在机械传动系统的________（高速级、低速级），链传动一般应放在机械传动系统的________（高速级、低速级）。

10-4　带传动中张紧轮布置在________。

A. 紧边外侧，靠近大带轮　　B. 紧边内侧，靠近小带轮

C. 松边内侧，靠近小带轮　　D. 松边内侧，靠近大带轮

10-5　带传动的主要失效形式之一是带的

A. 松弛　　B. 颤动

C. 疲劳破坏　　D. 弹性滑动

10-6　带传动中的弹性滑动

A. 可采用增大摩擦包角和提高摩擦系数等措施予以避免

B. 只有外载荷不超过带传动的最大有效圆周力时才可避免

C. 无法避免

10-7　带传动的打滑发生在

A. 大带轮　　B. 小带轮　　C. 两个带轮同时发生

10-8　V 带比平带传动能力大的主要原因式是

A. V 带的强度高　　B. V 带产生的摩擦力大　　C. V 带无接头

10-9　某机床电动机与主轴之间采用普通 V 带传动，已知电动机功率 $P=7\text{kW}$，转速 $n_1=960r/\text{min}$，传动比 $i=2.3$，两班制工作。根据机床结构要求，带传动的中心距不大于 850mm。试设计 V 带传动。

第十一章　轴

在机械工程中，将常见的圆形直杆构件称为轴。轴是组成机器的重要构件之一，其主要功用是用来支承齿轮、带轮、联轴器等回转零部件。

本章主要介绍圆轴扭转、弯曲及弯扭组合变形的强度计算及转轴的设计。

第一节　轴的类型及材料选择

一、轴的类型

（一）按所受载荷分类

根据轴在工作中承受载荷的特点，将轴分为以下几种类型：

1. 传动轴

仅承受扭转作用的轴，称为传动轴。如图 11-1a 所示的汽车传动轴，其一端接汽车变速器，另一端接汽车后桥。

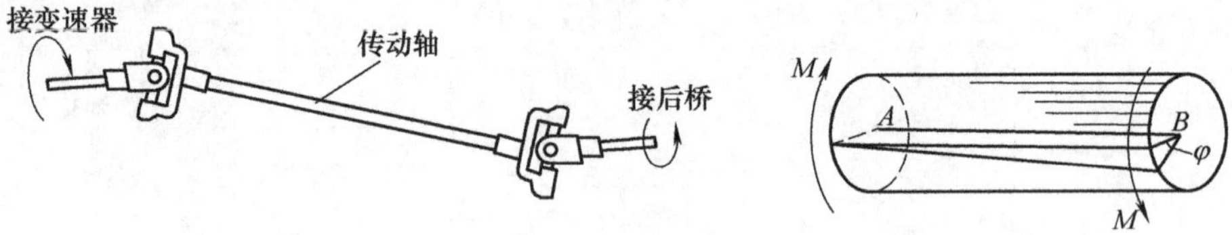

a)　　b)

图 11-1　传动轴

a）汽车传动轴　b）受力图

轴在工作时，两端受到力偶矩作用，使轴产生扭转变形。扭转的受力特点是轴两端受到大小相等、转向相反的力偶矩作用，使横截面绕轴线发生相对转动，即轴产生扭转变形，其中 φ 称为扭转角，如图 11-1b 所示。

2. 心轴

滑轮轴如图 11-2 所示，其载荷 F 作用线垂直于轴线，使轴产生弯曲变形。仅承受弯曲作用的轴，称为心轴。心轴有转动心轴（轴随轴上零件一起转动）和固定心轴（轴固定不转），分别如图 11-2a、b 所示。

3. 转轴

图 11-3 所示为齿轮减速器输出轴。轴在工作时，既承受齿轮产生的弯曲作用，同时还承受齿轮和联轴器产生的扭转作用，这种轴称为转轴。

（二）按结构形状分类

根据轴的结构形状不同，轴又可分为直轴（见图 11-4）、曲轴（见图 11-5）和挠性钢丝轴（见图 11-6）。

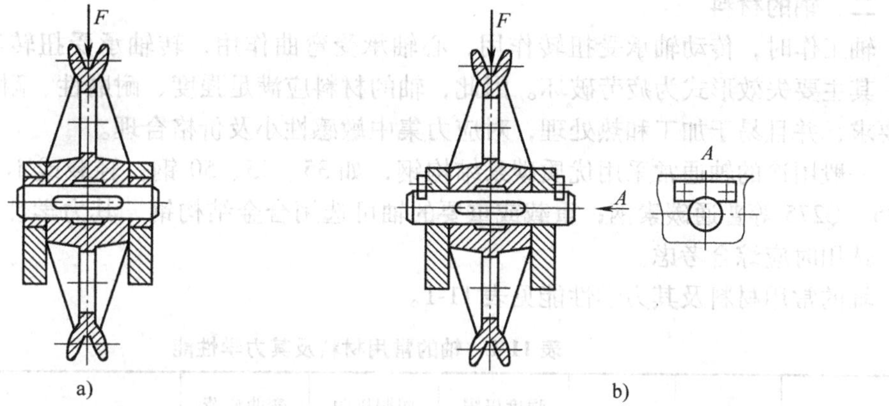

图 11-2　心轴

a）转动心轴　b）固定心轴

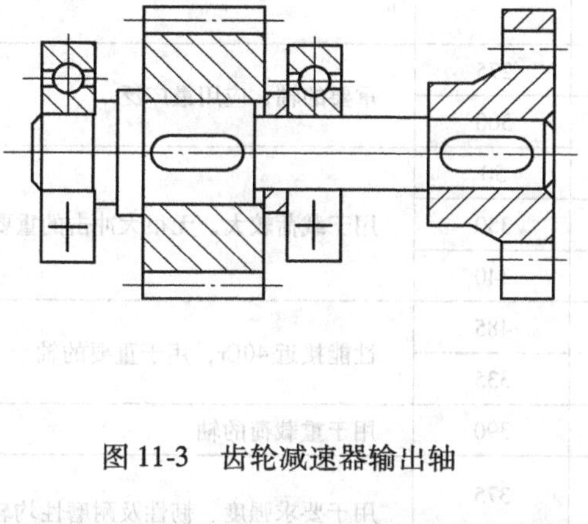

图 11-3　齿轮减速器输出轴

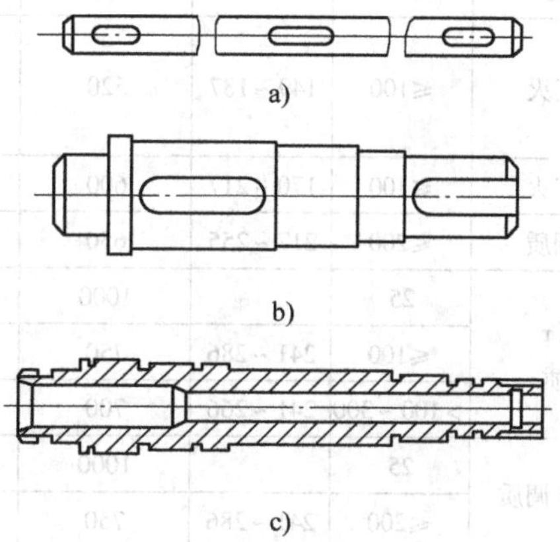

图 11-4　直轴

a）光轴　b）阶梯轴　c）空心轴

直轴应用较广，可分为直径无变化的光轴（见图 11-4a），多用于纺织机械中；直径有变化的阶梯轴（见图 11-4b），用于机器的变速器中；为了提高刚度和减轻重量，而制成的空心轴（见图 11-4c）。

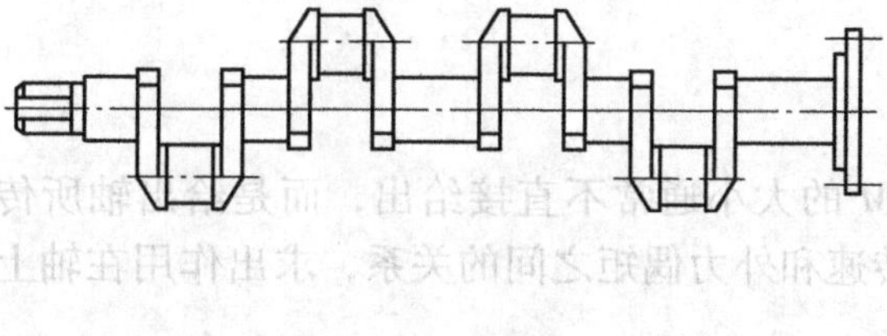

图 11-5　曲轴

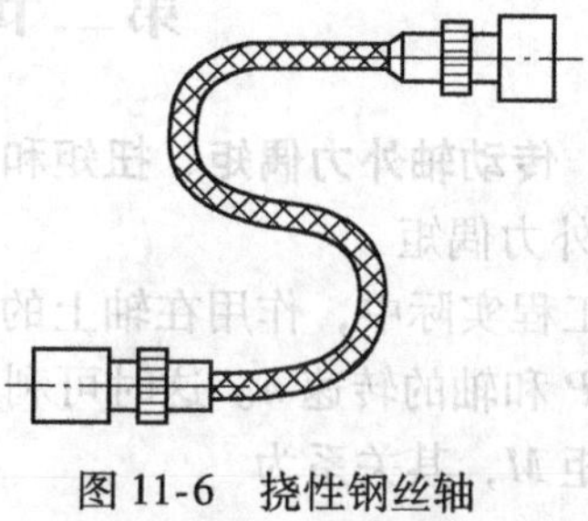

图 11-6　挠性钢丝轴

一般机械中，多采用阶梯形状的直轴，如各种机床主轴、减速器中的支承轴等。

二、轴的材料

轴工作时，传动轴承受扭转作用，心轴承受弯曲作用，转轴承受扭转和弯曲的复合作用，其主要失效形式为疲劳破坏。因此，轴的材料应满足强度、耐磨性、耐腐蚀性等多方面的要求，并且易于加工和热处理，对应力集中敏感性小及价格合理。

一般用途的轴通常采用优质碳素结构钢，如 35、45、50 钢；轻载或不重要的轴可采用 Q235、Q275 等普通碳素钢；重载或重要的轴可选用合金结构钢，其力学性能高，但价格较贵，选用时应综合考虑。

轴的常用材料及其力学性能见表 11-1。

表 11-1　轴的常用材料及其力学性能

材料及热处理	毛坯直径 /mm	硬度 HBW	强度极限 σ_b	屈服极限 σ_s	弯曲疲劳极限 σ_{-1}	应用说明
			/MPa			
Q235			440	240	200	用于不重要或载荷不大的轴
35 正火	≤100	149～187	520	270	280	塑性好、强度适当，可制作曲轴、转轴
45 正火	≤100	170～217	600	300	275	重要的轴，应用最广泛
45 调质	≤200	217～255	650	360	300	
40Cr 调质	25		1000	800	50	用于载荷较大，无很大冲击的重要轴
	≤100	241～286	750	550	350	
	>100～300	241～266	700	550	340	
40MnB 调质	25		1000	800	485	性能接近 40Cr，用于重要的轴
	≤200	241～286	750	500	335	
30CrMo 调质	≤100	207～269	750	550	390	用于重载荷的轴
20Cr 渗碳淬火回火	15	表面 56～62HRC	850	550	375	用于要求强度、韧性及耐磨性均较高的轴
	≤60		650	400	280	

第二节　传动轴及其强度计算

一、传动轴外力偶矩、扭矩和扭矩图

1. 外力偶矩

在工程实际中，作用在轴上的外力偶矩 M 的大小通常不直接给出，而是给出轴所传递的功率 P 和轴的转速 n。这时可利用功率、转速和外力偶矩之间的关系，求出作用在轴上的外力偶矩 M，其关系为

$$M = 9550\frac{P}{n} \tag{11-1}$$

式中　M——作用在轴上的外力偶矩（N·m）；

P——轴传递的功率（kW）；

n——轴的转速（r/min）。

当传递的功率 P 的单位为马力（PS）时（1PS＝0.7355kW），式（11-1）可改写为

$$M = 7024\frac{P}{n} \tag{11-2}$$

2. 扭矩和扭矩图

如图11-7a所示，圆轴在外力偶矩作用下产生扭转变形，其横截面上将有内力产生，用截面法可以求出横截面的内力。现假想用 m—m 截面将其截开，如图11-7b、c所示，并取左段为研究对象。为保持平衡，该截面上必有内力偶作用，其内力偶矩称为扭矩，用 T 表示。

由 $\sum M = 0$ $\qquad T - M = 0$

得 $\qquad T = M$

当然也可取截面右段为研究对象，此时求得的扭矩与取左段所求得的扭矩大小相等，转向相反。该段圆轴扭矩图如图11-7d所示。

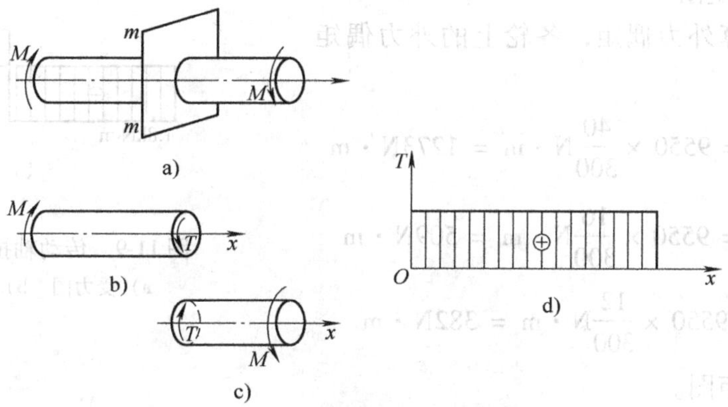

图11-7　用截面法求扭矩

a）截面法　b）取左段　c）取右段　d）扭矩图

为了使取左段或取右段求得的同一截面上的扭矩一致。通常采用右手螺旋法则：即右手四指弯曲表示扭矩的转向，大拇指指向与截面外法线方向一致时扭矩为正，反之则为负（见图11-8）。

当轴上同时有几个外力偶矩时，一般而言，各段截面上的扭矩是不同的，受扭转轴某截面上的扭矩，等于截面任一侧外力偶矩的代数和，扭矩的正负号仍用右手螺旋法则判别。

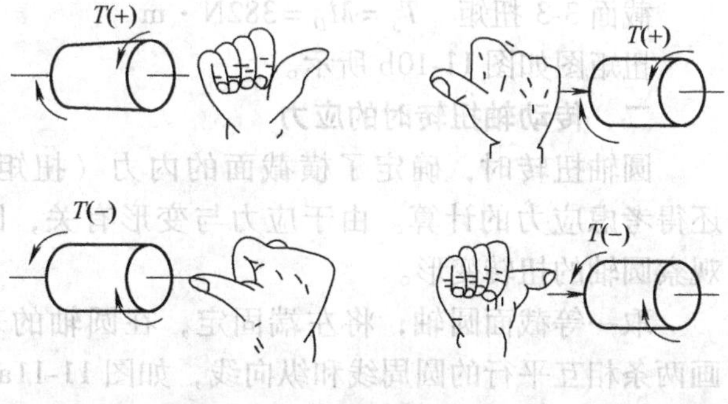

图11-8　扭矩正负的判别

为了形象地表示各截面扭矩的大小和正负，以便分析危险截面，常需画出各截面扭矩的变化图，称为扭矩图。其画法为：取平行于轴线的横坐标 x 表示各截面位置，垂直于轴线的纵坐标表示扭矩 T。正扭矩画在 x 轴的上方，负扭矩画在 x 轴下方。

例 11-1 某机械传动轴（见图 11-9a），输入轮 $M_B = 3\text{kN}\cdot\text{m}$，输出两轮 $M_A = 1.8\text{kN}\cdot\text{m}$、$M_C = 1.2\text{kN}\cdot\text{m}$，求出截面 1-1、2-2 的扭矩，并绘制扭矩图。

解：1）取截面 1-1 左侧为研究对象，可得

$$T_{1\text{-}1} = -M_A = -1.8\text{kN}\cdot\text{m}$$

取截面 2-2 右侧为研究对象，可得

$$T_{2-2} = M_C = 1.2\text{kN}\cdot\text{m}$$

2）绘制扭矩图，如图 11-9b 所示。

由图 11-9b 可知，传动轴 B 点处的截面上，扭矩发生突变，突变量等于该截面上外力偶矩的数值。

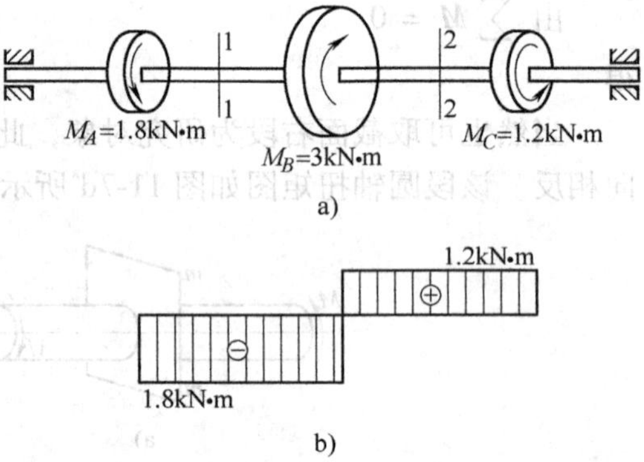

图 11-9 传动轴扭矩的计算

a）受力图 b）扭矩图

例 11-2 如图 11-10a 所示，一传动系统主轴，已知轴转速 $n = 300\text{r/min}$。主动轮 A 输入的功率 $P_A = 40\text{kW}$，从动轮 B、C、D 输出的功率分别为 $P_B = 16\text{kW}$，$P_C = P_D = 12\text{kW}$。求出各截面的扭矩，并绘制扭矩图。

解：1）计算外力偶矩，各轮上的外力偶矩由式（11-1）得

$$M_A = 9550\frac{P_A}{n} = 9550 \times \frac{40}{300}\text{N}\cdot\text{m} = 1273\text{N}\cdot\text{m}$$

$$M_B = 9550\frac{P_B}{n} = 9550 \times \frac{16}{300}\text{N}\cdot\text{m} = 509\text{N}\cdot\text{m}$$

$$M_C = M_D = 9550 \times \frac{12}{300}\text{N}\cdot\text{m} = 382\text{N}\cdot\text{m}$$

2）绘制扭矩图。

截面 1-1 扭矩 $T_1 = -M_B = -509\text{N}\cdot\text{m}$

截面 2-2 扭矩 $T_2 = -M_B + M_A = (-509 + 1273)\text{N}\cdot\text{m} = 764\text{N}\cdot\text{m}$

截面 3-3 扭矩 $T_3 = M_D = 382\text{N}\cdot\text{m}$

扭矩图如图 11-10b 所示。

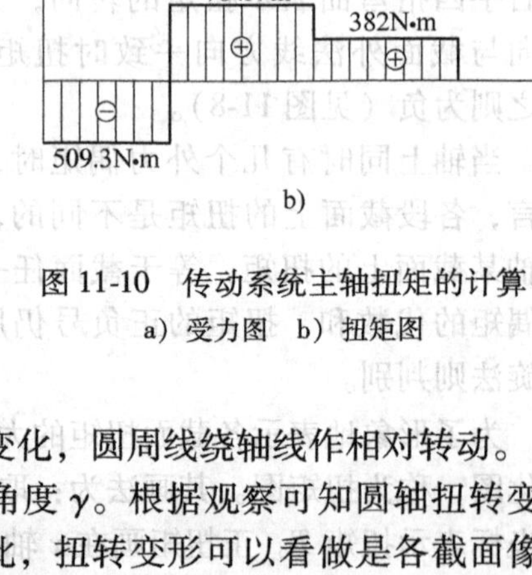

图 11-10 传动系统主轴扭矩的计算

a）受力图 b）扭矩图

二、传动轴扭转时的应力

圆轴扭转时，确定了横截面的内力（扭矩）后，还得考虑应力的计算。由于应力与变形有关，因此先观察圆轴的扭转变形。

取一等截面圆轴，将左端固定，在圆轴的表面上画两条相互平行的圆周线和纵向线，如图 11-11a 所示。在轴的右端面作用一力偶矩使其变形，如图 11-11b 所示，这时可以观察到：

1）圆周线的形状、大小及圆周线之间的距离均无变化，圆周线绕轴线作相对转动。

2）纵向线仍近似地为直线，只是同时倾斜了同一角度 γ。根据观察可知圆轴扭转变形后，横截面始终保持为平面，且形状、大小不变。故此，扭转变形可以看做是各截面像刚

性平面一样，绕轴线作相对转动，这一观点称为平面假设。

扭转变形时，圆轴没有纵向变形发生，所以横截面上没有正应力；但不同的横截面转动的角度不同，即截面发生了相对错动，仅有垂直于半径方向的切应力。

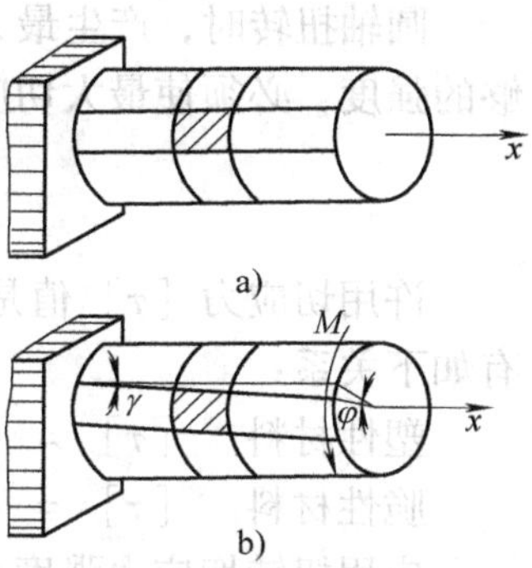

图 11-11　圆轴扭转实验

a）实验圆轴　b）扭转实验

切应力计算公式可通过几何关系、物理关系及静力学关系得出。

圆轴扭转时截面任意点的切应力计算公式为

$$\tau_\rho = \frac{T\rho}{I_P} \qquad (11\text{-}3)$$

式中　τ_ρ——截面任意点的切应力（MPa）；

T——横截面上的扭矩（N·m）；

ρ——截面任意点到圆心的距离（mm）；

I_P——截面对圆心的极惯性矩（mm^4）。

由上式可看出，切应力与点到圆心的距离成正比，并沿圆轴半径方向呈线性分布，圆心处的切应力为零，边缘处的切应力最大，如图 11-12 所示。

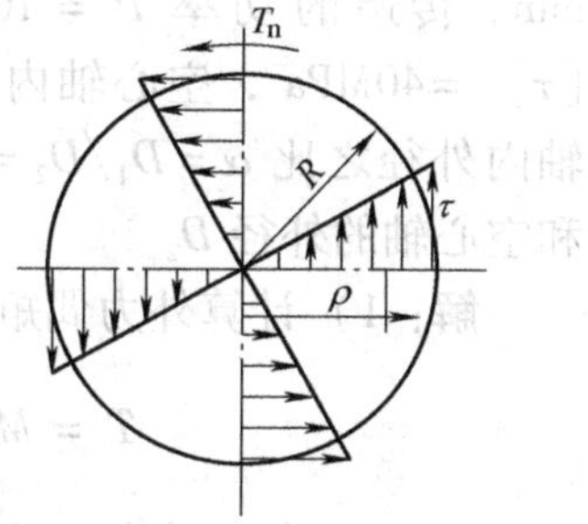

图 11-12　切应力分布规律

截面边缘半径为 R 处，切应力达到最大值为

$$\tau_{max} = \frac{TR}{I_P} \qquad (11\text{-}4)$$

令 $W_P = \dfrac{I_P}{R}$，则

$$\tau_{max} = \frac{T}{W_P} \qquad (11\text{-}5)$$

式中　W_P——抗扭截面系数（m^3 或 mm^3）。

极惯性矩与抗扭截面系数表示截面的几何性质，其大小与截面的形状和几何尺寸有关。通常，工程上常用的圆轴有实心圆轴和空心圆轴，它们的极惯性矩与抗扭截面系数按下式计算：

实心轴，设直径为 d，则

$$I_P = \frac{\pi}{32}d^4 \approx 0.1d^4$$

$$W_P = \frac{\pi}{16}d^3 \approx 0.2d^3$$

空心轴，设内径为 D_1，外径为 D_2，则

$$I_P = \frac{\pi}{32}D_2^4(1-\alpha^4) \approx 0.1D_2^4(1-\alpha^4)$$

$$W_P = \frac{\pi}{16}D_2^3(1-\alpha^4) \approx 0.2D_2^3(1-\alpha^4)$$

其中 $\alpha = \dfrac{D_1}{D_2}$。

三、传动轴扭转强度计算

圆轴扭转时，产生最大切应力的截面称为危险截面。显然，为了保证圆轴扭转时具有足够的强度，必须使最大切应力小于材料的许用切应力［τ］，即

$$\tau_{max} = \frac{T}{W_P} \leqslant [\tau] \tag{11-6}$$

许用切应力［τ］值是根据实验确定的，可查阅有关手册获得。它与许用拉应力［σ］有如下关系：

塑性材料　$[\tau] = (0.5 \sim 0.6)[\sigma]$

脆性材料　$[\tau] = (0.8 \sim 1.0)[\sigma]$

应用扭转切应力强度条件，可以解决圆轴强度校核、截面设计和确定许用载荷等三类扭转强度问题。

例 11-3　如图 11-13 所示，实心轴与空心轴通过牙嵌式离合器联接传递转矩，已知轴的转速 $n = 120\text{r/min}$，传递的功率 $P = 10\text{kW}$，材料的许用切应力 $[\tau] = 40\text{MPa}$，空心轴内径为 D_1，外径为 D_2。空心轴内外径之比 $\alpha = D_1/D_2 = 0.6$，设计实心轴的直径 d 和空心轴的外径 D_2。

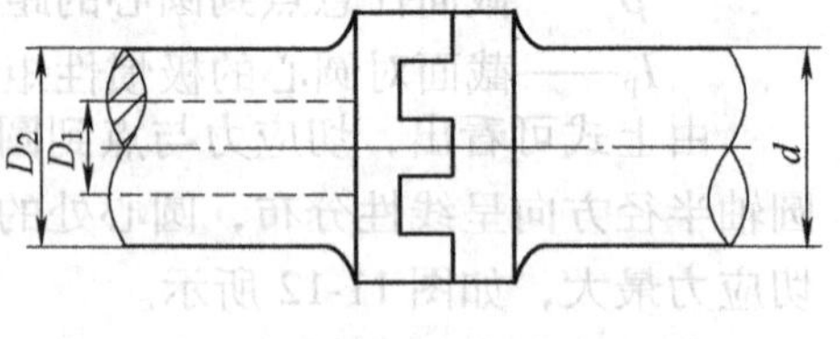

图 11-13　牙嵌式离合器

解：1）计算外力偶矩及扭矩

$$T = M = 9550\frac{P}{n} = 9550 \times \frac{10}{120}\text{N} \cdot \text{m} = 795.8\text{N} \cdot \text{m}$$

2）设计轴的直径，由式（11-6）

$$\tau_{max} = \frac{T}{W_P} \leqslant [\tau]$$

可得实心轴　$W_P = 0.2d^3 \geqslant \frac{T}{[\tau]}$

$$d = \sqrt[3]{\frac{T}{0.2[\tau]}} = \sqrt[3]{\frac{795.8 \times 10^3}{0.2 \times 40}}\text{mm} = 46.3\text{mm}$$

空心轴　$W_P = 0.2D_2^3(1 - \alpha^4) \geqslant \frac{T}{[\tau]}$

$$D_2 = \sqrt[3]{\frac{T}{0.2(1-\alpha^4)[\tau]}} = \sqrt[3]{\frac{795.8 \times 10^3}{0.2 \times (1 - 0.6^4) \times 40}}\text{mm} = 48.5\text{mm}$$

取 $d = 47\text{mm}$，$D_2 = 49\text{mm}$

四、传动轴扭转刚度计算

传动轴在工作时，要求不产生过大的扭转变形。例如，机床主轴若产生过大的扭转变形，将引起扭转振动，影响工件加工精度和机床使用寿命。

传动轴扭转变形时，任意两横截面产生的相对角位移，称为扭转角，扭转角 φ 是扭转变形的变形度量。由图 11-11 所示的圆轴扭转变形可以看出，两横截面相距越远，扭转角 φ 就越大。因此，扭转角的大小与 轴的长度 L 和扭矩 T 成正比，与横截面的极惯性矩 I_P 成反

比。引入比例常数 G，则得到扭矩为 T，长度为 L 的圆轴两端相对扭转角为

$$\varphi = \frac{TL}{GI_P} \tag{11-7}$$

式中　φ——扭转角（rad）；

G——材料的切变模量（GPa）。

由上式可看出，当扭矩 T 及 轴 长 L 一定时，G 越大，扭转角 φ 越小。GI_P 反映了圆轴抵抗扭转变形的能力，称为轴的抗扭刚度。若在长度 L 内扭矩有变化，或轴的直径不同，则应分段计算出相应各段的扭转角，然后求代数和。

机械中通常限制轴的单位长度扭转角 θ，使之不超过允许值［θ］。单位长度扭转角为

$$\theta = \frac{\varphi}{L} = \frac{T}{GI_P} \tag{11-8}$$

式中　θ——单位长度扭转角（rad/m）。

由此得圆轴扭转时的刚度条件为

$$\theta = \frac{T}{GI_P} \leqslant [\theta] \tag{11-9}$$

实际使用中，［θ］的单位通常采用度/米［（°）/m］，由于 $1\text{rad} = \frac{180°}{\pi}$，故刚度条件可写成

$$\theta = \frac{T}{GI_P} \times \frac{180}{\pi} \leqslant [\theta] \tag{11-10}$$

许用长度扭转角［θ］的取值，可查阅有关手册，或按下列范围选取：

精密机器、仪器的轴　［θ］＝（0.25°～0.5°）/m；

一般传动轴　［θ］＝（0.5°～1.0°）/m；

精度要求不高的传动轴　［θ］＝（2.0°～4.0°）/m。

第三节　心轴及其强度计算

心轴的受力特点是各外力垂直于轴线，变形时轴线变成了曲线，这种变形称为弯曲变形。轴的弯曲变形是工程实际中常见的一种变形，如图 11-14、图 11-15 所示的火车轮轴、吊车横梁等都是弯曲变形的实例。在外力作用下，产生弯曲变形的构件也称为梁。

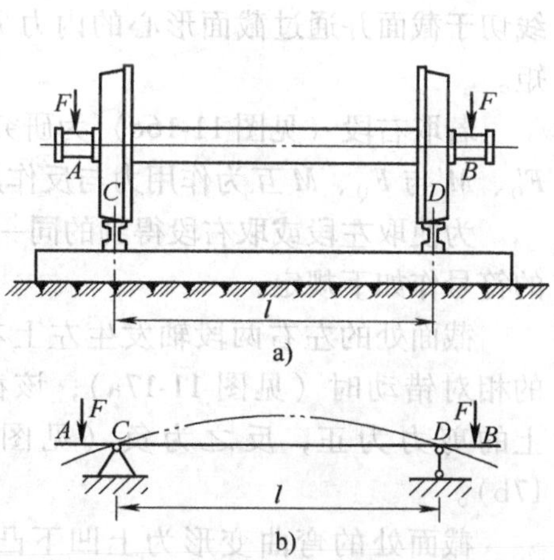

图 11-14　火车轮轴

a）结构图　b）受力图

一、心轴弯曲时的内力——剪力与弯矩

1. 剪力与弯矩

为了研究心轴的强度和刚度条件，使用截面法，分析心轴上各截面上的内力。

设跨度为 l 的心轴上作用有集中力 F（见图 11-16a），由平衡方程求出支座反力为

$$F_A = \frac{Fb}{l} \quad F_B = \frac{Fa}{l}$$

用截面法沿横截面 $m—m$ 将轴分成两段（见图 11-16b、c）。现取左段为研究对象，由于整个轴是平衡的，它的任一部分也应处于平衡状态，即左段上的内、外力应保持平衡。由于外力有使左段上移和顺时针转动的趋势，因此，$m—m$ 截面上必然有垂直向下的内力 F_Q 和逆时针转动的内力偶 矩 M 与之平衡，如图 11-16b 所示。由平衡方程

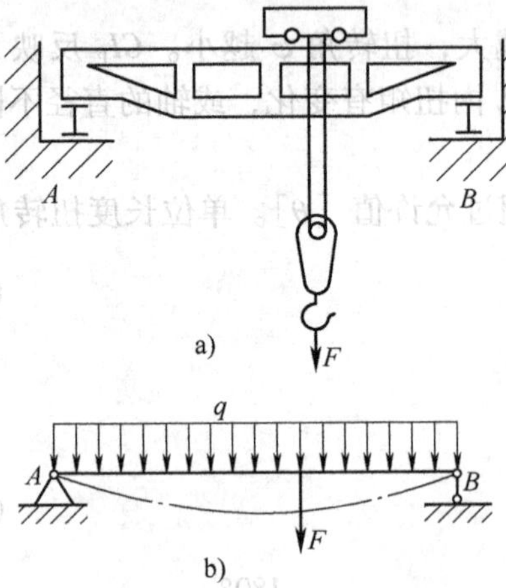

图 11-15　吊车横梁

a）结构图　b）受力图

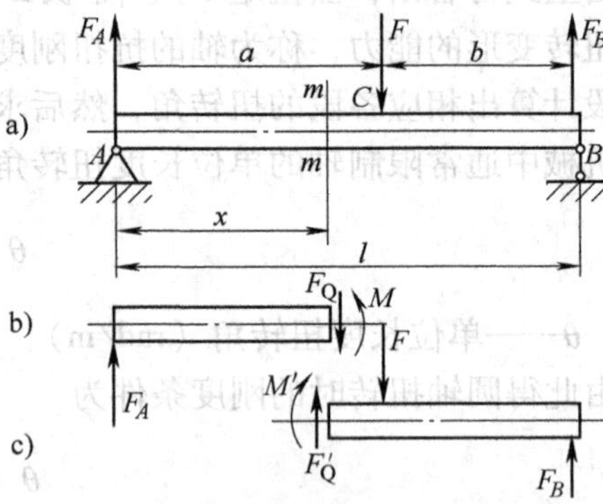

图 11-16　心轴横截面上的内力

a）受力图　b）左段受力图　c）右段受力图

$$\sum F_y = 0 \quad F_A - F_Q = 0$$

得

$$F_Q = F_A = \frac{Fb}{l}$$

由

$$\sum M_C = 0 \quad M - F_A x = 0$$

得

$$M = F_A x = \frac{Fb}{l}x$$

由以上分析可知，轴 AB 发生弯曲变形时，横截面上的内力由两部分组成，它们是作用线切于截面并通过截面形心的内力 F_Q 和位于纵向对称面内的力偶 M，分别称为剪力和弯矩。

若取右段（见图 11-16c）为研究对象，$m—m$ 截面上的剪力和弯矩分别用 F'_Q、M'表示。F'_Q、M'与 F_Q、M 互为作用力与反作用力，它们的大小相等，方向（转向）相反。

为使取左段或取右段得到的同一截面上的符号一致，根据轴的变形情况，对剪力和弯矩的符号作如下规定：

截面处的左右两段轴发生左上右下的相对错动时（见图 11-17a），该截面上的剪力为正，反之为负（见图 11-17b）。

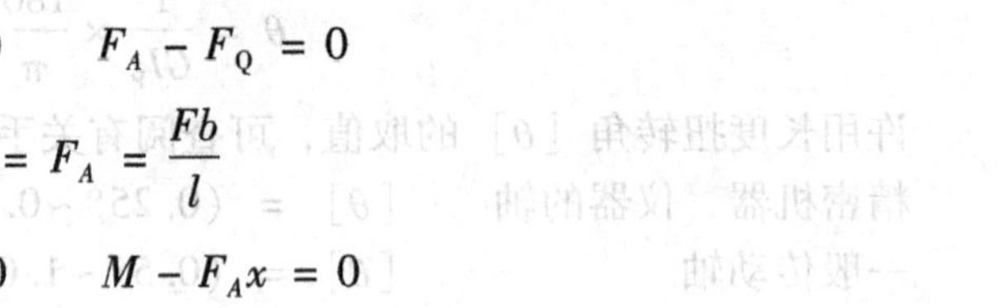

图 11-17　心轴弯曲时剪力的符号

a）剪力为正　b）剪力为负

截面处的弯曲变形为上凹下凸时，该截面的弯矩为正（见图 11-18a），反之为负（见图 11-18b）。

由此可得出 剪力与弯矩的计算规则如下：

1）某截面上剪力的大小等于该截面一侧所有外力的代数和，截面左侧的合外力向上，剪力取正号；向下则剪力取负号；截面右侧外力的正负号与此相反。

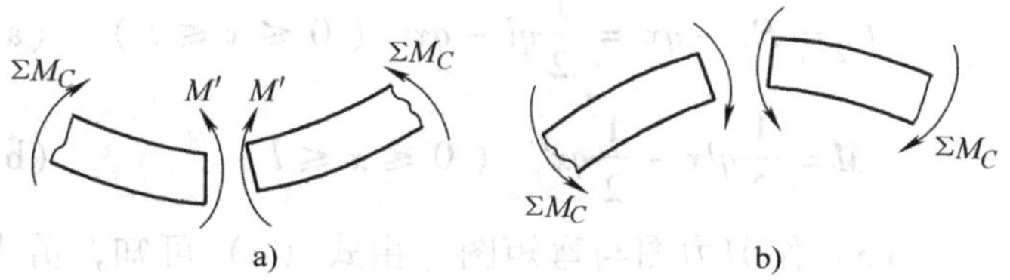

图 11-18　心轴弯曲时弯矩的符号

a）弯矩为正　b）弯矩为负

2）某截面上弯矩的大小等于该截面一侧所有外力对该截面形心力矩的代数和，截面左侧外力对截面形心力矩顺时针转动为正，反之为负；截面右侧外力对截面形心力矩逆时针转动为正，反之为负。

如图 11-19 所示，将轴沿 $m—m$ 分为左、右两部分。以左部分为研究对象，为保持左段平衡，内力必为一力 F_Q 和一力偶 M，由平衡条件求剪力，则

$$\sum F_y = 0 \qquad F_A - F_1 - F_Q = 0$$

$$F_Q = F_A - F_1$$

截面 C 保持平衡，由平衡条件求弯矩，则

$$\sum M_C = 0 \qquad M + F_1(b-a) - F_A b = 0$$

$$M = F_A b - F_1(b-a)$$

通过右段轴的平衡条件，也可求得 $m—m$ 截面的剪力 F'_Q 和弯矩 M'，F_Q 和 F'_Q、M 和 M' 分别大小相等，方向（转向）相反。

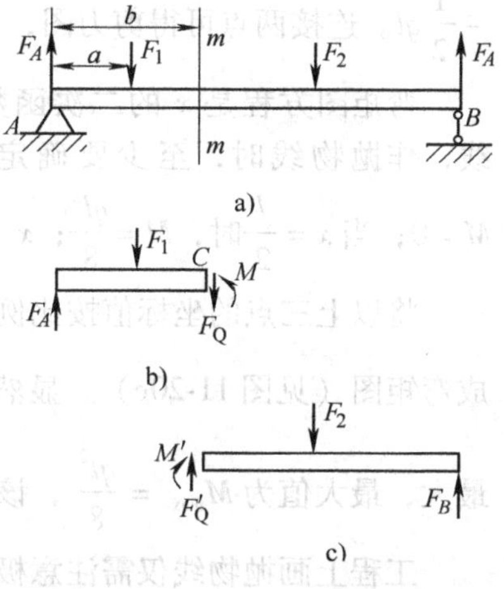

图 11-19　轴 $m—m$ 截面上的内力

a）受力图　b）取左段　c）取右段

2. 剪力图与弯矩图

任意横截面上力和弯矩的大小、方向随横截面的位置变化。若取轴的轴线为 x 轴，坐标 x 表示截面的位置，则各横截面上剪力和弯矩可以表示为坐标 x 的函数，即

$$F_Q = F_Q(x)$$

$$M = M(x)$$

以上函数式称为剪力和弯矩方程。它们分别表达了剪力和弯矩沿轴线变化的规律。为了能清楚表达剪力和弯矩沿轴线变化的情况，可作剪力图和弯矩图。

作剪力图和弯矩图的基本方法是，先建立剪力和弯矩方程，然后按方程作图。下面举例说明剪力图和弯矩图的作法。

例 11-4　轴自重为均布载荷，载荷集度为 q，轴长为 l（见图 11-20a），试求轴 AB 的弯矩图。

解：（1）求支座反力　取整个轴为研究 对象，由平衡方程求得反力为

$$F_A = F_B = \frac{1}{2}ql$$

（2）列剪力方程和弯矩方程　在轴上任取一截面，到支座 A 的距离为 x，由截面法得该截面的剪力方程和弯矩方程

$$F_Q = F_A - qx = \frac{1}{2}ql - qx \quad (0 \leqslant x \leqslant l) \qquad (a)$$

$$M = \frac{1}{2}qlx - \frac{1}{2}qx^2 \quad (0 \leqslant x \leqslant l) \qquad (b)$$

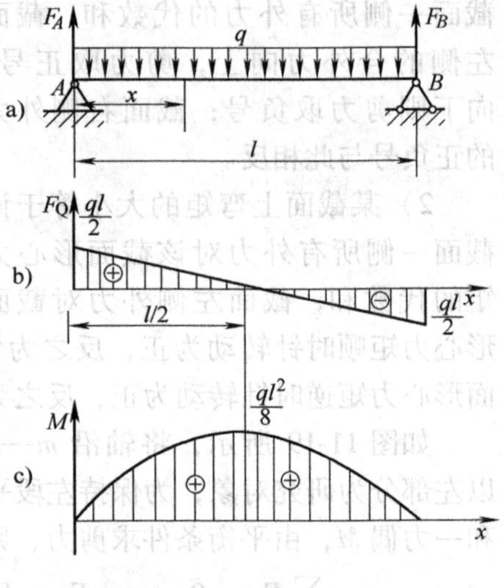

图 11-20 心轴受均布载荷作用

a）受力图 b）剪力图 c）弯矩图

（3）作剪力图与弯矩图 由式（a）可知，剪力方程 F_Q 是 x 的一次函数，剪力图是一条斜直线。两点可以确定一条直线，当 $x=0$，$F_Q=\frac{1}{2}ql$；当 $x=l$，$F_Q=-\frac{1}{2}ql$。连接两点可得剪力图，如图 11-20b 所示。

弯矩图方程是 x 的二次函数，表明弯矩是一抛物线，作抛物线时，至少要确定三个点，当 $x=0$ 时，$M=0$；当 $x=\frac{l}{2}$时，$M=\frac{ql^2}{8}$；$x=l$ 时，$M=0$。

将以上三点的坐标值按比例描点，并用光滑曲线连成弯矩图（见图 11-20c）。显然，在 $x=\frac{l}{2}$处的弯矩值最大，最大值为 $M_{max}=\frac{ql^2}{8}$，该截面为危险截面 。

工程上画抛物线仅需注意极值和凸凹方向即可，很容易画出弯矩图。如确定抛物线极值点，可求 M 的导数$\frac{dM}{dx}=\frac{1}{2}ql-qx$，令$\frac{dM}{dx}=0$，得极值点 $x=\frac{1}{2}l$。所以，在轴中点处有极值，而该极值为 $M_{max}=\frac{ql^2}{8}$。

例 11-5 如图 11-21 所示，齿轮轴受集中力作用，试作轴的剪力图和弯矩图。

解：（1）求支座反力 如图 11-21a 所示，取整个轴为研究对象，由平衡方程

$$\sum M_B = 0 \quad F_A l - Fb = 0 \quad F_A = \frac{Fb}{l}$$

$$\sum M_A = 0 \quad F_B l - Fa = 0 \quad F_B = \frac{Fa}{l}$$

（2）求剪力方程和弯矩方程 截面 C 处有集中力 F 作用，AC 段与 BC 段的弯矩方程表达式不同，需分段建立方程。

AC 段 $\qquad F_Q = F_A = \frac{Fb}{l} \qquad (0 \leqslant x \leqslant a)$

$$M = F_A x = \frac{Fb}{l}x \qquad (0 \leqslant x \leqslant a)$$

BC 段 $\qquad F_Q = -F_B = -\frac{Fa}{l} \qquad (a \leqslant x \leqslant l)$

$$M = F_B(l-x) = \frac{Fa}{l}(l-x) \qquad (a \leqslant x \leqslant l)$$

（3）作剪力图和弯矩图　剪力图在截面 C 处有突变，突变量是 F。剪力图是两段平行与轴线的直线，如图 11-21b 所示。两段弯矩图都是斜直线，在 C 点处重合，如图 11-21c 所示。

例 11-6　如图 11-22a 所示，齿轮轴 C 处作用有集中力偶，作轴的剪力图和弯矩图。

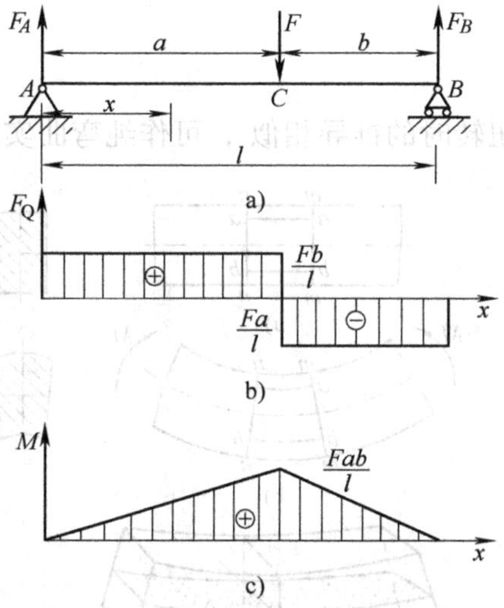

图 11-21　齿轮轴受集中力作用
a）受力图　b）剪力图　c）弯矩图

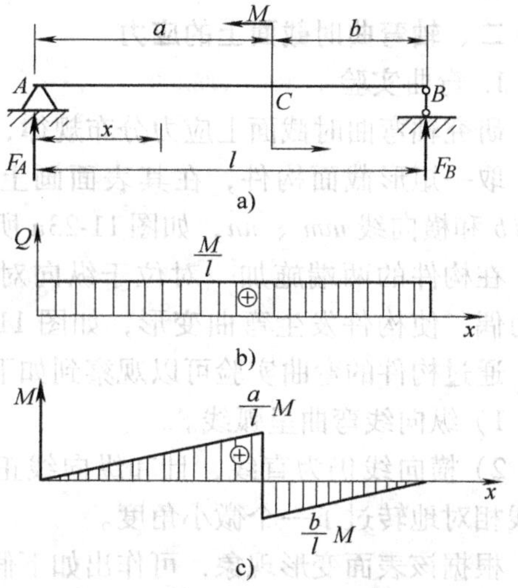

图 11-22　齿轮轴受集中力偶作用
a）受力图　b）剪力图　c）弯矩图

解：（1）求支座反力

$$\sum M_B = 0 \qquad -F_A l + M = 0$$

$$F_A = \frac{M}{l}$$

$$\sum M_A = 0 \qquad -F_B l + M = 0$$

$$F_B = \frac{M}{l}$$

（2）求剪力方程和弯矩方程　由于截面处有集中力偶作用，AC 段和 BC 段的弯矩方程表达式不同，需分段建立方程。

AC 段
$$F_Q = F_A = \frac{M}{l} \qquad (0 \leqslant x \leqslant a)$$

$$M = F_A x = \frac{M}{l}x \qquad (0 \leqslant x \leqslant a)$$

BC 段
$$F_Q = F_B = \frac{M}{l} \qquad (a \leqslant x \leqslant l)$$

$$M = -F_B(l - x) = -\frac{M}{l}(l - x) \quad (a \leqslant x \leqslant l)$$

（3）作剪力图和弯矩图　剪力图是一平行于轴线的直线。弯矩图是斜直线，在截面 C 处有突变，突变量为 M。

由以上例题，可以归纳出弯矩图与载荷之间的普遍规律：

1）在均布载荷作用的轴段上，弯矩图为抛物线。

2）集中力之间的轴段上，弯矩图为斜直线，且集中力作用处，弯矩图有转折。

3）在集中力偶作用下，弯矩图有突变，突变值等于集中力偶矩。

运用以上规律，可以检查弯矩图是否正确，而且不必列出弯矩方程式，可以快捷地绘制弯矩图。

二、轴弯曲时截面上的应力

1. 弯曲实验

研究轴弯曲时截面上应力分布规律，其方法与扭转时的推导相似，可作纯弯曲实验。

取一矩形截面构件，在其表面画上纵向线 *aa*、*bb* 和横向线 *mm*、*nn*，如图 11-23a 所示。然后，在构件的两端施加一对位于纵向对称面内的力偶，使构件发生弯曲变形，如图 11-23b 所示。通过构件的弯曲实验可以观察到如下现象：

1）纵向线弯曲呈弧线。

2）横向线仍为直线，且和纵向线正交，横向线相对地转过了一个微小角度。

根据该表面变形现象，可作出如下假设：

1）平面假设：轴变形后截面仍保持平面，且仍垂直于变形后的轴线，只是绕某轴转了一个微小的角度。

2）单向受力假设：设构件是由无数根纤维组成的，则这些纤维处于单向受拉或单向受压状态。

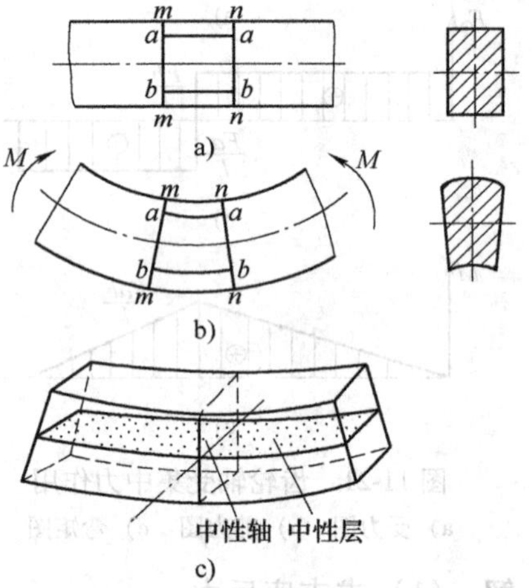

图 11-23　弯曲实验

a）实验构件　b）弯曲变形　c）中性轴概念

2. 应力的分布规律

由变形分析可知，构件一部分纵向纤维伸长，另一部分缩短，从缩短区到伸长区，必存在一层既不伸长也不缩短的纤维，称为中性层，如图 11-23c 所示。

中性层与截面的交线，称为中性轴，用 z 表示，如图 11-24a 所示。距中性层越远的纵向纤维伸长量（或缩短量）越大，其大小与所在点到中性轴的距离 z 成正比；截面距中性轴距离相等的各点，应力相等；中性轴上各点（$z=0$ 处）应力为零，离中性轴最远的点（$z=\frac{h}{2}$）应力最大。当构件如图 11-23 所示弯曲时，中性轴以上应力为压应力，中性轴以下应力为拉应力，且应力沿 y 轴呈线性分布，如图 11-24b 所示。

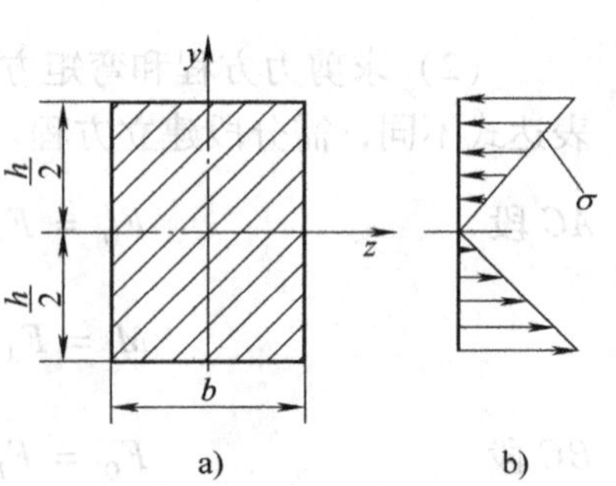

图 11-24　应力分布图

a）轴的截面图　b）应力分布

三、心轴的弯曲应力计算

心轴弯曲时，截面上弯矩 M 与抗弯截面系数 W_Z 之比为弯曲应力，即

$$\sigma_{max} = \frac{M}{W_Z} \tag{11-11}$$

式中　M——截面上的弯矩（mm）；

W_Z——抗弯截面系数，单位为 m^3 或 mm^3，实心圆轴抗弯截面系数 $W_Z=0.1d^3$；空心圆轴抗弯截面系数 $W_Z=0.1D^3(1-\alpha^4)$，$\alpha=\frac{d}{D}$，其中 D 为空心圆轴外径，d 为空心圆轴内径。

四、心轴弯曲强度计算

心轴弯曲时，产生最大弯曲应力的截面为危险截面，所在的点为危险点。轴的强度条件为：轴的最大弯曲应力不得超过材料的许用应力，即

$$\sigma_{max} = \frac{M}{W_Z} \leqslant [\sigma] \tag{11-12}$$

式中　$[\sigma]$——材料的许用应力（MPa）。

第四节　转轴强度计算及设计

一、受力分析

电动机轴如图 11-25a 所示，工作时，电动机给轴输入转矩，通过带轮的带，传递给机器的减速器。带轮的转动和带的拉力作用，使轴产生扭转、弯曲组合变形，电动机轴即为扭转与弯曲组合变形的转轴。

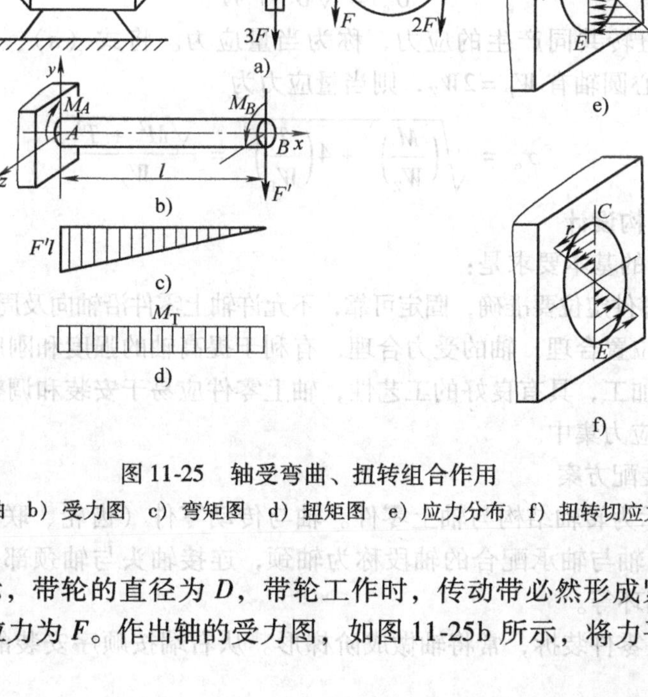

图 11-25　轴受弯曲、扭转组合作用

a）电动机轴　b）受力图　c）弯矩图　d）扭矩图　e）应力分布　f）扭转切应力分布图

1. 外力

如图 11-25a 所示，带轮的直径为 D，带轮工作时，传动带必然形成紧边和松边，设紧边拉力为 $2F$，松边拉力为 F。作出轴的受力图，如图 11-25b 所示，将力平移至轴心，得到

力 F'和附加力偶 M_T 分别为

$$F' = 3F$$

$$M_T = 2F\frac{D}{2} - F\frac{D}{2} = \frac{FD}{2}$$

垂直于轴线的力 F'使轴产生弯曲，而附加力偶 M_T 使轴产生扭转。

2. 内力

分别画出轴的弯矩图（见图 11-25c）和扭矩图（见图 11-25d）。由图可见，固定端 A 处为危险截面，其上的弯矩和扭矩分别为

弯矩 $$M = F'l$$

扭矩 $$T = \frac{FD}{2}$$

3. 应力

图 11-25e、f 所示为转轴 A 截面处弯曲应力与扭转切应力的分布情况。在 C、E 两点弯曲应力和切应力分别达到最大值，因此，C、E 两点为危险点，该两点的弯曲应力与扭转切应力分别为

弯曲应力 $$\sigma = \frac{M}{W_Z} \tag{a}$$

扭转切应力 $$\tau = \frac{T}{W_P} \tag{b}$$

式中　W_Z——抗弯截面系数，实心圆轴 $W_Z = 0.1d^3$；

W_P——抗扭截面系数，实心圆轴 $W_P = 0.2d^3$。

经理论推证，弯、扭组合变形的转轴应力为

$$\sigma_e = \sqrt{\sigma^2 + 4\tau^2} \tag{c}$$

σ_e 为弯曲和扭转共同产生的应力，称为当量应力。将式（a）、式（b）两式代入式（c），并注意到实心圆轴有 $W_P = 2W_Z$，则当量应力为

$$\sigma_e = \sqrt{\left(\frac{M}{W_Z}\right)^2 + 4\left(\frac{T}{W_P}\right)^2} = \frac{\sqrt{M^2 + T^2}}{W_Z} \tag{11-13}$$

二、转轴的结构设计

转轴结构设计的基本要求是：

1）轴及轴上零件定位要准确，固定可靠，不允许轴上零件沿轴向及周向有相对移动或转动。

2）轴上零件位置合理，轴的受力合理，有利于提高轴的强度和刚度。

3）轴应便于加工，具有良好的工艺性，轴上零件应易于安装和调整。

4）尽量减少应力集中。

1. 轴上零件装配方案

图 11-26a 所示为转轴结构与轴上零件。轴与传动零件（齿轮、联轴器、带轮等）配合的轴段称为轴头，轴与轴承配合的轴段称为轴颈，连接轴头与轴颈部分称为轴身，除此之外，还有轴肩和轴环等。

为了便于轴上零件装拆，常将轴做成阶梯形。从右端按顺序安装的零件有齿轮、轴套、

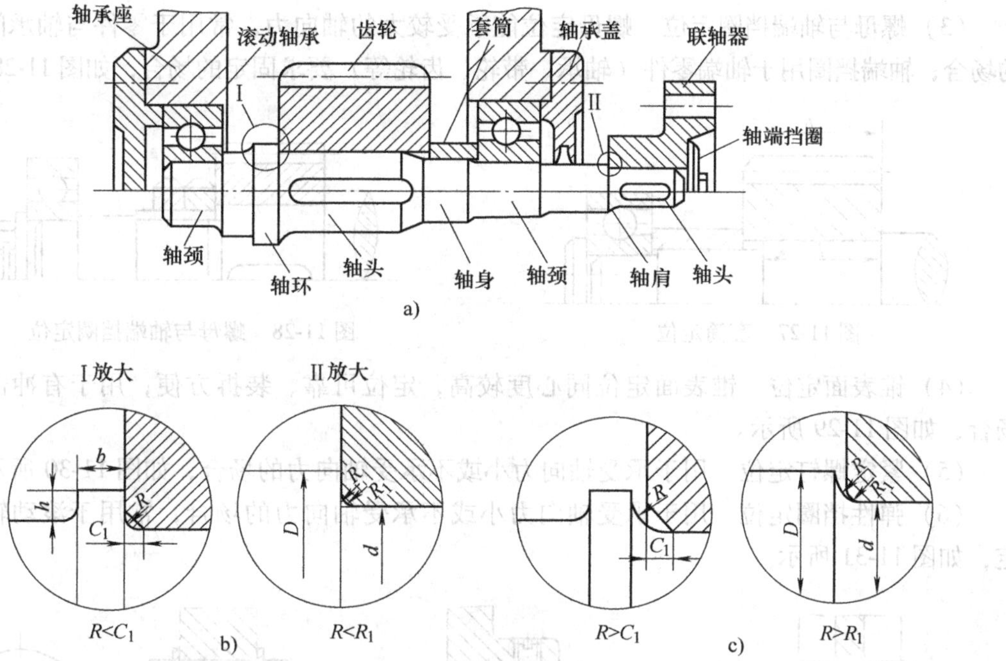

图 11-26　转轴的结构

a）转轴结构与轴上零件　b）轴向定位合理　c）轴向定位不合理

滚动轴承、轴承端盖和半联轴器；从左端安装的零件有轴承和轴承端盖。为了使轴上零件便于装拆，轴端及各轴段端部应有倒角和圆角。

2. 轴上零件的周向定位

轴上零件的周向定位的目的是限制轴上零件相对于轴的转动。常用的定位方法有键联接、花键联接、销钉联接和过盈配合等。

3. 轴上零件的轴向定位

为了防止轴上零件的轴向移动，必须进行轴向定位。轴上零件的轴向定位和固定可采用的定位方法有：

（1）轴环和轴肩定位　如图 11-26b 所示，为使轴上零件端面能与轴肩贴紧，轴肩的圆角半径 R 必须小于零件孔端的圆角半径 R_1 或倒角 C；轴肩和轴环的高度 h 必须大于 R_1 和 C。如图 11-26c 所示，轴环、轴肩的结构不合理，会导致轴上零件与轴无法定位。

轴肩尺寸 h 及零件孔端圆角半径 R_1 和倒角 C 的数值见表 11-2。轴与滚动轴承相匹配的尺寸见《机械零件设计手册》。

表 11-2　轴肩尺寸 h 及零件孔端圆角半径 R_1 和倒角 C 的数值　（单位：mm）

轴径 d	>10～18	>18～30	>30～50	>50～80	>80～100
R	0.8	1.0	1.6	2.0	2.5
R_1 或 C	1.6	2.0	3.0	4.0	5.0
h	2.0	2.5	3.5	4.5	5.5
b	轴环的宽度 $b=1.4h$				

（2）套筒定位　套筒定位固定可靠，承受轴向力较大，用于轴上相邻两零件相距不远

的场合，如图 11-27 所示。

（3）螺母与轴端挡圈定位　螺母定位能承受较大的轴向力，常用于零件与轴承间距较大的场合；轴端挡圈用于轴端零件（轴承、带轮、齿轮等）要求固定的场合，如图 11-28 所示。

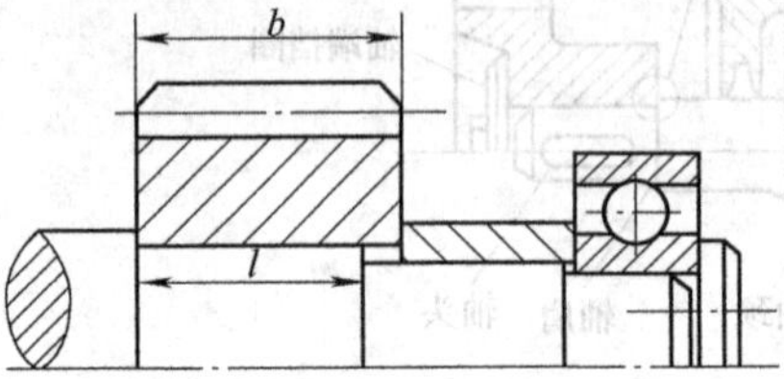

图 11-27　套筒定位

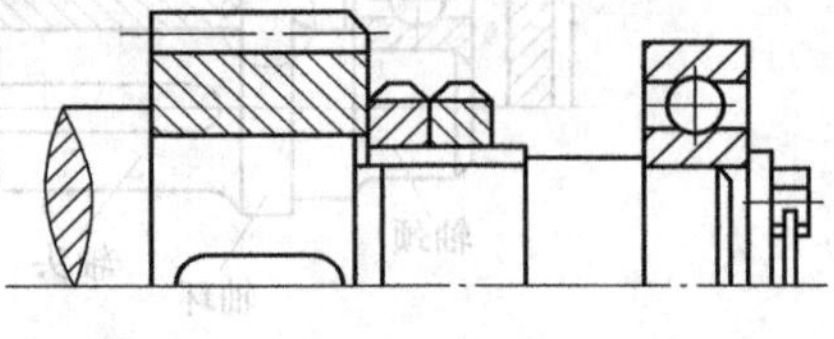

图 11-28　螺母与轴端挡圈定位

（4）锥表面定位　锥表面定位同心度较高，定位可靠、装拆方便，用于有冲击载荷的场合，如图 11-29 所示。

（5）紧定螺钉定位　用于承受轴向力小或不承受轴向力的场合，如图 11-30 所示。

（6）弹性挡圈定位　用于承受轴向力小或不承受轴向力的场合，常用于滚动轴承的固定，如图 11-31 所示。

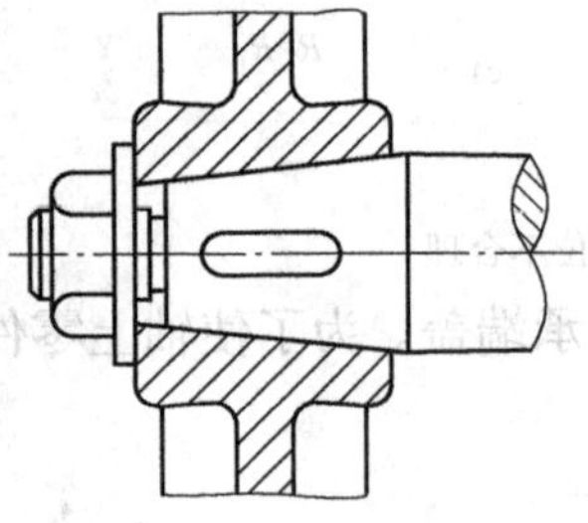

图 11-29　锥形表面定位

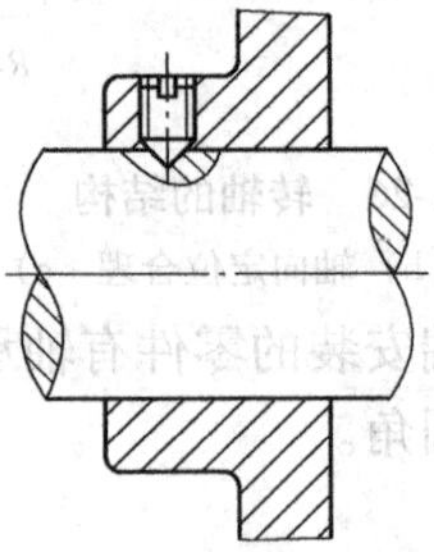

图 11-30　紧定螺钉定位

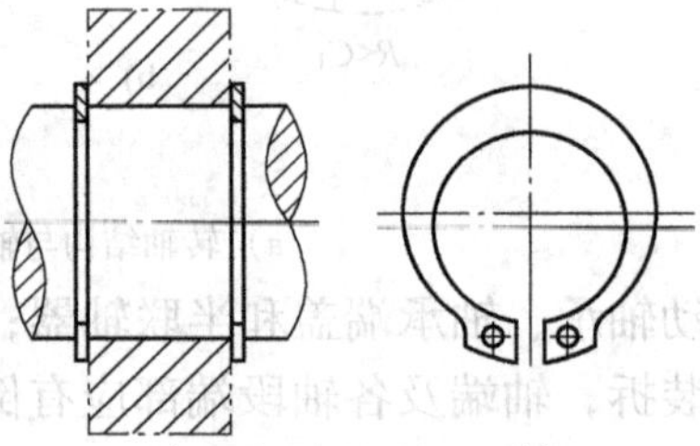

a)　b)

图 11-31　弹性挡圈定位

a）结构图　b）弹性挡圈

三、轴的结构工艺性

轴上零件不但要求定位正确，固定可靠，易于装拆，还要能使轴加工方便，成本低廉，经济实用。

1）轴上螺纹尾部应有退刀槽（见图 11-32a），以保证车刀能退刀；轴上需磨削的表面，如轴与滚动轴承配合处，要在轴肩处留有砂轮越程槽（见图 11-32b），砂轮可磨削到轴肩端部，以保证轴肩的垂直度；轴上有多个键槽时，为加工及装配方便，应使键槽布置在同一直线上。

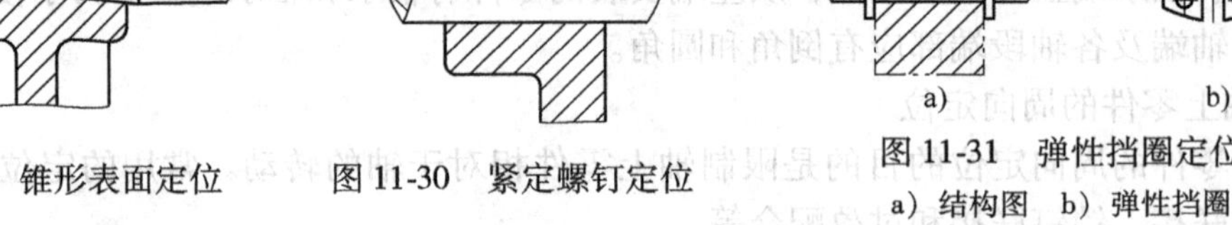

a)　b)　c)

图 11-32　轴结构应便于加工

a）退刀槽　b）砂轮越程槽　c）中心孔

2）轴的两端采用标准中心孔（见图11-32c）作为加工和测量基准，并要符合国家标准。

3）要根据实际情况确定轴的直径。与滚动轴承配合的轴段直径，要符合滚动轴承内径的标准系列；安装联轴器的轴头直径，必须与联轴器的孔径相适应；与零件（如齿轮、带轮）相配合的轴头直径，应采用标准直径，标准直径见表11-3。

表11-3 轴的标准直径 （单位：mm）

10	12	14	16	18	20	22	24	25	26	28	30	32	34	36	38
40	42	45	48	50	53	56	60	63	67	71	75	80	85	90	95

四、提高轴疲劳强度措施

转轴受载后，其应力往往随时间作周期性的变化，这种应力称为交变应力。轴在交变应力作用下的破坏，称为疲劳破坏（见第一章）。

轴的疲劳破坏是由疲劳裂纹引起的，而裂纹主要发生在构件表面及应力集中部位。因此，要着重考虑以下两方面因素：

1. 提高表面质量

轴表面加工质量直接影响疲劳强度，提高表面质量的措施有：降低轴的表面粗糙度，以发挥其抗疲劳的性能；对轴最大应力所在的表层采取表面强化措施，如滚压、喷丸、表面淬火、渗碳和渗氮的方法，增加轴表面强度；在运输、装配及检修中，应尽量避免在轴表面上造成伤痕，因为这些伤痕易引起应力集中。

2. 减缓应力集中

轴最大应力在横截面的最外边缘处或在有应力集中的地方。因此，要合理设计轴的形状，尽量避免出现方形或带有尖角的孔和槽，设法避免轴外形的急剧变化，在截面尺寸不可避免的急剧变化处，要采用足够大的圆角过渡。在重要结构中，可采用卸荷槽（见图11-33a）、过渡肩环（见图11-33b）或凹切圆槽（见图11-33c），以增大轴肩圆角半径，减少局部应力集中。

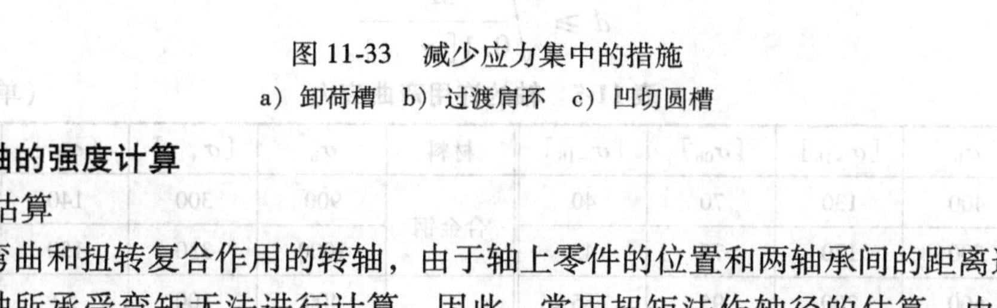

图11-33 减少应力集中的措施

a）卸荷槽 b）过渡肩环 c）凹切圆槽

五、转轴的强度计算

1. 直径估算

对承受弯曲和扭转复合作用的转轴，由于轴上零件的位置和两轴承间的距离通常尚未确定，所以对轴所承受弯矩无法进行计算。因此，常用扭矩法作轴径的估算。由式（11-6）可知，圆轴扭转时的强度条件为 $\tau=\dfrac{T}{W_P}\leqslant[\tau]$，其中扭矩 $T=9.55\times10^6\dfrac{P}{n}$，抗扭截面系数 $W_P\approx0.2d^3$。则轴直径的设计式为

$$d \geqslant \sqrt[3]{\frac{9.55 \times 10^6 P}{0.2[\tau]n}} \geqslant c\sqrt[3]{\frac{P}{n}} \tag{11-14}$$

式中 P——轴所传递的功率（kW）；

n——轴的转速（r/min）；

c——由轴的材料和许用切应力所确定的因数，可按表 11-4 确定。

表 11-4　常用材料许用切应力值和 c 值

轴的材料	Q235，20	35	45	40Cr，35SiMn
$[\tau]$ /MPa	12 ~ 20	20 ~ 30	30 ~ 40	40 ~ 52
c	160 ~ 135	135 ~ 118	118 ~ 107	107 ~ 98

注：当作用在轴上的弯矩比传递的转矩小或只传递转矩时，c 取较小值，否则取大值。

当轴上开有键槽时，会削弱轴的强度。因此，轴的直径应适当增大。一般情况下，轴上同一截面开有一个键槽时，轴径增大 3%；开有两个键槽时增大 7%，

2. 按弯扭组合校核轴的强度

轴的最小轴径确定后，可根据表 11-3 依次确定其他各段轴径，轴上零件位置得以确定，轴各截面的弯矩即可算出。这时可按弯扭组合作用校核轴的强度。由式（11-13）得弯扭组合强度条件为

$$\sigma_e = \frac{\sqrt{M^2 + T^2}}{W_Z} \leqslant [\sigma]$$

由于一般转轴的弯矩 M 引起对称循环变应力，而扭矩 T 引起的应力的循环特性与 M 不同。考虑两者不同循环特性的影响，对上式中的扭矩乘以折算系数 α，即得危险截面处强度校核式

$$\sigma_e = \frac{M_e}{W_Z} = \frac{\sqrt{M^2 + (\alpha T)^2}}{0.1d^3} \leqslant [\sigma_{-1b}] \tag{11-15}$$

式中 M_e——当量弯矩（MPa）；

α——折算系数。不变的扭矩，取 $\alpha = 0.3$；脉动扭矩，取 $\alpha = 0.6$；正反转动频繁的扭矩，取 $\alpha = 1.0$。扭矩变化不清时，按脉动循环变化处理。

$[\sigma_{-1b}]$——对称循环应力状态下轴的许用弯曲应力，其值见表 11-5。

由式（11-15）可得轴危险截面处直径 d 的计算公式

$$d \geqslant \sqrt[3]{\frac{M_e}{0.1[\sigma_{-1b}]}} \tag{11-16}$$

表 11-5　轴的许用弯曲应力　　（单位：MPa）

材料	σ_b	$[\sigma_{+1b}]$	$[\sigma_{0b}]$	$[\sigma_{-1b}]$	材料	σ_b	$[\sigma_{+1b}]$	$[\sigma_{0b}]$	$[\sigma_{-1b}]$
碳素钢	400	130	70	40	合金钢	900	300	140	80
	500	170	75	45		1000	330	150	90
	600	200	95	55	铸钢	400	100	50	30
	700	230	110	65		500	120	70	40
合金钢	800	270	130	75					

注：$[\sigma_{-1b}]$、$[\sigma_{0b}]$、$[\sigma_{+1b}]$ 分别为对称循环、脉动循环和静应力状态下轴的许用弯曲应力。

按弯曲组合强度校核轴的步骤为：

1）画出轴的受力图，计算出水平面内的支反力和垂直面内的支反力。

2）作水平面内的弯矩图和垂直面内的弯矩图。

3）求出合成弯矩，并作出合成弯矩图。

4）画出轴的扭矩图。

5）计算危险截面的当量弯矩。

轴的设计与轴上零件同时进行，先确定轴的结构，再进行强度计算，当校核的强度不够时，必须重新进行设计。

例 11-7 如图 11-34 所示，带式输送机单级直齿圆柱齿轮减速器，从动轴输出端与联轴器相接。已知该轴传递功率 $P=4\text{kW}$，转速 $n=140\text{r/min}$，轴上齿轮参数为 $z=60$，$m=3.5\text{mm}$，分度圆压力角 $\alpha=20°$，齿宽 $B=80\text{mm}$，载荷平稳，工作时单向运转。试设计减速器的从动轴。

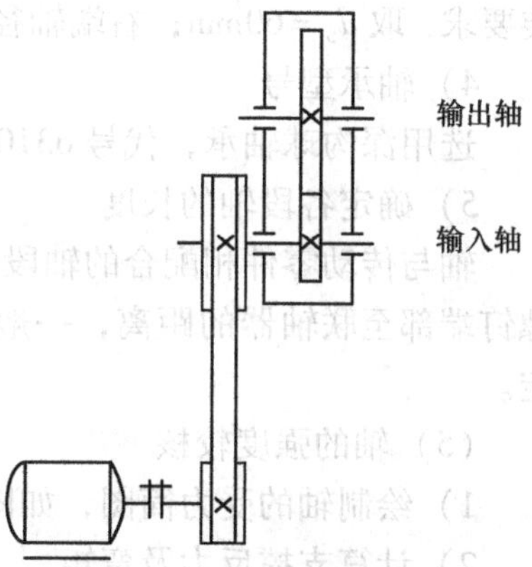

图 11-34 带式输送机单级直齿圆柱齿轮减速器

解：（1）选择轴的材料，确定许用应力

选用轴的材料为 45 钢，正火处理，查表 11-1，$\sigma_b=600\text{MPa}$，$\sigma_s=300\text{MPa}$。

（2）按扭转强度，初步估算轴的最小直径

输出端与联轴器相接的轴段轴径最小，查表 11-4，$c=118$，则

$$d_{\min} \geqslant c\sqrt[3]{\frac{P}{n}} = 118 \times \sqrt[3]{\frac{4}{140}}\text{mm} = 36.1\text{mm}$$

考虑键槽影响及联轴器标准系列，取 $d_{\min}=38\text{mm}$

（3）计算齿轮受力

分度圆直径 $d=mz=3.5\times60\text{mm}=210\text{mm}$

扭矩 $$T = 9.55\times10^6\frac{4}{140}\text{N}\cdot\text{mm} = 272.9\times10^3\text{N}\cdot\text{mm}$$

圆周力 $$F_t = \frac{2T}{d} = \frac{2\times272.9\times10^3}{210}\text{N} = 2599\text{N}$$

径向力 $$F_r = F_t\tan\alpha = 2599\times\tan20°\text{N} = 946\text{N}$$

（4）轴的结构设计

根据轴及轴上零件配置情况绘制轴系结构图，如图 11-35 所示。

1）定位及固定方式

由于是直齿圆柱齿轮传动，可采用深沟球轴承；轴通过两端轴承盖实现轴向定位；齿轮靠轴环和套筒轴向定位；周向定位靠平键和过盈配合实现；联轴器靠轴肩、平键和过盈配合分别实现轴向定位和周向定位。

2）联轴器的选用

根据转矩 $T=272.9\times10^3\text{N}\cdot\text{mm}$，查设计手册，选用弹性套柱销联轴器，型号为 TL6，尺寸按轴结构确定。

3）确定各段轴的直径

由左向右确定各段轴得直径，设第一段轴直径为 d_1，则轴最小直径 $d_{min}=d_1=38\text{mm}$，并与联轴器相配合，联轴器靠轴肩定位；轴肩尺寸查表11-2，查得最小轴肩高度为 $h_{min}=3.5\text{mm}$，所以第二段轴径 $d_2=44\text{mm}$，取标准轴径为 $d_2=45\text{mm}$；轴径直径 $d_3=50\text{mm}$，$d_3>d_2$，装拆方便，同时符合轴承内径标准系列；为便于齿轮装拆，与齿轮配合处的轴径 $d_4>d_3$，取 $d_4=52\text{mm}$；轴环为齿轮定位轴段，即要符合齿轮定位要求，又要符合右侧轴承的安装要求，取 $d_5=60\text{mm}$；右端轴径与左端轴径相同，取 $d_6=50\text{mm}$。

4）轴承型号

选用深沟球轴承，代号6310，查设计手册，轴承宽度 $B=27\text{mm}$。

5）确定各段轴的长度

轴与传动零件相配合的轴段长度，一般小于传动零件的轮毂宽度2～3mm。轴承端盖的螺钉端部至联轴器的距离，一般为15～20mm。轴承的跨度，可由齿轮开始向两侧逐步确定。

（5）轴的强度较核

1）绘制轴的受力简图，如图11-35所示。

2）计算支撑反力及弯矩

水平平面支反力 $F_{Bx}=F_{Dx}=\dfrac{1}{2}\times F_t=\dfrac{1}{2}\times 2599\text{N}=1299.5\text{N}$

水平平面弯矩 $M_{CH}=F_{Bx}\times 68.5=1299.5\times 68.5\text{N}\cdot\text{mm}=89015.8\text{N}\cdot\text{mm}$

垂直面支反力 $F_{BV}=F_{DV}=\dfrac{1}{2}\times F_r=\dfrac{1}{2}\times 946\text{N}=473\text{N}$

垂直面弯矩 $M_{CV}=F_{BV}\times 68.5=473\times 68.5\text{N}\cdot\text{mm}=32400.5\text{N}\cdot\text{mm}$

合成弯矩

$$M=\sqrt{(M_{CH})^2+(M_{CV})^2}=\sqrt{89015.8^2+32400.5^2}=94700\text{N}\cdot\text{mm}$$

绘制各平面弯矩和扭矩图，如图11-35所示。

3）当量弯矩计算

由图11-35可知，C 截面为危险截面，其最大当量弯矩为

$$M_e=\sqrt{M^2+(\alpha T)^2}$$

由于轴的应力为脉动循环应力，应力折合系数为 $\alpha=0.6$，则

$$M_e=\sqrt{94700^2+(0.6\times 272.9\times 10^3)^2}\text{N}\cdot\text{mm}=189150\text{N}\cdot\text{mm}$$

绘制当量弯矩图，如图11-35所示。

4）计算危险截面直径

$$d_C\geqslant\sqrt[3]{\frac{M_e}{0.1[\sigma_{-1b}]}}=\sqrt[3]{\frac{189150}{0.1\times 55}}\text{mm}=32.5\text{mm}$$

考虑键槽对轴的削弱，将 d 增大3%，$d_C=(1+3\%)\times 32.5\text{mm}=33.48\text{mm}$，因为轴结构设计确定的直径为 $d_4=52\text{mm}$，故强度足够。

5）绘制轴的工作图（略）。

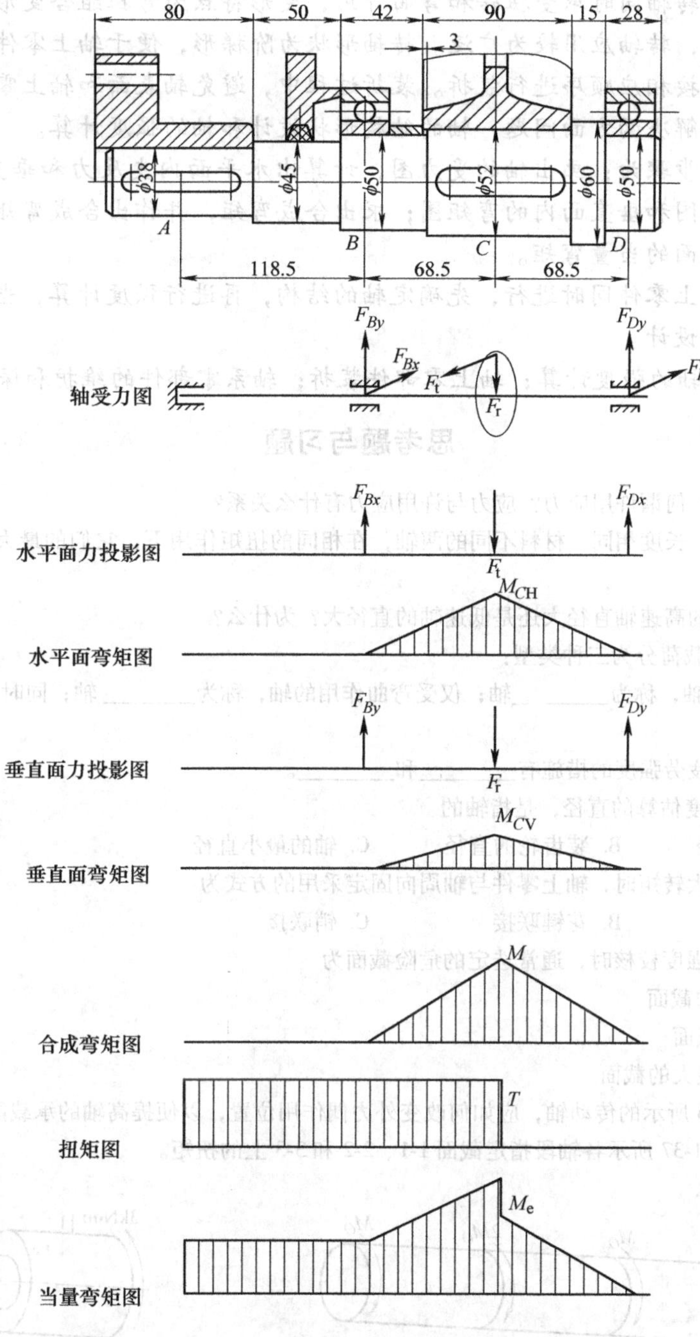

图 11-35　轴系结构、受力、弯矩图和扭矩图

本 章 小 结

轴是机械中的重要组成部分，按轴线形状分为直轴、曲轴和挠性轴，按受载形式分为传动轴、心轴和转轴。传动轴承受扭转作用，变形特点为扭转变形；心轴承受弯曲作用，变形

特点为弯曲变形；转轴同时承受扭转和弯曲作用，变形特点为弯扭组合变形。

在工程机械中，转轴应用较为广泛。转轴形状为阶梯形，便于轴上零件装拆、定位和固定。转轴上的零件按相应顺序进行装拆。装拆过程中，避免轴表面和轴上零件孔的划伤。

轴的设计主要解决两方面问题：轴的结构形状设计和轴的强度计算。

轴的强度计算步骤为：画出轴的受力图，计算出水平面内支反力和垂直面内的支反力；作水平面内的弯矩图和垂直面内的弯矩图；求出合成弯矩，并作出合成弯矩图；画出轴的扭矩图；计算危险截面的当量弯矩。

轴的设计与轴上零件同时进行，先确定轴的结构，再进行强度计算，当校核的强度不够时，必须重新进行设计。

本章重点：转轴的强度计算；轴上零部件装拆；轴系零部件的维护和保养。

思考题与习题

11-1　何谓应力？何谓许用应力？应力与许用应力有什么关系？

11-2　直径相同，长度相同，材料不同的两轴，在相同的扭矩作用下，它们的最大切应力与扭转角是否相同？

11-3　减速器中的高速轴直径大还是低速轴的直径大？为什么？

11-4　轴按所受载荷分为三种类型：

仅受扭转作用的轴，称为________轴；仅受弯曲作用的轴，称为________轴；同时承受弯扭作用的轴，称为________轴。

11-5　提高轴的疲劳强度的措施有________和________。

11-6　按扭转强度估算的直径，是指轴的

A. 装轴承的直径　　B. 装齿轮的直径　　C. 轴的最小直径

11-7　当传递较大转矩时，轴上零件与轴周向固定采用的方式为

A. 切向键联接　　B. 花键联接　　C. 销联接

11-8　对轴进行强度校核时，通常选定的危险截面为

A. 截面积最小的截面

B. 应力集中的截面

C. 受集中载荷最大的截面

11-9　如图 11-36 所示的传动轴，应如何改变外力偶作用位置，以便提高轴的承载能力？

11-10　试求图 11-37 所示各轴段指定截面 1-1、2-2 和 3-3 上的扭矩。

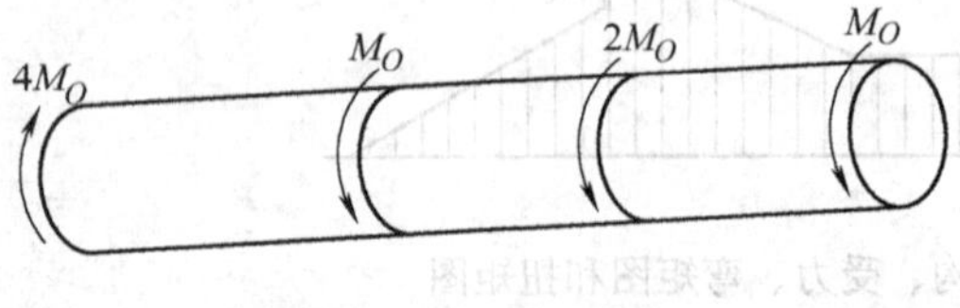

图 11-36　题 11-9

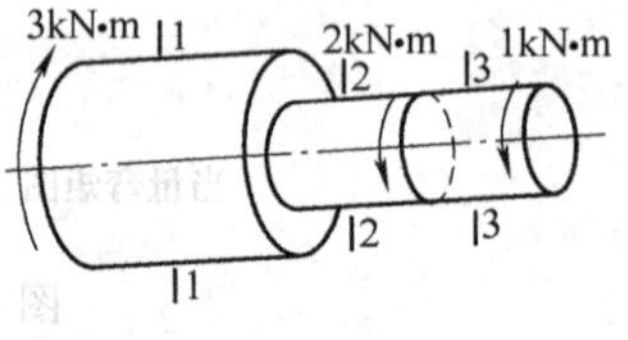

图 11-37　题 11-10

11-11　指出图 11-38 中轴的结构不合理的地方，并画改正后的轴结构图。

11-12　如图 11-39 所示为一级直齿圆柱齿轮减速器。已知输入功率 $P=15\text{kW}$，转速 $n=1447\text{r/min}$，齿数 $z_1=20$，$z_2=77$，模数 $m=4\text{mm}$。主动轮与轴一体，采用 45 钢调质。从动轮采用 45 钢正火，装齿轮处的轴头直径 $d=60\text{mm}$，跨距 $L=180\text{mm}$，齿轮双向转动，要求：（1）估算主动轴最小直径；（2）验算从动轴强度。

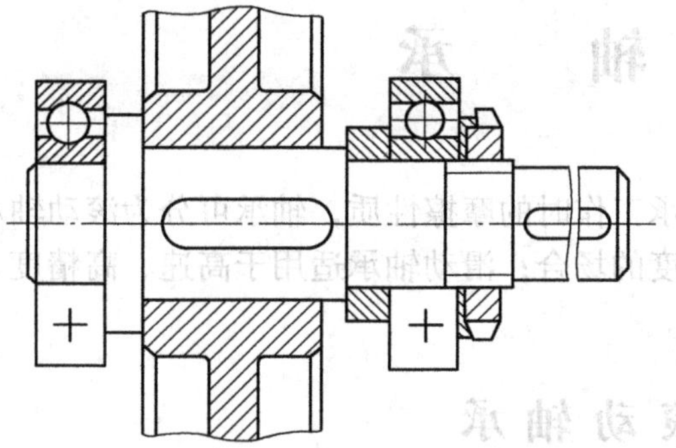

图 11-38 题 11-11

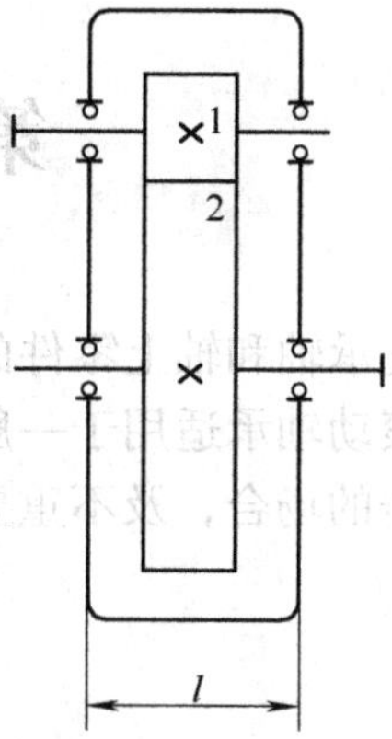

图 11-39 题 11-12

第十二章　轴　　承

轴承是支承轴和轴上零件的部件。根据轴承工作时的摩擦性质，轴承可分为滚动轴承和滑动轴承。滚动轴承适用于一般载荷和一般速度的场合；滑动轴承适用于高速、高精度、重载和有大冲击的场合，及不重要的低速机械中。

第一节　滚动轴承

如图 12-1 所示，滚动轴承由内圈 1、外圈 2、滚动体 3 和保持架 4 组成。内圈装在轴颈上，外圈装在轴承座孔内。当内、外圈相对转动时，滚动体在内、外圈的滚道中滚动。保持架的作用是将滚动体均匀的隔开。常见滚动体形状如图 12-2 所示，主要有球、圆柱滚子、圆锥滚子、球面滚子和滚针等滚动体。

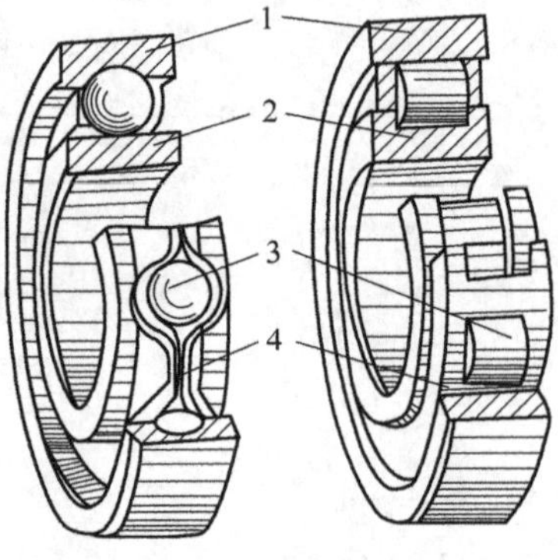

图 12-1　滚动轴承的基本结构

1—内圈　2—外圈　3—滚动体　4—保持架

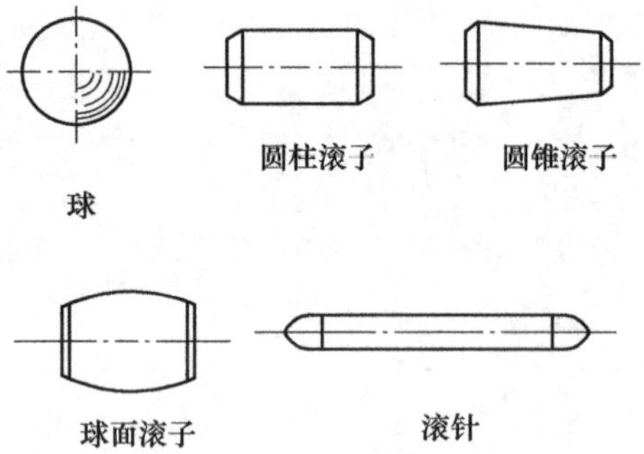

图 12-2　常用滚动体

滚动轴承已经标准化，在机械设计中只需根据工作条件正确选用。

一、滚动轴承的类型、特性和代号

（一）滚动轴承的类型

滚动轴承按其承载方向的不同，分类如下：

1. 向心轴承

主要承受径向载荷，即力的方向线与轴承的轴线垂直，也称为径向轴承。

2. 推力轴承

主要承受轴向载荷。即力的方向线与轴承的轴线平行，也称为轴向轴承。

3. 向心推力轴承

同时承受径向载荷与轴向载荷，如圆锥滚子轴承（3 型）、角接触球轴承（7 型）。

（二）滚动轴承的特性

1. 接触角

如图 12-3 所示，滚动体和外圈接触处的法线与轴承径向平面之间所夹的锐角 α，称为接触角。接触角 α 越大，轴承的轴向承载能力就越大。向心轴承的接触角范围为 $0° \leqslant \alpha \leqslant 45°$；推力轴承的接触角范围为 $45° < \alpha \leqslant 90°$。

2. 游隙

滚动轴承内、外圈与滚动体之间存在一定的间隙，因此内、外圈可以有一定的相对位移，如图 12-4 所示。内、外圈径向相对移动量，称为径向游隙；内、外圈轴向相对移动量，称为轴向游隙。

对于支点跨距较大、刚性较差的轴，或因其他原因弯曲变形较大的轴，应选用能适应内、外圈轴线有较大偏斜的调心轴承，如图 12-5 所示。在使用调心轴承的同一轴上，不宜选用其他类型轴承，以免受其影响而失去调心作用。

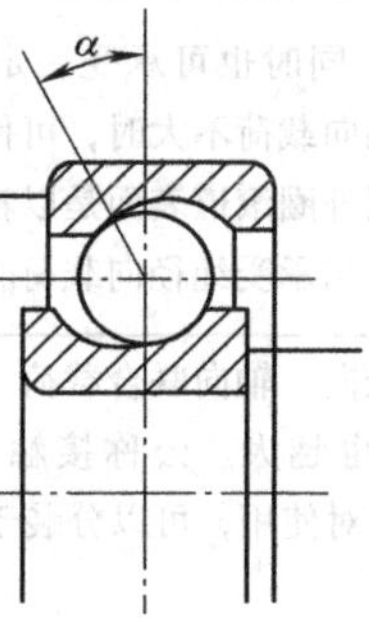

图 12-3 滚动轴承的接触角

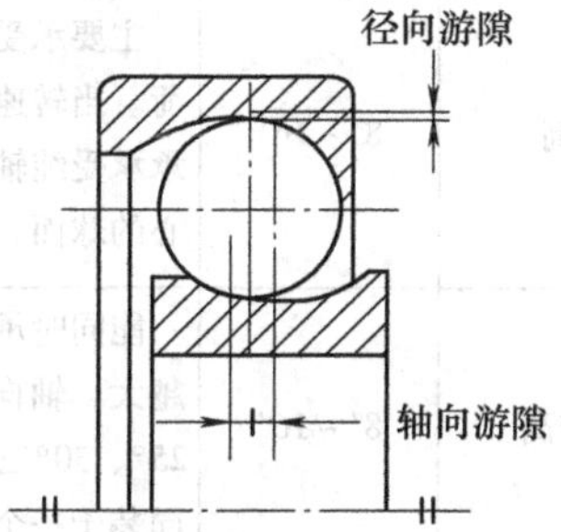

图 12-4 滚动轴承的游隙

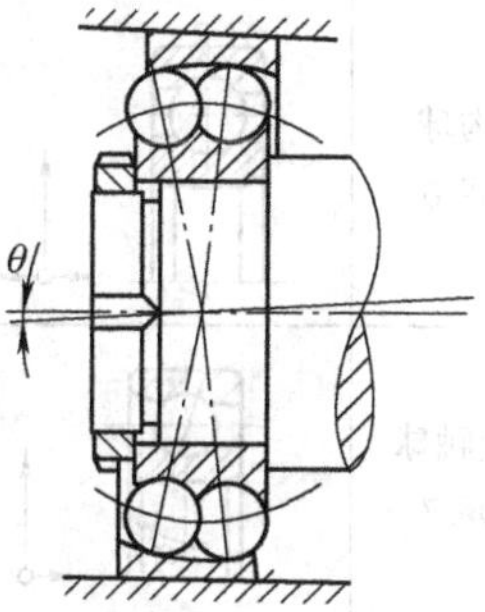

图 12-5 调心轴承

常用滚动轴承的类型、特性和应用见表 12-1。

表 12-1 常用滚动轴承的类型、特性和应用

轴承名称、类型及代号	结构简图及承载方向	极限转速	允许角偏差	主要特性和应用
调心球轴承 1	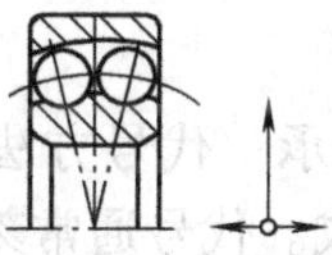	中	2°~3°	主要承受径向载荷，同时也能承受少量的轴向载荷。因为外圈滚道表面是以轴承中点为中心的球面，故能调心
调心滚子轴承 2	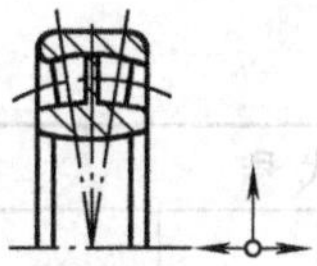	低	0.5°~2°	能承受很大的径向载荷和少量的轴向载荷。承载能力大，具有调心性能
圆锥滚子轴承 3	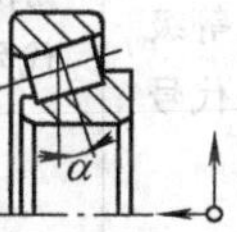	中	2'	能同时承受较大的径向、轴向联合载荷。因是线接触、承载能力大于“7”类轴承，内外圈可分离，装拆方便，成对使用

（续）

轴承名称、类型及代号	结构简图及承载方向	极限转速	允许角偏差	主要特性和应用
推力球轴承 5	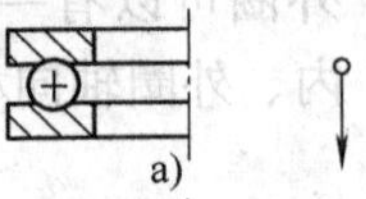 a) 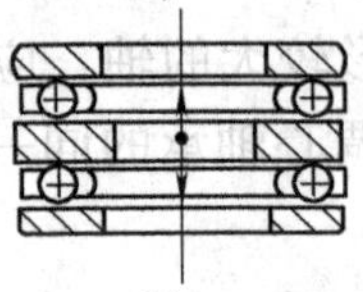 b)	低	不允许	$\alpha=90°$，只能承受轴向载荷，而且载荷作用线必须与轴线相重合，不允许有角偏差，有两种类型 a）单向——承受单向推力 b）双向——承受双向推力 高速时，因滚动体离心力大，球与保持架摩擦发热严重，寿命较低，可用于轴向载荷大、转速不高之处
深沟球轴承 6	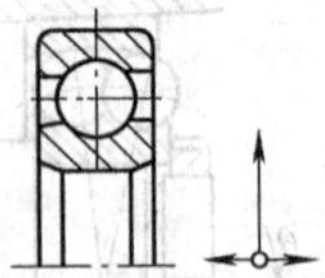	高	8′～16′	主要承受径向载荷，同时也可承受一定量的轴向载荷。当转速很高而且轴向载荷不大时，可代替推力球轴承承受纯轴向载荷。因外圈滚道表面是以轴承中点为中心的球面，故能调心。当承受纯径向载荷时，$\alpha=0°$
角接触球轴承 7		较高	8′～16′	能同时承受较大的径向、轴向联合载荷。公称接触角越大，轴向承载能力也越大。公称接触角 α 有 15°、25°、30°三种。通常成对使用，可以分装于两个支点或同装于一个支点
推力圆柱滚子轴承 8	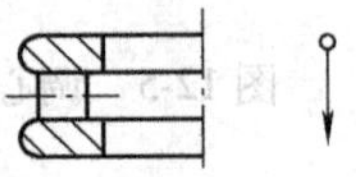	低	不允许	能承受很大的单向轴向载荷
圆柱滚子轴承 N	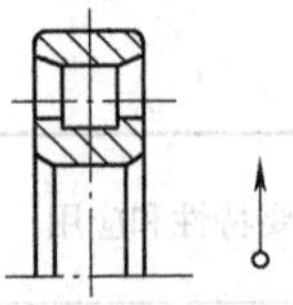	较高	2′～4′	能承受较大的径向载荷，不能承受轴向载荷。因是线接触，内外圈只允许有极小的偏转 除如图所示外圈无挡边（N）结构外，还有内圈无挡边（NU）、外圈单挡边（NF）和内圈单挡边（NJ）等结构形式

（三）滚动轴承的代号

为了便于生产、设计和使用，国标 GB/T 272—1993《滚动轴承 代号方法》规定了滚动轴承代号。滚动轴承代号由基本代号、前置代号和后置代号组成。代号通常刻在轴承外圈端面上，其排列顺序及代号所表示的内容见表 12-2。

表 12-2 滚动轴承代号的构成

<table>
<tr><td>前置代号</td><td colspan="5">基 本 代 号</td><td colspan="8">后 置 代 号</td></tr>
<tr><td rowspan="3">轴承分部件代号</td><td>五</td><td>四</td><td>三</td><td>二</td><td>一</td><td rowspan="3">内部结构代号</td><td rowspan="3">密封与防尘结构代号</td><td rowspan="3">保持架及其材料代号</td><td rowspan="3">特殊轴承材料代号</td><td rowspan="3">公差等级代号</td><td rowspan="3">游隙代号</td><td rowspan="3">多轴承配置代号</td><td rowspan="3">其他代号</td></tr>
<tr><td rowspan="2">类型代号</td><td colspan="2">尺寸系列代号</td><td colspan="2" rowspan="2">内径代号</td></tr>
<tr><td>宽（高）度系列代号</td><td>直径系列代号</td></tr>
</table>

注：基本代号下面的一～五表示代号自右向左的位置序数。

1. 基本代号

基本代号用来表示轴承的基本类型、尺寸系列和内径，一般用五位数字表示。

（1）内径代号　右起第一、二位数字表示轴承内径，表示方法见表12-3。

表12-3　常用轴承内径代号

内径代号	00	01	02	03	04～99
轴承内径/mm	10	12	15	17	数字×5

（2）直径系列　表示同一内径不同外径的系列，用右起第三位数字表示。直径系列代号见表12-4。各系列之间的直径尺寸对比如图12-6所示。

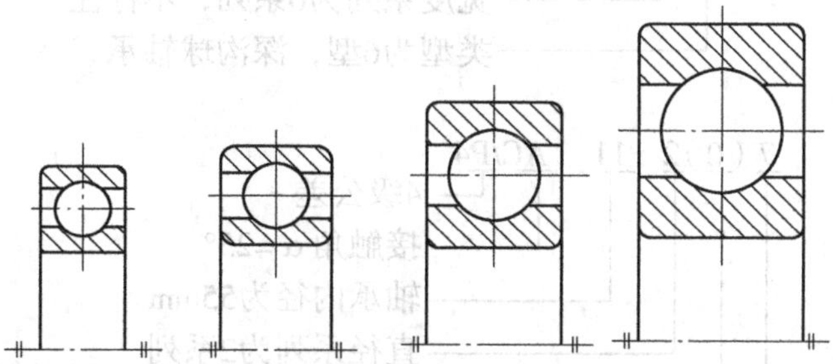

图12-6　直径尺寸对比

表12-4　直径系列代号

直径系列代号		向心轴承			推力轴承	
		宽度系列代号			高度系列代号	
		(0)	1	2	1	2
		窄	正常	宽	正常	
		尺寸系列代号				
0		(0) 0	10	20	10	
1	特轻	(0) 1	11	21	11	—
2	轻	(0) 2	12	22	12	22
3	中	(0) 3	13	23	13	23
4	重	(0) 4	—	24	14	24

（3）宽（高）度系列　表示内、外径相同，宽（高）度不同的系列，用右起第四位数字表示。宽（高）度系列代号见表12-4。当宽（高）度系列代号为0时可省略。但对调心轴承和圆锥滚子轴承，其宽度系列代号为0时也应标出。

2. 前置代号

前置代号用字母表示，它是用来说明成套轴承部件特点的补充代号。其代号及含义可查阅GB/T 272—1993《滚动轴承　代号方法》。

3. 后置代号

后置代号用字母和数字表示，用来说明轴承在结构、公差和材料等方面的特殊要求。与基本代号空半个汉字距离或用符号“—”“/”分隔。下面介绍几种常用代号。

（1）内部结构代号　以角接触球轴承的接触角变化为例，如接触角为 15°、25°、40° 时，代号分别为 C、AC 和 B。

（2）轴承的公差等级　滚动轴承的公差等级按精度由低到高分为 0 级、6x 级、6 级、5 级、4 级和 2 级共六个级别，其代号分别为：/P0、/P6x、/P6、/P5、/P4 和/P2。/P0 为普通级，可省略不标注。

例 12-1　说明 6307、7211AC/P4 代号的含义。

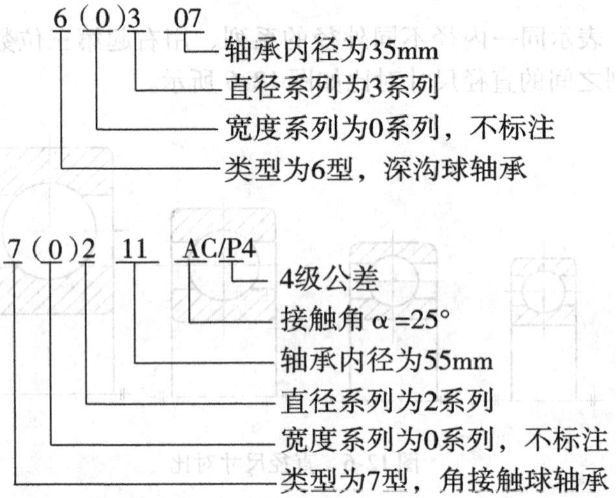

二、滚动轴承失效形式和类型选择

（一）失效形式

1. 疲劳点蚀

如图 12-7 所示，滚动轴承工作时，滚动体与滚道接触表面受变应力的作用，滚动轴承的主要失效形式是疲劳点蚀。对于以疲劳点蚀为主要失效形式的轴承，应按额定动载荷进行寿命计算。

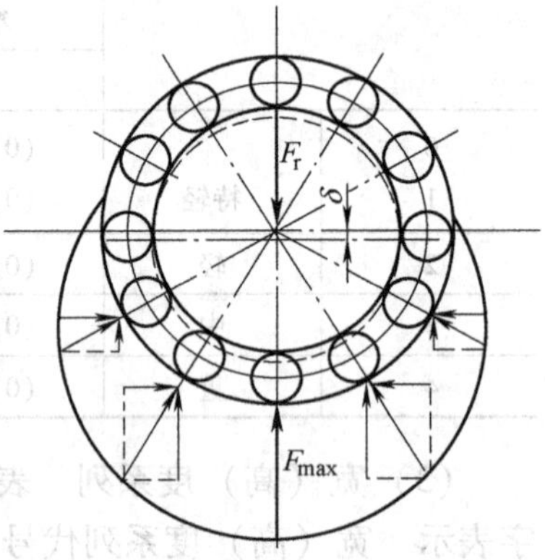

图 12-7　滚动轴承载荷分布图

2. 塑性变形

滚动轴承在转速较低时，可能受到很大静载荷的作用，使轴承滚道或滚动体工作面上产生过大的塑性变形，导致轴承不能正常工作。对于低速重载或受冲击载荷的轴承应进行静强度计算。

3. 磨损

高速工作的轴承，由于使用维护和保养不当等原因，常会引起轴承磨损甚至胶合，因其影响因素十分复杂，只能采取适当的润滑和密封，限制其工作转速等措施预防。

（二）滚动轴承类型的选择

选用滚动轴承时，应根据轴承的具体工作条件，合理地选择轴承的类型。

1. 载荷的大小、方向和性质

当工作载荷小而平稳时，常选用球轴承；当工作载荷大或有冲击时，应选用滚子轴承。

承受径向载荷时，选用向心轴承；承受轴向载荷时，选用推力轴承；同时承受径向载荷和轴向载荷时，应选用角接触轴承。

2. 轴承的转速

滚动轴承在一定的载荷和润滑条件下允许的最高转速，称为极限转速。球轴承的极限转速比滚子轴承的极限转速高，高速或旋转精度要求较高时，应选用球轴承；低速时应选用滚子轴承。

3. 对轴承的特殊要求

当轴弯曲变形较大或两轴承孔的同轴度较差时，应选用调心轴承。

为便于安装、拆卸和调整轴承游隙，可选用内、外圈可分离的轴承。

当径向空间受到限制时，应选用轻系列、特轻系列或滚针轴承；当轴向尺寸受到限制时，应选用窄系列轴承。

4. 经济性

一般普通结构的轴承比特殊结构的轴承便宜，球轴承比滚子轴承便宜，精度越低，价格也越低。选择轴承类型时，应在满足工作需要的前提下，尽量选择价格低廉的轴承。

三、滚动轴承基本额定寿命及载荷计算

1. 基本额定寿命

由于材料组织及工艺工程中存在着差异，同一批相同型号的轴承，即使在完全相同的条件下工作，各个轴承的寿命也不相同，相差甚至达到几十倍。国家标准规定：一批规格相同的轴承，在一定的工作条件下，其中90%的轴承在发生疲劳点蚀以前所能达到的总转数（以10^6r为单位）或小时数（h），作为轴承的基本额定寿命，用L（10^6r）或L_h表示。

滚动轴承的基本额定寿命L与轴承所承受的载荷F有关。如图12-8所示的曲线，为实验所得到的载荷F与寿命L的关系曲线。该曲线的数学表达式为

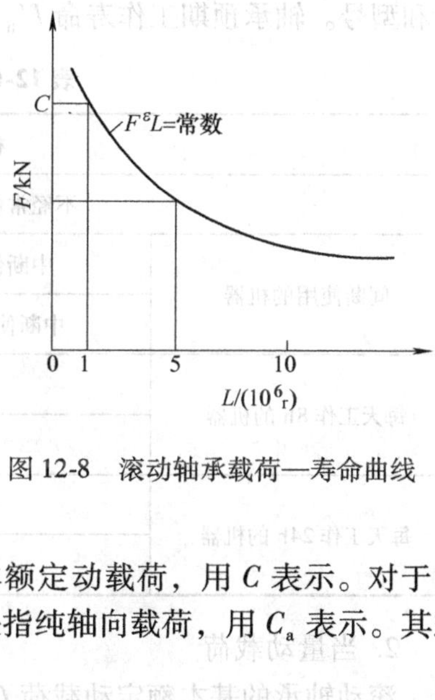

图12-8　滚动轴承载荷—寿命曲线

$$F^{\varepsilon}L = 常数$$

当$L=1$（10^6r）时，轴承所能承受的载荷，称为基本额定动载荷，用C表示。对于向心轴承，是指纯径向载荷，用C_r表示；对于推力轴承，是指纯轴向载荷，用C_a表示。其式为

$$F^{\varepsilon}L = 1 \times C^{\varepsilon} = 常数$$

$$L = \left(\frac{C}{F}\right)^{\varepsilon} \tag{12-1}$$

实际计算时常用工作小时数L_h来表示寿命。将上式整理后，其基本额定寿命为

$$L_h = \frac{10^6}{60n}\left(\frac{C}{F}\right)^{\varepsilon} \tag{12-2}$$

式中　ε——轴承的寿命指数，球轴承$\varepsilon=3$，滚子轴承$\varepsilon=10/3$；

n——轴承转数（r/min）；

C——基本额定动载荷（kN），其值由设计手册查取。

在设计手册中所列的轴承基本额定动载荷 C 值，仅适用于一般工作温度。当轴承在高温状态下工作时，应引入温度修正系数 f_t，f_t 值可查表 12-5 获得。

表 12-5 温度修正系数 f_t

轴承工作温度/℃	100	125	150	200	250	300
f_t	1	0.95	0.90	0.80	0.70	0.60

因此，式（12-2）可写成

$$L_h = \frac{10^6}{60n}\left(\frac{f_t C}{F}\right)^{\varepsilon} \tag{12-3}$$

如果载荷 F 和转数 n 已知，设预期寿命为 L'_h，则轴承应具有的基本额定动载荷的计算值 C'，可由式（12-3）得

$$C' = \frac{F}{f_t}\left(\frac{60n}{10^6}L'_h\right)^{1/\varepsilon} \tag{12-4}$$

为使轴承不失效，应使 $L_h \geqslant L'_h$、$C \geqslant C'$，并根据式（12-3）和式（12-4）确定轴承的寿命和型号。轴承预期工作寿命 L'_h 的推荐值见表 12-6。

表 12-6 轴承预期工作寿命 L'_h 的推荐值

机器类型		预期寿命 L'_h/h
不经常使用的仪器及设备		300～3000
间断使用的机器	中断使用不致引起严重后果的手动机械、农用机械	3000～8000
	中断使用会引起严重后果，如升降机、运输机、吊车	8000～12000
每天工作 8h 的机器	利用率不高的齿轮传动、电动机等	12000～25000
	利用率较高的印刷机、机床等	20000～30000
每天工作 24h 的机器	一般可靠性的矿山升降机、纺织机、泵等	40000～50000
	高可靠的电站设备、给水装置等	≈100000

2. 当量动载荷

滚动轴承的基本额定动载荷 C 是在一定条件下确定的，即向心轴承只承受径向载荷 F_r，推力轴承只承受轴向载荷 F_a。但轴承实际所承受的载荷往往与上述条件不同，则必须将其转换成与实际相当的载荷，该载荷称为当量动载荷，以 F 表示。当量动载荷的计算式为

$$F = f_P(XF_r + YF_a) \tag{12-5}$$

只承受径向载荷时　　$F = f_P F_r$

只承受轴向载荷时　　$F = f_P F_a$

式中　f_P——载荷修正系数，考虑工作中的冲击和振动对轴承寿命的影响，其值查表 12-7；

X、Y——径向、轴向的载荷系数，其值查表 12-8。

表 12-7　载荷修正系数

载荷性质	f_P	举　例
无冲击或轻微冲击	1.0～1.2	电动机、气轮机、通风机、水泵等
中等冲击	1.2～1.8	车辆、机床、起重机、造纸机、冶金机械、传动装置
强烈冲击	1.8～3.0	破碎机、轧钢机、振动筛等

表 12-8　径向载荷系数 X 和轴向载荷系数 Y

轴承类型		$\frac{F_a}{C_{0r}}$	e	$F_a/F_r>e$		$F_a/F_r<e$	
				X	Y	X	Y
深沟球轴承（6 类）		0.014	0.19		2.30		
		0.028	0.22		1.99		
		0.056	0.26		1.71		
		0.084	0.28		1.55		
		0.11	0.30	0.56	1.45	1	0
		0.17	0.34		1.31		
		0.28	0.38		1.15		
		0.42	0.42		1.04		
		0.56	0.44		1.00		
角接触球轴承（7 类）	70000C（$\alpha=15°$）	0.015	0.38		1.47		
		0.029	0.40		1.40		
		0.058	0.43		1.30		
		0.087	0.46		1.23		
		0.12	0.47	0.44	1.19	0	0
		0.17	0.50		1.12		
		0.29	0.55		1.02		
		0.44	0.56		1.00		
		0.58	0.56		1.00		
	70000AC（$\alpha=25°$）	—	0.68	0.41	0.87	1	0
	70000B（$\alpha=40°$）	—	1.14	0.35	0.57	1	0
圆锥滚子轴承（3 类）			1.5tanα	0.40	0.4cotα	1	0

3. 角接触轴承轴向载荷的计算

角接触轴承有角接触球轴承和圆锥滚子轴承。由于这两种类型的轴承结构特点，当承受径向载荷 F_r 时，外圈对滚动体产生的法向力分解为 F_r' 和 F_s。F_s 是由径向载荷在轴承内部产生的，称为派生轴向力，如图 12-9 所示。F_s 的大小按表 12-9 计算。

表 12-9　向心推力轴承派生轴向力 F_s

轴承类型	向心推力轴承			圆锥滚子轴承
	$\alpha=15°$	$\alpha=25°$	$\alpha=40°$	
派生轴向力 F_s	eF_r	$0.68F_r$	$1.14F_r$	$F_a/(2Y)$

注：e 值查表 12-8；Y 值是对应表 12-8 中 $F_a/F_r>e$ 的值。

派生轴向力 F_s 对于轴承自身来说是一内力，但对于轴和另一端的轴承来说是外力，计算轴承所受轴向力时，要考虑 F_s 的作用。

角接触轴承一般应成对使用，图 12-10 所示为角接触球轴承的两种安装方式及受力分析。图 12-10a 所示为两轴承宽边相对，轴承的实际支撑点 O_1、O_2 偏向两轴承外侧，支撑点跨距大，称为反安装；图 12-10b 所示为两轴承窄边相对，轴承的实际支撑点 O_1、O_2 偏向两轴承内侧，支撑点跨距小，称为正安装。

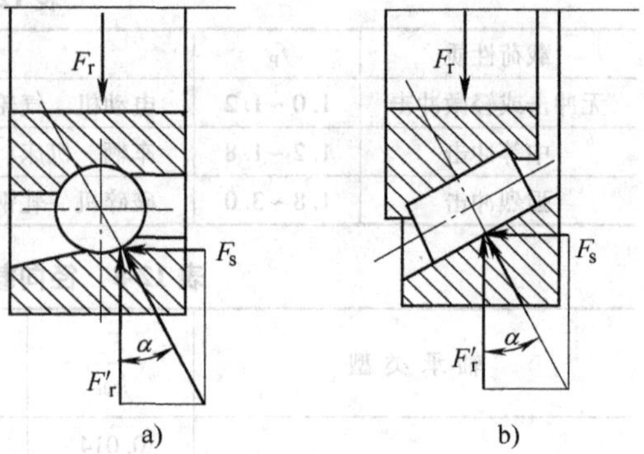

图 12-9 径向载荷产生的派生轴向力

a）角接触轴承 b）圆锥滚子轴承

简化计算时，两支撑点 O_1、O_2 可认为作用在轴承宽度的中点处。F_A 为轴向外载荷，计算角接触轴承的轴向外载荷 F_a 时，须将轴承的派生轴向力 F_{s1} 和 F_{s2} 考虑进去。下面以图 12-10a 的情况为例进行分析。

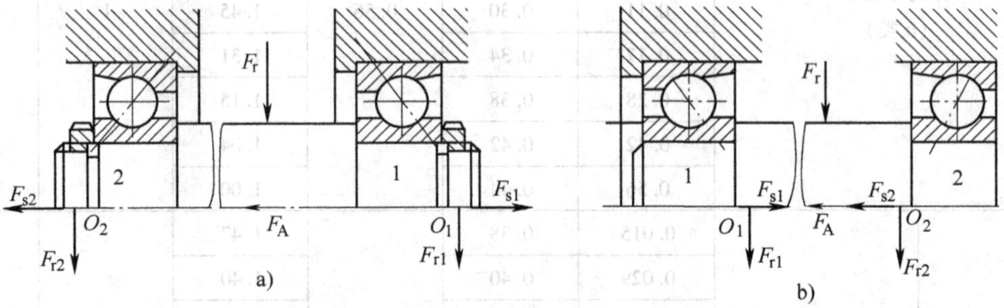

图 12-10 角接触球轴承的两种安装方式及受力分析

a）反装（背对背） b）正装（面对面）

1）若 $F_A + F_{s2} > F_{s1}$，轴有向左移动的趋势，轴承 1 被压紧，轴承 1 承受的轴向力为

$$F_{a1} = F_A + F_{s2}$$

此时轴承 2 被放松，轴承 2 只受派生轴向力作用，即

$$F_{a2} = F_{s2}$$

2）若 $F_A + F_{s2} < F_{s1}$，轴有向右移动的趋势，轴承 2 被压紧，这时轴承 1 被放松。此时轴承 2 承受的轴向力为

$$F_{a2} = F_{s1} - F_A$$

此时轴承 1 被放松，只受派生轴向力作用，即

$$F_{a1} = F_{s1}$$

图 12-10b 的情况，读者可自行分析求得 F_{a1} 和 F_{a2}。

综上分析，角接触轴承轴向载荷的计算方法和步骤为：

1）确定轴承内部派生轴向力的大小和方向。

2）根据 F_A、F_{s1}、F_{s2} 判断轴的移动趋势，判断被压紧和被放松的轴承。

3）被压紧轴承的轴向力，等于除本身的派生轴向力外其余轴向力的代数和；被放松轴承的轴向力，等于其本身的派生轴向力。

例 12-2 图 12-11 所示为某机械传动中的轴，其轴径 $d=50\text{mm}$。根据工作条件，拟采用一对角接触球轴承，已知轴承承受的载荷 $F_{r1}=800\text{N}$，$F_{r2}=2020\text{N}$，轴向外载荷 $F_A=860\text{N}$，转速 $n=2600\text{r/min}$，运转中有中等冲击，预期寿命 $L'_h=5000\text{h}$，试选用轴承。

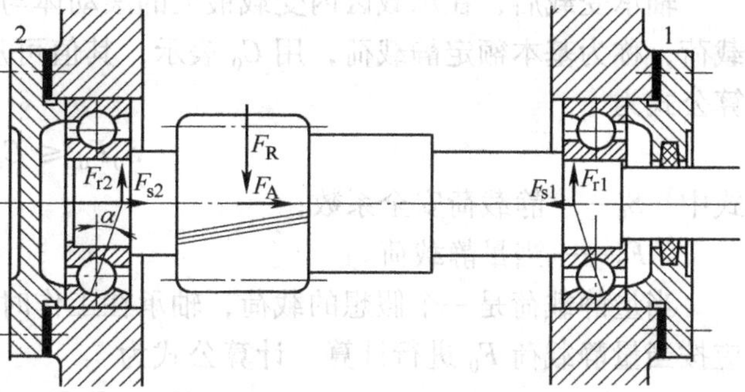

图 12-11 轴承装置

解：（1）计算轴承 1、2 的轴向力 F_{a1}、F_{a2}要计算 F_{a1}、F_{a2}须先求出派生轴向力，但轴承型号未知，其接触角也为知，故用试算法，暂定 $\alpha=25°$。由表 12-9 得

$$F_{s1}=0.68F_{r1}=0.68\times800\text{N}=544\text{N}(\text{方向如图所示})$$

$$F_{s2}=0.68F_{r2}=0.68\times2020\text{N}=1373.6\text{N}(\text{方向如图所示})$$

因 $F_{s2}+F_A=(1373.6+860)\text{N}=2233.6\text{N}>F_{s1}$

故轴承 1 为压紧端 $F_{a1}=F_{s2}+F_A=2233.6\text{N}$

轴承 2 为放松端 $F_{a2}=F_{s2}=1373.6\text{N}$

（2）计算轴承 1、2 的当量动载荷　由表 12-8 查得 $e=0.68$，则

$$\frac{F_{a1}}{F_{r1}}=\frac{2233.6}{800}=2.79>0.68$$

$$\frac{F_{a2}}{F_{r2}}=\frac{1373.6}{2020}=0.68$$

由表 12-8 查得 $X_1=0.41$，$Y_1=0.87$，$X_2=1$，$Y_2=0$；查表 12-7 取 $f_P=1.5$。因此当量动载荷为

$$\begin{aligned}F_1&=f_P(0.41F_{r1}+0.87F_{a1})\\&=1.5\times(0.41\times800+0.87\times2233.6)\text{N}\\&=3407\text{N}\end{aligned}$$

$$\begin{aligned}F_2&=f_P(1\times F_{r2}+0\times F_{a2})\\&=1.5\times(1\times2020)\text{N}=3030\text{N}\end{aligned}$$

（3）计算轴承所需径向基本额定动载荷 C'　由于轴的机构要求两端选用同样型号的轴承，所以将受载大的 F_1 一端作为计算依据，查表 12-5 得 $f_t=1$，则

$$C'=\frac{F}{f_t}\left(\frac{60n}{10^6}L'_h\right)^{\frac{1}{3}}=\frac{3407}{1}\times\left(\frac{60\times2600}{10^6}\times5000\right)^{\frac{1}{3}}\text{N}=31362\text{N}$$

（4）确定轴承型号　根据轴承直径 $d=50\text{mm}$ 及所求得的 C'值，由设计手册选轴承型号为 7210AC，$C_r=40800\text{N}>31362\text{N}$，故适用。

4. 滚动轴承的静载荷计算

对低速转动（$n<10\text{r/min}$）、缓慢摆动或基本不转的轴承，其主要的失效形式是塑性变

形，需进行静载荷计算。

轴承受载后，在承载区内受载最大的滚动体与滚道接触应力达到一定值，该应力对应的载荷，称为基本额定静载荷，用 C_0 表示，其值可从设计手册中查得。轴承的静载荷能力计算公式为

$$S_0F_0 \leqslant C_0 \tag{12-6}$$

式中 S_0——静载荷安全系数；

F_0——当量静载荷。

当量静载荷是一个假想的载荷，轴承在工作时，如果同时承受径向载荷和轴向载荷，则应按当量静载荷 F_0 进行计算，计算公式为

$$F_0 = X_0F_r + Y_0F_a \tag{12-7}$$

式中 X_0——静径向载荷系数；

Y_0——静轴向载荷系数。

S_0、X_0、Y_0 的值可查设计手册。

四、滚动轴承的组合设计

为了保证滚动轴承的正常工作，除应合理选择轴承的类型和尺寸外，还必须综合考虑轴承的固定、装拆、配合、润滑和密封等问题，进行轴承的组合设计。

（一）滚动轴承的轴向固定

机器中的轴是用轴承来支承的，当轴受到外载荷作用时，轴承应保证轴不产生轴向窜动，因此轴承必须在轴和轴承座上轴向固定。

滚动轴承内、外圈轴向固定常用方法见表 12-10 和表 12-11。

表 12-10 轴承内圈轴向固定常用方法

名称	图例	说明
轴肩作单向固定	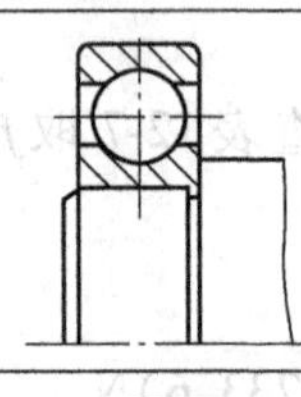	轴承内圈由轴肩实现单向固定，是轴承内圈固定最常见的形式
弹簧挡圈固定	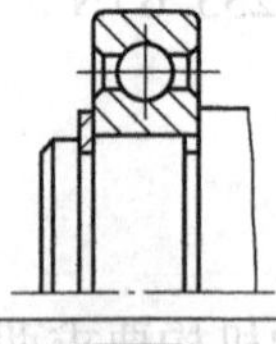	轴承内圈由弹簧挡圈实现轴向固定，可承受不大的轴向载荷，结构尺寸小，主要用于深沟球轴承
轴端挡圈固定	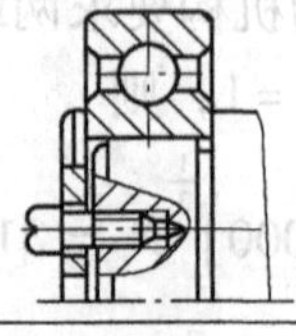	轴承内圈由端面止推挡圈实现轴向固定，用于在轴端切制螺纹有困难的场合，这样紧固可在高转速下承受较大的轴向力
锁紧螺母固定	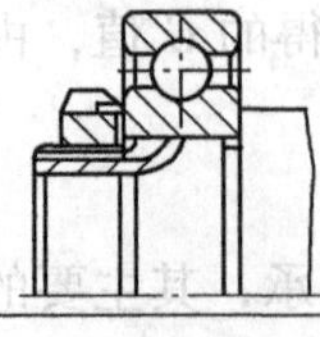	轴承内圈由锁紧螺母实现轴向固定，具有止推垫圈的防松作用，安全可靠，适用于高速、重载

（续）

名　称	图　例	说　明
紧定锥套固定	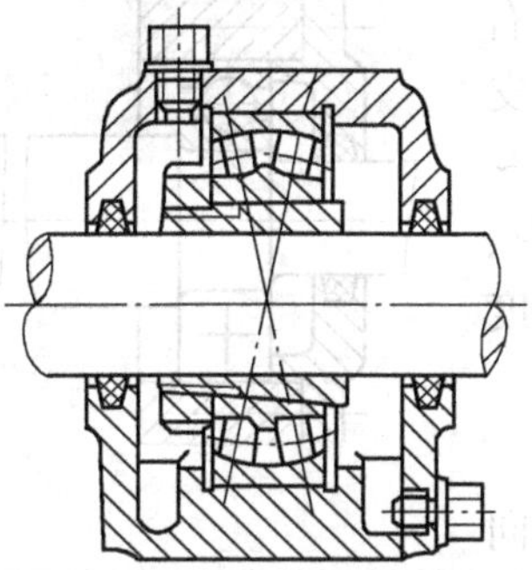	依靠紧定锥套径向压缩而夹紧在轴上来实现轴承内圈的轴向固定，用于光轴上的、轴向力和转速都不大的、内圈为圆锥孔的轴承

表 12-11　轴承外圈轴向固定常用方法

名　称	图　例	说　明
弹簧挡圈与内孔凸肩固定	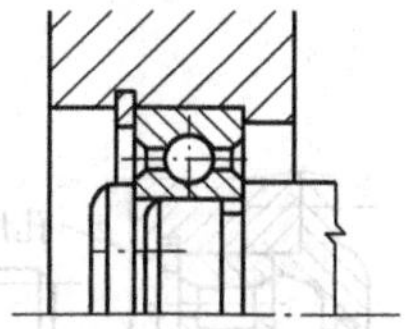	用嵌入外壳槽内的孔用弹簧挡圈紧固，结构简单、装拆方便、轴向尺寸小，适用于转速不高、轴向力不大且需要减小轴承装置尺寸的情况
止动卡环固定	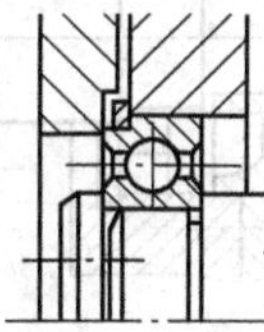	用止动卡环嵌入轴承外圈的止动槽内紧固，用于带有止动槽的深沟球轴承，适用于外壳不便设凸肩且外壳为剖分式结构的情况
轴承端盖固定	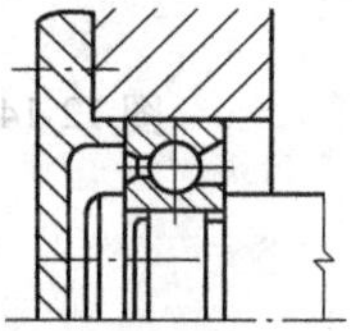	轴承端盖紧固，用于高速及很大轴向力时的各类向心、推力和向心推力轴承
螺纹环固定	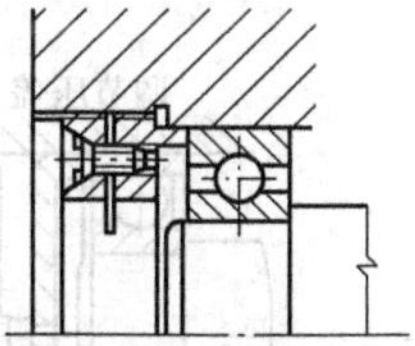	用于转速高，轴向载荷大而不适于使用轴承端盖紧固的情况

（二）滚动轴承的支承结构形式

当轴工作时，既要能传递轴向力而不发生轴向窜动，又应保证轴受热伸长后不会卡死，因此必须正确设计轴上轴承的支承结构。滚动轴承常用的支承结构形式有以下三种。

1. 两端单向固定支承

两端单向固定支承形式比较简单，通常用于正常温度下工作的短轴（$L \leqslant 400$mm）。如图 12-12 所示，每个支承均能限制轴系的一个方向的轴向移动，从而限制了轴的双向移动。考虑轴工作时有少量热膨胀，对于深沟球轴承可在轴承盖与外圈端面间留出间隙 c（$c=$

0.2 ~0.4mm)。对于角接触轴承，补偿间隙可留在轴承内部。

2. 一端双向固定、一端游动支承

如图 12-13 所示，左端轴承限制轴的双向移动，右端的轴承可作轴向游动。选用深沟球轴承作为游动支承时，应在轴承外圈与端盖间留出间隙 c（c = 3 ~ 8mm）；选用内、外圈可分离型轴承，游动发生在内、外圈之间。这种固定方式适用于跨距较大或工作温度较高时的轴。

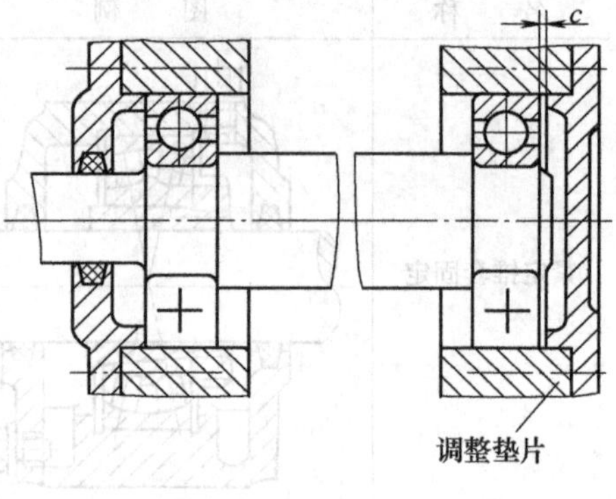

图 12-12　两端单向固定支承

3. 两端游动支承

采用 N 型轴承，两支承的轴承均不限制轴的轴向移动，如图 12-14 所示。例如人字齿轮轴，一根轴的轴向位置被限制后，另一根轴便应采用这种结构形式，在啮合中能自动调位，使两轮轮齿能保持均匀接触。

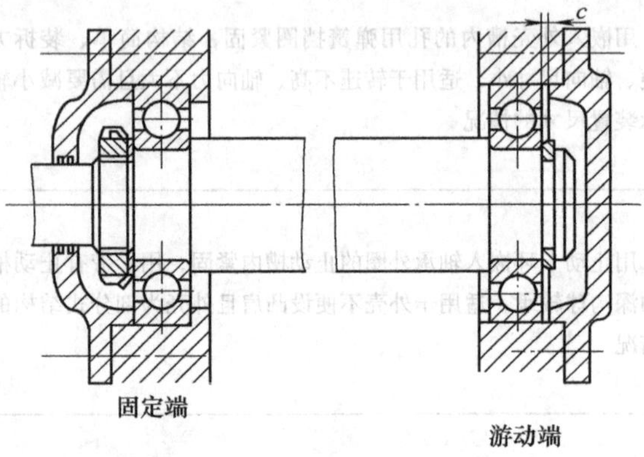

图 12-13　一端双向固定，一端游动支承

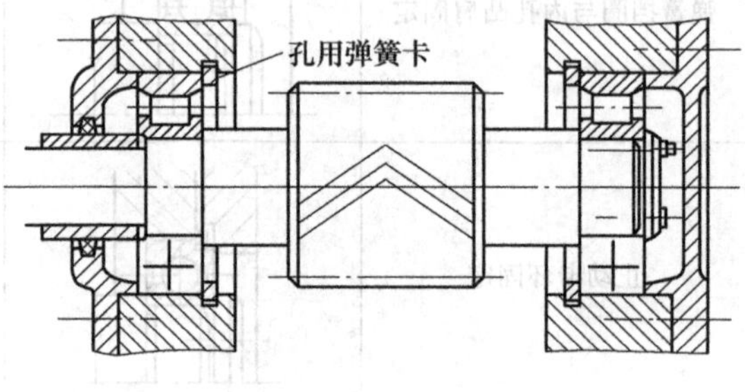

图 12-14　两端游动支承

（三）轴承组合的调整

1. 轴承游隙的调整

轴承装配时，为了补偿热伸长，应留有适当的间隙，确保轴承的正常运转，常用的调整方法有：

（1）调整垫片　如图 12-15a 所示，靠加减轴承盖与机座之间的垫片厚度进行调整。

（2）调整压盖　如图 12-15b 所示，利用螺钉通过轴承外圈压盖的移动进行调整。

（3）调整环　如图 12-15c 所示，增减调整环的厚度，即可调整轴承的间隙。

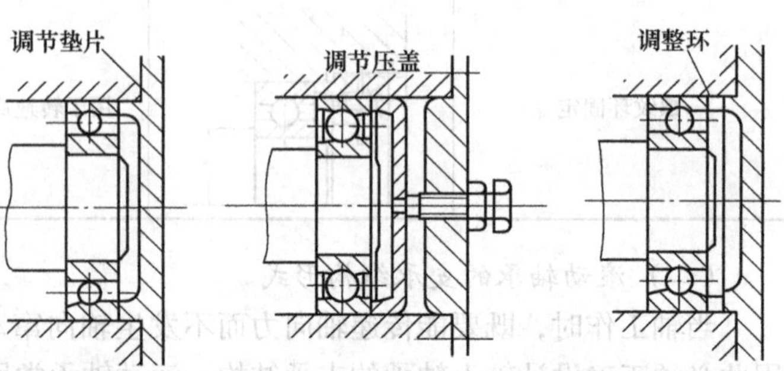

图 12-15　轴向间隙的调整

a）调整垫片　b）调节压盖　c）调整环

2. 轴承的预紧

为了提高轴承旋转精度或增大刚度，常在安装时给轴承一定的轴向力，消除轴承游隙，并使内、外圈和滚动体接触处产生微小变形，这种方法称为轴承的预紧。

（1）定位预紧　采用加金属垫片（见图 12-16a）或磨窄外圈（见图 12-16b）的方法，轴承在受到一定轴向力后，产生变形而实现预紧。

（2）定压预紧　利用弹簧的弹性压力，使轴承产生一定的轴向载荷实现预紧，如图 12-17 所示。

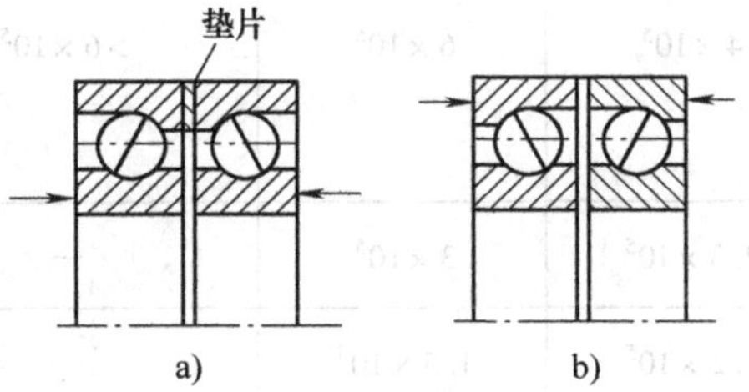

图 12-16　轴承的定位预紧
a）垫片预紧　b）磨窄外圈预紧

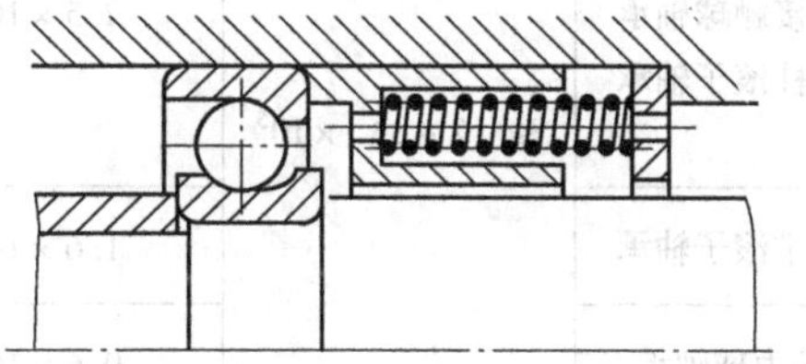

图 12-17　轴承的定压预紧

（四）轴承的装拆

轴承组合结构设计，应便于轴承的安装与拆卸，在装拆过程中不损坏轴承。轴承与轴的安装，尤其安装过盈配合的中小型轴承时，可采用压力机配专用压套，在内圈上施加压力，将轴承安装在轴径上，如图 12-18a 所示；轴承与轴的安装，也可在内圈上加套（一般用铜套）后，用手锤加压将轴承装到轴径上，如图 12-18b 所示；大尺寸的轴承，常在油中加热至 80～120℃后进行热装。

轴承的拆卸须用拆卸器进行，拆卸器钩头必须作用在轴承内圈，如图 12-19 所示。

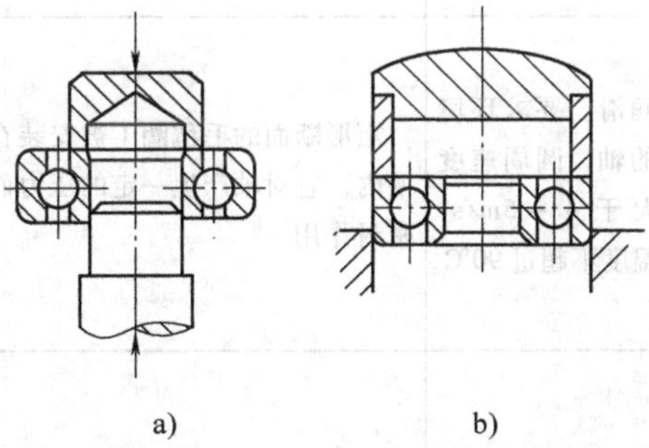

图 12-18　轴承的安装
a）轴承与轴的安装　b）轴承外圈与机架的安装

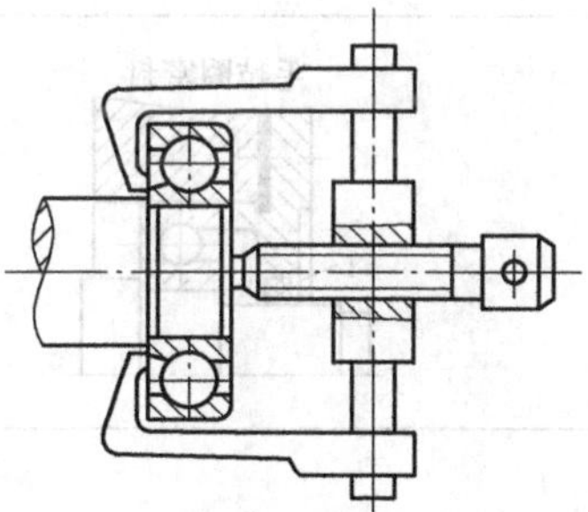

图 12-19　轴承的拆卸

五、滚动轴承的润滑和密封

1. 滚动轴承的润滑

滚动轴承润滑的主要作用是减少摩擦和磨损、提高效率、延长轴承使用寿命，同时还有散热、吸振和防蚀等作用。

滚动轴承的润滑剂主要有润滑油和润滑脂两类。一般可按轴承内径与转速的乘积 *dn* 值选取，见表 12-12。

表 12-12　滚动轴承润滑方式的选择

轴承类型	*dn*/（mm·r·min^{-1}）				
	脂润滑	浸油润滑飞溅润滑	滴油润滑	喷油润滑	油雾润滑
深沟球轴承 角接触球轴承 圆柱滚子轴承	≤（2～3）×10^5	2.5×10^5	4×10^5	6×10^5	>6×10^5
圆锥滚子轴承		1.6×10^5	2.3×10^5	3×10^5	—
推力球轴承		0.6×10^5	1.2×10^5	1.5×10^5	—

润滑脂的特点是不易流失，便于密封和维护。润滑脂填充量不得超过轴承空隙的1/3～1/2，否则轴承容易过热。

润滑油具有摩擦阻力小、润滑可靠和散热效果好等特点，故一般 *dn* 值较高或具备润滑油源的装置，可采用油润滑。

2. 滚动轴承的密封

密封是为防止灰尘、水分及其他杂质进入轴承，并阻止润滑剂流失。密封装置可分为接触式和非接触式两大类，其密封形式、适用范围见表 12-13。

表 12-13　常用滚动轴承的密封形式

密封类型	图　例	适用场合	说　明
接触式密封	毛毡圈密封 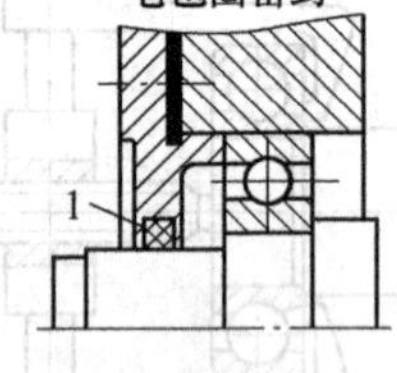	脂润滑。要求环境清洁的轴，圆周速度 v 不大于 4～5m/s，工作温度不超过 90℃	矩形断面的毛毡圈 1 被安装在梯形槽内，它对轴产生一定的压力而起到密封作用
	唇形密封圈密封 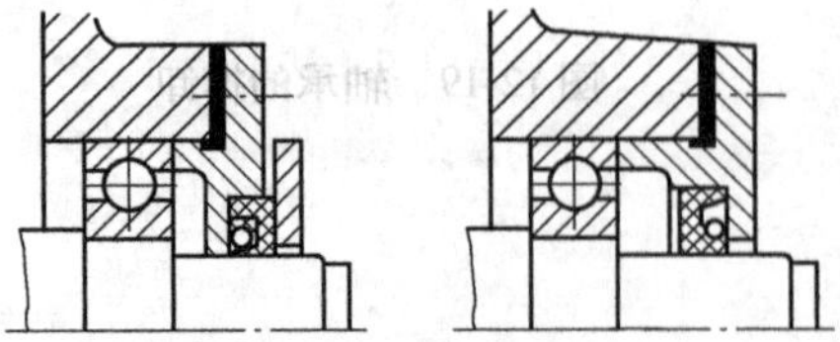 a)　b)	脂润滑或油润滑。轴的圆周速度 v<7m/s 工作温度范围为 -40～100℃	密封圈用皮革、塑料或耐油橡胶制成，有的具有金属骨架，有的没有骨架，密封圈是标准件。图 a 密封唇朝里，目的是防油；图 b 密封唇朝外，主要目的是防灰尘、杂质进入

（续）

密封类型	图　例	适用场合	说　明
非接触式密封	间接密封 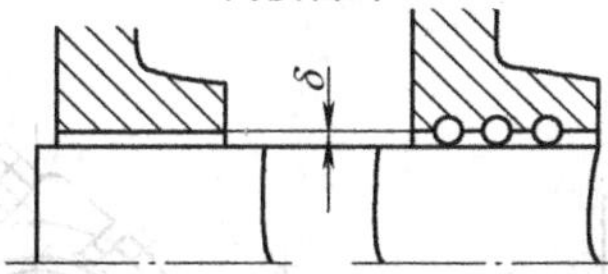	脂润滑，干燥清洁的环境	靠轴与盖间的细小环形间隙密封，间隙越小越长，效果越好。间隙 δ 取 0.1～0.3mm
	迷宫式密封 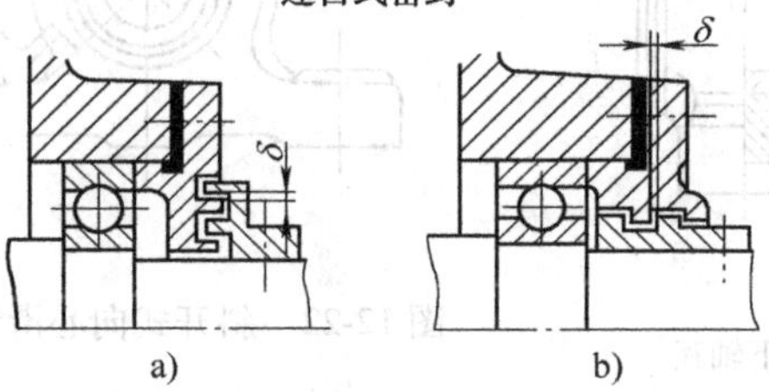	脂润滑或油润滑，工作温度不高于密封用脂的滴点。这种密封效果可靠	将旋转件与静止件之间做成迷宫（曲路）形式，并在间隙中充填润滑脂或润滑油以加强密封效果。分径向和轴向两种，图 a 为径向曲路，径向间隙 δ 不大于 0.1～0.2mm，图 b 为轴向曲路，因考虑到轴受热后会伸长，间隙应取大些，δ=1.5～2mm
组合密封	毛毡加迷宫密封 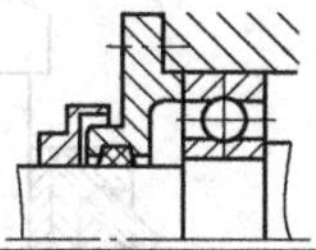	适用于脂润滑或油润滑	这是组合密封的一种形式，毛毡加迷宫，可充分发挥各自的优点，提高密封效果。组合方式很多，不一一列举

第二节　滑动轴承

滑动轴承依靠元件间的滑动接触来承受载荷。滑动轴承具有工作平稳、噪声小、耐冲击能力强和承载能力大等优点。因此多用于高速、重载和高精度的场合，如气轮机、内燃机、大型电动机、机床、铁路机车等。

一、滑动轴承的结构

1. 整体式向心滑动轴承

图 12-20 所示为整体式向心滑动轴承，由轴承座 1 和轴瓦 2 组成。这种轴承结构简单，成本低廉，但装拆轴时必须作轴向移动，而且轴承磨损后间隙无法调整，故多用于间歇、低速、轻载的机械。

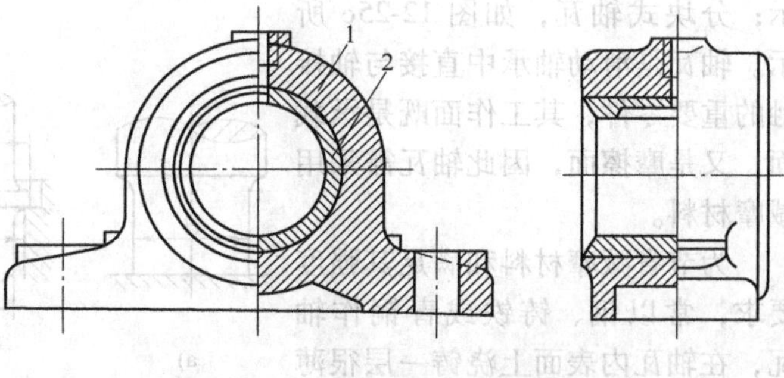

图 12-20　整体式向心滑动轴承

1—轴承座　2—轴瓦

2. 剖分式向心滑动轴承

图 12-21 所示为剖分式向心滑动轴承，由轴承座 3、轴承盖 2、上轴瓦 4、下轴瓦 5、螺栓 1 组成。轴承盖和轴承座的剖分面做成阶梯形定位止口，以便对中并防止错动。轴承盖顶部的螺纹孔用于安装油杯。

剖分式滑动轴承装拆方便，轴瓦磨损后，轴承孔与轴颈之间的间隙可适当调整，因此应用十分广泛。

当载荷方向倾斜时，可将剖分面相应斜置，使剖分面垂直或接近垂直于载荷，如图 12-22 所示。

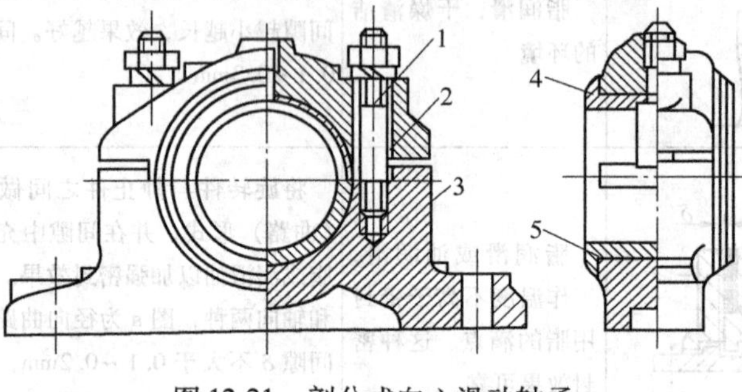

图 12-21 剖分式向心滑动轴承

1—螺栓 2—轴承盖 3—轴承座 4—上轴瓦 5—下轴瓦

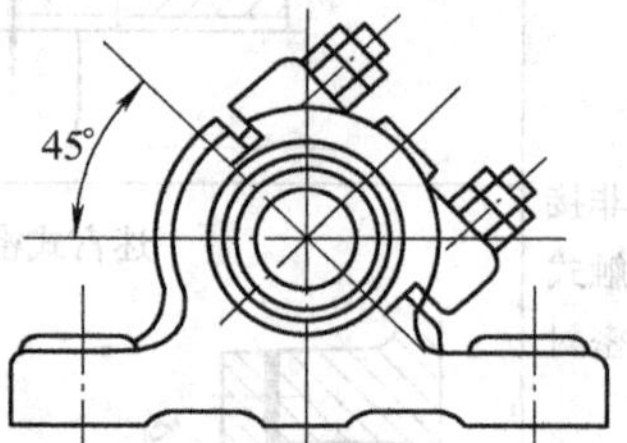

图 12-22 斜开式向心滑动轴承

3. 推力滑动轴承

图 12-23 所示为推力滑动轴承，由轴承座 1、衬套 2、轴瓦 3、推力轴瓦 4、销钉 5 组成，主要用来承受轴向载荷。

推力滑动轴承按支承面的形式不同，分为实心、空心、单环面和多环面四种，如图 12-24 所示。实心式结构最简单，但端面上压力分布不均匀。因此，一般多采用空心式或单环式。多环式结构承载能力较大，且能承受双向轴向载荷。

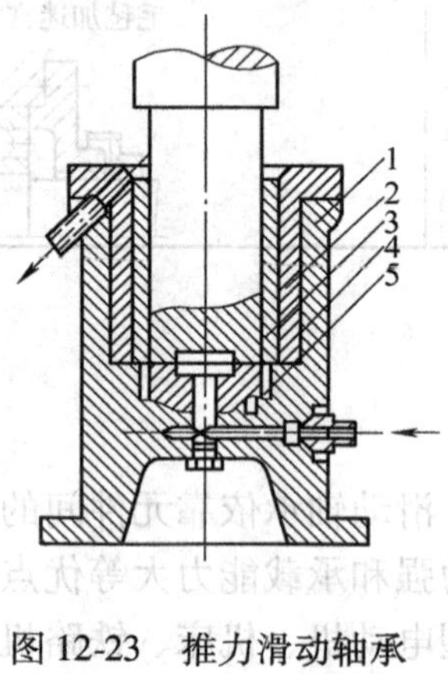

图 12-23 推力滑动轴承

1—轴承座 2—衬套 3—轴瓦 4—推力轴瓦 5—销钉

二、轴瓦的结构和材料

1. 轴瓦结构

图 12-25 所示为轴瓦结构，根据使用情况，分为整体式轴瓦，如图 12-25a 所示；对开式轴瓦，如图 12-25b 所示；分块式轴瓦，如图 12-25c 所示。轴瓦是滑动轴承中直接与轴接触的重要零件，其工作面既是承载面，又是摩擦面，因此轴瓦需采用减摩材料。

为节省减摩材料和满足其强度要求，常以钢、铸铁或青铜作轴瓦，在轴瓦内表面上浇铸一层很薄的减摩材料（如轴承合金），称为轴承衬。为使轴承衬牢固粘附在轴瓦上，常在轴瓦内表面预制出燕尾

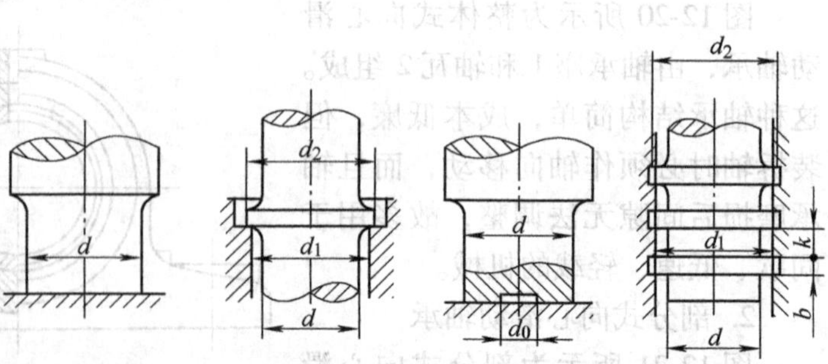

图 12-24 推力滑动轴承轴颈的结构形式

a）实心 b）单环面 c）空心 d）多环面

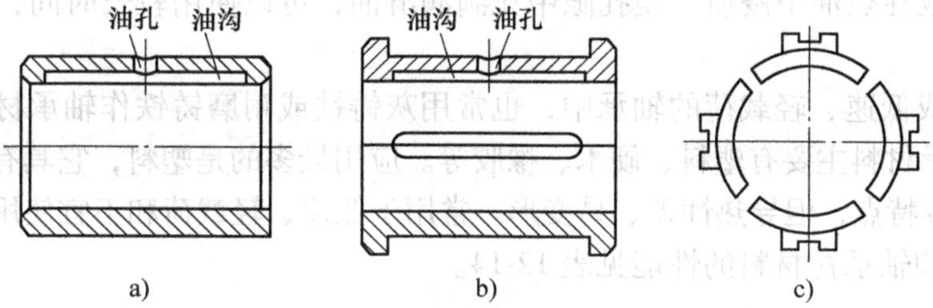

图 12-25　轴瓦结构

a）整体式　b）对开式　c）分块式

槽或螺旋槽，如图 12-26 所示。

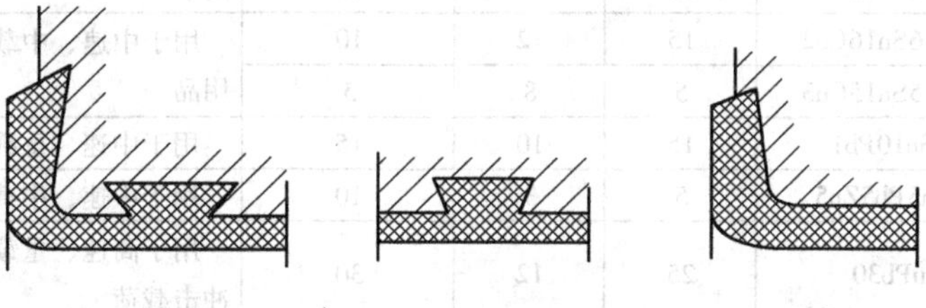

图 12-26　加轴承衬的轴瓦结构

a）钢或铸铁材料的轴瓦　b）青铜材料的轴瓦

为使润滑油均匀分布于轴瓦工作表面上，一般在轴瓦的非承载区上开有油孔和油槽，油槽的结构形式很多，如图 12-27 所示。轴向油槽不应开通，以减少端部泄油。

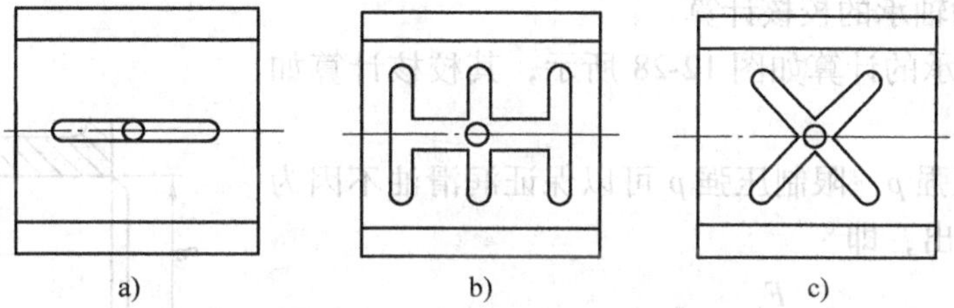

图 12-27　油孔和油槽形式

a）一字形油孔　b）王字形油孔　c）交叉形油孔

2. 滑动轴承材料

常用轴承材料有以下几种：

（1）青铜　青铜主要有锡青铜、铝青铜、铅青铜等。青铜的摩擦因数小，耐磨性与导热性好，机械强度高，承载能力大。一般用于重载、中速、中载的场合。

（2）轴承合金　轴承合金主要有锡锑轴承合金和铅锑轴承合金两大类。由于其耐磨性、塑性、跑合性能好，导热及吸附油的性能也好，适宜用于高速、重载或中速、中载的情况。此种合金价格较贵，机械强度很低，一般用作轴承衬材料。

（3）其他材料　粉末冶金轴承具有多孔组织，孔隙内可储存润滑油。运转时，轴瓦温度升高，由于油的膨胀系数比金属大，使油自动进入滑动表面润滑轴承。粉末冶金轴承使用前要先将轴承放在热油中浸渍，使孔隙中充满润滑油，可以使用较长时间，常用于不便加油的场合。

在不重要或低速、轻载荷的轴承中，也常用灰铸铁或耐磨铸铁作轴承材料。

非金属轴承材料主要有塑料、硬木、橡胶等。应用最多的是塑料，它具有摩擦因数小、耐腐蚀、抗冲击等特点，但导热性差、易变形。常用于低速、轻载荷和不宜使用油润滑的场合。

常用轴瓦和轴承衬材料的性能见表 12-14。

表 12-14　常用轴瓦和轴承衬材料的性能

材　　料	牌　　号	$[p]$/MPa	$[v]$/($m \cdot s^{-1}$)	$[pv]$/($MPa \cdot m \cdot s^{-1}$)	应　　用
锡基轴承合金	ZSnb11Cu6	25	80	20	用于高速、重载下工作的重要轴承，价格高
	ZSnSb8Cu4	20	60	15	
铅基轴承合金	ZPbSb16Sn16Cu2	15	12	10	用于中速、中载轴承，可作为锡基轴承代用品
	ZPbSb15Sn15Cu3	5	8	5	
铸造锡青铜	ZCuSn10Pb1	15	10	15	用于中速、重载、变载荷的轴承
	ZCuSn5Pb5Zn5	5	3	10	用于中速、中载的轴承
铸造铅青铜	ZCuPb30	25	12	30	用于高速、重载的轴承，能承受变载荷和冲击载荷
铸造铝青铜	ZCuAl10Fe3	15	4	12	用于润滑充分的低速、重载轴承

三、滑动轴承的计算

滑动轴承的主要失效形式是磨损和胶合。为了防止轴承失效，应限制轴承压强 p、速度 v 和油温，以便保证滑动轴承的正常工作。

1. 向心滑动轴承的校核计算

向心滑动轴承的计算如图 12-28 所示，其校核计算如下：

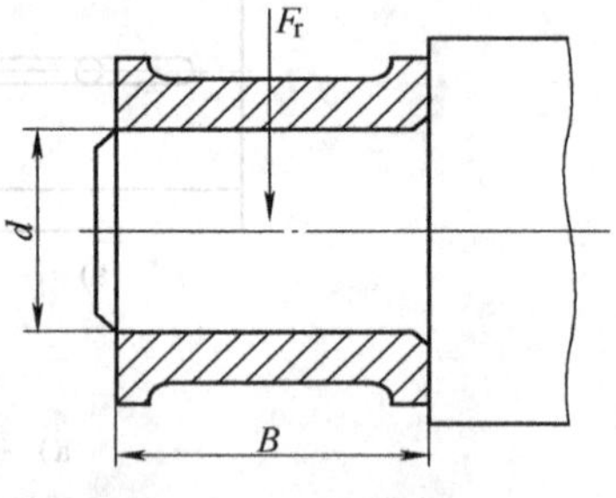

图 12-28　向心滑动轴承的计算

（1）校核压强 p　限制压强 p 可以保证润滑油不因为压力过大而被挤出，即

$$p = \frac{F_r}{Bd} \leqslant [p] \tag{12-8}$$

式中　F_r——径向载荷（N）；

B——轴承宽度（mm）；

d——轴颈直径（mm）；

$[p]$——轴瓦材料的许用压强（MPa），见表 12-14。

（2）校核 pv 值　摩擦因数 f 与 pv 值的乘积表示单位面积上的功率损失，因而限制 pv 值也就限制了轴承的温升。则

$$pv = \frac{F_r}{Bd} \cdot \frac{\pi dn}{60 \times 1000} = \frac{F_r n}{19100B} \leqslant [pv] \tag{12-9}$$

式中　v——轴颈的圆周速度（m/s）；

n——轴的转速（r/min）；

$[pv]$ ——pv 的许用值（MPa · m/s），见表 12-14。

（3）校核速度 v　当轴与轴瓦相对滑动速度较高时，磨损加速。

$$v = \frac{\pi dn}{60 \times 1000} = \frac{dn}{19100} \leqslant [v] \tag{12-10}$$

式中　$[v]$ ——许用圆周速度（m/s），见表 12-14。

2. 推力滑动轴承的校核计算

推力滑动轴承的计算如图 12-29 所示，其校核计算如下：

（1）校核压强 p

$$p = \frac{F}{\frac{\pi}{4}(d_2^2 - d_1^2)z} \leqslant [p] \tag{12-11}$$

式中　z——轴环数；

d_2——轴环外径；

d_1——环状支撑面内径。

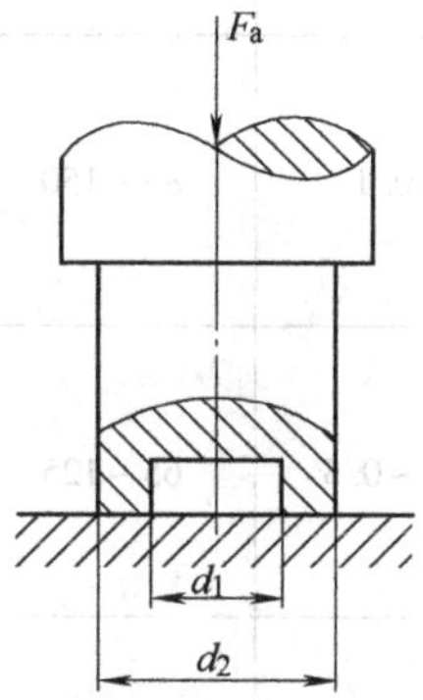

图 12-29　推力滑动轴承的计算

（2）校核 pv 值

$$pv_m \leqslant [pv] \tag{12-12}$$

轴环的平均速度　$$v_m = \frac{\pi d_m n}{60 \times 1000}$$

平均直径　$$d_m = \frac{d_1 + d_2}{2}$$

推力轴承的 $[pv]$ 值见表 12-14。考虑到各止推环面受载不均匀的因素，对于多环止推滑动轴承，应将表 12-14 中的 $[p]$ 和 $[pv]$ 降低 20% ~40%。

例 12-3　某滑动轴承，承受径向载荷 $F_r = 20\text{kN}$，轴的转速 $n = 30\text{r/min}$，轴颈直径 $d = 50\text{mm}$。试选择轴瓦材料。

解：（1）取宽径比 $B/d = 1.2$，则 $B = 1.2 \times 50\text{mm} = 60\text{mm}$

（2）计算压强 p　$$p = \frac{F}{Bd} = \frac{20000}{60 \times 50}\text{MPa} = 6.67\text{MPa}$$

（3）计算 pv 值　$$pv = \frac{Fn}{19100B} = \frac{20000 \times 30}{19100 \times 60}\text{MPa} \cdot \text{m/s} = 0.52\text{MPa} \cdot \text{m/s}$$

根据上述计算，查表 12-14 可知，选用铸锰黄铜作为轴瓦材料，其强度足够，其 $[p] = 10\text{MPa}$，$[pv] = 10\text{MPa} \cdot \text{m/s}$。

四、润滑剂与润滑装置

在设计和使用滑动轴承时，必须合理地选择润滑剂、润滑方法和润滑装置。

1. 润滑剂的选择

常用的润滑剂主要有润滑油和润滑脂两类。在选择润滑油的品种时，对液体摩擦轴承应以粘度为主要选择指标。而对非液体摩擦轴承，则应以油性为主要选择指标。由于油性尚无一个确切的衡量指标，故一般可按粘度选择。润滑脂主要用在非液体摩擦轴承中那些使用要求不高、低速或带有冲击的场合。

选择润滑油和润滑脂的牌号时，可参照表 12-15、表 12-16。

表 12-15　滑动轴承润滑油的选择（工作温度 10 ~ 60℃）

轴径圆周速度 v/（m·s^{-1}）	轻载 $p<3$MPa		中载 $p=3\sim7.5$MPa		重载 $p>7.5\sim30$MPa	
	40℃运动粘度/（mm^2·s^{-1}）	润滑油粘度牌号	40℃运动粘度/（mm^2·s^{-1}）	润滑油粘度牌号	40℃运动粘度/（mm^2·s^{-1}）	润滑油粘度牌号
<0.1	85 ~ 150	L-AN100 L-AN150	140 ~ 220	L-AN150 L-CKD220	470 ~ 1000	L-CKD460 L-CKD680 L-CKD1000
0.1 ~ 0.3	65 ~ 125	L-AN68 L-AN100	120 ~ 170	L-AN100 L-AN150	250 ~ 600	L-CKD220 L-CKD320 L-CKD460
0.3 ~ 1.0	45 ~ 70	L-AN46 L-AN68	100 ~ 125	L-AN100	90 ~ 350	L-AN100 L-AN150 L-CKD220 L-CKD320

表 12-16　滑动轴承润滑脂的选择

轴径圆周速度 v/（m·s^{-1}）	压强 p/MPa	工作温度 t/℃	选用润滑脂
<1	1 ~ 6.5	<55 ~ 75	2 号　钙基脂 3 号　钙基脂
0.5 ~ 0.3	1 ~ 6.5	<110 ~ 120	2 号　钠基脂 1 号　钙钠基脂
0.3 ~ 1.0	1 ~ 6.5	-20 ~ 120	2 号　锂基脂

2. 常用润滑方法及装置

润滑方法和相应的润滑装置有多种多样，推荐的几种常见润滑方法和相应润滑装置见表 12-17。

表 12-17　润滑方法和润滑装置推荐表

$\sqrt{pv^3}$值	润滑剂	润 滑 装 置	润 滑 方 法	适 用 场 合
≤2	润滑脂	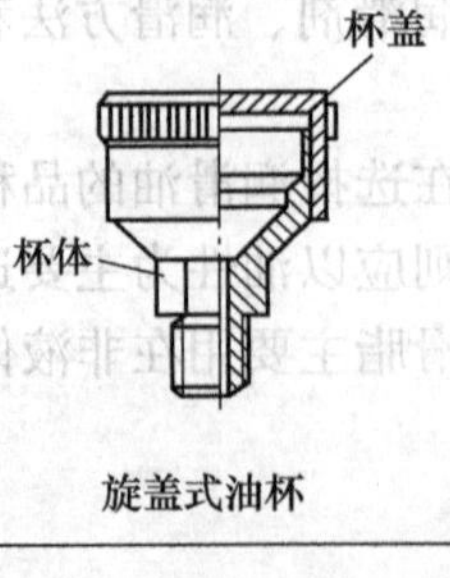 旋盖式油杯	油杯润滑 油杯中填充润滑脂，定期旋转杯盖，使空腔体积减小而将润滑脂注入轴承内。只能间歇挤入	低速、轻载和次要轴承

（续）

$\sqrt{pv^3}$值	润滑剂	润 滑 装 置	润 滑 方 法	适 用 场 合
<2～16	润滑油	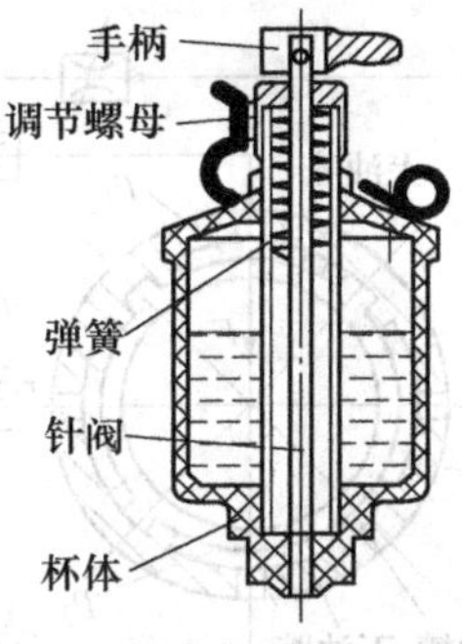 针阀式油杯	针阀式注油油杯润滑 手柄在图示位置时，针阀受弹簧推压向下而堵住底部油孔。手柄转90°变为直立状态时，针阀上提，下端油孔打开，润滑油流进轴承。调节螺母可调节油孔开口大小以控制流量	中低速、轻中载轴承
≤16～32	润滑油	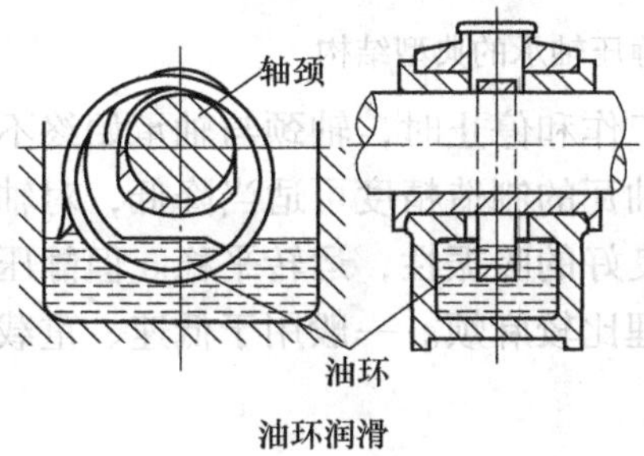 油环润滑	油环或飞溅润滑 图示为油环润滑。在轴径上套一油环，油环下部浸入油池中，当轴颈旋转时，靠摩擦力带动油环旋转，把油引入轴承。油环浸在油池内的深度约为直径的1/4，供油量足以维持润滑状态	这种装置只能用于水平而连续运转的轴颈。常用于大型电动机的滑动轴承
<32	润滑油	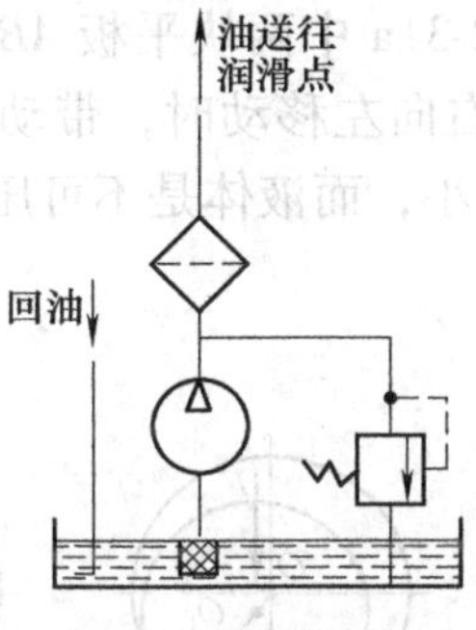 压力循环润滑系统	压力循环润滑 利用油泵使循环系统的润滑油达到一定压力后输送到润滑部位，进行压力循环润滑	高速、重载、精密的重要设备的轴承

五、液体摩擦滑动轴承

轴颈与轴承之间的理想摩擦状态是液体摩擦，根据油膜形成原理的不同，液体摩擦滑动轴承可分为静压轴承和动压轴承。

1. 静压轴承

静压轴承是利用外部的供油系统把压力油输送到轴承的间隙中，强制形成承载油膜，保证轴承在液体摩擦状态下工作。

图12-30所示为静压轴承的典型结构。在轴瓦内表面上开有四个对称的油腔，各油腔的尺寸相同。每个油腔的四周都有适当宽度的封油面，压力油供油总管分别通过节流器供给各个油腔压力油，依靠油的静压力将轴浮起来。在没有外载荷的情况下，轴颈与轴承孔同心，各油腔的油压相等。受载后，轴颈向下产生偏移，由于节流阀的作用，上下两个油腔形成压

力差而产生向上的作用力，以此来平衡外载荷。所以，节流阀能随外载荷的变化而自动调节各油腔内的压力，它是静压轴承系统中的重要元件。

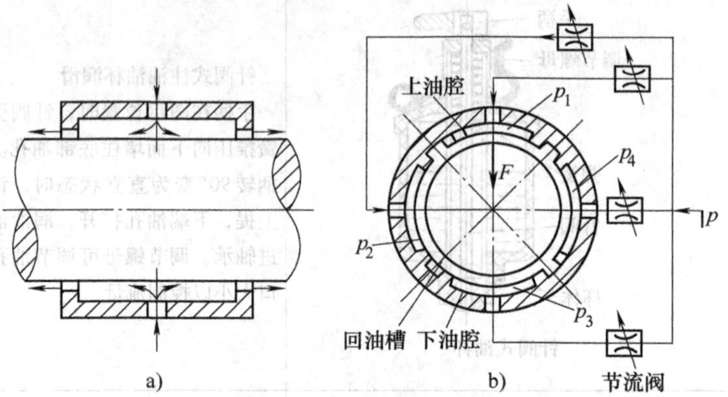

图 12-30　静压轴承的典型结构

静压轴承在正常使用情况下，起动、工作和停止时，轴颈与轴承始终不会直接接触，理论上轴颈与轴瓦无磨损，寿命长。对轴和轴瓦的制造精度可适当降低，对轴瓦材料要求也不高。轴的旋转精度高，油膜刚度大，且有良好的吸振性，运转平稳。但静压轴承需要一套供油装置，设备费用高、体积大、维护和管理比较麻烦。一般用于低速、重载或要求高精度的机械装置中，如精密机床、重型机械等。

2. 动压轴承

图 12-31 所示为动压轴承的工作原理。图 12-31a 中两块平板 AB 和 CD 相互倾斜，形成楔形间隙，其中充满润滑油。当 AB 以速度 v 自右向左移动时，带动润滑油从楔形的大口流向小口。在此过程中，由于间隙截面尺寸不断缩小，而液体是不可压缩的，因而在楔形间隙内必将产生油压，其分布如图所示。

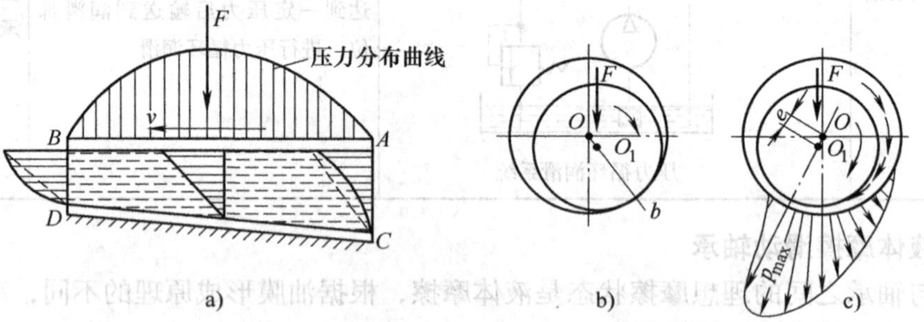

图 12-31　动压轴承的工作原理

a）油压形成原理　b）形成楔形间隙　c）形成油膜

图 12-31b 所示的轴颈和轴承孔之间也有一定的楔形间隙。当轴颈以足够高的转速转动时，其间隙中的润滑油也能形成相当大的油压，把承受载荷 F 的轴颈抬起，使其处于液体摩擦状态，如图 12-31c 所示。

形成这种动压油膜需具备以下条件：

1）相对运动的两表面必须具有楔形间隙。

2）两表面间有相对运动。

3）润滑油有适当的粘度。

本章小结

轴承是用来支承轴及轴上回转体的部件，根据工作时接触面摩擦性质，轴承分为滚动轴承和滑动轴承两种类型。

常用滚动轴承的类型有：

1）向心轴承，如6型深沟球轴承、N型圆柱滚子轴承。

2）推力轴承，如5型推力球轴承、8型推力圆柱滚子轴承。

3）角接触轴承，如3型圆锥滚子轴承、7型角接触球轴承。

常用滑动轴承的类型有：

1）整体式向心滑动轴承。

2）剖分式向心滑动轴承。

3）推力滑动轴承。

本章重点：滚动轴承代号，滚动轴承的选择，轴承装拆、维修时的注意事项，滑动轴承的类型。

思考题与习题

12-1　轴承的作用是什么？

12-2　球轴承和滚子轴承各适用于什么场合？

12-3　滚子轴承为什么要预紧？预紧的方法有哪些？

12-4　滑动轴承的主要特点有哪些？什么场合采用滑动轴承？

12-5　说明下列滚动轴承代号的含义：

6204、60210／P6、N208、70216AC、3029

12-6　选用滚动轴承时，应根据________、________、________和________四个条件进行选择。

12-7　滚动轴承的支承结构形式为________、________、和________。

12-8　直齿圆柱齿轮减速器，当载荷平稳、速度较高时，应选用的滚动轴承是

A. 圆锥滚子轴承　　B. 深沟球轴承　　C. 角接触球轴承

12-9　正常转动的滚动轴承的主要失效形式为

A. 滚动体疲劳点蚀　B. 滚动体破裂　　C. 滚动体塑性变形

12-10　已知轴颈 $d=50\text{mm}$，转速 $n=300\text{r/min}$，轴瓦材料为ZCuSn10Pb1，轴瓦宽度 $B=70\text{mm}$，试求向心轴承能承受多大的径向载荷。

12-11　有一空气压缩机主轴用向心滑动轴承支撑，轴的转速 $n=300\text{r/min}$，轴颈 $d=40\text{mm}$，每个轴承承受的径向载荷 $F_r=600\text{N}$，试选用滑动轴承的型号、尺寸、轴瓦的材料，并进行验算。

12-12　某机器传动装置，其中一轴的两端采用深沟球轴承，轴颈 $d=35\text{mm}$，转速 $n=1450\text{r/min}$，每个轴承承受径向载荷 $F_r=1880\text{N}$，一般温度下工作，载荷平稳。预期寿命 $L'_h=8000\text{h}$，试选择轴承型号。

12-13　如图12-32所示，减速器主动轴用两个圆锥滚子轴承30212AC支承。已知轴的转速 $n=980\text{r/min}$，$F_A=650\text{N}$，$F_{r1}=4200\text{N}$，$F_{r2}=2000\text{N}$，工作时有中等冲击，正常温度，轴承预期寿命为18000h，试判断这对轴承是否合适。

12-14　如图12-33所示，轴支承在两个7207A轴承上，已知轴上载荷 $F_r=3000\text{N}$，$F_A=750\text{N}$，方向和

作用点如图所示，试计算两端轴承所受轴向载荷 F_{AC}、F_{AD}。

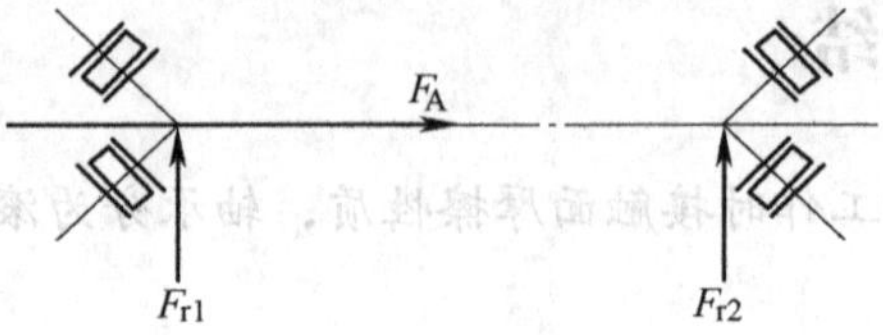

图 12-32　题 12-13

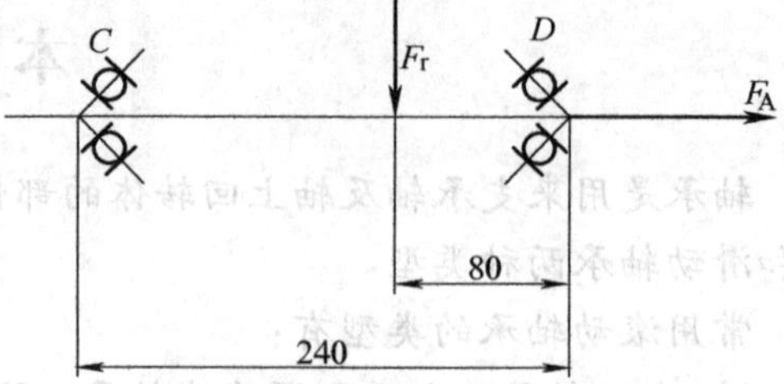

图 12-33　题 12-14

12-15　图 12-34 所示为 6206 轴承，试确定下列尺寸：齿轮轴孔倒角 C_1，轴上圆角 r_1、r_2，轴肩高度 h，轴环直径 d，装有齿轮的轴段长度 l 和轴端倒角 C。

12-16　指出图 12-35 中结构设计的错误，说明原因并予以改正。

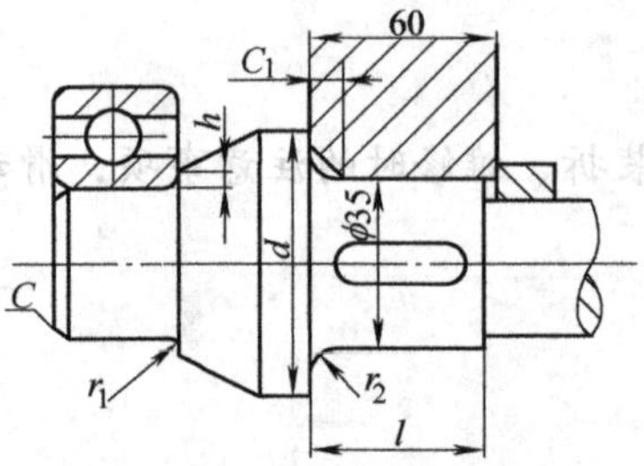

图 12-34　题 12-15

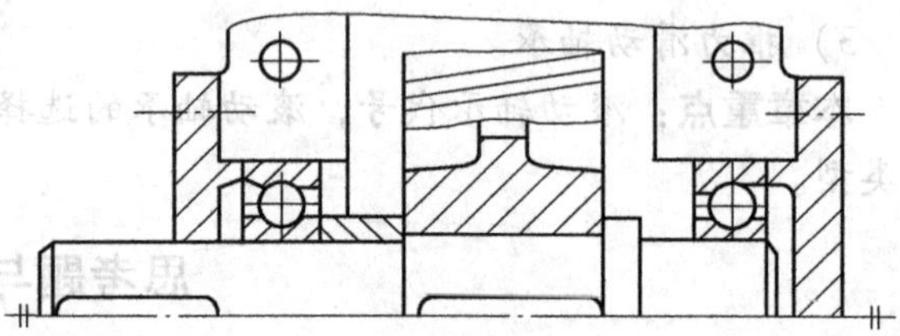

图 12-35　题 12-16

第十三章　联轴器和离合器

联轴器和离合器都是用于联接两轴，并传递运动和转矩。所不同的是：两轴用联轴器联接，机器运转时不能分离，只有在机器停车后，采用拆卸方法才能使两轴分离；两轴用离合器联接，机器在运转中，就能随时使两轴分离或接合。联轴器和离合器是标准部件，使用时正确选择即可。

本章介绍联轴器和离合器的类型、应用和选择。

第一节　联　轴　器

联轴器用来联接不同机械或部件的两根轴，使两轴能同步转动，以传递运动和转矩。由于制造和安装的误差，在联接中，很难使两轴精确对中。而且运转时，载荷的作用和温度的变化还会使轴变形，再加上其他原因造成的机座的变形和下沉，常使被联接的两轴产生轴向偏移、径向偏移、角偏移和综合偏移，如图 13-1 所示。

联轴器对上述位移应具有一定的补偿能力，否则就会在轴、轴承和联轴器中引起附加载荷，影响机器的正常工作。

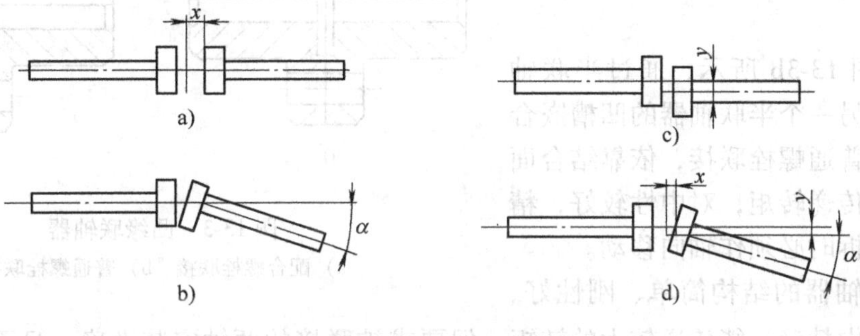

图 13-1　两轴的偏移

a）轴向偏移　b）径向偏移　c）角偏移　d）综合偏移

一、联轴器的类型及应用

联轴器可分为固定式刚性联轴器、可移式刚性联轴器和弹性联轴器三大类。固定式刚性联轴器不能补偿两轴的相对位移；可移式刚性联轴器能补偿两轴的相对位移；弹性联轴器能补偿两轴的相对位移，并具有吸收振动和缓和冲击的能力。

（一）固定式刚性联轴器

固定式刚性联轴器只能传递运动和转矩，不能补偿轴的位移。

1. 套筒联轴器

如图 13-2 所示，套筒联轴器由套筒和键或销组成。套筒和轴采用平键联接时（见图 13-2a），可传递较大的转矩，但要采用紧定螺钉等作轴向固定；套筒和轴采用圆锥销联接时

（见图 13-2b），只能传递较小的转矩。

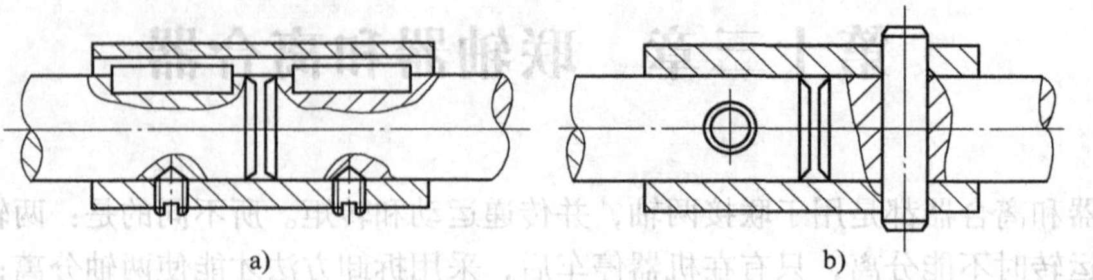

图 13-2　套筒联轴器

a）键联接　b）销联接

此种联轴器结构简单，制造方便，径向尺寸小；但两轴线位置要求严格同轴，装拆时必须作轴向移动。适用于工作平稳、无冲击载荷的低速、轻载、小尺寸轴，多用于金属切削机床中。

2. 凸缘联轴器

凸缘联轴器由两个带凸缘的半联轴器组成。两个半联轴器分别用键与两轴联接，并用螺栓将两个半联轴器联为一体。

凸缘联轴器有两种主要的结构形式：

1）如图 13-3a 所示，用配合螺栓联接，这种联轴器装拆方便，且能传递较大转矩。

2）如图 13-3b 所示，通过半联轴器的凸肩和另一个半联轴器的凹槽嵌合来对中，用普通螺栓联接，依靠结合面间的摩擦力传递转矩，对中性较好，精度高，但装拆时必须作轴向移动。

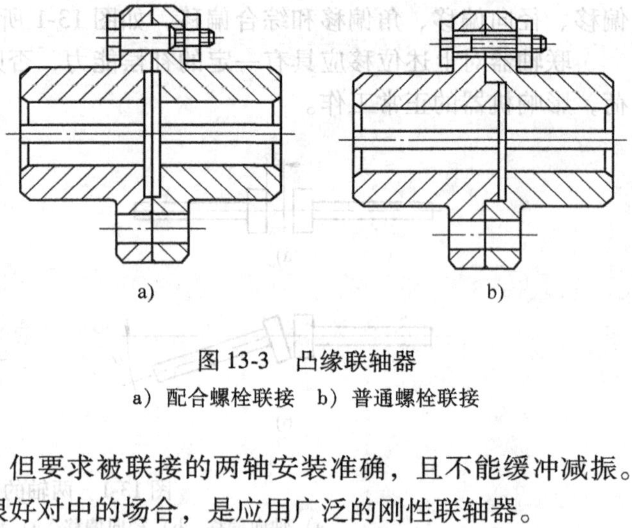

图 13-3　凸缘联轴器

a）配合螺栓联接　b）普通螺栓联接

凸缘联轴器的结构简单、刚性好、成本低、对中精确，能传递较大的转矩。但要求被联接的两轴安装准确，且不能缓冲减振。通常用于载荷平稳、速度较低、两轴能很好对中的场合，是应用广泛的刚性联轴器。

（二）可移式刚性联轴器

可移式联轴器不仅能传递运动和转矩，还能在一定程度上补偿轴的偏移。

1. 十字滑块联轴器

十字滑块联轴器如图 13-4a 所示。由中间滑块 2 两端面上的凸榫，与两半联轴器 1、3 端面的径向凹槽配合，以实现两轴联接。滑块沿径向滑动可补偿角偏移和径向偏移，如图 13-4b 所示。

十字滑块联轴器结构简单，制造方便。但不耐冲击，易于磨损。适用于低速、轴的刚度较大但无剧烈冲击的场合。

2. 齿式联轴器

齿式联轴器如图 13-5a 所示，是由两个带有内齿的凸缘外壳 2、3 和两个有外齿的半内

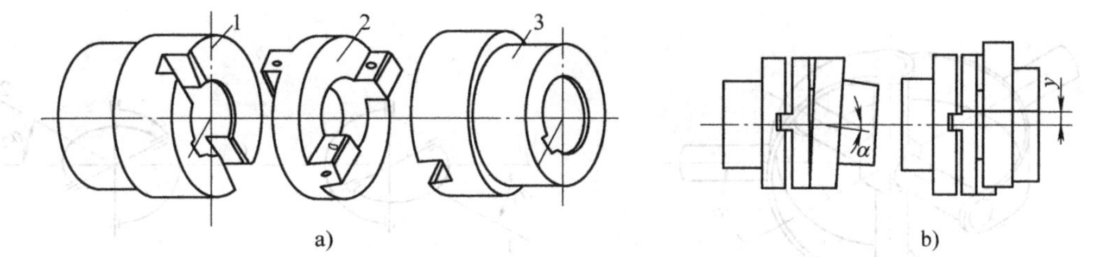

图 13-4　十字滑块联轴器

1、3—半联轴器　2—中间滑块

套筒 1、4 所组成。外壳与套筒之间设有密封圈，两个带外齿的半内套筒通过键与轴联接，两个带内齿的外壳在其凸缘处用螺栓 5 联接成一体。内、外齿径向有间隙，可补偿两轴径向偏移；外齿顶部制成椭球面，球心在轴线上（见图 13-5b），可补偿两轴间的角偏移。

齿式联轴器能传递较大的转矩，又有较大的补偿偏移的能力。常用于起动频繁，经常正反转的重型机械中。

如图 13-6 所示为齿式联轴器补偿径向偏移补偿和角偏移补偿的实例。

3. 十字轴式万向联轴器

十字轴式万向联轴器由两个叉形接头和一个十字轴组成，十字轴分别与固定在两根轴上的叉形接头用铰链连接。当一轴的位置固定后，另一轴可以任意偏斜 α 角，角偏移可达 40 ~45°。

图 13-7 所示为十字轴式单万向联轴器，其主要缺点是：当两轴不共线时，即使主动轴以角速度 ω_1 匀速回转，从动轴的角速度 ω_2 也会周期性变化，从而造成附加载荷，破坏传动的平稳性。

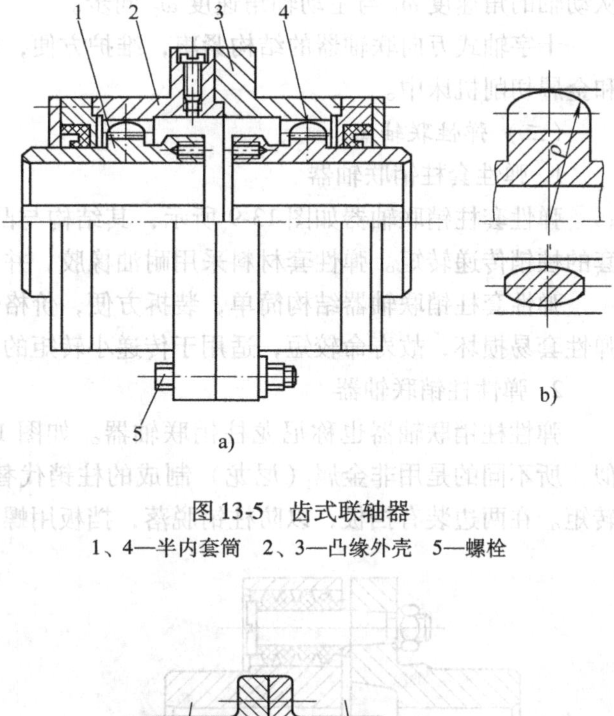

图 13-5　齿式联轴器

1、4—半内套筒　2、3—凸缘外壳　5—螺栓

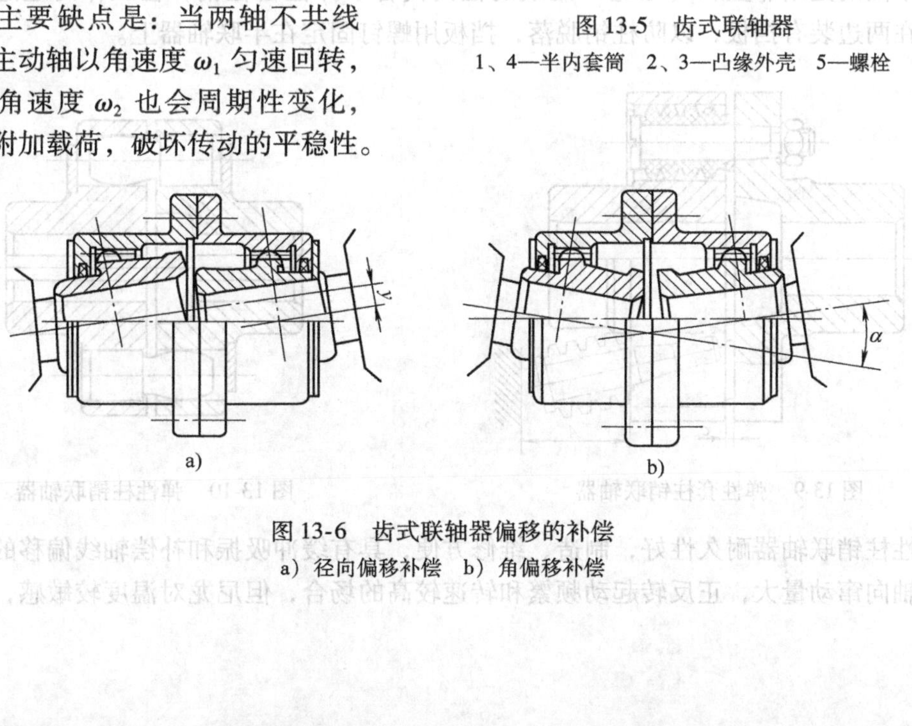

图 13-6　齿式联轴器偏移的补偿

a）径向偏移补偿　b）角偏移补偿

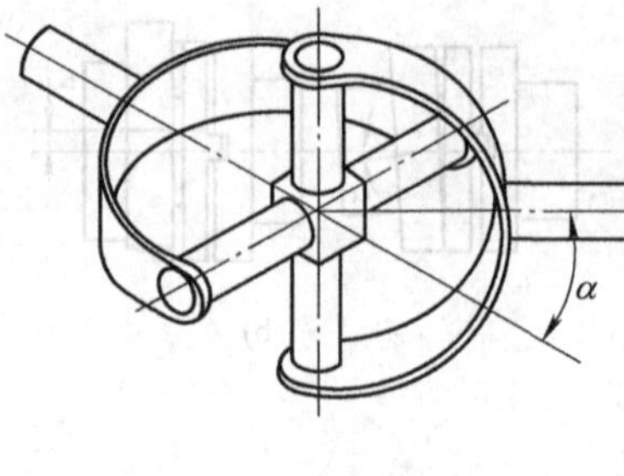

图 13-7　十字轴式单万向联轴器

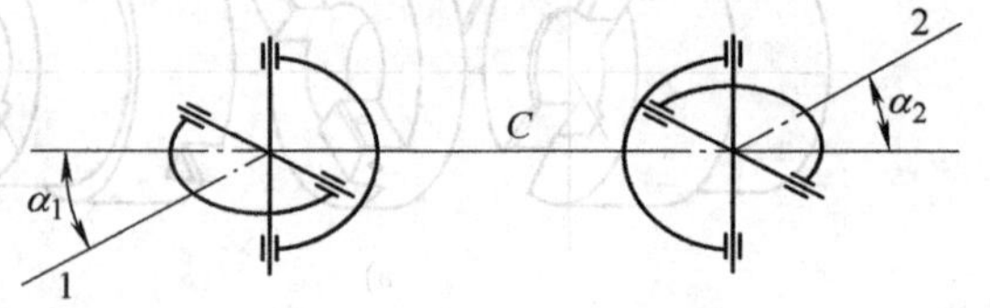

图 13-8　十字轴式双万向联轴器
1—主动轴　2—从动轴

为了克服这一缺点，常将十字轴式万向联轴器成对使用，如图 13-8 所示，中间轴两端的叉面必须位于同一平面内，并使主、从动轴与中间轴的夹角 α_1、α_2 相等，这样就能保证从动轴的角速度 ω_1 与主动轴角速度 ω_2 同步。

十字轴式万向联轴器的结构紧凑，维护方便，能够传递较大转矩，适用于汽车、拖拉机和金属切削机床中。

（三）弹性联轴器

1. 弹性套柱销联轴器

弹性套柱销联轴器如图 13-9 所示，其结构与凸缘联轴器相似，不同之处是用带有弹性套的柱销传递转矩。弹性套材料采用耐油橡胶，并做成梯形截面以提高变形能力。

弹性套柱销联轴器结构简单，装拆方便，价格低廉，能吸振和补偿一定的轴线偏移。但弹性套易损坏，故寿命较短，适用于传递小转矩的场合。

2. 弹性柱销联轴器

弹性柱销联轴器也称尼龙柱销联轴器。如图 13-10 所示，它与弹性套柱销联轴器相类似，所不同的是用非金属（尼龙）制成的柱销代替了弹性套柱销，在工作时通过柱销传递转矩。在两边装有挡板，以防柱销脱落，挡板用螺钉固定在半联轴器上。

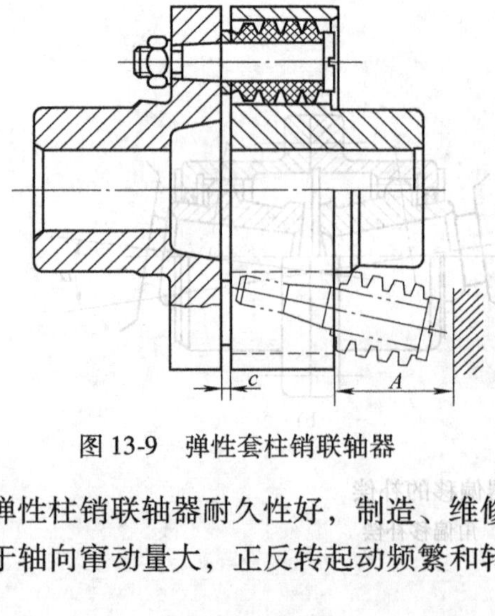

图 13-9　弹性套柱销联轴器

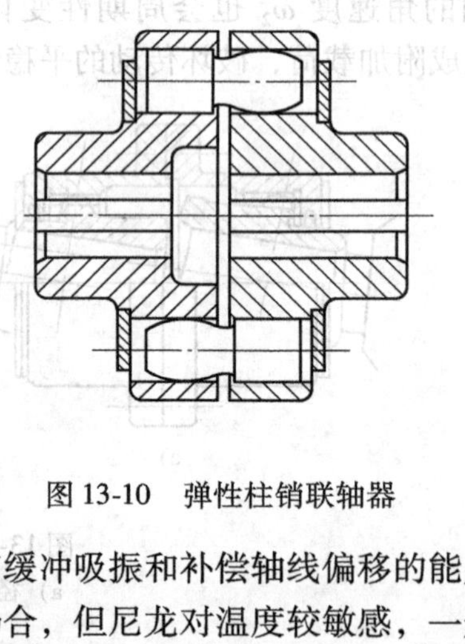

图 13-10　弹性柱销联轴器

弹性柱销联轴器耐久性好，制造、维修方便，具有缓冲吸振和补偿轴线偏移的能力。它适用于轴向窜动量大，正反转起动频繁和转速较高的场合，但尼龙对温度较敏感，一般宜在

-20～70℃的温度环境中工作。

二、联轴器的选择

常用联轴器大多已标准化，一般直接从标准系列中选取类型和型号，然后进行必要的强度校核。

1. 联轴器类型的选择

根据机器的工作特点和要求，结合各类联轴器的性能，并参照同类机器的使用经验来选择联轴器的类型。联轴器类型的按以下条件选择：

1）载荷平稳、转速平稳、同轴度好、转矩较大、无相对位移的场合，应选用刚性联轴器。

2）载荷变化较大、两轴对中较困难、要求减振或同轴度不易保证的场合，应选择对轴的偏移具有补偿能力的弹性联轴器。

3）两轴角偏移较大、安装调整后难以保证两轴精确对中，应选择万向联轴器或滑块联轴器。

2. 联轴器型号的选择

联轴器的型号是根据所传递的转矩、轴径和转速，从联轴器标准中选用。选择的型号应满足以下条件：

1）计算转矩 T_c 应小于或等于所选型号的额定转矩 T_n，即

$$T_c \leqslant T_n$$

2）转速 n 应小于或等于所选型号的许用转速 $[n]$，即

$$n \leqslant [n]$$

3）轴孔直径应在所选型号联轴器的轴孔直径范围内。

考虑机器起动时的惯性力和工作时可能出现的过载，联轴器的计算转矩可由下式计算

$$T_c = KT = 9.55 \times 10^3 K \frac{P}{n}$$

式中 K——工作情况系数，见表13-1；

P——传递功率（kW）；

n——工作转速（r/min）；

T——联轴器的转矩（N·m）。

表13-1 工作情况系数 K

原动机	工作机械	K
电动机	带式用输机、鼓风机、连续运转的金属切削机床	1.25～1.5
	链式运输机、刮板运输机、螺旋运输机、离心泵、木工机械	1.5～2.0
	往复运动的金属切削机床	1.5～2.5
	往复式泵、往复式压缩机、球磨机、破碎机、冲剪机	2.0～3.0
	锤、起重机、升降机、轧钢机	3.0～4.0
涡轮机	发电机、离心泵、鼓风机	1.2～1.5
往复式发动机	发电机	1.5～2.0
	离心泵	3.0～4.0
	往复式工作机（如压缩机、泵）	4.0～5.0

三、联轴器的安装

联轴器的类型较多，具体安装的要求、方法也不一样，所以安装联轴器应注意以下几点：

(1) 按图样要求安装 对于应用在高速旋转机械上的联轴器，由于机械转速较高，若联轴器动平衡不好，则容易引起机组强烈振动或共振。所以，制造厂会对联轴器进行动平衡试验，在动平衡试验合格后，画上各部件之间相互配合方位的标记。因此在装配时必须按照制造厂给定的标记组装。

(2) 装配后的联轴器要进行调整 在安装联轴器时，必须进行适当的调整，以保证联轴器的正常运转，达到预定的工作性能和使用寿命。即使是具有补偿性能的可移式联轴器，也应进行调整以减小相对位移量，并将相对位移量控制在允许的范围内。

联轴器安装完成后，均要进行试车，并观察转动情况，这是保证机器正确运转的重要措施。

第二节 离 合 器

离合器可在机器运转过程中随时将主动轴与从动轴接合或分离。离合器应满足的要求为：工作可靠，接合、分离迅速而平稳，操作灵活，调节和维修方便，外廓尺寸小，重量轻，耐磨性和散热性好。

一、离合器的类型及应用

离合器按离合方法不同，分为两大类：操纵式离合器和自控式离合器。操纵式离合器借助人力或动力进行操纵，按操纵方法分为机械式离合器、电磁式离合器、液压式离合器和气压式离合器；自控式离合器不需外力来操纵，可在一定条件下实现自动分离和接合，自控式离合器分为超越离合器、摩擦离合器和安全离合器。

离合器按其工作原理，又可分为牙嵌式离合器和摩擦离合器。

1. 牙嵌式离合器

牙嵌式离合器是一种啮合式离合器，如图13-11所示。半离合器1用平键与主动轴联接，另一半离合器2用导向平键（或花键）3与从动轴联接，并用滑环4操纵离合器分离和接合。对中环5用来保证两轴线同心。

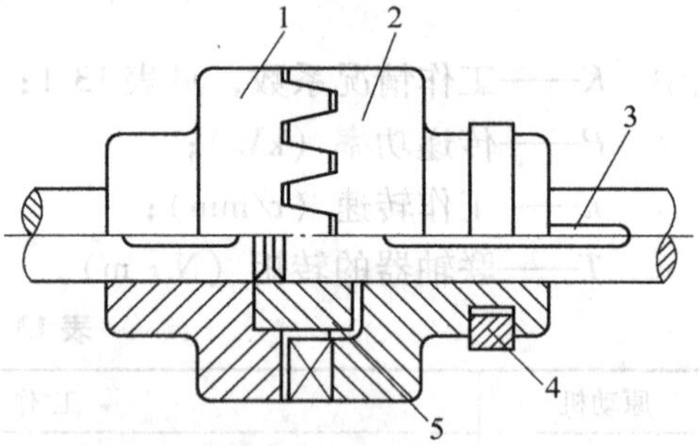

图13-11 牙嵌式离合器

1、2—半离合器 3—导向键 4—滑环 5—对中环

牙嵌式离合器牙型有三角形、矩形、梯形和锯齿形。三角形牙只能传递小转矩；矩形牙不便离合，磨损后无法补偿。故离合器常用牙型为梯形牙和锯齿形牙，如图13-12所示。梯形牙离合器强度较高、传递转矩较大，并能自动补偿牙面磨损后所产生的间隙，应用较广泛；锯齿形牙离合器只能单向工作。

牙嵌式离合器结构简单，外廓尺寸小，能传递较大的转矩，接合后牙间无相对滑动。但这种离合器只宜在两轴的转速差较小或停车的情况下接合，否则可能将牙撞断。

2. 摩擦离合器

摩擦离合器是通过主、从动件压紧后产生的摩擦力来传递运动和转矩的，因此能在不停车或两轴有较大转速差的情况下进行平稳接合。过载时，将发生打滑以保护其他零件。适用于高转速，低转矩情况。

(1) 单盘式摩擦离合器　图13-13所示为单盘式摩擦离合器，圆盘1紧固在主动轴5上，圆盘2可以在从动轴4上滑动，滑环3可使两圆盘接合或分离。在轴向压力作用下，两圆盘工作表面产生摩擦力，从而传递转矩，单盘式摩擦离合器多用于传递转矩较小的轻型机械。

单盘式摩擦离合器接触面有平面和锥面两种，分别如图13-13a、b所示。

(2) 多盘式摩擦离合器　多盘式摩擦离合器如图13-14所示。主动轴1与外壳2相联接，外壳内装有一组外摩擦片5，形状如图13-15a所示，其外缘凸齿插入外壳2上的纵向凹槽内，与外壳2一起转动，外摩擦片内孔不与任何零件接触。

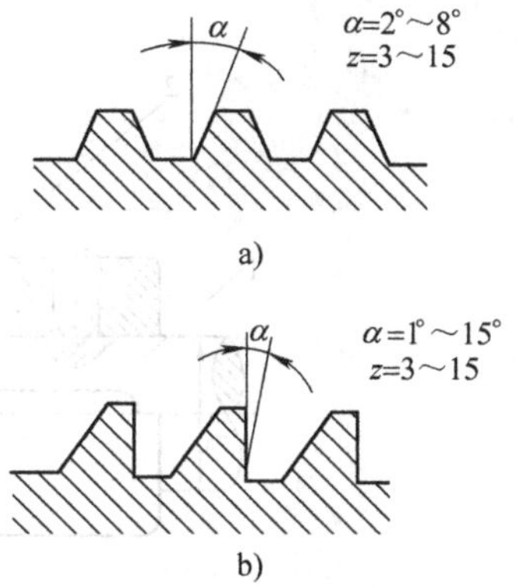

图13-12　牙嵌式离合器常用牙型

a) 梯形牙　b) 锯齿形牙

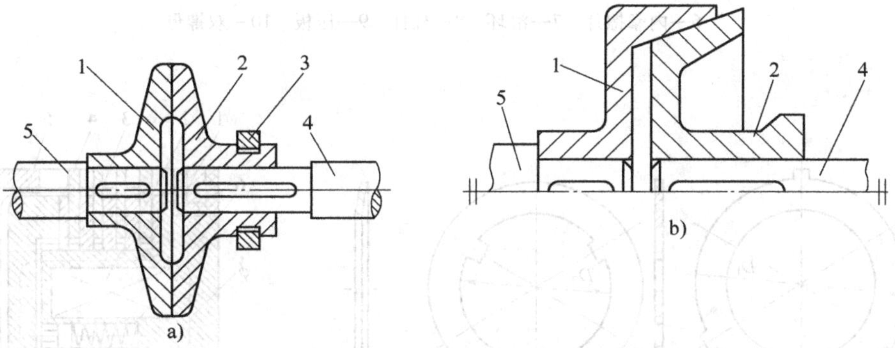

图13-13　单盘式摩擦离合器

a) 平面接触单盘摩擦式离合器　b) 锥面接触单盘摩擦式离合器

1、2—圆盘　3—滑环　4—从动轴　5—主动轴

从动轴3与套筒4相联接，套筒4上装有另一组内摩擦片6，形状如图13-15b所示，其内孔凸齿插入套筒4上的纵向凹槽内，可带动套筒4和从动轴3一起转动，内摩擦片外缘不与任何零件接触。

离合器上的滑环7由操纵机构控制，当滑环7左移时，使杠杆8绕支点顺时针转动，通过压板9将两组摩擦片压紧，离合器处于接合状态；滑环7有向右移动，杠杆8靠弹簧力绕支点逆时针转动，离合器处于分离状态。双螺母10可调节摩擦盘之间的压力。外摩擦片5也可作成碟形，如图13-15c所示，分离时能自动弹开。

多盘式摩擦离合器操纵方便，接合平稳，分离迅速，有过载保护作用。但结构较复杂，外廓尺寸大，成本高。常用于频繁起动、制动或经常改变速度大小和方向的机械中，如汽车、机床等。

(3) 电磁摩擦离合器　图13-16所示为利用电磁力操纵的多盘式摩擦离合器。当接通电源，励磁线圈产生磁场，使衔铁压紧内、外摩擦片，从而实现离合器的接合。电磁力操纵的摩擦离合器，摩擦片的工作原理与前述相同。

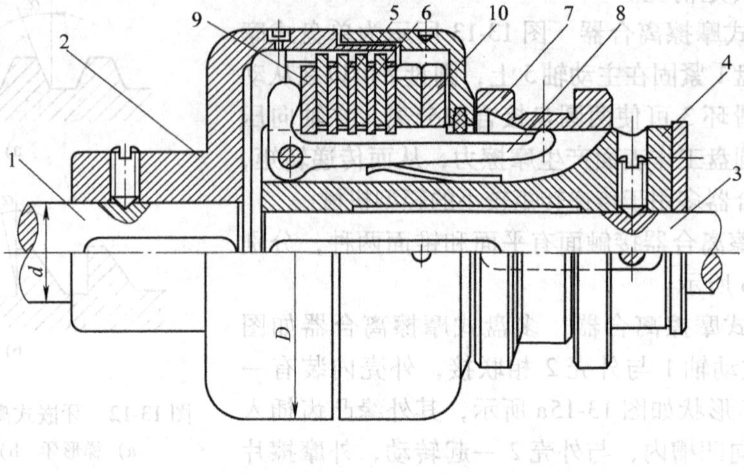

图 13-14　多盘式摩擦离合器

1—主动轴　2—外壳　3—从动轴　4—套筒　5—外摩擦片
6—内摩擦片　7—滑环　8—杠杆　9—压板　10—双螺母

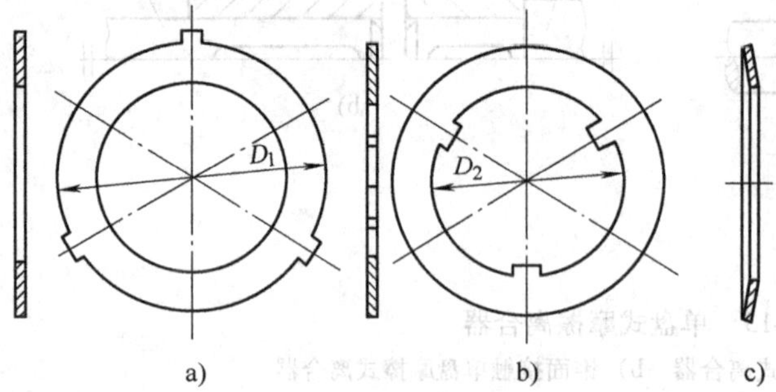

图 13-15　摩擦片

a）外摩擦片　b）内摩擦片　c）碟形摩擦片

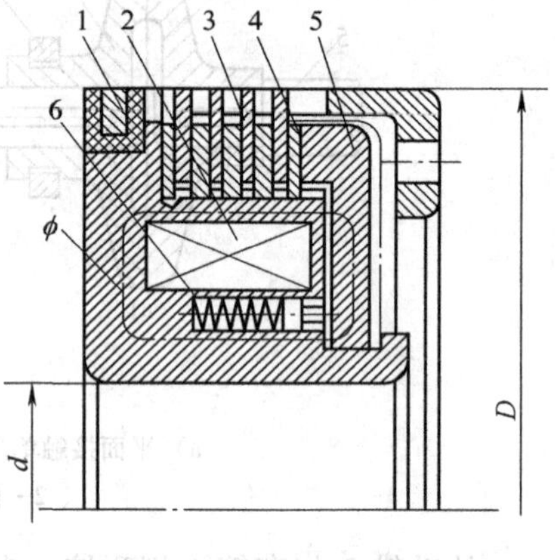

图 13-16　多盘式电磁摩擦离合器

1—接触面　2—励磁线圈　3、4—摩擦片
5—衔铁　6—复位弹簧

3. 超越离合器

图 13-17 所示为滚柱式超越离合器，由星轮 1、外环 2、滚柱 3 和弹簧推杆 4 等组成。当星轮 1 按顺时针方向转动，滚柱 3 上离心力大于弹簧拉力时，滚柱被楔紧在内、外圈之间，因而外环 2 将随星轮一同回转，离合器即处于接合状态；当星轮 1 逆时针方向旋转时，滚柱 3 处于槽中较宽的位置，不再楔紧在槽内，这时离合器处于分离状态，因此只能传递单向转矩。若外环与星轮同时顺时针回转，当外环转速大于星轮转速时，离合器为分离状态，即外环可超越星轮转动，故此称为超越离合器。

由于超越离合器只能传递单向转矩，也称为定向离合器。

二、离合器的选择

离合器的选择首先是根据工作条件和使用要求，确定离合器类型，然后根据轴径大小，查手册选用型号。

1. 类型选择

1）牙嵌式离合器适用于低速、大转矩、只能静止时或相对转速低时接合，接合中有冲击，无过载保护；尺寸较小，结构简单，维修方便。

2）摩擦离合器适用于高速、小转矩，运转中能平稳地接合，便于实现自动化操作；有过载保护性能；尺寸较大、结构复杂、维修不便。

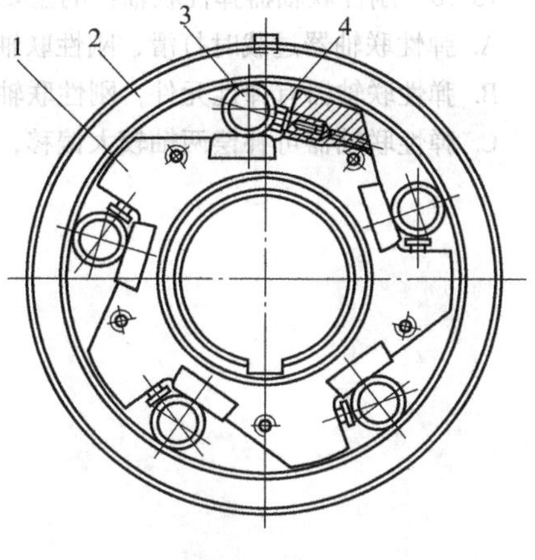

图 13-17 超越离合器

1—星轮 2—外环 3—滚柱 4—弹簧推杆

2. 型号选择

型号选择应满足条件

$$T_c = KT \leqslant [T]$$

$$n \leqslant [n]$$

式中 T_c——计算转矩（N · m）；

K——工作情况系数，见表 13-1；

T——名义转矩（N · m）；

$[T]$——许用转矩（N · m）；

n——转速（r/min）；

$[n]$——许用转速（r/min）。

本章小结

联轴器和离合器是机械传动中的重要部件，其主要功能是联接不同机器（或部件）的两根轴，使其一起回转，以传递运动或转矩。

联轴器只有在机器停车时，采用拆卸的方法，才能使两轴分离；离合器可在机器运转中接合或分离。

了解和掌握联轴器和离合器的结构和工作原理及使用场合。

本章重点：能够根据具体工作要求，正确选择联轴器和离合器的类型。

思考题与习题

13-1 联轴器和离合器的功用是什么？有什么区别？

13-2 刚性联轴器和弹性联轴器如何区分？它们各有哪些特点？

13-3 联轴器所联的两根轴可能出现哪些偏移形式？

13-4 离合器有哪些基本要求？

13-5 牙嵌式离合器和摩擦离合器各有什么优缺点？分别适用于什么场合？

13-6 联轴器可分为________、________和________三大类。

13-7 离合器按其工作原理，可分为________离合器和________离合器。

13-8 牙嵌式离合器的特点为________，________，________，接合后牙间________。

13-9 摩擦离合器是通过主、从动件压紧后产生的________来传递运动和转矩的，能在不停车或两轴有较大转速差的情况下进行________。过载时，将发生________以保护其他零件。适用于________，________情况。

13-10 刚性联轴器弹性联轴器的主要区别是

A. 弹性联轴器过载时打滑，刚性联轴器过载时不打滑

B. 弹性联轴器有弹性元件，刚性联轴器无弹性元件

C. 弹性联轴器可补偿两轴较大偏移，刚性联轴器不能

参考文献

[1] 范顺成，马治平，马洛刚．机械设计基础［M］．北京：机械工业出版社，2000.
[2] 张秉荣，章剑青．工程材料［M］．北京：机械工业出版社，1998.
[3] 黄劲枝．机械设计基础［M］．北京：机械工业出版社，2001.
[4] 柴鹏飞．机械设计基础［M］．北京：机械工业出版社，2007.
[5] 戴裕崴．机械设计基础［M］．大连：大连理工大学出版社，2006.
[6] 邱家骏．工程力学［M］．北京：机械工业出版社，2001.
[7] 陈位宫．工程力学［M］．北京：高等教育出版社，2000.
[8] 张定华．工程力学［M］．北京：高等教育出版社，2000.
[9] 吴宗泽．机械设计课程设计手册［M］．北京：高等教育出版社，2003.
[10] 邱映辉．机械原理与设计［M］．大连：大连理工大学出版社，2006.
[11] 张久成．机械设计基础［M］．北京：机械工业出版社，2007.
[12] 李威．机械设计基础［M］．北京：机械工业出版社，2008.